工信学术出版基金
Industry and Information Technology
Academic Publishing Fund

新材料与新体制天线技术

Antenna Technology Utilizing Innovative Materials and Architectures

赵鲁豫　何大平　黄冠龙　蔡元铭　沈杰 ——— 著

人 民 邮 电 出 版 社
北 京

图书在版编目（CIP）数据

新材料与新体制天线技术 / 赵鲁豫等著. -- 北京 ：人民邮电出版社，2022.7
（天线与射频技术系列）
ISBN 978-7-115-58592-9

Ⅰ. ①新… Ⅱ. ①赵… Ⅲ. ①天线－新材料应用②新体制－天线 Ⅳ. ①TN82

中国版本图书馆CIP数据核字(2022)第018114号

内 容 提 要

无论是 5G 通信、泛在智能物联网、车联网、星联网的逐步推进和普及，还是工艺和材料的迭代升级，都促使天线、微波、毫米波相关技术快速发展，并不断渗透到智慧城市、工业物联网、精准医疗、智慧农业等垂直应用领域，也将催生出更多新兴的业务和商业模式，进而深刻改变人类社会。在此过程中，出现了大量的新体制、新材料、新工艺、新场景的天线与微波技术。

本书主要介绍石墨烯、超材料以及各类功能材料在天线系统中的应用，人工电磁材料在大规模高密度天线阵列及透镜天线领域的应用，以及增材制造等新的加工制造工艺给天线发展带来的新潜力。本书旨在全面展现在天线与微波技术中出现的新体制、新技术、新方法、新材料、新工艺。希望给读者全新的视野、方法和经验。

◆ 著　　　赵鲁豫　何大平　黄冠龙　蔡元铭　沈　杰
责任编辑　牛晓敏
责任印制　马振武

◆ 人民邮电出版社出版发行　北京市丰台区成寿寺路 11 号
邮编　100164　电子邮件　315@ptpress.com.cn
网址　https://www.ptpress.com.cn
固安县铭成印刷有限公司印刷

◆ 开本：700×1000　1/16
印张：20.25　　2022 年 7 月第 1 版
字数：397 千字　　2022 年 7 月河北第 1 次印刷

定价：189.80 元

读者服务热线：(010)81055493　印装质量热线：(010)81055316
反盗版热线：(010)81055315
广告经营许可证：京东市监广登字 20170147 号

序一

材料是人类技术文明进步的基石，任何一种技术创新都必须依托相应特性的材料。材料研究与发展必然以人类社会经济活动和科技发展的应用需求为导向。人类社会进入信息时代，天线作为信息传播的媒介，已广泛存在于人们的日常生活和各新兴技术领域。新材料研究成果与天线应用需求的结合，是技术推动和需求牵引两方面合力驱动推动产业发展的范例。通过组成天线的材料体系创新提升其性能，基于材料/器件制备与加工工艺进步突破传统天线结构与性能的瓶颈，利用新材料的全新特性创制天线新体制。本书将材料科学与天线技术的融合与发展一一呈现给读者。

作为材料领域的科技工作者，我对本书的出版充满期待。材料虽号称技术发展的基石，但百余年来多是以“无心插柳”式的“被动”应用来推动其他技术领域进步，因而限制了科学技术发展的速度和技术成果转化应用的效率。而本书的作者在科研实践中“主动为之”，将新材料与天线技术结合，在石墨烯天线、人工电磁透镜天线、机械天线和天线增材制造等方面的应用取得了一些可喜进展，并将他们的研究与心得凝结成书。可以说，这不只是某个特定领域的学术专著成果，更是学科交叉以应用引导新材料发展，面向国民经济主战场的重点需求开展材料科学研究的示范。

由于篇幅有限，本书主要是几位作者对他们研究方向的系统总结，难以全面反映材料与天线领域的新发展与新成果，其意义重在抛砖引玉。在为天线和材料领域研究提供知识的参考之外，希望本书能启发科技工作者通过学科交叉融合，突破性能鸿沟、实现原始创新，推动新材料与信息技术领域的融合与发展。

（陈文）

武汉理工大学教授，博士生导师

2022年5月

序二

随着通信、探测、导航等应用的迅速发展，作为实现无线电信号转换和收发的关键部件，天线在系统中的作用越来越受到重视，而天线的综合性能制约着系统能力的发展和演进。除了在天线的功能、带宽、尺寸、功耗等方面不断优化天线性能外，基于新材料和新体制的天线因其具有崭新的工作模式、优异的辐射性能和全新的设计方法，越来越得到工业界和学术界的关注，并且已经在一些典型场景（例如卫星通信、微波回传、安检安防等领域）得到应用，获得性能的突破和应用的拓展。因此，深入研究和总结新体制、新材料天线及天线系统，并探讨其更进一步的大规模应用，是适时且必要的，本书的出现正是顺应这一技术演进趋势。

通读本书后，我深刻地感受到撰写本书的几位年轻学者在新材料和新体制天线方面做出的卓有成效的探索，并进行了较为系统的总结。本书的作者均为本领域知名的年轻学者，在相关前沿领域（如新型电磁材料、高导电石墨烯、3D 打印的技术应用以及基于信息超材料的新体制天线等领域）取得了丰硕的成果。本书涵盖诸多领域内的技术热点和进展，包括一系列最新披露的研究成果和设计模型。同时在通读书稿的过程中，也被这一群年轻学者的热情和专注所感染，特此推荐此书给各位同僚、同学们以及相关专业领域的爱好者。

是为序。

（高式昌）

英国肯特大学教授，电气电子工程师学会会士（IEEE Fellow）

2022 年 5 月

前 言

随着无线通信技术进入 5G 并展望 6G、以硅基半导体为基础的集成电路进入后摩尔时代，信息技术已经进入了多元化多维度发展的新阶段。新材料、新制造、新器件技术有望成为突破电子信息技术发展瓶颈的关键因素。新材料技术将向材料的结构功能复合化、功能材料智能化、材料与器件集成化、制备和使用绿色环保低碳化等方向发展。高性能、多用途及新体制的材料，将会对信息技术的发展提供更大的推进力，是感知未来世界和实现颠覆性创新的源泉。在 2015 年我国提出的实施制造强国战略第一个十年计划中，中国制造就涉及了十大重点领域，主要包括新一代信息技术产业、高档数控机床和机器人、航空航天装备、海洋工程装备及高技术船舶、先进轨道交通装备、节能与新能源汽车、电力装备、农机装备、新材料、生物医药及高性能医疗器械等。在这里，信息技术产业和新材料的重要地位清晰可见。

天线与微波部件和设备是《国家中长期科学和技术发展规划纲要（2006—2020 年）》中的信息技术、高分对地观测、载人航天与探月工程、深空探测、环境遥感、探隐探潜、空间目标侦察监视等多个重大专项的核心组成部分。伴随着探测、导航、通信、感知等领域的快速发展，天线与微波部件和设备近些年取得了明显的技术进步和大量的应用拓展。但是，基于传统体制及自然材料的天线技术，越来越逼近设计理论极限，在天线极限尺寸、天线阵元间距、天线扫描角度、工作频率及带宽等方面，目前的天线与微波技术遇到了越来越明显的挑战和不可逾越的性能沟壑。在此背景下，鉴于新材料能够突破传统材料的性能瓶颈，越来越多的工业界及学术界研究把基于新材料的新天线技术作为了下一代天线技术的重要发展方向，人工电磁材料、石墨烯、液态金属以及机械天线已经成为引人注目的研究热点。新材料对于天线技术，主要有以下几个方面的提升和变革作用：

（1）作为天线的基材，可以降低天线的损耗以及增加天线的集成度；

（2）作为天线的辐射体，提供更高的电导率、更好的柔性或者其他特殊的性能，例如特殊制备的石墨烯可在提供可比拟常规金属材料的电导率的同时，实现性能更优的柔性天线；

（3）提供全新的工艺，扩展天线的应用载体，例如玻璃上的纳米金属线，具有超过70%的透光率和良好的电导率；

（4）通过其独有的特性，提升原有天线系统的关键性能指标，例如目前广泛应用在天线系统中的超材料、人工电磁材料，在天线的去耦合和宽角扫描领域有大量的潜在应用；

（5）利用新材料的全新特性，实现全新体制的天线系统，例如利用液晶实现可重构的全息透镜。

然而，目前还没有一本系统地讨论新材料与新体制天线技术的专著。同时，本书作者在科研实践中，深感需要对这一类全新的天线技术与应用进行系统的总结和规划。因此，本书的出现就顺理成章。

本书第 1 章全面阐述了新材料的概念，及其在天线技术领域的应用与演进，特别是对5G通信技术的促进作用。第 2 章全面展现了石墨烯材料在天线技术应用的方方面面，包括基于石墨烯的偶极子天线、可重构天线、反射阵天线；同时，对高导电石墨烯的制备和规模化量产技术进行了深入的讨论。第 3 章主要阐述了超材料及人工电磁材料的研究背景及意义，回顾了相关的研究课题和关键技术在国内外的发展状况，并简述超材料近几年的研究进展，尤其是其在天线领域最新的应用状况；对人工介质材料进行了深入的讨论，并展示了人工介质层在大规模天线阵列密集排布和去耦合设计中的应用。第 4 章从透镜天线的类型与基本原理出发，介绍了透镜天线的设计和分析方法，以及新型人工电磁透镜的技术演进。第 5 章介绍了机械天线的基本概念，并且展示了基于磁性材料、驻极体以及声波激励的机械天线的研究进展和应用。第 6 章介绍了液态金属天线的基本概念、加工制备方法以及研究进展，并展望了液态金属天线的发展方向。第 7 章主要介绍了增材制造技术在射频微波领域的应用，包括增材制造的技术体系和材料体系、基于介质打印和金属打印的实现方案、毫米波器件及天线领域的研究进展等。

西安电子科技大学的赵鲁豫编写了第 1 章、第 3 章、第 6 章部分内容，并参与第 2 章部分内容的编写以及全书统稿；武汉理工大学的何大平编写了第 2 章部分内容；西安电子科技大学的蔡元铭编写了第 4 章；武汉理工大学的沈杰编写了第 5 章；佛山科学技术学院的黄冠龙编写了第 7 章并参与了第 6 章部分内容的编写；西安电子科技大学的席梦凯、赵阁，武汉理工大学的宋荣国、秦智，佛山科学技术学院的陈瑞森，深圳大学的庞子裕、马晓钰、卓兴泉、王聘宇、游盛森，玉林师范学院的梁家军、巫钊等也参与了编写工作。本书的主干内容大多来自作者多年的研究积累，当然也参考了诸多国内外知名学者、团队以及相关机构的研究成果，在此向他们表示诚挚的感谢。

同时，本书作者感谢西安电子科技大学、佛山科学技术学院、武汉理工大学、中国通信学会天线与射频专业委员会和天线系统产业联盟的大力支持与真诚帮助。感谢在研究新材料、新体制天线技术的过程中，中国信息通信研究院、中国移动设计院、华为技术有限公司、深圳三星通信技术研究有限公司、中兴通讯股份有限公司、摩比天线技术（深圳）有限公司、中国舰船研究设计中心、西安朗普达通信科技有限公司、佛山蓝谱达科技有限公司、西安空间无线电技术研究所等企业和机构与作者的密切交流与紧密合作。在此感谢在科研工作和本书写作过程中给予作者强有力支持的家人，没有他们的包容、爱护和照顾，本书是无法按时完成的。

由于写作时间有限，且新材料、新体制天线相关的技术和工艺又层出不穷，一些最新的科研成果和技术进展来不及反映在本书之中。希望未来有机会还能够进一步扩充和丰富本书的内容。鉴于作者的水平有限，本书难免有不足之处，恳请各位读者与专家提出宝贵的意见和建议。

作者
2022 年 2 月

目　录

第1章 概 述

天线作为一种能量和信息的变换器，是发射和接收电磁信号及能量的主要手段。其应用范围涉及人类生产生活的各个领域，诸如在通信、雷达、遥感遥测、导航、成像、安检安防、医疗等领域有着举足轻重的作用。不仅如此，天线作为无线通信系统中不可或缺的装置，是通信技术不断发展的重要基础。在未来高度信息化、数字化的社会演进发展过程中，无线通信系统的发展面临巨大的挑战。研究人员不仅要解决当前频谱拥挤、通信环境复杂多变，以及通信要求越来越高的困境，还需要面对如何有效提高信息传输速率、传输质量和传输能效等难题。因此，如何改善和提升作为无线通信系统前端的天线微波系统的性能，成为解决上述问题的重要关键点之一。

经历了几十年的发展，天线在基础理论和关键技术层面，日臻完善，已经基本形成体系。越来越难在给定的物理限制和要求的前提下，突破现有的技术瓶颈，获得性能上的飞跃。因此不仅是天线技术本身的发展变革，天线系统所采用的材料和加工工艺的发展也尤为重要，新材料可以给天线带来性能的巨大突破。与此同时，天线设计能力的不断提高，使得制造加工天线的材料不能仅仅限于传统的金属、陶瓷等常规材料，否则无法满足新形势下的应用需求。

1.1 新材料概述

放眼人类发展史，新材料的发现、加工及批量应用，除了能够逐步提升劳动力水平，满足人类的基本需求之外，还丰富了人类的物质选择，为其他产业特别是科技产业的发展提供了重要的保障，极大地推动和促进了人类社会的发展进步。

随着社会经济的发展，传统材料逐渐不能满足人类社会和科技的发展及需求，因此，迫切的需求造就了新材料的诞生。传统材料是指生产工艺已经日渐成熟并且已经可以大规模制备，且被人类社会大量采用的材料；新材料则是对传统材料的变革，是指那些新出现或正在研发过程中的，具有传统材料所不具备的优异性能和特殊功能的材料。可以说，新材料并不是无中生有，传统材料经过组成、结构、设计、工艺乃至应用场景的改进和拓展，从而提高了材料性能或者出现崭新的性能和应用，都可能发展成为新材料。

材料品种繁多，根据不同的标准，可以分为不同的类别，如图 1-1 所示。

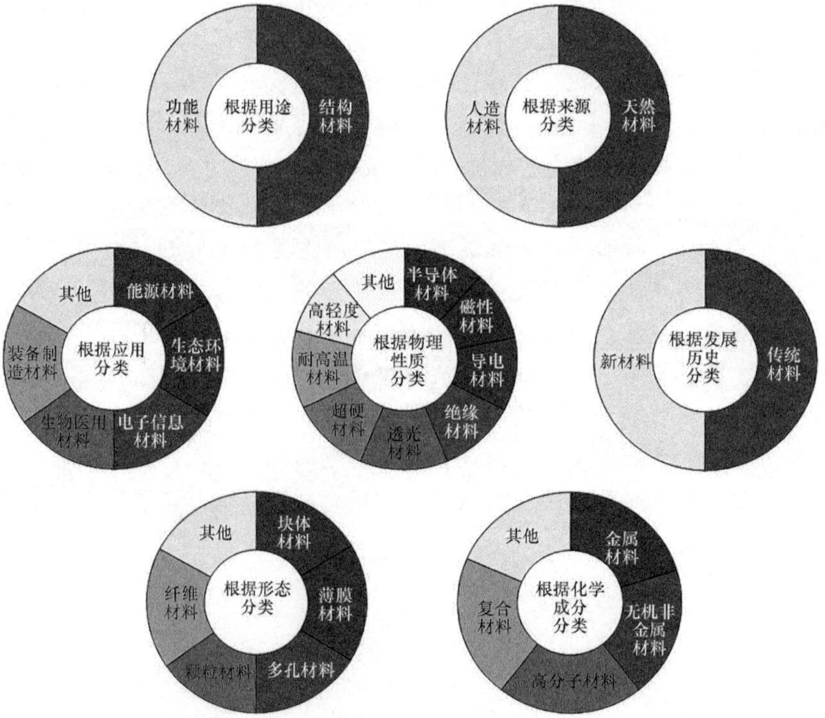

图 1-1　材料的主要分类体系[1]

1.2　基于新材料的天线及其加工工艺演进

一些新材料天线的出现，逐渐打破了传统天线的概念，改变了传统的天线设计思路，其特有的性能和优势，可大大降低天线成本以及天线对整个通信系统的要求，并满足了多样化的需求。

1.2.1　液态金属天线

液态金属是超越铜、银、铝等传统电子材料的一种颠覆性前沿材料，能够应用于电子信息技术等关键领域，是助力电子信息产业弯道超车的“推进剂”。传统材料天线由于物理特性限制了应用范围，难以适用于复杂的环境和集成平台，但液态金属天线可适应于陆基、舰载、机载及卫星等各种平台，对军事领域的技术发展有着重要作用。如图 1-2 所示，美国空军实验室（Air Force Research Lab，AFRL）就对此进行了大量的研究，研发了一系列天线样品。

图 1-2　美国空军实验室展示的液态金属共形天线原型件

同时液态金属天线的优越性能使其适用于基站、终端通信、可穿戴设备等民用通信系统，极大地促进了通信技术的发展。此外，液态金属天线一次性成形的特质也在很大程度上节省了加工成本，最大限度地提升了效率。液态金属拥有的众多优势，使其在未来通信领域拥有极为广阔的应用空间，在环保、医疗、智能硬件、AI、航空航天等领域发挥了极大的作用。

1.2.2 纳米材料天线

1965 年诺贝尔物理学奖获得者理查德·费曼，在 1959 年的会议上曾经预言，在物理化学、材料、生物工程等领域，更小的尺度依然有极大发展空间，当人类对于材料和结构能够达到纳米级的控制，甚至对一个个原子直接控制时，将为未来整个科学研究领域，开创出新的研究手段、课题、方向。

与材料相关的领域，比如在物理化学、生物医学、电子信息、能源环境等领域，不同的结构就能产生不同的性能。在更小尺度对材料进行设计和重组，能开发出全新的纳米材料和纳米结构，这就意味着，它们将拥有与我们在传统材料领域，完全不同的优异性能，并能开创出独特和广阔的应用空间。

当材料进入纳米尺度时，主要具有体积效应、表面效应、量子尺寸、量子隧道和介电限域，这五大效应导致纳米材料能呈现出许多区别于传统材料的独特物理、化学性质。其主要表现在以下几个方面，比如熔点、相变温度、光学性质、化学反应性能、磁性、超导及塑性形变等。

纳米材料又称超微颗粒材料，由纳米粒子组成。未来纳米光学天线的应用，对天线性能的提升有着革命性的影响，同时纳米材料天线在光电探测、传感、热传导、太阳能电池以及光谱分析等领域中有着广泛的应用，特别是在军事领域，能够显著提高国防装备的性能，增强国防实力。

1.2.3 石墨烯材料天线

石墨烯是由碳原子组成的单层石墨，具有超高电子迁移率和超强机械韧性。未来无线通信技术无疑以满足高速数据业务为主，传统的蜂窝技术已无法满足需求。因此大规模天线阵列、超密集组网、新型多址技术和全频谱接入等技术就成为 5G 技术的发展方向，而这些离不开石墨烯材料的广泛应用。采用具有优良散热性、柔性、机械稳定性等特点的石墨烯材料不仅可以大幅提高天线的性能，同时可使功耗大幅下降，这将对未来通信技术的发展产生深远的影响。石墨烯材料结构如图 1-3 所示，在石墨烯材料中的表面等离子激元波如图 1-4 所示。

图 1-3 石墨烯材料结构

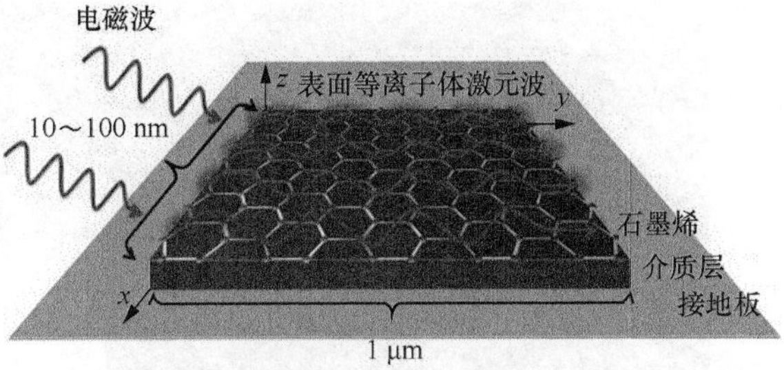

图 1-4 在石墨烯材料中的表面等离子激元波

1.2.4 新型天线加工工艺

增材制造又称为 3D 打印，通过堆叠固化多层具有一定厚度的准二维结构材料，使三维结构成形可以实现一系列工作于特高频（Ultra-High Frequency，UHF）至太赫兹频段的高性能器件，如波导、滤波器和天线。3D 打印使得复杂结构实现的天线成为可能，支持较高性能的辐射特性。复杂结构/异形结构一体成形，避免机械组装引入的误差导致性能畸变；极大提升天线设计的自由度，使得出现不同于传统天线架构的设计成为可能；金属打印能克服传统机械加工需要预留大面积组装接口位以及装配定位的误差；尺寸更紧凑，结构性能更好，器件重量更轻。这使得研究人员在面对特定通信系统构造的时候，能设计出具有良好共形效果的天线。麻省理工学院（MIT）研制的 3D 打印超材料透镜如图 1-5 所示。SWISSto12 公司设计的 3D 打印天线如图 1-6 所示。

图 1-5 MIT 研制的 3D 打印超材料透镜

图 1-6　SWISSto12 公司设计的 3D 打印天线

如图 1-6 所示，瑞士的 SWISSto12 公司设计了一种突破性的系统，能够制造不同形状的天线。SWISSto12 公司生产的天线看起来塑料质感很强，大小在几十厘米，形状各异不说，上面还有很多的洞。实际上，这些天线内部包含一个精心设计和制造的网络。为了达到这种高精度的水平，通过单独生产零部件再装配，要比使用 3D 打印消耗的成本高得多。SWISSto12 使用聚合物材料作为骨架，然后使用特殊的金属覆盖方法，在 3D 打印的天线外部包裹一层金属。这种天线的重量只有传统金属天线的十分之一。考虑到大型地球同步卫星最大携带重量是 100 千克，同时每千克的发射成本在 1 万～2 万瑞士法郎（约 6.9 万～13.8 万元人民币），这样天线部分将节省不少钱。另外，最新的平流层无人机也能够采用这种材质的天线来减轻重量。

该项目是欧洲航天局（EAS）发展空间商用高新技术产品的一部分，同时还考虑到了在移动市场应用，最终的目标是通过卫星将各种交通工具进行组网，向客户提供高速网络服务——在飞机、火车、汽车、轮船等场景。

因此，采用新材料设计的天线以及天线加工工艺是未来通信发展过程中的必然趋势。虽然现阶段某些材料应用或者工艺尚未成熟，但是新型材料和工艺对天线性能的提升却是显而易见的。新材料天线在通信领域的应用范围在未来阶段将不断扩大；同时，将带来对天线加工工艺更高的要求，需要引起相关研究人员的重视。

1.2.5　超材料、超构材料天线技术

作为一种崭新的概念，超材料（Metamaterial，MTM）这类人造的、具有优良电磁特性和电磁调控能力的材料与结构，能够明显提升天线的性能及扩展其功能。因此，得到了国内外的广泛关注。目前已经发现的材料，按照其介电常数和磁导率的正负关系，可以分为 4 个象限。其中第三象限为两者皆负的材料，这类材料在自

然界中是不存在的。在这一象限的材料拥有负的折射率，又称左手媒质。利用超材料的独有特性，可以开发出体积小、性能卓越、低成本的微波与光学器件，因此超材料在光学成像、微波器件、雷达天线、传感器和隐身领域均具有广阔的应用价值。

超材料天线是超材料在天线领域的最新应用。超材料天线实际主要是利用若干周期性得到亚波长尺寸的单一或复合微结构来调控传导和辐射电磁波，使得含有这类微结构的天线（阵）或单纯由这类微结构组成的天线（阵）具有独特的电磁特性。近年来，国内各科研机构对超表面的调控理论和应用开展了卓有成效的研究，大部分研究关注超材料的反射和折射问题，陆续在电磁隐身实现、可编程超表面的概念及其对反射波的动态调控等领域发表了许多研究成果。在超表面辐射问题上，主要围绕固定波束的共形全息辐射表面进行一些研究。关于超材料天线，超材料对天线阵列的匹配、互耦、辐射和波束扫描等一系列特性进行有效调控的技术越来越受到研究者的关注。图 1-7 是西安电子科技大学科研团队利用可调控的超材料单元实现的辐射散射可调控的智能表面原型机。

图 1-7　西安电子科技大学科研团队利用可调控的超材料单元实现的辐射散射可调控的智能表面原型机

1.3　新材料与 5G 技术演进

5G 对基站端到应用端等的关键基础材料提出了更高的要求，下面总结 5G 技术带动的最为显著的几种新材料需求。

1.3.1 LCP 与 MPI 天线的趋势[2]

智能手机天线目前应用较多的软板基材主要是聚酰亚胺（PI），但是 PI 基材存在高频传输损耗严重、结构特性较差的问题，被认为无法满足 5G 技术高频高速的需求。高分子液晶聚合物（LCP）和改进的聚酰亚胺（MPI）材料凭借损耗因子小的特性有望在 5G 时代脱颖而出。表 1-1 列出了 LCP 基材与传统 PI/MPI 基材的性能对比。

表 1-1　LCP 基材与传统 PI/MPI 基材的性能对比

材料	吸湿率	传输损耗	耐热性	成本	备注
PI	1.50%	损耗较多	较好	1 倍	无法用于 5G 天线
MPI	0.40%	损耗一般	一般	1~2 倍	Sub 6G 下与 LCP 并存应用于 5G
LCP	0.04%	损耗较少	较差	2~2.5 倍	毫米波阶段核心天线膜材

LCP 基材天线相较于其他基材的天线，有以下两大明显优势。

一方面是低损耗要求。LCP 基材的介电常数介于 2.9 和 3.1 之间，可以在大部分射频范围内保持恒定，且其具备低介电常数、低介电损耗的优势，传输损耗可达到传统天线 PI 基材的十分之一，能够有效降低信号损失，保证通信质量。

另一方面是要保证传输稳定还需关注吸水率指标。LCP 基材拥有低介电损耗，而且相比于 PI 基材，吸水率极低。如图 1-8 所示，LCP 基材的损耗在吸湿前后变化并不明显，而 PI 基材的损耗在吸湿前后有较为明显的变化。因此，PI 基材吸湿后传输损耗较大，而 LCP 基材几乎不会吸湿，同时 LCP 基材有着稳定的化学性能，不易被腐蚀溶解，保证了传输的稳定性。

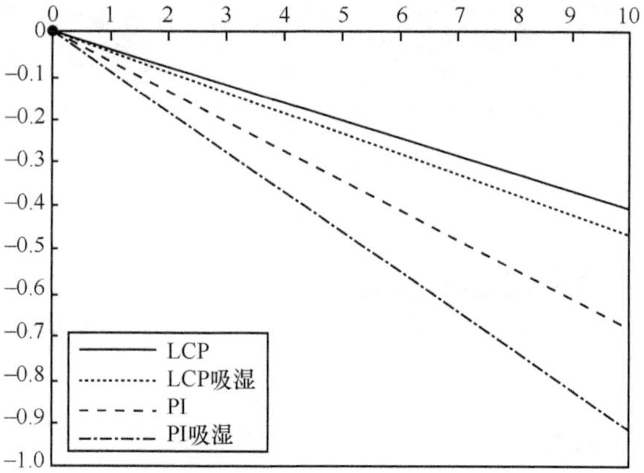

图 1-8　LCP 基材和 PI 基材吸湿前后的传输损耗对比

LCP 基材的制备过程是 LCP 树脂经过加工后得到 LCP 薄膜，LCP 薄膜经过挠性覆铜板（Flexible Copper Clad Laminate，FCCL）制造商覆铜后得到 FCCL。从技术层面看，LCP 天线制备多个环节有着较高的技术门槛，其中 LCP 树脂合成及拉膜的生产是最为关键的，决定 LCP 树脂薄膜的产能和生产成本。

（1）LCP 树脂合成难度极高，其对杂质、分子量分布有严格要求，整体的聚合工艺较为特殊，且对生产设备有较高要求。

（2）LCP 薄膜工艺复杂，需要大量实践才能完成薄膜的制备，且由于原材料和薄膜厂商的供应链相对封闭，导致新进入厂商难以采购膜级树脂。此外，完成膜的制备后还要求完成热处理和涂覆处理，因此合格的薄膜生产技术壁垒极高，工艺流程复杂。

（3）FCCL 制造：由于 LCP 材料的热熔性，在 FCCL 的压铜环节中需要对温度严格把控。

在具体的生产成本方面，LCP 与 MPI 产业链上游是树脂和膜材料，之后加工为软性铜箔基材，下游为软板加工和天线模组，在智能手机天线成本组成上，模组环节成本约占 LCP 天线价值的 30%，软板环节成本约占 70%。其中 LCP 材料价值达到 LCP 软板成本的 15%。目前在苹果公司的旗舰级手机 iPhone 中，已经大量使用了 LCP 软板基材及天线，如图 1-9 及表 1-2 所示。

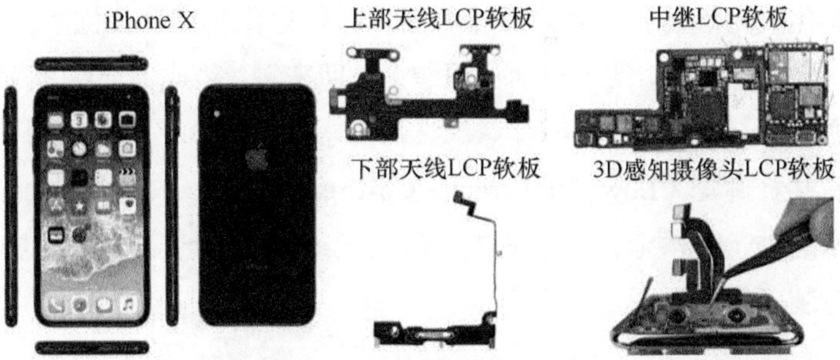

图 1-9　iPhone X 使用的 4 块 LCP 软板，其中两根天线采用 LCP 基材

表 1-2　iPhone 采用 LCP 基材的机型及天线用量

品牌	机型	天线用量/根
苹果	iPhone X	2
	iPhone XS	6
	iPhone XS Max	6
	iPhone XR	6

1.3.2 印制电路板高频材料的国产替代

移动通信基站中天线系统、功率放大系统都须用到高频通信材料。5G 投资周期开启后，5G 基站对于印制电路板（Printed Circuit Board，PCB）及制造 PCB 所需要的覆铜板（Copper Clad Laminate，CCL）的需求发生了深刻变化。5G 基站建设数量的提升将带动基站功放和天线市场规模的快速增长，低损耗及超低损耗高频覆铜板需求随之增加。

研究机构数据显示，仅考虑基站天线市场，预计到 2025 年，国内覆铜板的市场规模累计将达到 338 亿元人民币。加上车载毫米波雷达高频覆铜板，预计到 2025 年，高频基材的市场需求量累计将达到 611 亿元人民币。在高频覆铜板基材市场，聚四氟乙烯（PTFE）树脂型覆铜板是目前高频微波基板材料最主要的种类，在 5G 时代有望迎来较大增长空间。国产企业凭借技术转型及设备领域的话语权提升，以及产品的高性价比，有望在高频基材领域完成突破。

1.3.3 电子陶瓷的发展

4G 时代，通信基站主要采用金属腔体滤波器方案。5G 时代，基站通道数扩展 16 倍，器件小型化成为趋势，陶瓷介质滤波器具有轻量化和小型化优势，同时具有可靠的机械结构、无振动结构，便于自动化组装，长期来看，将成为 5G 基站的主流部件。

相关数据显示，整个 5G 周期全球滤波器需求接近 600 亿元人民币。

采用低温共烧陶瓷（Low Temperature Co-fired Ceramic，LTCC）的天线工艺，随着毫米波技术的进一步落地，有望成为主流的天线制造工艺。同时，也可以作为整个射频前端的封装工艺，如图 1-10 所示。

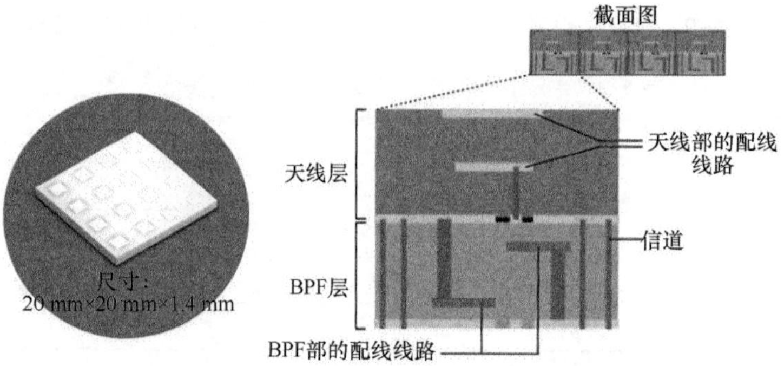

图 1-10 面向 5G 通信的 LTCC AiP（Antenna in Package）结构

1.3.4 氮化镓半导体材料迎机遇

射频功率放大器（Power Amplifier，PA）是射频前端发射通路的主要器件。5G 单个基站对 PA 的需求数量成倍增长，氮化镓（GaN）材料被认为将成为主流材料。预计 5G 单个基站 PA 需求量高达 192 个，数量大幅增长。GaN 能较好地适用于大规模多输入多输出（Multiple Input Multiple Output，MIMO），研判 5G 基站 GaN 射频 PA 将成为主流技术。同时，随着封装乃至芯片天线技术的日益发展，以后采用 GaN 工艺实现天线逐渐成为可能。如图 1-11 所示，一个欧洲的研究项目（Kassiopeia 项目）正在碳化硅衬底上使用氮化镓为空间通信系统实现高效的天线接收器。该微波单片集成电路采用瑞典 SweGaN 公司的碳化硅衬底的氮化镓技术，有助于提高用于卫星通信、5G 基站以及雷达应用的波束控制天线的设备效率。

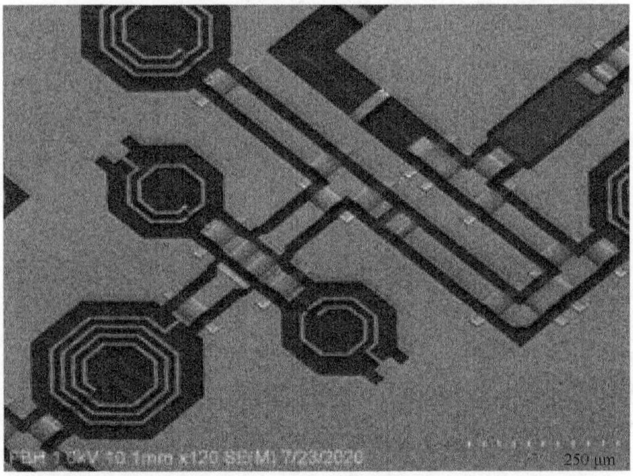

图 1-11　高效率的 Ka 频段 GaN 微波单片集成电路版图

参考文献

[1] 冯瑞华, 鞠思婷. 新材料[M]. 北京: 科学普及出版社, 2015.
[2] 胡红梅. 关键 5G 新材料产业概览[J]. 新材料产业, 2020(5): 6-10.

第2章 石墨烯材料及其在天线技术中的应用

为了合理有效地利用宝贵的频谱资源和有限的空间资源，无线通信系统正朝着大容量、多频段、宽频带、高速率和小型化等方向发展。天线作为发射和接收无线电波的重要组件，已成为提升无线通信系统性能和小型化发展的关键。石墨烯是一种单原子层二维材料，拥有狄拉克锥电子结构、超高的载流子迁移率、无散射传输特性、可控制的能带间隙特性、线性电场位移特性和室温量子霍尔效应等独特的性质。其独特的物理特性和各方面优异性能赋予了石墨烯天线特有的优势，采用石墨烯作为天线的导电材料，不仅柔韧性好，与基材附着好，而且可以设计成不同频段的射频器件，大大拓宽射频技术的应用范围。石墨烯材料的引入，为设计具有超宽带、可重构、高增益等性能的天线开辟了有效的技术途径和研究思路。同时，石墨烯独有的慢波效应在如天线、超表面、滤波器、微带线等射频微波器件的设计中可以大幅减小器件的尺寸，对提高无线通信系统性能和实现无线通信系统小型化具有重要的现实意义。使用石墨烯代替传统的金属作为制备材料，不仅降低了生产成本，对于环境保护也有着重大意义。因此，石墨烯射频天线不仅具有出色的新颖性和创造性，还具有非常广阔的市场前景和产业竞争力。本章将介绍不同种类的石墨烯天线，以及高导石墨烯的制备方法和规模化量产过程。

2.1 石墨烯超表面及其在天线技术中的应用

2.1.1 超表面

超材料指的是一些具有人工设计的结构并呈现出天然材料所不具备的超常物理性质的复合材料。电磁超材料是由亚波长单元周期性或非周期性地排列而成的人工电磁结构，可通过设计结构单元及其排布自由地控制电磁波。超表面是一种基于广义斯涅耳定律，通过控制波前相位、振幅以及偏振进行电磁/光学波束调控的新结构，其新颖的机制和灵活的结构设计展现出广阔的应用前景。超表面是一种超薄二维阵列平面，由超材料结构单元组成，可以灵活有效地操纵电磁波的相位、极化方式、传播模式等特性。

对超材料进行设计时，应该考虑到超材料的等效介电常数、磁导率、折射率和阻抗的问题，一般用反演法对超材料的参数进行提取。基于电磁波在超材料中的传播理论，根据反射和透射系数的关系表达式，以及与 S 参数矩阵之间的联系，推导出计算电磁参数的理论公式，可以有效地反演出超材料的介电常数、磁导率、折射率和等效阻抗。

$$n=\frac{1}{kd}\arccos\left(\frac{1}{2S_{21}}(1-S_{11}^2+S_{21}^2)+2\pi m\right) \tag{2-1}$$

其中，d 是超材料厚度，k 是自由空间中的波数。

$$Z=\sqrt{\frac{(1+S_{11})^2-S_{21}^2}{(1-S_{11})^2-S_{21}^2}} \tag{2-2}$$

$$\varepsilon=n/Z \tag{2-3}$$

$$\mu=nZ \tag{2-4}$$

2.1.2 石墨烯超表面在天线中的应用

研究发现，将超材料应用于电磁器件可改进其性能，而石墨烯具有高电导率、高热导率、高载流子迁移率等特性，采用或结合石墨烯可提高电磁器件性能。因此，我们可以利用石墨烯和超表面的特性对天线的性能进行更优化设计。

武晓琴[1]介绍了一种接地板加载石墨烯单环超材料太赫兹天线，将石墨烯单环超材料结构加载在太赫兹天线接地板上，如图 2-1 所示。

(a) 主视图　　(b) 俯视图　　(c) 底面图

图 2-1　接地板加载石墨烯单环超材料太赫兹天线[1]

2018 年，FUSCALDO 等[2]详细研究了基于漏波（Leaky Wave，LW）的石墨烯法布里-珀罗腔天线（Fabry-Perot Cavity Antenna，FPCA）的辐射性能和相关损失，并与以往基于表面等离子体激元（Surface Plasmon，SP）方法的方案进行了比较。FUSCALDO 等提出了两种法布里-珀罗腔天线，分别基于石墨烯平面单板（Graphene-based Planar Single-slab，GPS）和石墨烯基底-上层（Graphene-based Substrate-Superstrate，GSS）。不同可重构石墨烯天线示例如图 2-2 所示。仿真结果表明，基于漏波的石墨烯法布里-珀罗腔天线效率相较表面等离子体激元方法的效率得到很大的提升。

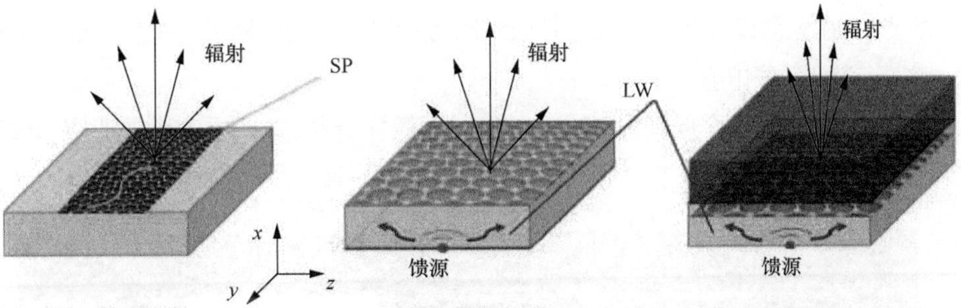

(a) 基于SP沿石墨烯纳米带传播的平面天线　　(b) 基于GPS的法布里-珀罗腔天线　　(c) 基于GSS天线中的漏波激励[2]的法布里-珀罗腔天线

图 2-2　不同可重构石墨烯天线示例

2019 年，EFAZAT 等[3]在原有的太赫兹频段微带贴片天线的基础上，提出使用磁导率接近 0 的均匀和非均匀超表面来提高天线的增益和效率，并在辐射贴片附近使用基于石墨烯的寄生元件，为天线创建可重构响应。超表面天线配置如图 2-3 所示。超表面单元结构如图 2-4 所示。仿真结果表明，使用这两种超表面可以提高天线的辐射特性，如增益和效率，与无超表面天线相比，该天线的增益约为 8 dB，效率提高 12%。

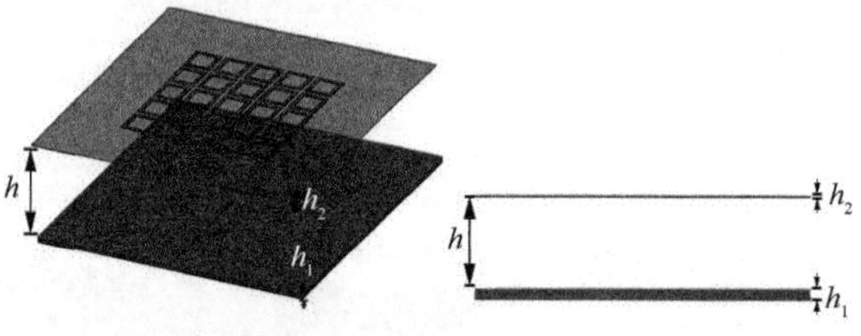

(a) 全景图　　(b) 侧视图

图 2-3　超表面天线配置[3]

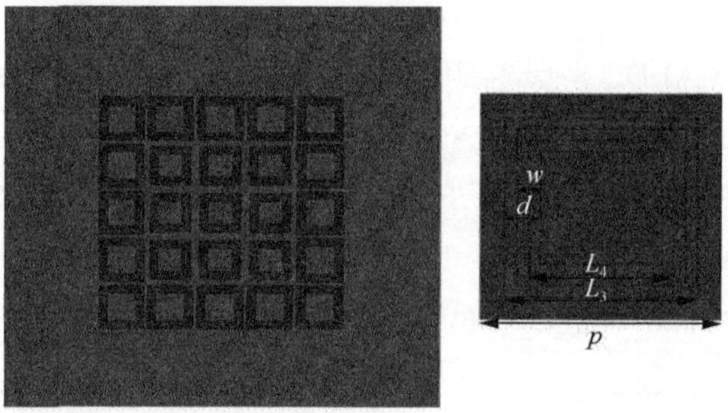

(a) 非均匀超表面的几何形状　　(b) 新的单元格[3]

图 2-4　超表面单元结构

文献[3]在先前设计的高增益贴片天线附近使用了一些石墨烯寄生带。通过这种方式，实现了高增益和可重构天线。

如图 2-5 所示，3 个厚度为 20 nm 的等长石墨烯条紧靠贴片天线，而非均匀超层则安装在结构顶部。这些石墨烯基元贴片之间的距离相同，用 s 表示。

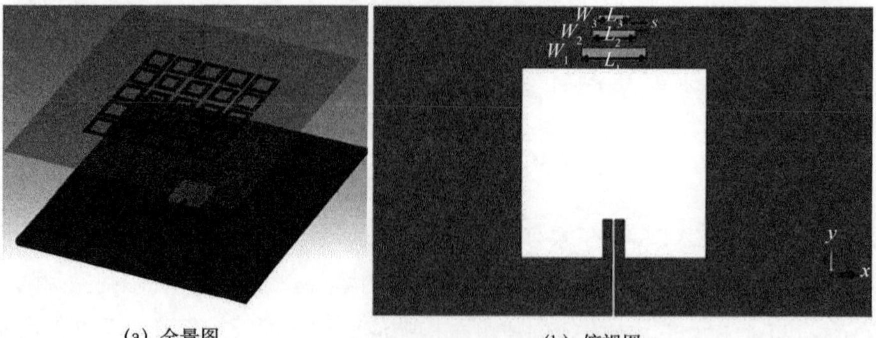

(a) 全景图　　(b) 俯视图

图 2-5　带石墨烯负载的天线配置[3]

GHOSH 等[4]提出了一种利用石墨烯基超表面来降低太赫兹频率下两个高密度平面天线间相互耦合的有效方法。利用硅衬底两侧的电感性容性谐振器设计了石墨烯超表面。超表面的设计目的是在天线的工作带宽内提供带阻功能。单元格的几何结构如图 2-6 所示。其中 P_x 和 P_y 为单元的大小，L 为贴片结构的长度，W 为单元线宽，g 为中间裂缝的宽度，a 为结构左侧到中间的距离。

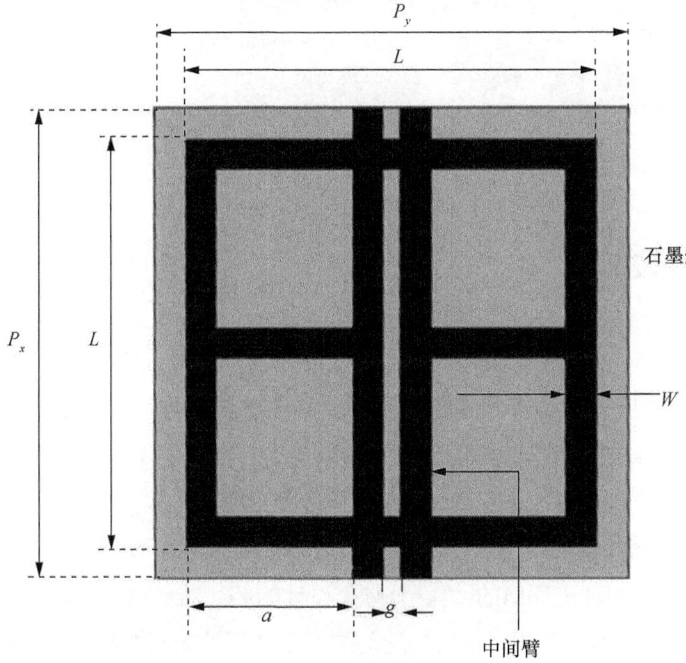

(a) 俯视图

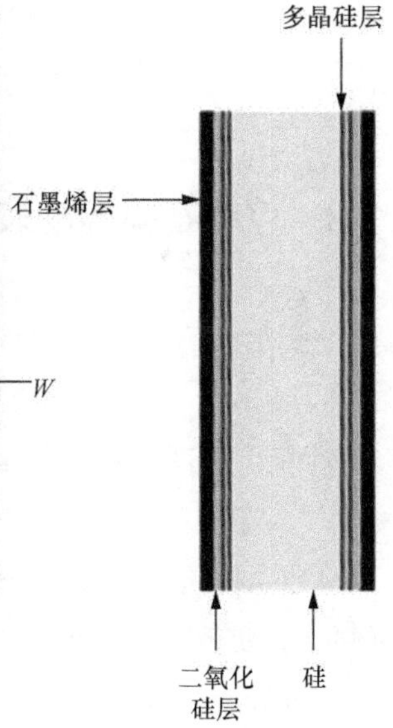

(b) 侧视图

图 2-6　单元格的几何结构[4]

SONG 等[5]提出了一种工作于 3.5 GHz 的高隔离度石墨烯 MIMO 天线阵列，采用石墨烯频率选择表面（Frequency Selective Surface，FSS）和隔离条带（Isolation Strip，IS）两种方式降低天线阵列的耦合，如图 2-7 所示。石墨烯 FSS 具有半透明的特性，且具有非常优异的柔性，能够随意地进行弯曲和共形在不规则平面上，其面密度仅有 0.008 7 g/cm^2。石墨烯 FSS 具有良好的频率选择特性，在 3.38～3.91 GHz 频段内，可以屏蔽 90%以上的电磁波，而在其他频段内，可以让大部分的电磁能量通过。另外，石墨烯 FSS 还具有较高的角度稳定性，在 0°～25°范围内，石墨烯 FSS 的传输系数和工作带宽基本保持一致。

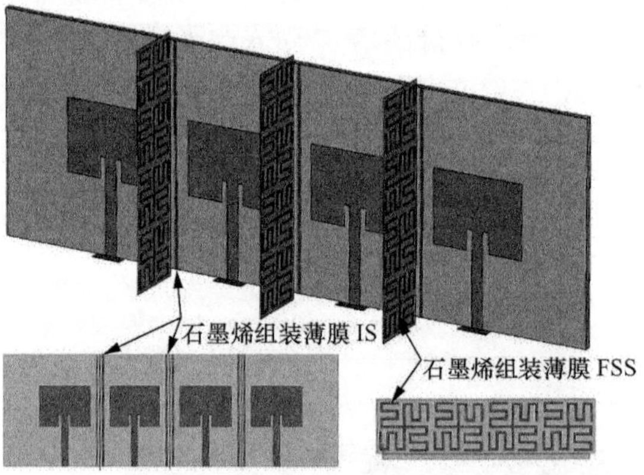

图 2-7　石墨烯 MIMO 天线阵列及去耦合结构示意[5]

2.1.3　可调石墨烯超表面

一般情况下超表面一旦设计完成，其性能和参数是固定不变的，这就限制了超表面的实际应用，将石墨烯与超表面结合起来，控制石墨烯上的偏置电压以改变其化学势，进而改变石墨烯表面电导率，则可在不改变超表面结构的情况下实现超表面性能参数动态可调。

FALLAHI 等[6]提出了一种偏光片，它是基于石墨烯双周期结构可以使用没有对角线对称的单元实现双折射性能的原理上提出的。为红外频率设计的偏光器示意如图 2-8 所示。该偏光器由印在 Si_2N_3 基板上的两层石墨烯组成，均匀的石墨烯层被周期性地蚀刻，从而形成一个格子状的槽。y 轴上的狭缝比 x 轴上的狭缝长，这导致了 x 和 y 极化波的性能不同。可以通过改变石墨烯偏光片的偏置电压，达到改变 x 极化和 y 极化的反射效率的目的。

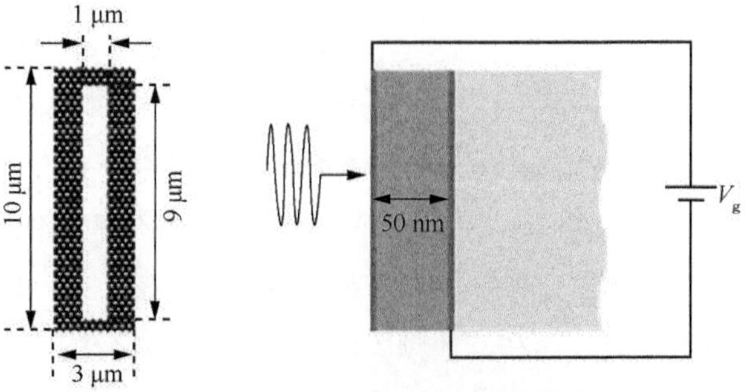

(a) 石墨烯贴片层　　(b) 偏光器的侧视图和偏置电路

图 2-8　为红外频率设计的偏光器示意

CARRASCO 等[7]提出了一种在太赫兹频段下工作的可调谐石墨烯反射单元，用于可调谐光束反射阵列，如图 2-9 所示。当加载偏置电场时，石墨烯复合电导率的变化可以控制阵列的每个元件处反射场的相位。此外，石墨烯支持的慢波传播极大地减小了单元的尺寸，减小了元件间间距，从而获得了更好的阵列性能。对基本单元进行优化，并计算其散射参数，展现出动态相位为 300°的变化范围和良好的实际化学势变化损耗值。

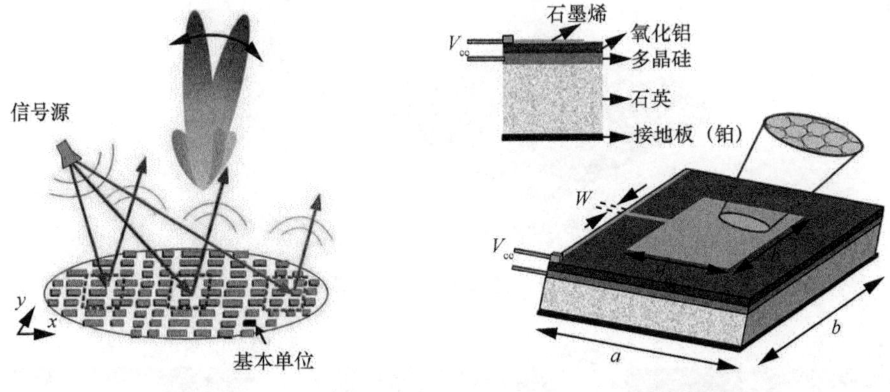

(a) 一般反射阵列　　(b) 石墨烯反射单元

图 2-9　一种在太赫兹频段下工作的可调谐石墨烯基反射单元[7]

张银等[8]利用石墨烯电导率的动态可调特性，设计了一种可实现太赫兹波散射特性动态调控的超表面，如图 2-10 所示。它是由可偏置的双层石墨烯结构与随机反射超表面组合而成的。通过偏置电压调节石墨烯费米能级，可以对超表面散射特性实现较大范围的动态控制。

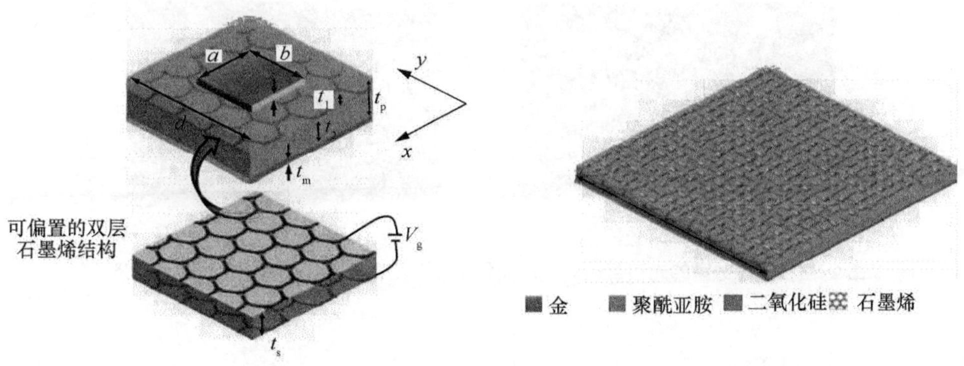

图 2-10　超原子以及超单元结构示意[8]

徐星[9]提出了一个多功能石墨烯超表面，如图 2-11 所示，通过调整特定栅极电压来实现石墨烯条带相位变化，进而达到石墨烯超表面的异常反射和聚焦效果。此外，在单个周期单元中，还实现了对入射线性偏振光到圆偏振光的偏振转换功能。基于宽带下的 2π 相位覆盖，通过设计石墨烯在可调费米能级下对光的特定响应的相位效应，在多周期单元的超单元下完成了多角度的异常反射，实现了多频带 5 THz、6 THz、7 THz 下的高效聚焦镜，如图 2-12 所示，并证明了其可调性，如图 2-13 所示。

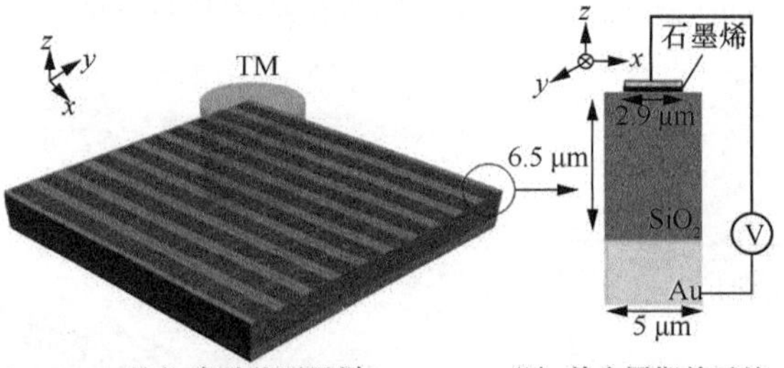

(a) 多功能石墨烯超表面结构示意　　(b) 单个周期单元的石墨烯超表面截面

图 2-11　多功能石墨烯超表面[9]

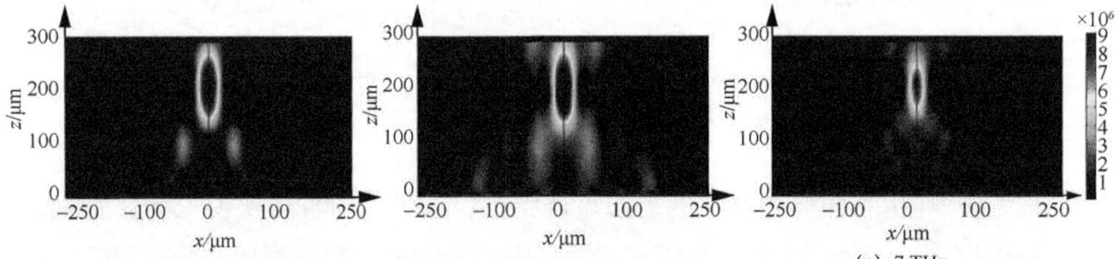

(a) 5 THz　　(b) 6 THz　　(c) 7 THz

图 2-12　宽带聚焦镜效果[9]

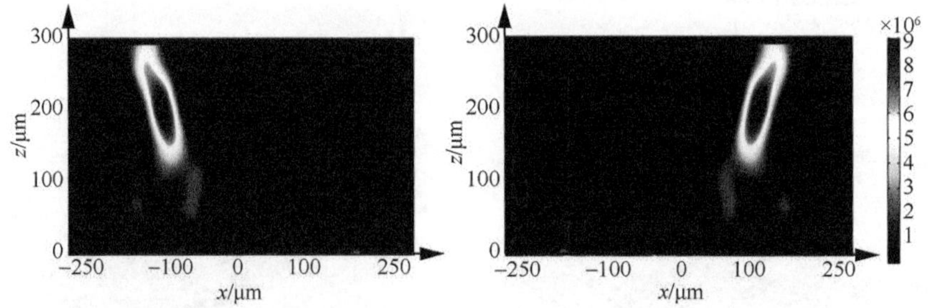

图 2-13　聚焦透镜的光谱可调性（焦点分别上下左右移动各 100 μm 后的聚焦镜）

2.1.4　频率选择表面

频率选择表面是一种在平面内排布的二维周期阵列结构，由金属贴片单元或孔径单元构成。就其本质而言是一个空间滤波器，与电磁波相互作用表现出明显的带通或带阻的滤波特性。频率选择表面具有特定的频率选择作用，已被广泛应用于多个领域。现代军事中的“隐身”技术，常使用频率选择表面结构来设计军事装备的“外衣”。而移动通信中采用的基站天线，也常使用频率选择表面设计天线罩结构，用于提升基站天线的抗干扰能力。

HUANG 等[10]提出一种基于石墨烯电容器与可变电容负载的有源频率选择表面组合而成的吸波器件。如图 2-14 所示，V_1、V_2为施加在表面的电压，W_1、W_2和 W_3为结构尺寸，P 为结构单元大小。通过改变偏置电压的大小和变容器的电容可以进行对吸收幅值和吸收频率的独立控制。测量结果表明，在正常入射条件下，当变容管的偏置电压在 0.5～10 V 变化时，吸收器的吸收频率可以在 3.53～7.05 GHz 范围内调整。通过偏置电压进一步改变石墨烯电阻，可以动态调制每个吸收频率下的吸收幅值。

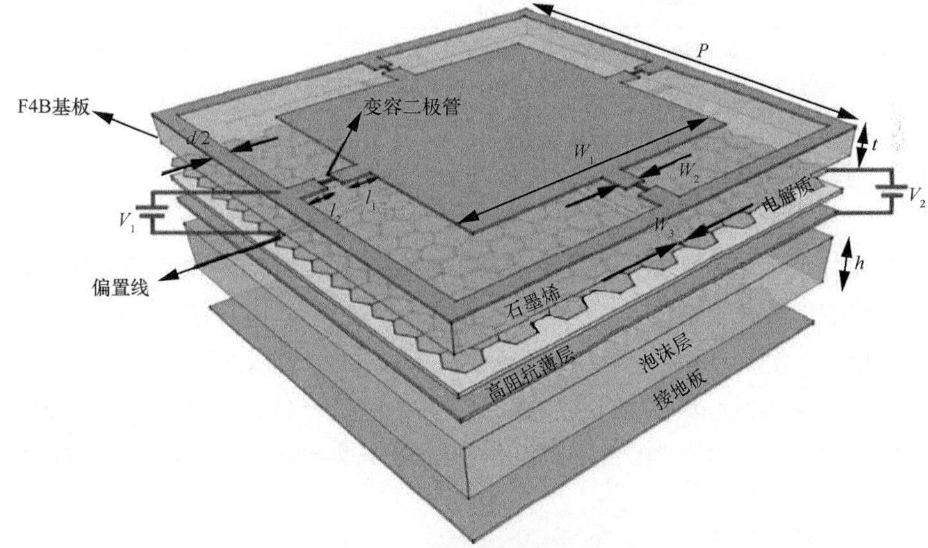

图 2-14　吸波器件的原理模型[10]

赵雨桐[11]介绍两种基于石墨烯的幅度可调控频率选择表面，其在工作频段范围内具有 4 个传输极点，且每个极点传输效率都被栅极电压的大小调控。如图 2-15 所示，h_1和 h_2分别为多晶硅和泡沫层的厚度，a 为单元尺寸大小，g_1为结构线宽，g_2为缝隙宽度。文献[11]还介绍一种使用了圆形石墨烯片的可调控频率选择表面。按照图 2-15（a）所示施加栅极电压 V_g时，4 个缝隙下方的石墨烯的电导率会被同时调控，而每个缝隙产生一个传输极点，V_g会同时调控 4 个传输极点的传输效率。仿真结果表明，当石墨烯半径增加时，各传输极点的传输效率在降低。这是因为石墨烯尺寸越大，其填补的缝隙的长度越长，对谐振时缝隙周围电流的损耗作用越明显，所以导致传输效率的下降。

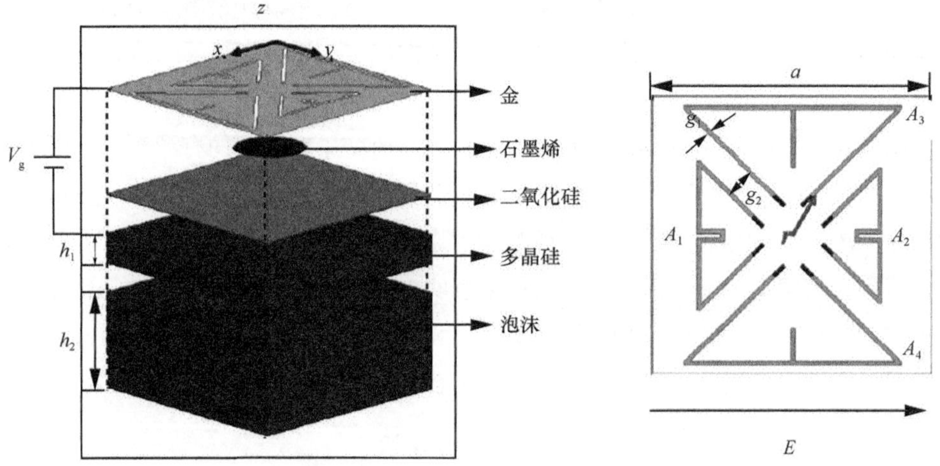

(a) 单元结构 (b) 单元俯视图

图 2-15 基于石墨烯的幅度可调控频率选择表面[11]

2.1.5 其他

在文献[12]中，YAO 等提出了一种基于石墨烯超表面的可调谐多功能反射偏振器，该超表面由交叉双椭圆石墨烯片阵列组成。在中红外区域，由于两个反射分量具有近 0°或 180°相位差的叠加，实现了线性到线性（Linear to Linear，LTL）的双频段偏振转换。通过仔细选择参数，实现了线性至圆偏振转换和 LTL 偏振转换的宽带（约 0.7 THz）。偏振器结构示意如图 2-16 所示，它由放置在中间硅层上的石墨烯片阵列组成，由金属金衬底支撑[12]。

图 2-16 偏振器结构示意

SUN 等[13]提出了一种带图案石墨烯的梯度超表面，以实现太赫兹波的可调，如图 2-17 所示。可变图形石墨烯结构的 2π 横向相位变化可以实现太赫兹波中的异常反射和折射。特别是，折射和反射的异常转换效率可以通过改变费米能量而不改变石墨烯结构的大小来动态调整。

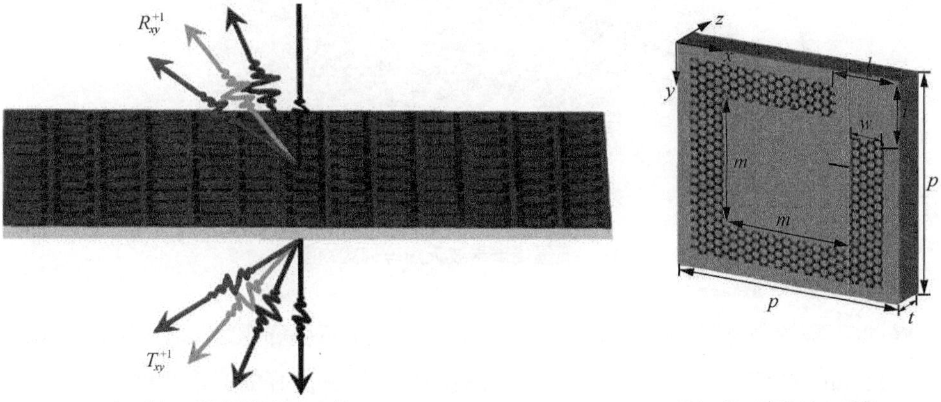

(a) 梯度石墨烯超表面示意　　(b) 单石墨烯纳米结构

图 2-17　带图案石墨烯的梯度超表面

文献[14]通过纯热压的方式制得了一种无金属的介电常数均一、结构稳定的石墨烯 PCB，实现了金属的完全替代。PCB 的上下层导体均为高导电石墨烯薄膜，如图 2-18 所示。基于石墨烯 PCB，设计了一种等幅同相馈电的四阵元石墨烯天线阵列。采用 T 型功分器进行功率的分配，由仿真结果可得，T 型功分器将输入端的能量均等地分配给 4 个输出端口，即等幅度地分配给 4 个辐射贴片。同时，使输入端口到 4 个输出端口的电流路径保持一致，以保证进入 4 个辐射贴片的电流具有相同的相位。实验结果证明，等幅同相的 4 单元石墨烯天线阵列进行法向辐射，最大可实现的增益为 11.6 dBi，E 面和 H 面辐射方向图的半功率波束宽度分别为 43°和 42°，实物如图 2-19 所示。

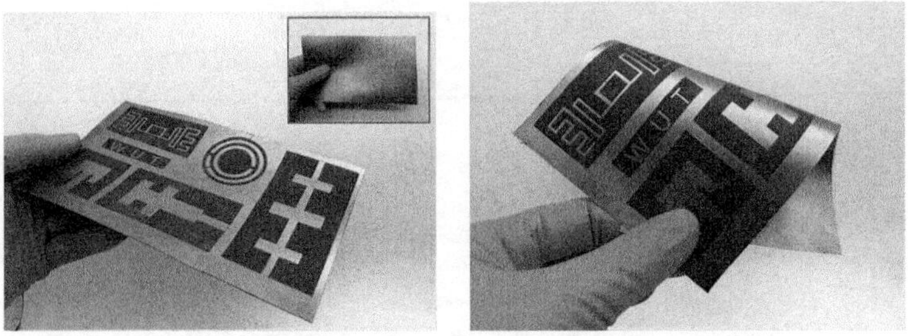

图 2-18　柔性石墨烯 PCB 图片[14]

图 2-19　石墨烯毫米波天线阵列实物图[14]

SONG 等[15]介绍了一种用于 5G 移动通信的基于石墨烯组装薄膜（Graphene Assembled Film，GAF）的 128 单元毫米波天线阵，它具有良好的宽带和低旁瓣性能，电场分布呈现中心对称。GAF 天线阵采用激光雕刻法制作，实物如图 2-20 所示。

图 2-20　GAF 天线阵的实物图[15]

文献[16]研究了印刷石墨烯天线在 15 GHz 下的单天线和阵列天线的性能。通过引入一个矩形缝隙来减小相互耦合，成功地制作了四元天线阵列，如图 2-21 所示。该天线阵列满足 5G 要求，与具有高增益、窄波束和可控的阵列元件相当。

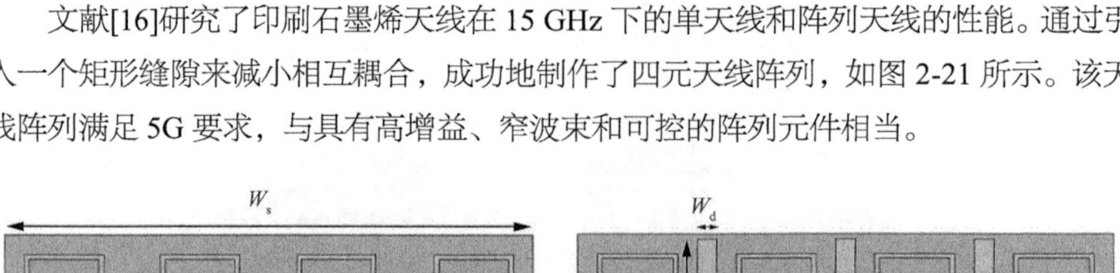

(a) 加入矩形缝隙前　　(b) 加入矩形缝隙后

图 2-21　印刷石墨烯天线阵列加入矩形缝隙前后示意[16]

2.2 基于石墨烯的太赫兹偶极子天线

石墨烯在天线领域的应用近几年逐渐引起了学者的关注。下面将介绍一种使用石墨烯材料替代传统金属而设计的偶极子天线。石墨烯材料特殊的电磁性能使在太赫兹频段下的天线获得了一些传统金属材质天线所不具备的特性。

2.2.1 石墨烯的等效表面阻抗

在 Drude 模型中，石墨烯的表面电导率可以用 Kubo 方程表示为

$$\sigma(\omega,\mu_{\mathrm{c}},\tau,T)=\frac{\mathrm{j}\mathrm{e}^2(\omega-\mathrm{j}2\Gamma)}{\pi\hbar^2}\left(\frac{1}{(\omega-\mathrm{j}2\Gamma)^2}\int_0^{\infty}\varepsilon\left(\frac{\partial f_{\mathrm{d}}(\varepsilon)}{\partial\varepsilon}-\frac{\partial f_{\mathrm{d}}(-\varepsilon)}{\partial\varepsilon}\right)\mathrm{d}\varepsilon-\int_0^{\infty}\frac{f_{\mathrm{d}}(-\varepsilon)-f_{\mathrm{d}}(\varepsilon)}{(\omega-\mathrm{j}2\Gamma)^2-4(\varepsilon/\hbar)^2}\mathrm{d}\varepsilon\right) \tag{2-5}$$

其中，e 表示电荷；$\hbar=h/2\pi$ 是约化普朗克常数；$f_{\mathrm{d}}(\varepsilon)=[\mathrm{e}^{(\varepsilon-\mu_{\mathrm{c}})/k_{\mathrm{B}}T}+1]^{-1}$ 是费米·狄拉克（Fermi-Dirac）分布，k_{B} 表示玻尔兹曼常数。可以看出，石墨烯的表面电导率主要取决于化学势 μ_{c}、温度 T、角频率ω和弛豫时间τ。使用 Kubo 方程计算石墨烯的表面电导率包含带间传输和带内传输两部分，当所研究的频率在太赫兹的低频段时（通常小于 5 THz），电导率的带间部分可以被忽略，因此石墨烯电导率可以用带内部分表示为

$$\sigma_{\mathrm{intra}}(\omega)=\frac{2\mathrm{e}^2}{\pi\hbar}\frac{k_{\mathrm{B}}T}{\hbar}\ln\left(2\cosh\left(\frac{\mu_{\mathrm{c}}}{2k_{\mathrm{B}}T}\right)\right)\frac{\mathrm{i}}{\omega+\mathrm{i}\tau^{-1}} \tag{2-6}$$

对于本小节所关注的频段（100～2 000 GHz），基于 Kubo 方程的带内部分，可以计算出石墨烯的表面电导率。在这里，约定在常温下即 T=300 K，并且τ=1 ps。不同化学势下石墨烯的表面电导率随频率变化的曲线如图 2-22 所示。

从图 2-22 中可以看出，在给定的频率下，石墨烯的表面电导率是一个复数，其实部大于零且随着化学势的增大而增大；而其虚部小于零，呈现感性并随着化学势的增大而减小。

通过公式 $Z_{\mathrm{s}}=1/\sigma$ 可以计算出石墨烯材料的表面阻抗，如图 2-23 所示。可以看出，在同一频点处，表面阻抗的实部和虚部都随着化学势的增加而减小。随着频率的增加，表面阻抗的实部几乎保持不变，而虚部增加并大大超过实部的数值，这种性质是普通自然材料所不具备的。表面阻抗具有很强的电感特性，因此可以产生 TM 表面波，由

于这种导电性类似于等离子体，可以将这种特性称作表面等离子体特性。如果考虑无穷大石墨烯平面的情况，石墨烯上下的介质介电常数分别为 ε_1 和 ε_2 ，在表面等离子体模式下石墨烯的色散关系可以表示为

$$\frac{\varepsilon_1}{\sqrt{k^2-\varepsilon_1 k_0^2}}+\frac{\varepsilon_2}{\sqrt{k^2-\varepsilon_2 k_0^2}}=\frac{-\mathrm{j}\sigma}{\omega\varepsilon_0} \tag{2-7}$$

其中，$k=\beta-\mathrm{j}\alpha$ 是波导中的复传播常数，$k_0=\omega/\mathrm{c}$ 是自由空间波数，β 是波导波数，α 是衰减因子，c 是真空中光速。并且 k 可以近似地表示为

$$k\approx\varepsilon_0\frac{\varepsilon_1+\varepsilon_2}{2}\frac{2\mathrm{i}\omega}{\sigma} \tag{2-8}$$

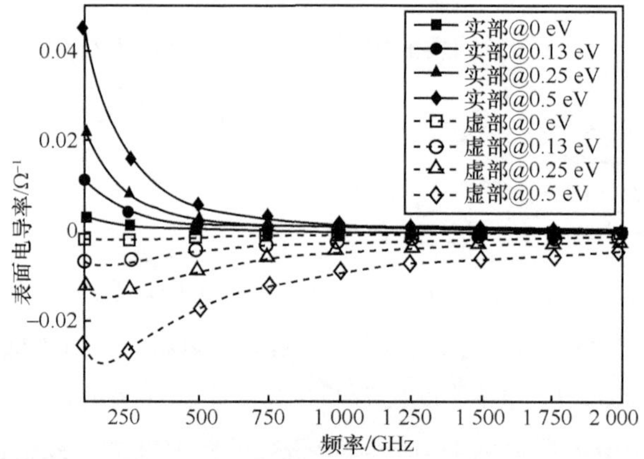

图 2-22　不同化学势下石墨烯的表面电导率随频率变化的曲线

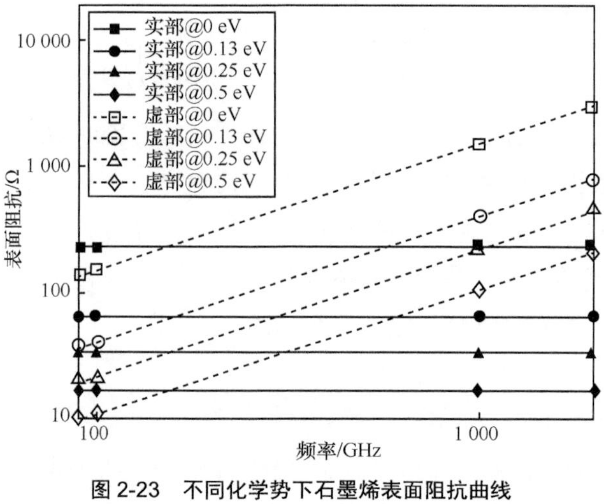

图 2-23　不同化学势下石墨烯表面阻抗曲线

2.2.2 基于石墨烯的偶极子天线仿真分析

将采用石墨烯的表面阻抗模型在仿真软件 CST 微波工作室中建模，分析石墨烯偶极子天线的特性。仿真使用了 CST 微波工作室中基于有限元算法的频域求解器。模型使用石英作为衬底，其介电常数为 3.75，并且在太赫兹频段的损耗很小。石墨烯偶极子天线的结构如图 2-24 所示，贴片的尺寸为 $W \times L$，在天线的中间设置端口激励，当石墨烯的结构尺寸在微米量级时，石墨烯层的边缘量子效应可以被忽略，因此在这里贴片可以用无穷大石墨烯的特性来等效。

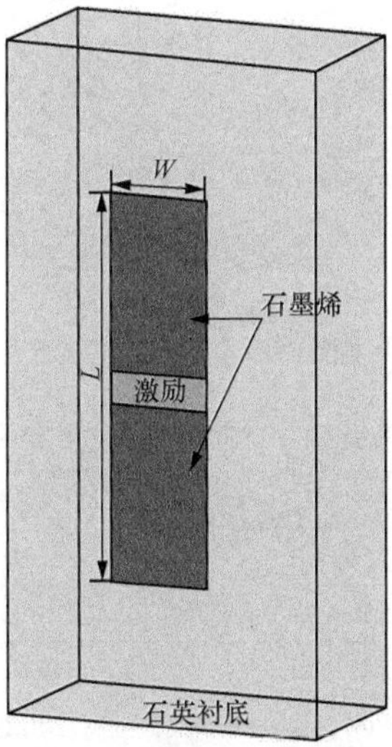

图 2-24 石墨烯偶极子天线结构

在偶极子的长度 $L = n\lambda / 2 = \pi n / \beta$ 时，偶极子天线将产生等离子体谐振，β 是石墨烯等离子体模式波数。在这里，关注的是第一次谐振，也就是 n=1 的情况，这种情况下天线的尺寸最小并且有良好的匹配。由于石墨烯作为辐射单元并且其工作在表面等离子体模式，其谐振长度可以大大缩小，为自由空间波长的二十分之一到十分之一。在石墨烯的化学势为 0.25 eV 时，选择合适的尺寸 L 让天线谐振在 0.9 THz 处，此时 L=23 μm，W=6 μm，长度 L 小于该频点对应自由空间波长的十分之一。在本小节中，考虑的是直接由激励而产生的辐射而非散射，这种激励在实际应用中可以通过光混频器产生。同样的，当石墨烯天线作为接收天线接收电磁波并把能量传输给光混频器时，也可以作为探测器使用。

对于不同的化学势，天线可以谐振在不同的频率，如图 2-25 所示。可以看出，随着化学势的增大，偶极子天线的谐振频率也在升高，并且在化学势为 0.25 eV 时，天线可以获得最好的匹配。石墨烯偶极子天线在不同化学势下的工作参数总结见表 2-1。图 2-26 是化学势为 0.25 eV 时天线的输入阻抗随频率的变化曲线，可以看到，在天线谐振时，天线的输入阻抗实部约为 55 Ω，而其虚部接近 0。

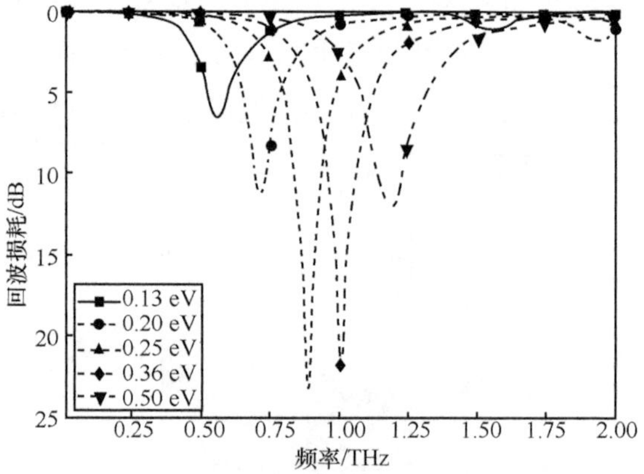

图 2-25　不同化学势下石墨烯偶极子天线回波损耗

表 2-1　石墨烯偶极子天线在不同化学势下的工作参数

化学势/eV	谐振频率/THz	−10 dB 带宽	L/λ_0
0.13	0.56	0	0.04
0.20	0.72	38 GHz	0.06
0.25	0.89	90 GHz	0.07
0.36	1.00	100 GHz	0.08
0.5	1.18	73 GHz	0.09

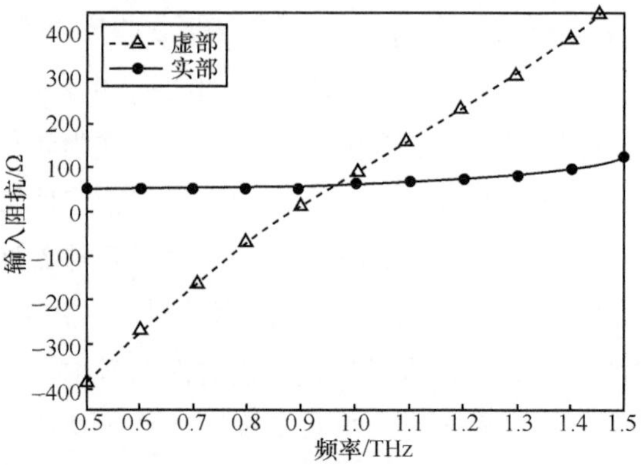

图 2-26　化学势为 0.25 eV 时天线的输入阻抗随频率的变化曲线

图 2-27 是不同化学势下天线辐射效率随频率变化的曲线，可以看出，随着化学势的增大，天线的辐射效率也会增加。这是因为当化学势增加时，石墨烯表面阻抗的虚部会减小，天线的谐振尺寸会相应增加，使天线辐射效率提高。

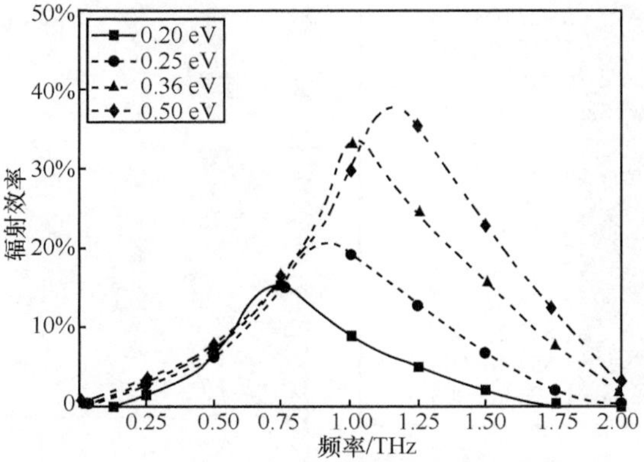

图 2-27 不同化学势下天线辐射效率随频率变化的曲线

在化学势为 0.25 eV 时，频率 0.89 THz 处石墨烯偶极子天线的归一化辐射方向图如图 2-28 所示。可以看出，方向图非常类似于传统金属偶极子方向图的形状。对于传统天线来说，采用石墨烯材料大大减小天线的尺寸，并且在石墨烯偶极子天线中，电流主要集中在天线的相位中心。图 2-29 为石墨烯偶极子天线在 0.89 THz 处电流分布图。

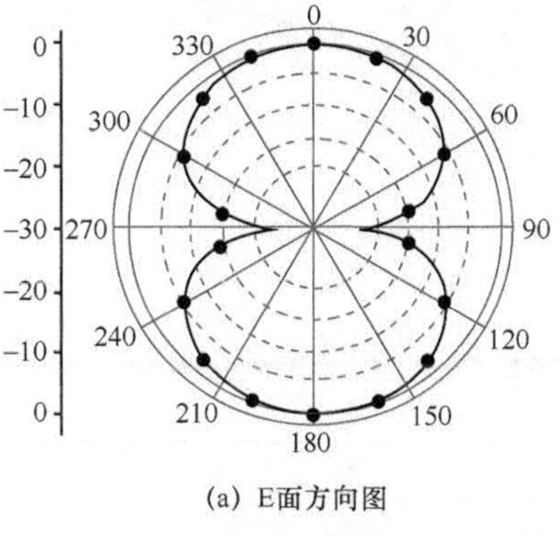

(a) E面方向图

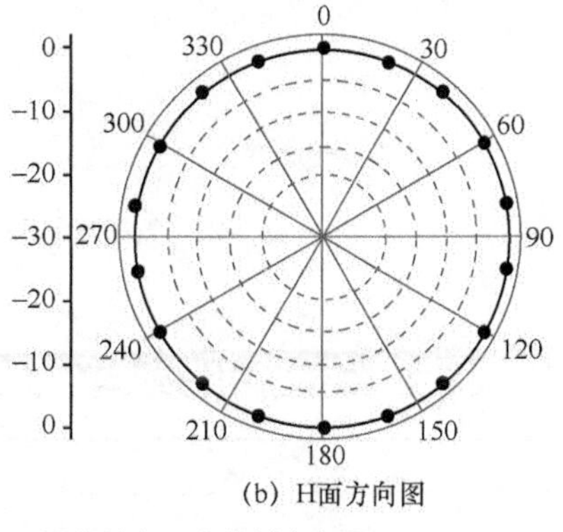

(b) H面方向图

图 2-28 频率 0.89 THz 处石墨烯偶极子天线的归一化辐射方向图

本小节对石墨烯材料在太赫兹偶极子天线中的应用进行了研究。石墨烯的等离子体特性使偶极子天线的尺寸大大减小，并且其谐振频率通过化学势调节，可以作为太赫兹片上天线或探测器的材料。

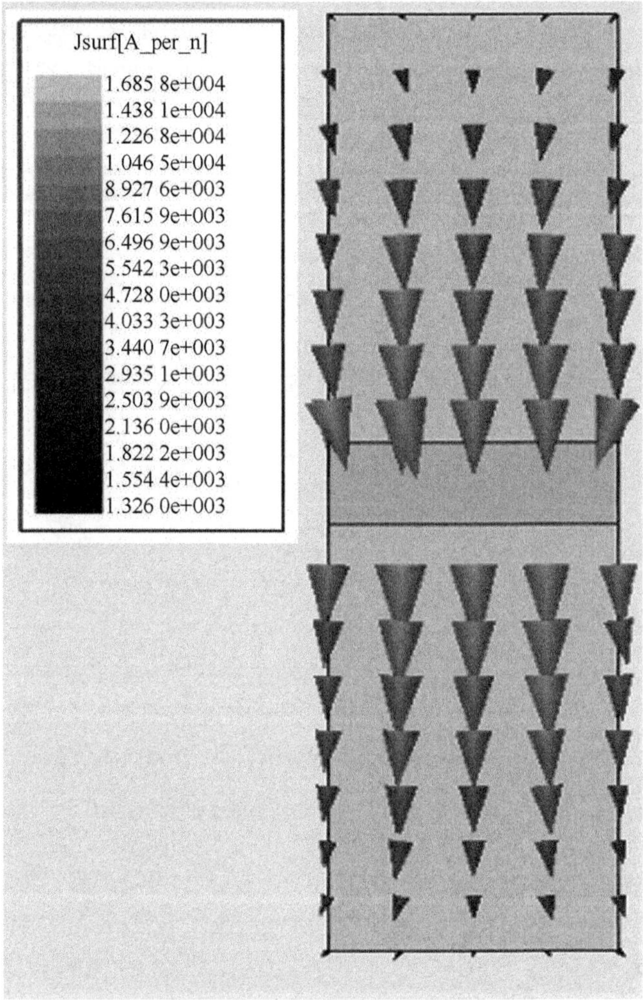

图 2-29　石墨烯偶极子天线在 0.89 THz 处电流分布图

2.3　基于石墨烯的频率可重构天线

2.3.1　基于石墨烯的频率可重构天线研究背景及意义

多功能可重构天线是指在频率、极化和辐射方向图上具备可调功能的天线，具有灵活性和稳定性等特点。金属天线的这种多功能可重构能力是通过基于电、光、热、机械等多种机制的技术来实现的。人们提出了几种实现多功能可重构天线的方法，这些方法大多数使用了某种开关机制，无论是电子开关还是机电开关，在天线结构中加入开关结构都增加了天线结构的复杂性。

近年来，碳及其衍生物材料因其优异的电子、机械和热特性而成为传统材料的一种新兴替代品，这些独特的特性赋予了碳基材料广泛的应用范围。石墨烯是用于直流至太赫兹及以上频率的元件和设备的最卓越的碳材料，其最有前景的特性之一是在微波和毫米波范围具备电导率可调的特性，这使得实现天线性能的动态控制成为可能。基于石墨烯的器件已由不同的研究团体设计，包括衰减器、移相器、天线和传感器。为了便于制造和降低成本，就像单层石墨烯一样，多层石墨烯的电导率具备可调节的特性，因此其在新型器件中越来越受欢迎。

2.3.2　频率可重构天线理论

频率可重构天线的工作频率在一定的频带范围内具有连续或离散可调能力，同时保持天线的辐射方向图、极化特性基本不变。频率可重构天线的优势在于可以灵活改变天线的工作频率或带宽以适应不同系统的需求，同时不会接收来自其他频段的信号，以降低干扰。

目前频率可重构天线实现频率可调的方法包括使射频开关或可变电容元件改变物理结构，进而影响天线的有效电流长度，在电磁参数基本保持在允许范围内不变（即不改变辐射方向图、辐射模式和极化模式）的情况下，改变天线的谐振频率。另外还有机械开关和半导体开关，机械开关主要以微型电机-机电系统（Micro Electro Mechanical System，MEMS）为主，半导体开关主要包含场效应晶体管（Field Effect Transistor，FET）二极管和 PIN 二极管。通过直接改变天线形态的机械可移动部件是一种可行的方法。近年来，新型材料的应用是可重构天线中一个重要的研究方向。

目前，基于石墨烯的频率可重构天线的设计和实现主要通过以下几种方式。

（1）利用电导率可调谐石墨烯作为辐射体或加载石墨烯枝节实现频率可重构。

（2）把天线划分为几部分，在其之间加载开关，通过开关实现不同天线部分工作来实现频率可重构。

（3）在主激励贴片周围加载寄生单元，通过控制加载于激励单元的偏置电压来实现频率可重构。

2.3.3 基于石墨烯的频率可重构天线实例

2.3.3.1 利用石墨烯作为辐射体或加载石墨烯枝节实现频率可重构

文献[17]提出了一种较新颖的在 SiO_2/Si 衬底上的双层石墨烯等离子体双频可重构太赫兹天线，利用电场效应动态控制上下层石墨烯的电导率，实现天线的频率可重构功能。天线置于 SiO_2/Si 衬底上，由两个耦合的石墨烯片组成，中间由 SiO_2 隔开，SiO_2 用于加载外部电压，天线由下层的石墨烯进行馈电，在 0.8～1.2 eV 实现了 1.04～1.27 THz 和 2.19～2.65 THz 的双频特性，所设计的结构在双频、频率重构、重构后阻抗稳定等方面具有显著的性能。天线结构如图 2-30 所示。

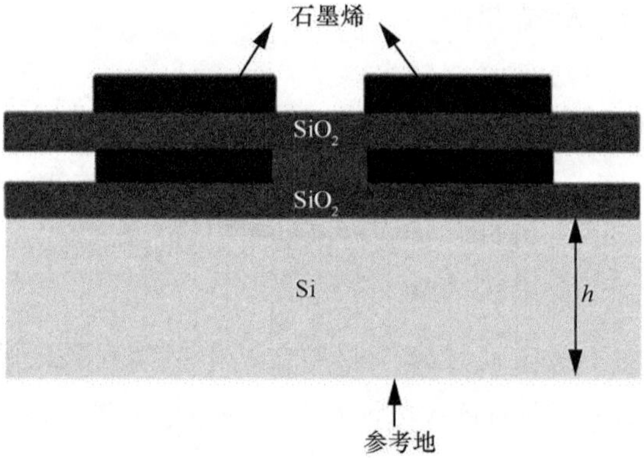

图 2-30 双层石墨烯等离子体双频可重构太赫兹天线结构[17]

文献[18]提出并设计了一种石墨烯柔性可重构天线，如图 2-31 所示。由石墨烯接地电极层、柔性介质层以及石墨烯辐射和馈电层构成。接地电极层包括第一衬底以及在第一衬底上阵列排列的第一柱体，柱体为柔性结构，其上覆盖有一层石墨烯薄膜。石墨烯辐射和馈电层包括第二衬底以及在第二衬底上阵列排列的第二柱体，柱体为柔性结构，柱体与衬底上都共性覆盖有一层石墨烯薄膜。通过阵列排布的柱体之间的空隙以及与柔性介质层之间的间隙引入空气，从而改变介质基板的等效介电常数，实现微带天线的频率可重构特性。

该设计显著的优点是柱体上共形石墨烯提高了天线的应变耐受性与稳定性。

文献[19]设计了一款基于石墨烯的类倒 F 型频率可重构天线，天线结构如图 2-32 所示。对倒 F 型天线进行改进，将左端的终端短路传输线的一小片金属替换成石墨烯片，利用石墨烯在微波频段电导率实部可调虚部几乎不变的特点调节左端传输线的电流强度，从而调节谐振频率，达到频率可重构的效果，并且通过测量，在石墨烯片的电阻率发生变化时，天线在中心频率处的方向图变化较小。

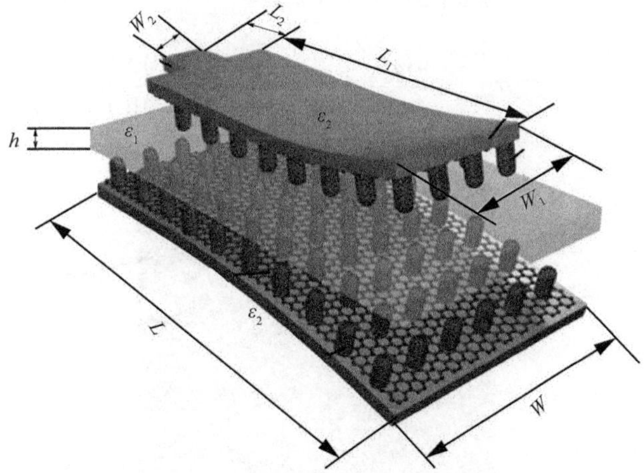

图 2-31　石墨烯柔性可重构天线结构[18]

其缺点是对 S_{11} 具有一定的影响，在最佳谐振点处 S_{11} 比较好，其余谐振点处 S_{11} 略差。

文献[20]提出了一种基于石墨烯的太赫兹频率的方螺旋可重构天线，如图 2-33 所示，其中 μ_{c1} 和 μ_{c2} 分别为加载于石墨烯的化学势。石墨烯表面电导率与化学势的关系见式（2-9）和式（2-10），石墨烯的表面电导率由带间电导率和带内电导率组成，其中 q_e 是电子电荷，k_B 是玻尔兹曼常数，w 是角频率，τ 是电子弛豫时间，$\hbar$ 是普朗克常数，T 是开尔文温度。频带低于 5 Hz 只需考虑带内电导率。

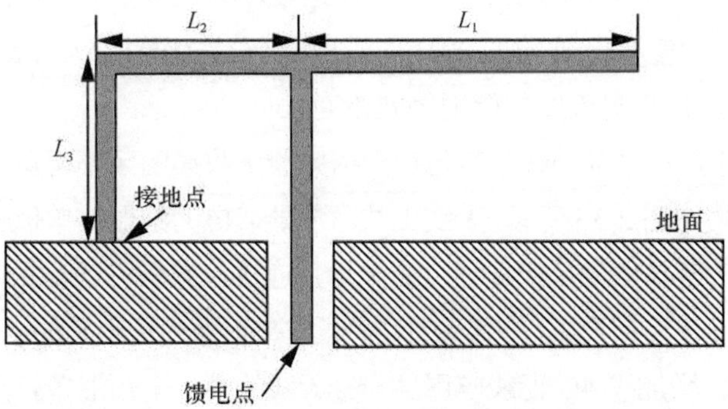

图 2-32　基于石墨烯的类倒 F 型频率可重构天线结构[19]

在天线一侧施加不同的化学势，另一侧保持不变，天线可工作在 1～2 THz，最大阻抗带宽达到了 26.68%。

$$\sigma_{\text{intra}} = \frac{-\mathrm{j}q_{\mathrm{e}}^2 k_{\mathrm{B}} T}{\pi\hbar^2\left(\omega - \mathrm{j}/\tau\right)} \times \left(\frac{\mu_{\mathrm{c}}}{k_{\mathrm{B}} T} + 2\ln\left(\mathrm{e}^{-\mu_{\mathrm{c}}/k_{\mathrm{B}}T} + 1\right)\right) \tag{2-9}$$

$$\sigma_{\text{inter}} = \frac{-\mathrm{j}q_{\mathrm{e}}^2}{4\pi\hbar} \ln\left(\frac{2\left|\mu_{\mathrm{c}}\right| - \left(\omega - \mathrm{j}2\Gamma\right)\hbar}{2\left|\mu_{\mathrm{c}}\right| + \left(\omega - \mathrm{j}2\Gamma\right)\hbar}\right) \tag{2-10}$$

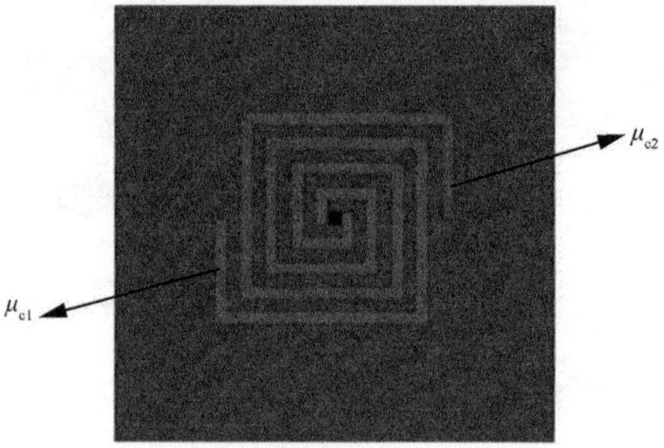

图 2-33　方螺旋可重构天线结构[20]

2.3.3.2　利用加载开关实现频率可重构

文献[21]提出了基于石墨烯的频率可重构天线，如图 2-34 所示。天线由一个插入馈电的矩形贴片和 3 个通过石墨烯片连接的短截线组成，石墨烯片通过在馈线和接地面之间加偏置电压改变其阻抗，从而改变贴片的电抗引起频率的偏移达到频率可重构的效果。图 2-34 中，W 和 L 为天线贴片的宽度和长度，L_1 为槽长，w_{m} 为馈线宽度，l_{s} 和 w 为短截线的长度和宽度，l_1 为石墨烯片距贴片的长度，l_{g} 为石墨烯片的长度。增加短截线的数目会增加电抗的变化，从而引起频移的增加，双短截线的天线具备 300 MHz 的频移，并且对天线的辐射模式没有任何的改变。

文献[22]提出了一种 4G/5G 频带可用于射频能量收集的频率可重构单极子天线，天线结构及天线实物如图 2-35 所示。天线由共面波导馈电的圆形的单极子和 5 条等距角的矩形条组成，矩形条与圆形单极子通过石墨烯片连接。单极子的谐振频率可以从 3 GHz 到 7.8 GHz，满足 5G 应用要求。在该设计中，通过在石墨烯片上施加电压可以在 1.8 GHz 到 7.5 GHz 谐振，增加了 4G 无线应用。一号天线的第一个矩形条打开偏置其他的都关掉，二号天线的第 3 个矩形条打开偏置其他的都关掉，其谐振频率有明显区别。

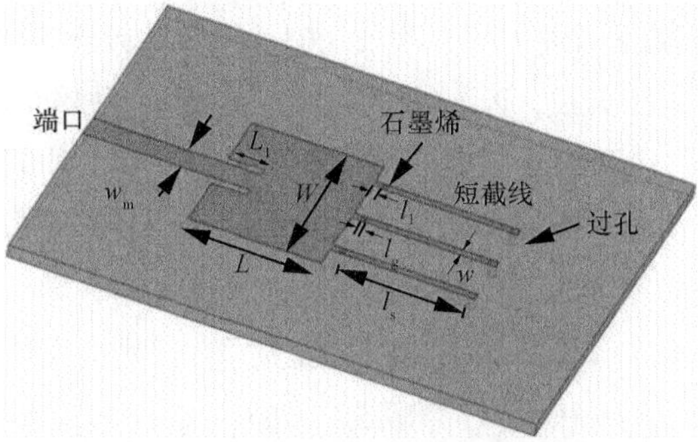

图 2-34　基于石墨烯的频率可重构天线结构[21]

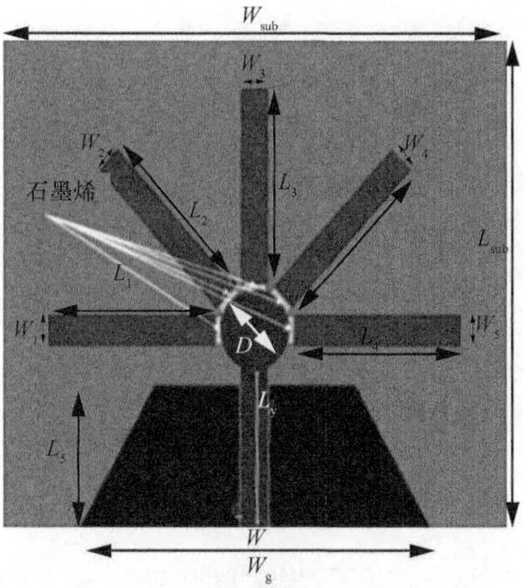

(a) 整体结构

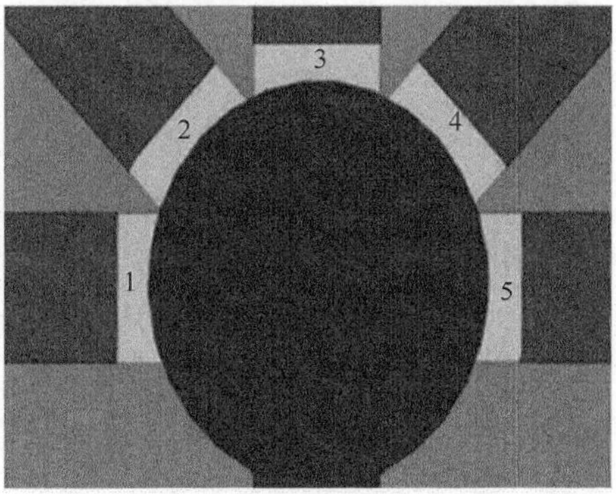

(b) 局部结构

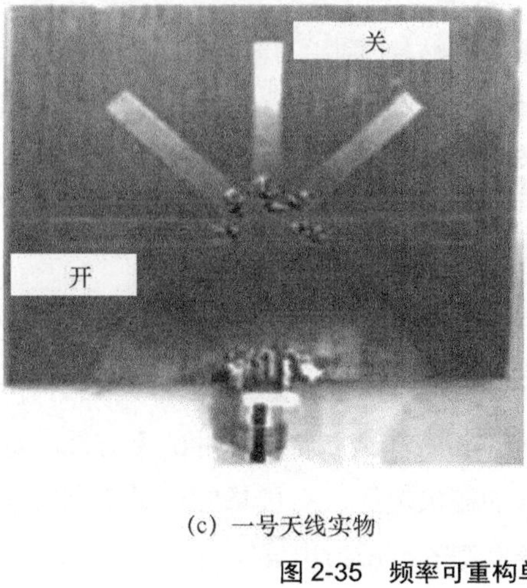

(c) 一号天线实物

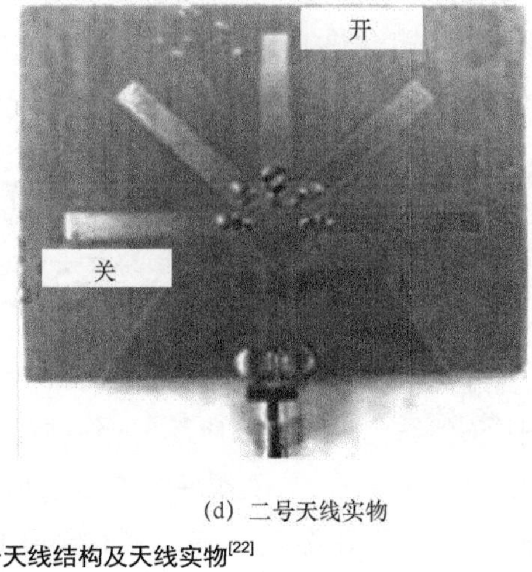

(d) 二号天线实物

图 2-35　频率可重构单极子天线结构及天线实物[22]

文献[23]提出了可在两个频段（S 频段 3.03 GHz，C 频段 5.17 GHz、6.13 GHz）切换的基于石墨烯的可重构天线，天线结构如图 2-36 所示。将纳米石墨烯导电油墨印在棉布上，其表面电阻为 $2.7\ \Omega/\mathrm{m}^2$，电导率为 0.37×10^5 S/m，用其作为金属的代替品来制造微带天线具备更便宜、更环保的特点。天线在多层衬底上搭建矩形贴片，通过控制高次模的激励实现频率的可重构性。天线有两个馈电口，端口一和端口二分别支持 S 频段（激励 TM_{10}）和 C 频段（TM_{02} 和 TM_{20}），在天线前设置 PIN 射频开关控制两个端口，达到 S 频段 3.03 GHz 及 C 频段 5.17 GHz、6.13 GHz 频率可重构。

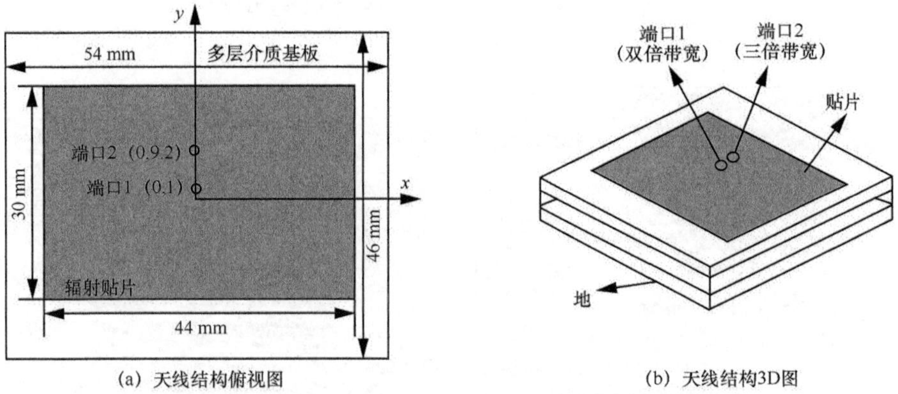

图 2-36　可在两个频段切换的基于石墨烯的可重构天线结构[23]

2.3.3.3　利用寄生单元实现频率可重构

文献[24]提出了基于石墨烯频率可重构微带天线，实现了工作频段为 47.2～63.1 GHz 的宽频段和中心频率为 35 GHz 和 58 GHz 的双频段的可重构，天线结构如图 2-37 所示。该设计在金属矩形贴片的前端添加了一个石墨烯矩形贴片，利用石墨烯电压控制电导率变化的原理，对石墨烯矩形贴片加电势进行频率调谐。在 15 eV 时，石墨烯介电常数较小，天线电流主要集中在金属矩形贴片边缘，天线的工作频段主要集中在高频段。在 0 eV 时，石墨烯介电常数较大，石墨烯贴片上出现电流分布，此时天线为双频天线。

其缺点是由于石墨烯的电导较大，导致其损耗较大，天线的增益较低，并且使高频段的带宽减小。

文献[25]通过数值模拟研究了微波频段石墨烯层对传统铜贴片天线的影响，传统铜片天线结构如图 2-38 所示。天线结构以硅为基板，在金属辐射贴片的下方加石墨烯片作为寄生单元，在石墨烯层和接地面之间施加栅极电压。石墨烯的电导率在微波频段下较差且不好调节，而在太赫兹频段下具备良好的可调谐电导率特性。

图 2-37　基于石墨烯频率可重构微带天线结构[24]

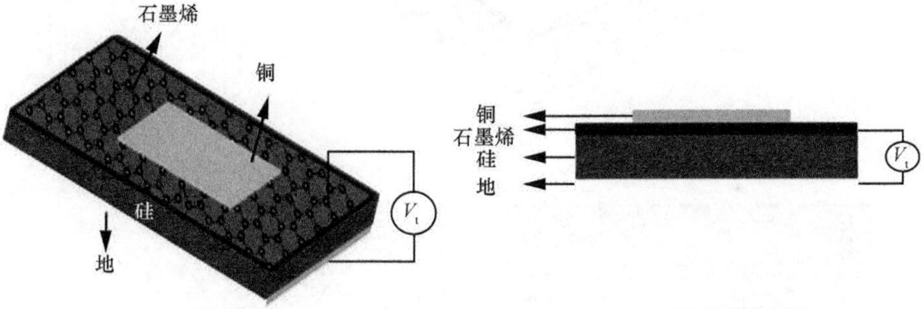

(a) 天线3D图　　(b) 天线侧视图

图 2-38　传统铜贴片天线结构[25]

石墨烯的导电性随化学势的变化而变化，其化学势可通过施加不同的直流偏置电压来调节，施加电场偏置可以在石墨烯中注入更多的电子或空穴载流子，从而实现对电导率的控制，达到频率可重构的效果。当石墨烯化学势从 0.5 eV 提高到 0.8 eV 时，在 0.98～1.24 GHz 的宽频率范围内实现了频率重构。

文献[26]提出了一种利用石墨烯高阻抗表面（High Impedance Surface，HIS）设计的二维太赫兹法布里–珀罗腔天线。天线谐振腔由 SU-8 构成，频率选择表面在最上面，HIS 放置在底部，谐振腔中嵌入了一个太赫兹源。通过调节石墨烯的电导率可以很好地控制 HIS 的反射相位，从而调节天线的工作频率。当化学势从 0 eV 到 1 eV 时，谐振频率从 1.75 eV 变到了 5.26 eV，达到了频率可重构的效果。天线结构及等效电路如图 2-39 所示。

文献[27]设计了一种新型的基于石墨烯衬底腔的太赫兹频段可重构天线，如图 2-40 所示。天线结构由上到下分别是四周切角的边长 a_{patch} 的矩形贴片，介电常数为 ε_1 、高度为 h_1 的微带基板，通过微带线馈电，一个半径为 r_{inner} 的开口圆，介电常数为 ε_2 、高度为 h_2 的腔体结构，许多石墨烯堆沿半径为 r_{outer} 的外圆嵌入腔体中，并连接腔体的顶部与底部。每个石墨烯堆由 h=1 nm 的石墨烯片和 Al_2O_3（ $\varepsilon_d = 9$ ， $\tan\delta = 0.01$ ）绝缘膜的交替组成。腔体衬底的介电特性会影响天线的性能。通过改变石墨烯堆的介电常数，可以改变谐振腔衬底的有效介电常数。

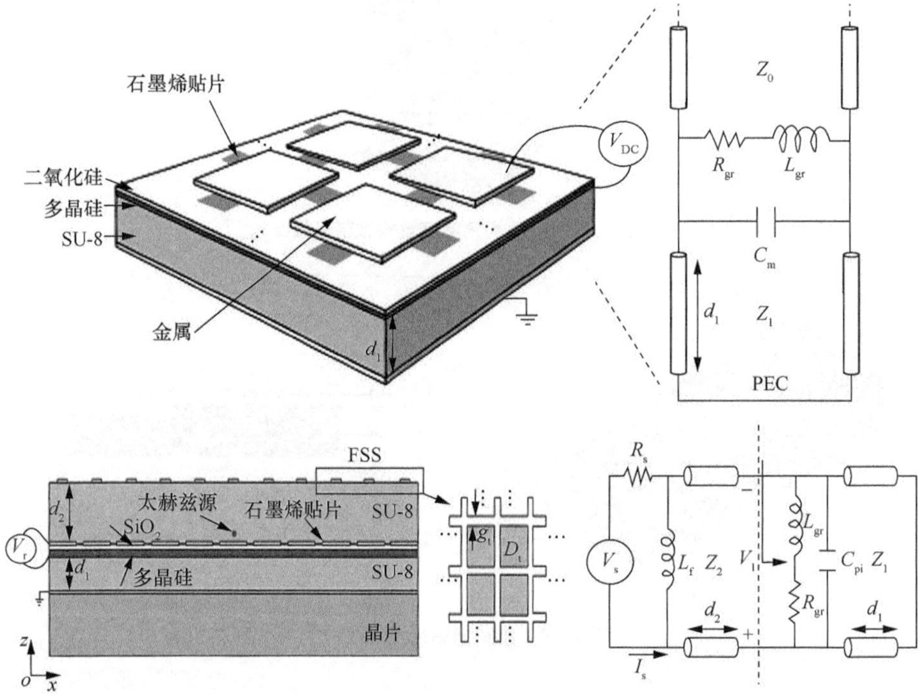

图 2-39　二维太赫兹法布里–珀罗天线结构及等效电路[26]

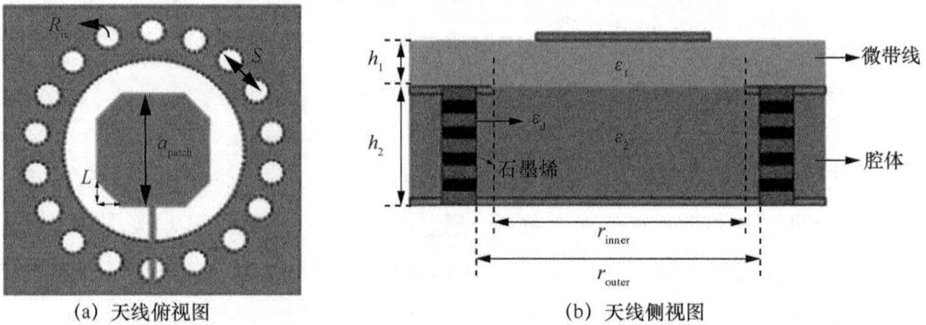

(a) 天线俯视图　　(b) 天线侧视图

图 2-40　基于石墨烯衬底腔的太赫兹频段可重构天线结构[27]

文献[28]利用石墨烯堆衬底集成波导技术设计了在太赫兹频率下频率可重构的圆形贴片天线，如图 2-41 所示。将半径为 R 的圆形贴片天线置于介电常数为 ε 、长 L、宽 W、高 h 的二氧化硅（ $\mu_c = 0.2\ \text{eV}$ ）衬底上。在基片集成波导技术中，一般将辐射贴片通过金属通孔与接地面连接，在此次设计中，使用石墨烯-氧化铝堆连接辐射贴片与接地面，每个石墨烯-氧化铝堆由石墨烯薄片和氧化铝片交替组成，其半径为 r。通过控制石墨烯-氧化铝堆的石墨烯的化学势实现频率的可重构。当石墨烯的化学势分别为 0.25 eV 和 0.45 eV 时，天线分别在 3.02 THz 和 4.69 THz 共振，天线的谐振频率随石墨烯化学势的增大而增大。

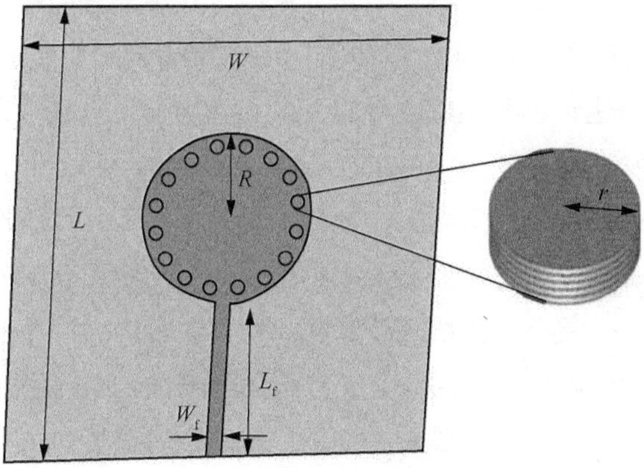

图 2-41　图形贴片天线结构[28]

2.3.4　未来发展趋势及待解决的问题

以上总结石墨烯频率可重构天线的主要设计方法，并分析了其设计原理。利用新材料石墨烯的优良特性来进行可重构天线的设计，已经成为天线领域的研究热点。

基于石墨烯的频率，可重构天线的发展趋势以及还未解决的问题如下：

（1）石墨烯能够在太赫兹频段表现出优良特性，但应用在太赫兹频段的天线加工困难，结构上仍有很大的创新空间；

（2）基于石墨烯的可重构天线仍是未来研究的重点之一，频率可重构天线大多在太赫兹频段，在微波、毫米波频段仍然需要重视。

2.4　基于石墨烯的方向图可重构天线

2.4.1　基于石墨烯的方向图可重构天线研究背景及意义

随着现代雷达和通信系统的迅速发展，飞机、轮船、卫星等所需的天线数量越来越多。这使得天线平台上所负载的重量不断增加，而且搭建天线所需的费用不断上升；各天线之间的电磁干扰非常大，严重影响天线的正常工作。为了降低系统复杂度和成本，同时实现良好的电磁兼容，可重构天线逐渐成为在满足系统通信功能的前提下减少天线数量的一种很好的解决方案。天线可重构方式主要分为频率可重构、方向图可重构、极化可重构以及混合可重构。其中方向图可重构天线实现方向图主波束的偏转，是现代通信系统中为达到小型化所应用的天线类型之一，也是未来应用于认知无线电环境中智能天线的发展趋势。

方向图可重构天线可以在保持工作频率不变的条件下，实现对天线最大辐射方向的扫描。在日常的应用中，通常要求天线具有辐射方向图可变的特性，而传统的相控阵天线的馈电系统十分复杂，天线阵阵元间的距离比较大，整个系统的加工制作成本随着工作频率的增大急剧增加，因此对于方向图可重构天线的研究是很有必要的。

对于现有的可重构天线，一般采用金属贴片的方式进行可重构天线的设计，但是由于金属表面电阻率变化很小，需要庞大的馈电网络设计才能实现方向图可重构。金属石墨烯的表面电导率能够发生改变，并且石墨烯与器件相结合能够实现天线的可调性。此外石墨烯的工作频率覆盖了太赫兹频段，并且其制备和图案化的方法已经得到了深入的研究，如化学气相沉积法（CVD）、飞秒激光切割法和电子束或离子束刻蚀法等，因此石墨烯成为了实现方向图可重构天线应用的重要材料之一。

2.4.2 可重构天线理论

辐射方向图是为了描述天线在空间不同方向辐射功率强度的不同而引入的，其可重构天线通过实时改变天线结构来控制辐射方向图，实现了相控阵天线的功能。在使用可重构天线的系统中，仅仅使用一个或很少几个信号馈入端口，减少了多端口天线系统信号合成的麻烦，也消除了由多端口信号合成过程引入的信号损耗和噪声。重构天线方向图的主要手段是控制天线表面电流的分布情况，进而改变天线辐射方向。由于石墨烯覆层呈金属或介质特性，对电磁波的传输影响变化很大（金属特性：反射电磁波，介质特性：对电磁波几乎无影响），因此把石墨烯高阻抗表面用作天线的覆层，调节石墨烯的表面阻抗，将会使得天线的谐振以及辐射方向发生改变，从而实现天线的带宽和波束可调节。此外，石墨烯具有优良的热学和力学特性，能够满足恶劣测试环境的要求，可以确保基于石墨烯覆层的高性能天线性能的稳定。

目前方向图可重构天线的设计和实现主要通过以下几种方式：

（1）利用八木天线原理，即在主激励贴片周围加载寄生单元，通过控制加载于激励单元与寄生单元之间的开关来实现方向图可重构；

（2）把天线划分为几部分，在其之间加载开关，通过开关实现不同天线部分工作进而实现方向图可重构；

（3）通过改变天线表面口径分布来获得天线辐射方向可变特性，如加载变容二极管于天线的表面就是一种常用方法。

2.4.3　可重构天线实例

2.4.3.1　利用石墨烯作为辐射体或加载石墨烯枝节实现方向图可重构

文献[29]提出了一种较新颖的石墨烯-金属复合结构的方向图可重构天线，如图 2-42 所示。通过对两个贴片施加不同相位的馈电信号来实现可重构效果，而不同的馈电信号则由石墨烯-金属复合结构组成的相移网络来实现。移相器的输出信号的相位随石墨烯的方阻变化而变化，同时可以保持幅值基本不变。相关测试实现了在施加 0.7 V 和 5 V 这两种偏置电压的情况下，存在两个不同的主波束角度。设计中，金属的高电导率特性保证了该结构欧姆损耗不会非常高。

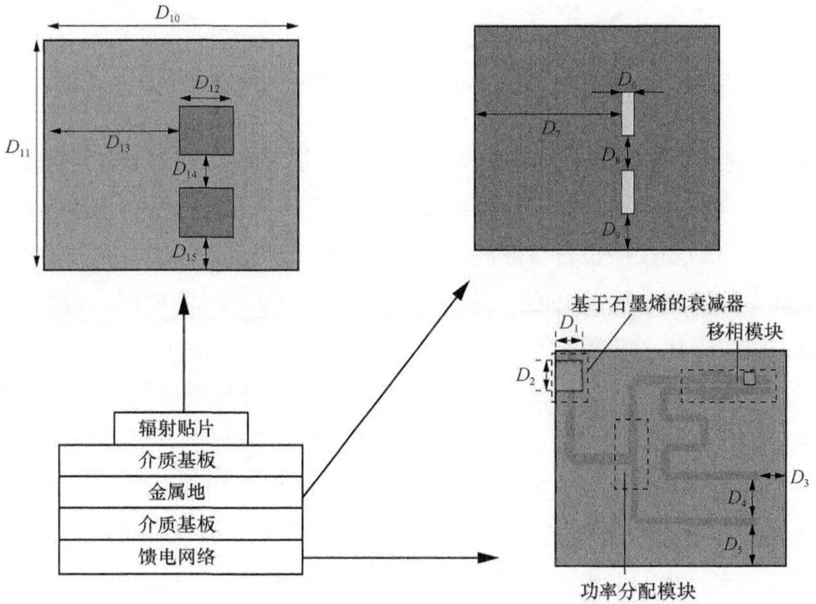

图 2-42　石墨烯-金属复合结构的方向图可重构天线[29]

文献[30]设计了一种基于石墨烯覆层的可重构天线，如图 2-43 所示，利用在电介质套筒的内外侧表面涂覆石墨烯覆层，另一侧表面涂覆硅覆层，将两覆层与电极两端相连，控制其外置偏置电压 U_k，可以实现天线具有宽频带、频率可重构和辐射方向图可重构的三大特点；利用石墨烯作为高阻抗表面，进而使天线的辐射方向发生改变。该设计利用了石墨烯具有较高的载流子密度和良好的场效应特性，具有很强的实用性，广泛应用于太赫兹、红外及光波频段。

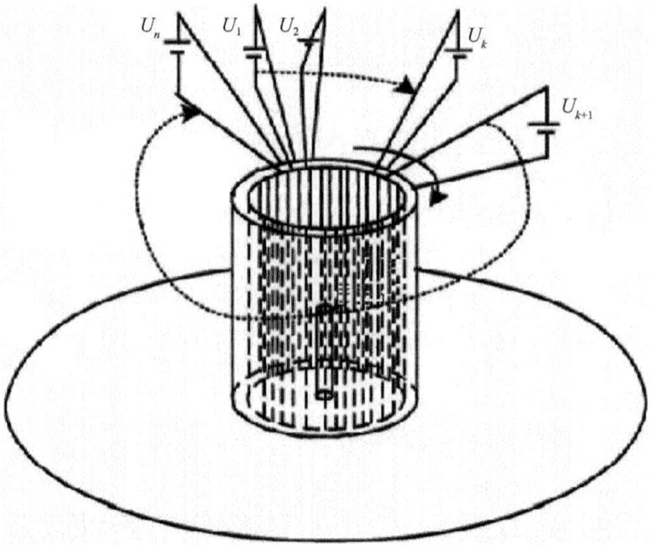

图 2-43　基于石墨烯覆层的可重构天线结构[30]

文献[31]利用石墨烯和金属构成混合结构，并通过改变石墨烯材料的电导率实现天线方向图全方位的可重构。该文献中设计一种准八木天线，将石墨烯作为蝶形激励单元，通过分布的复杂微带石墨烯混合网络产生第二个谐振点。其原理为通过改变施加在石墨烯上的偏置电压 V_g 的值，从而得到 6 种不同情况的方向图，实现了方向图可重构。该天线可以在全向辐射等快速切换，且保持较高的前后比。

文献[32]利用石墨烯频率选择表面设计了一款太赫兹频段的辐射方向图可重构天线，如图 2-44 所示。天线的辐射图案可以通过动态命令石墨烯的化学电位来重新配置。天线可以在整个方位角平面或全向模式下以方向模式操作。测试过程中，通过改变每个频率选择表面的石墨烯阻力，从而达到向 4 个不同方向辐射的功能，并且能连续控制增益。该设计为频率选择表面在太赫兹频段的可重构打下了基础和提供了思路。

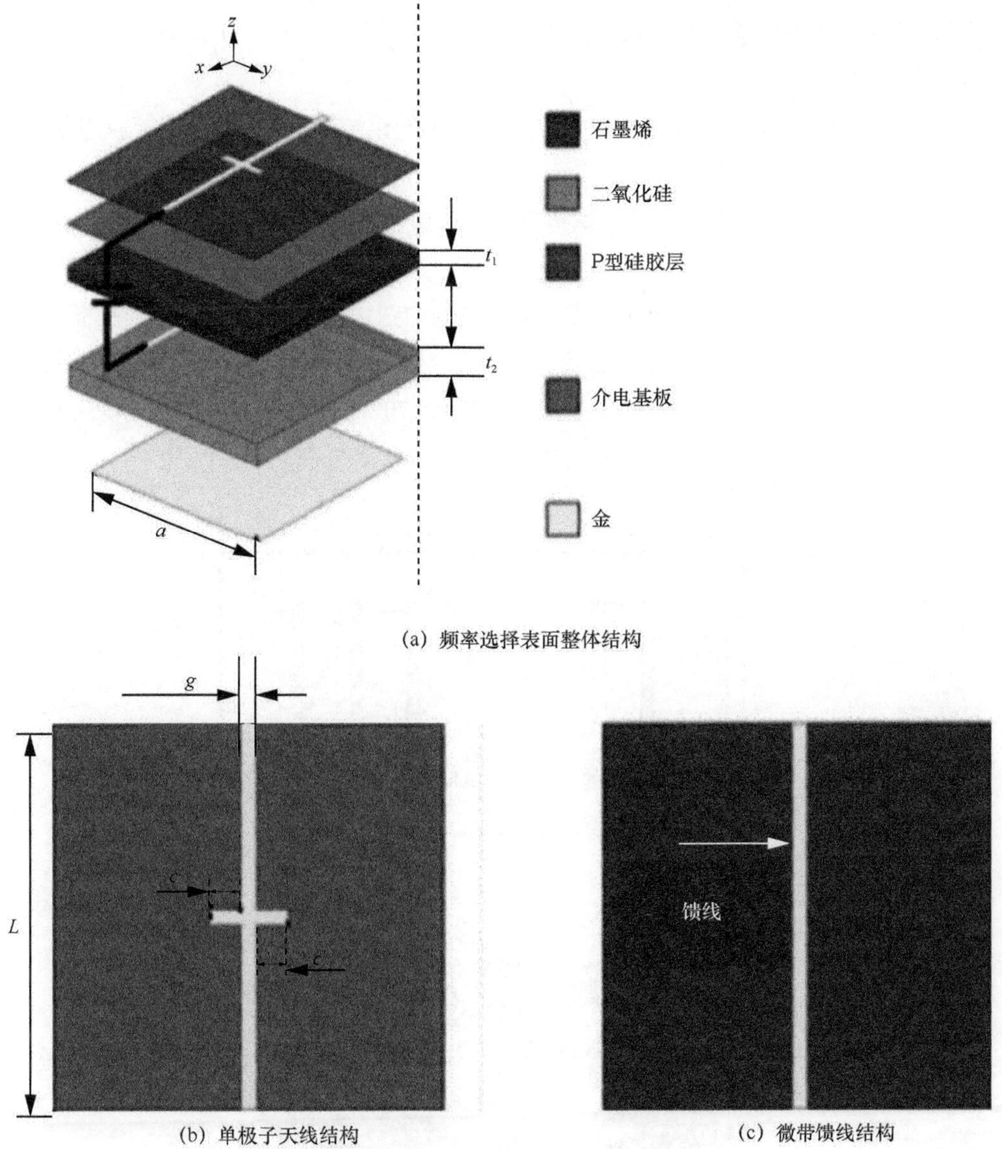

图 2-44　频率选择表面结构和天线结构[32]

2.4.3.2　利用寄生单元实现方向图可重构

寄生天线主要由受激单元和寄生单元两部分组成，受激单元直接与传输线相连接，而寄生单元的电流由受激单元的场感应产生。此类方向图可重构天线一般由受激单元和 2 个或者 4 个相互对称的寄生辐射单元组成，通过改变对称寄生单元的结构，可以改变寄生单元上的电流分布情况，进而使天线在保持其工作频率不变的情况下实现方向图的可重构。

可重构天线在太赫兹频段的应用广泛，所以许多方向图可重构天线都应用于太赫兹频段。下面是一些实例。

在文献[33]中，东南大学的李浩等利用将天线的辐射源、引向寄生单元、石墨烯等单元印刷至介电常数为 4.0 的二氧化硅基板上表面，并在二氧化硅下表面间隔涂覆金属铜及石墨烯条带的方式制作天线，天线结构如图 2-45 所示，其中 L 为基板长度，W 为基板宽度，L_{dx} 为石墨烯条带长度。利用石墨烯调节偏置电压，从而使该设计应用在太赫兹频段，并实现辐射方向图主瓣在 − 70°至 70°之间偏转。该设计兼具传统八木天线结构简单、增益较高及微带天线体积小、易加工等优点。

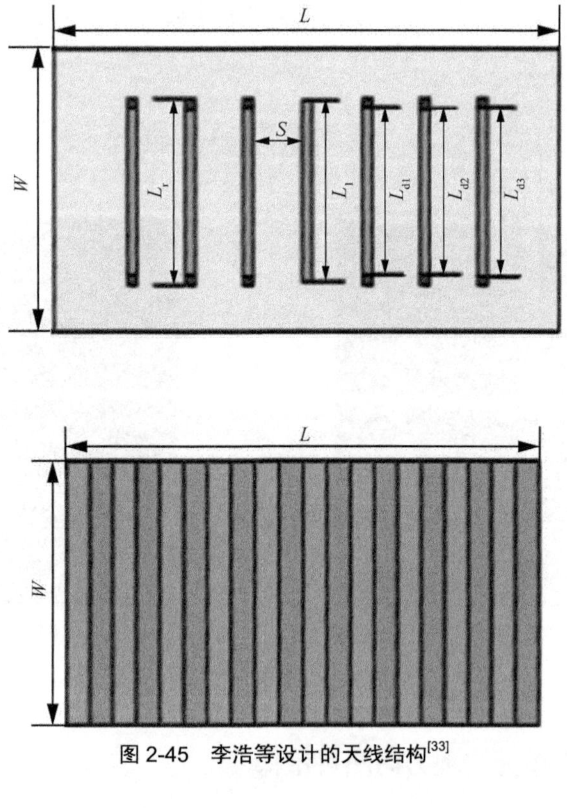

图 2-45　李浩等设计的天线结构[33]

在文献[34]中，曲美君等提出并设计了一种基于石墨烯的方向图可重构天线，还设计了一个偶极子天线，并在介质板上放置激励源和石墨烯寄生枝节来实现方向图可重构，如图 2-46 所示。通过对石墨烯贴片施加不同的电压，改变石墨烯贴片的电导率，实现了在中心频率为 3.75 THz 不变的情况下，两种不同主辐射方向的可重构。该设计有利于通信系统等在接收或发射信号时进行方向的切换。

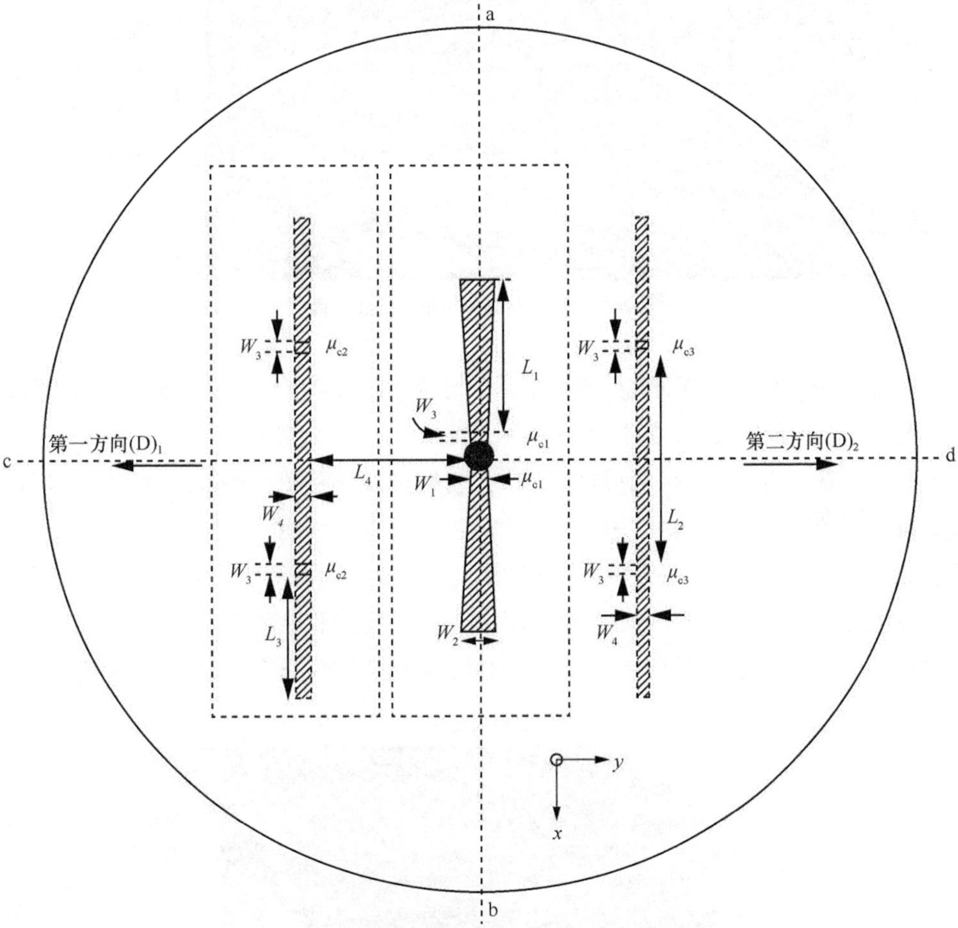

图 2-46　基于石墨烯的方向图可重构天线结构[34]

在文献[35]中，桂林电子科技大学的袁锐提出了金属和石墨烯结合的太赫兹频段可重构天线，如图 2-47 所示。将金属和石墨烯振子作为寄生单元，天线由金属偶极子作为贴片。利用寄生单元作为反射器或者引向器，在外部施加偏置电压，改变石墨烯贴片化学势，从而使石墨烯贴片具有不同的阻抗状态，实现在 4 个不同方向辐射的方向图（0°，±32°，±37°，±40°），并且能保证天线辐射效率良好。金属+石墨烯的结合使得石墨烯作为调控元件可以使每一个辐射状态都得到较好的辐射特性，并且实现了小型化和稳定性。

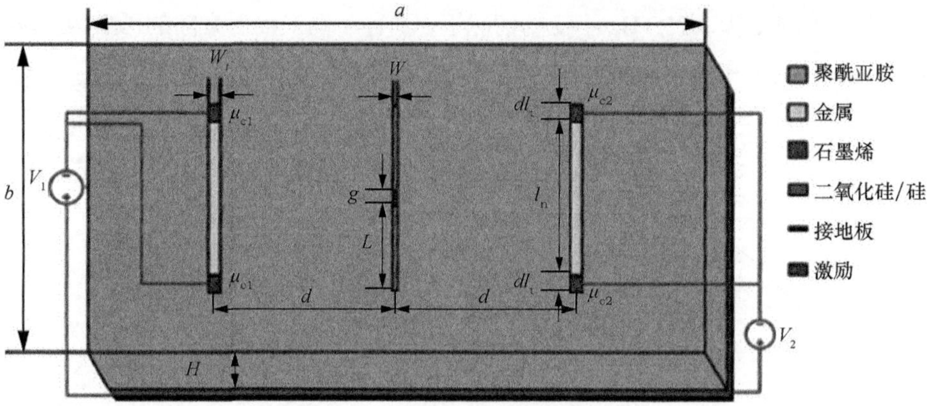

图 2-47 太赫兹频段可重构天线结构[35]

在文献[36]中，WU 等研究并设计了基于可调谐石墨烯塑料呈现在 Ka 频段的新型辐射图案可重新配置的天线，如图 2-48 所示。其中设计的重点为超级晶体，它有两个对称的直流偏置石墨烯–铝结构，其被放置在远离波导供给槽源的顶部的一半波长，因此形成具有可调谐辐射增益的法布里–珀罗谐振腔天线和光束宽度。通过转移矩阵方法分析超级晶体，并显示出具有石墨烯膜的不同表面电阻率的可调节传动响应。通过在石墨烯层和硅层之间的偏置电压调节石墨烯电阻率，达到可重新配置的辐射增益和光束宽度的 Ka 频段天线。该天线利用石墨烯电导率的重新变化来实现重新配置的增益和带宽。

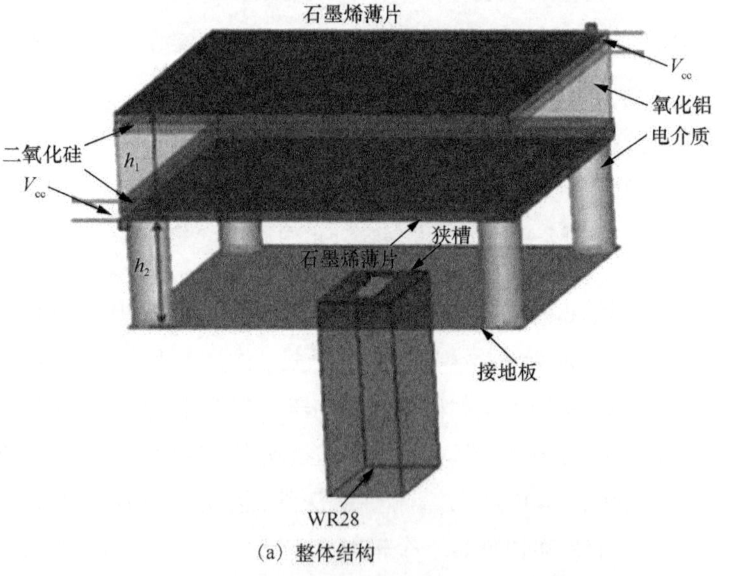

(a) 整体结构

图 2-48 新型辐射图案可重新配置天线结构[36]

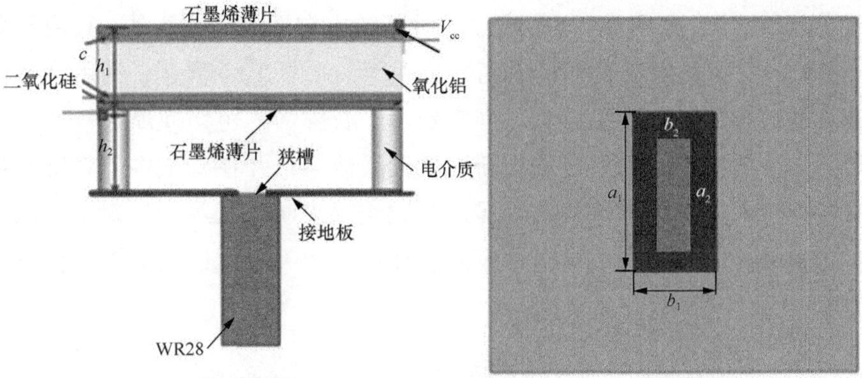

（b）侧视图　　（c）俯视图

图 2-48　新型辐射图案可重新配置天线结构[36]（续）

在文献[37]中，HU 等设计了一种使用石墨烯的可调谐导电性的可重构的 YAGI 天线，如图 2-49 所示。其中 YAGI 天线由一个馈电元件和 4 个其他元件组成，其他 4 个元件位于馈电元件的两侧。模拟结果表明，所提出的结构实现了良好的性能。天线以两种模式工作，可以通过改变石墨烯的化学电位来调整。通过对石墨烯的电阻率进行调节，发现可以两种辐射模式工作。

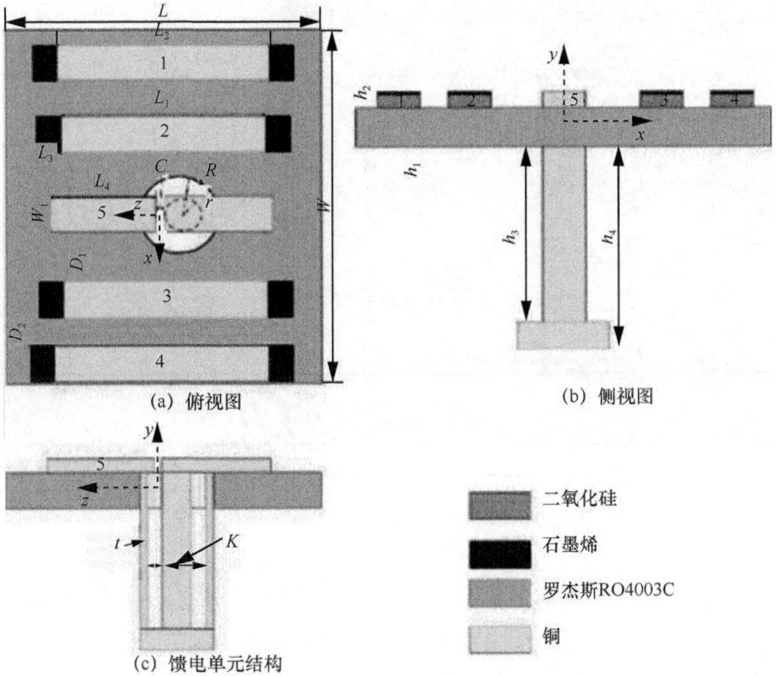

(a) 俯视图　　(b) 侧视图

(c) 馈电单元结构

图 2-49　可重构的 YAGI 天线设计示意[37]

在文献[38]中，HUANG 等提出了一种新的方向图可重构天线，其用于太赫兹应用，使用单层石墨烯的可切换的高阻抗表面，如图 2-50 所示。利用杂质密度和栅极电压对石墨烯电导率的影响，观察到基于石墨烯的可切换反射特性。通过对石墨烯化学势的控制，可以实现重新配置天线波束；并在测试中用其反射系数、辐射图案和输入阻抗分析天线的性能。测试结果表明，天线的辐射束可以在±30°的范围内变化。该方案利用高阻抗表面设计可重构天线，让天线效率和稳定性都得以提高。

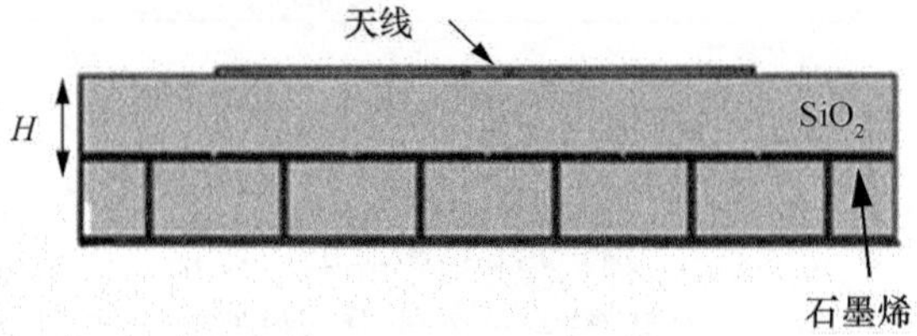

(a) 侧视图

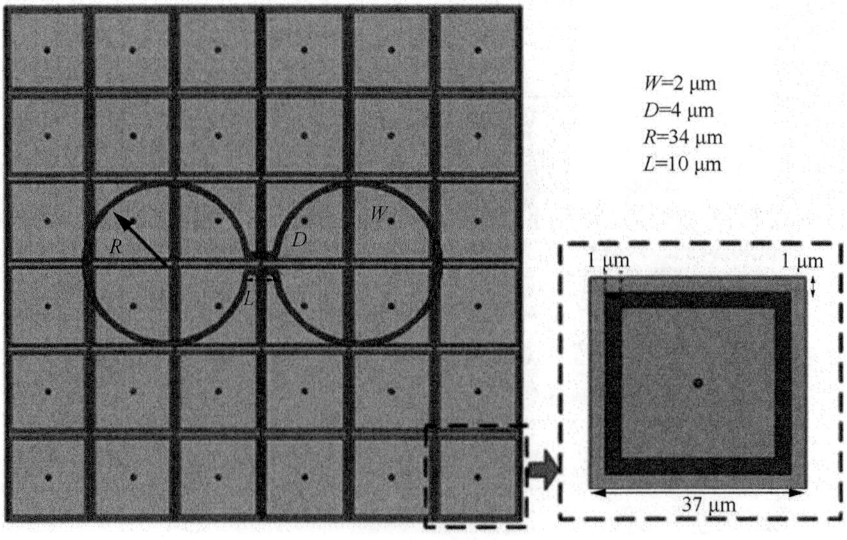

(b) 俯视图

图 2-50　一种新的方向图可重构天线结构[38]

方向图可重构天线在太赫兹频段的设计比较成熟，也有新的研究在往微波、毫米波频段发展，最近有一些在毫米波频段所设计的可重构天线诞生。方向图可重构天线涉及的领域越来越广，下面是一些实例。

在文献[39]中，西安电子科技大学的吴边等提出了一种基于石墨烯复合结构频率选择表面的方向图可重构天线，用于解决现有技术不能灵活改变天线增益和波束带宽的问题，如图 2-51 所示。天线结构包括矩形波导馈线、矩形辐射单元、反射板、支撑柱、频率选择表面和直流偏置电压 V_c；频率选择表面包括自上而下层叠的石墨烯复合结构、介质基板和正方形贴片阵列；石墨烯复合结构由依次叠加的石墨烯层、氧化铝层和多晶硅层组成，通过在石墨烯层和多晶硅层之间加载直流偏置电压 V_c，并连接到表面石墨烯复合结构的石墨烯电极上，可以改变直流电压的大小。该设计可以灵活改变天线的辐射增益和波束宽度，实现毫米波天线方向图的可重构。

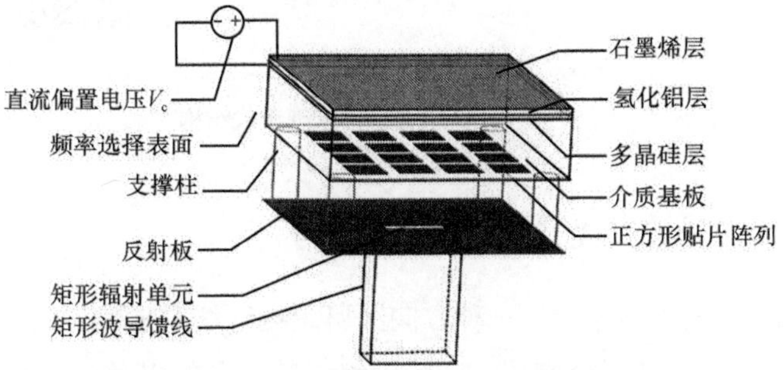

图 2-51　一种基于石墨烯复合结构频率选择表面的方向图可重构天线结构[39]

该文献中的设计加入频率表面，改变了频率选择表面的反射特性和透射特性，可以有效地调控天线的辐射增益，改变了天线增益的波束宽度，此外，在一定程度上可以提高增益。

在文献[40]中，西安电子科技大学的 FAN 等提出了基于石墨烯可调谐电阻器的毫米波模式可重新配置的 Vivaldi 天线，如图 2-52 所示。首先，通过辐射贴片上的相等比例开槽实现具有高前后比的修改的 Vivaldi 天线，目的是提高天线的方向性并降低副瓣，并在此基础上设计了一种图案可重构天线，其由一对背对背改性的 Vivaldi 天线组成。通过将偏置电压从 0 V 提升至 4 V，石墨烯片的电阻可以从 200 Ω 到 20 Ω 逐渐减小。利用地面上的两个插槽对石墨烯纳米片接入不同的馈电，实现对石墨烯纳米片电阻的控制。通过改变两个石墨烯片的电阻，可以将天线的辐射模式从双辐射波束重构为单辐射波束。该实验改进 Vivaldi 天线和石墨烯纳米片组合以获得具有动态增益调控功能的毫米波天线，实现了主辐射方向和波束可重构的辐射模式。

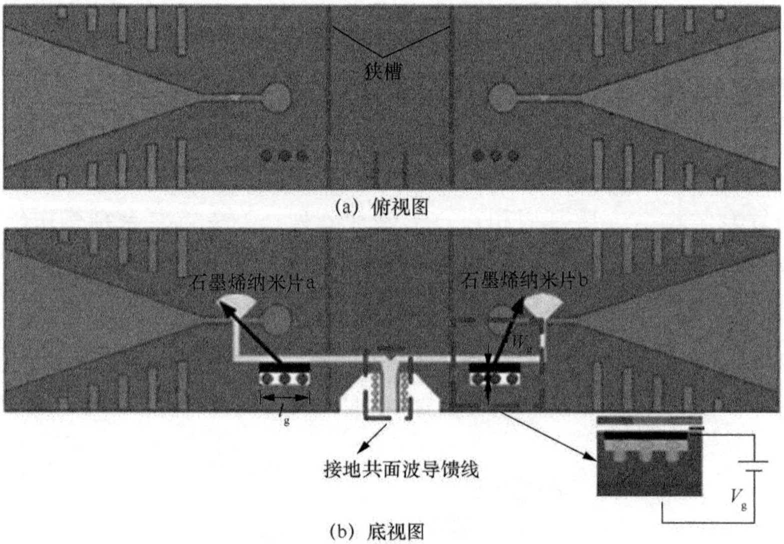

(a) 俯视图

(b) 底视图

图 2-52　毫米波频段 Vivaldi 天线结构[40]

2.4.3.3　利用加载开关实现方向图可重构

在文献[41]中，阮久福等设计一种方向图可重构天线及通信设备，如图 2-53 所示。该天线包括基板、金属环、金属片、匹配网络、第一开关以及第二开关等，第一开关串联于金属环的开口处，金属环沿其周向在开口处断开；相对于金属环的周向，基板与金属片分别位于金属环的两侧，且相对设置；金属片连接于金属环，与基板不垂直；在平行于周向的方向上，基板与金属环之间留有间隔；基板包括馈源和连接地，金属片通过匹配网络分别与连接地、馈源连接；第二开关设置于金属环与基板之间，其一端与基板的连接地连接，另一端连接金属环；沿周向第一开关、第二开关以及金属片位置相错。该设计通过金属环的加载，在小于 1 GHz 频段下，在保持辐射频率不变的基础上得到了向两个不同方向辐射的方向图。

在文献[42]中，黄帅等通过平面贴片天线加载谐振单元来实现频率和方向图同时可重构的天线，如图 2-54 所示。通过外部的偏置电路来控制二极管或者变容二极管的导通和断开，实现双开口谐振环物理构造上的形成与断开。测试中，通过改变容值可以实现方向图的微调，以及对天线谐振状态的调整。通过将天线的开关进行不同的闭合与断开，天线将工作在不同的工作模式，可以实现在同一频率下 8 个主要方向的辐射锥形扫描，也可以实现不同可调工作模式下基本工作模式的独立辐射。

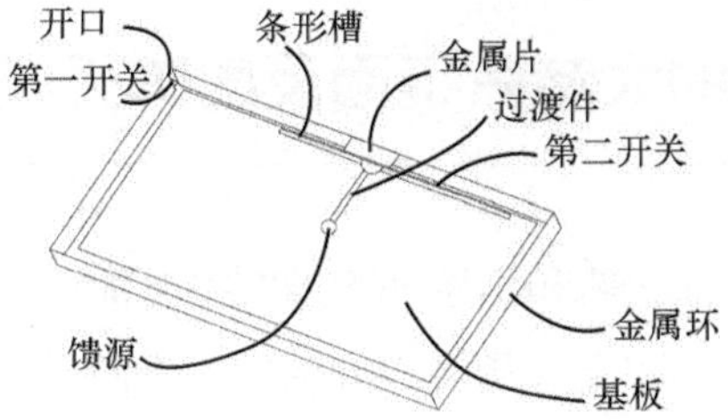

图 2-53　一种方向图可重构天线结构[41]

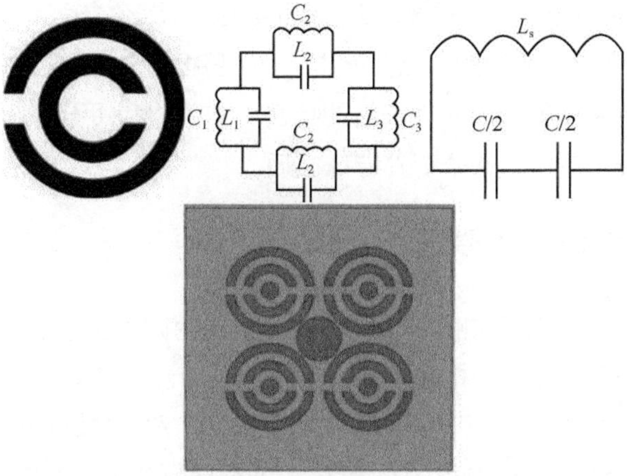

图 2-54　一种频率和方向图同时可重构天线正面结构与等效电路[42]

2.4.4　未来发展趋势及待解决的问题

上面总结了石墨烯可重构天线的主要设计方法，并分析了不同天线的设计原理。利用新材料石墨烯的优良特性来进行可重构天线的设计，已经成为天线领域的研究热点，国内的主要研究在太赫兹频段，但毫米波频段的可重构天线的设计在不断发展和更新。石墨烯可重构天线的发展趋势以及还未解决的问题如下。

（1）平面型可重构天线结构为可重构天线的主要发展方向。由于平面型可重构天线具有易于和开关器件及其控制电路集成、体积小、容易搭载到移动通信系统中等优点，已引起了研究人员的广泛关注，并取得了瞩目的研究成果。这有力证明了平面型可重构天线良好的重构能力，平面型可重构天线将是可重构天线发展的主要趋势。

（2）对可重构天线技术发展的研究是今后发展的重要问题。如何将更多的新材料引入可重构天线领域是人们关注的一个重点和有待解决的一大难题。

2.5 基于石墨烯的太赫兹平面反射阵天线

平面反射阵具有抛物面天线和相控阵天线的主要优点，并且还具有低损耗、高效率、低交叉极化、易于加工和尺寸紧凑的特点[43]。平面反射阵主要由大量的反射相位不同的单元组成，由于馈源与反射单元是分离的，在波束形成网络上的损耗将不再存在[44]，并且反射阵可以根据需要对波束进行赋形。这种天线在微波和毫米波频段已经进行了大量的研究，在太赫兹频段的研究在近几年有一些报道[45]，而利用石墨烯替代金属贴片作为反射单元将为反射阵天线带来新的特性。本节将利用石墨烯材料的表面电导率模型来对反射阵天线建模，并分析其特殊性质。

2.5.1 平面反射阵基本原理

平面反射阵的基本原理如图 2-55 所示。假设反射阵处于馈源辐射的远场区，在反射单元位置，由馈源所发出的电磁波可以被当作球面波，若第（i,j）个阵列单元的反射相位为 $\phi_{i,j}$，$\boldsymbol{R}_{i,j}^{\text{in}}$ 为第（i,j）个单元的入射波矢量，$\boldsymbol{R}^{o}$ 为反射波单位矢量。其中 $\boldsymbol{R}_{i,j}^{\text{in}}$ 的模值为 $R_{i,j}^{\text{in}}$，$\theta_{i,j}$ 为由馈源发出的经第（i, j）个反射单元反射后到达与矢量 $\boldsymbol{R}^{o}$ 相垂直的平面电磁波的相位变化。由图 2-55 中的几何关系可知

$$\theta_{i,j} = k(R_{i,j}^{\text{in}} - \boldsymbol{R}_{i,j}^{\text{in}} \cdot \boldsymbol{R}^{o}) + \phi_{i,j} \tag{2-11}$$

其中，$k = 2\pi/\lambda$，λ 为自由空间波长。为了得到反射阵天线沿 $\boldsymbol{R}^{o}$ 方向的定向高增益辐射，需要满足 $\theta_{i,j} - \theta_{0,0} = 2\pi n$，其中 n 为整数，$\theta_{0,0}$ 为（0，0）单元的反射相位（通常为反射阵中心）。这样由阵列反射后的电磁波在与矢量 $\boldsymbol{R}^{o}$ 相垂直的平面上形成同相波前，从而形成定向辐射。

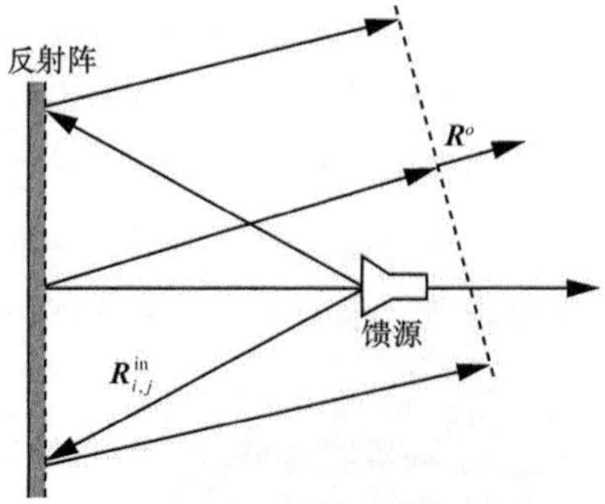

图 2-55　平面反射阵的基本原理

2.5.2　基于石墨烯的反射阵单元特性分析

图 2-56 为石墨烯平面反射阵单元模型。该单元由石墨烯贴片、厚度为 h=75 μm 的石英介质衬底（介电常数 3.75，损耗角正切 0.003）和厚度为 t_g=0.3 μm 的金属接地板组成。单元的周期间隔 D=125 μm，小于六分之一空间波长。由于石墨烯的单层原子结构，在仿真模型中将其等效为无限薄并具有复表面阻抗的平面，其表面阻抗可以由 Kubo 方程式（2-5）计算得到。如 2.2 节中介绍，该电导率受到以下参数的影响：频率 ω、温度 T、弛豫时间 τ 和化学势 μ_c。本小节在室温 T=300 K，τ=1 ps，并且在石墨烯化学势为 0.2 eV 的条件下进行讨论。

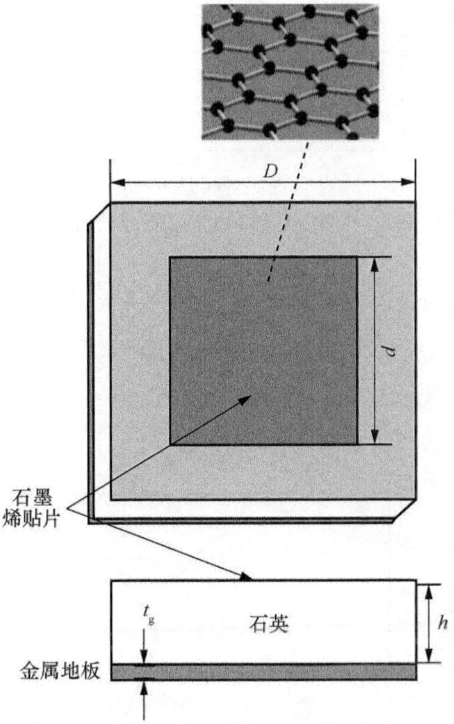

图 2-56　石墨烯平面反射阵单元模型

图 2-57 为化学势 0.2 eV 时石墨烯表面阻抗曲线，在研究的频点 0.36 THz，等效表面阻抗为（44+101i）Ω，其虚部很大。

反射阵天线通过反射单元对入射波束进行相位补偿来使得远场反射波束达到同相形成平面波，这样的天线可以获得最高增益。因此需要用一定的方法来分析反射单元的反射相位。目前比较常用的方法是无限阵列方法。无限阵列方法是在假定所有的单元都是同相的情况下，利用 Floquet 端口对单元进行分析的方法。通过主从边界和 Floquet 端口可以模拟周期性阵列在平面波照射下的单元散射特性，这种模型考虑到了单元之间的相互耦合。反射阵单元的反射相位曲线通常是随尺寸变化的非线性 S 形曲线，设计时需要尽量让其覆盖更大的相位区间，同时还需使曲线的斜率尽量低以提高单元的灵敏度，减小因加工误差导致的相位误差。

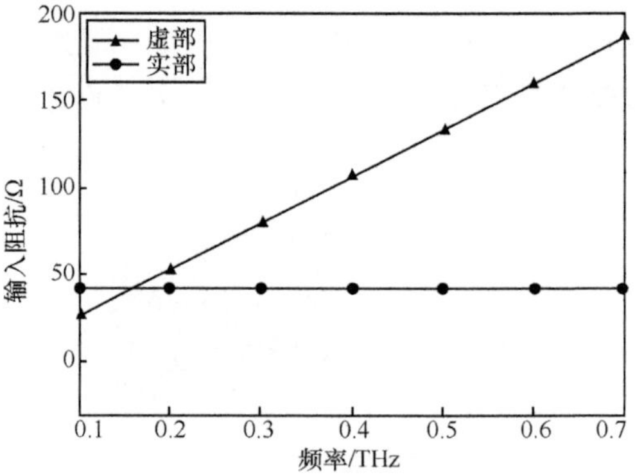

图 2-57　化学势为 0.2 eV 时石墨烯表面阻抗曲线

图 2-58 是在垂直入射条件下石墨烯平面反射阵单元的反射相位随石墨烯贴片尺寸 p 的变化曲线，可以看出反射相位大约可以覆盖 290°范围，可以满足平面反射阵单元的相位要求。另外还可以通过多层结构等其他方法来使相位覆盖范围增加，但在这里只考虑单层石墨烯的情况。

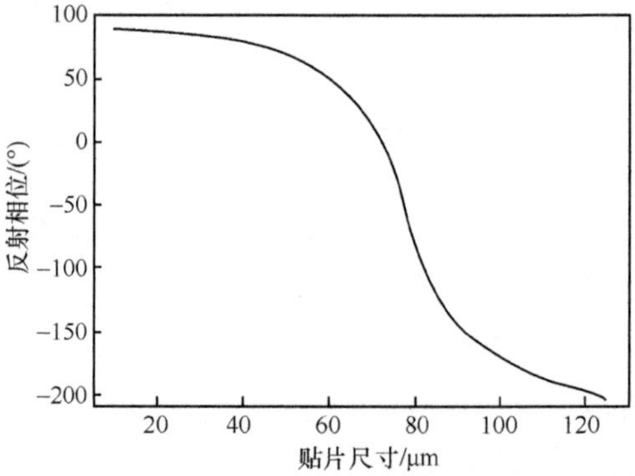

图 2-58　垂直入射条件下石墨烯平面反射阵单元的反射相位随石墨烯贴片尺寸的变化曲线

图 2-59 是在垂直入射条件下反射单元的反射损耗曲线。可以看出，石墨烯反射贴片

单元在尺寸 p=80 μm，约为空气波长十分之一（五分之一介质波长）时产生谐振。这个特性是由于石墨烯平面等离子体模式产生慢波效应而使谐振尺寸减小产生的。和金属贴片一样，石墨烯贴片同样在其尺寸为二分之一波导波长时产生谐振，但是石墨烯具有较大的表面阻抗虚部，使其等离子体波导波长大大减小。当入射波到达反射单元时，由于背面反射板的存在，能量将被散射回去。散射回去的能量由两部分组成：贴片的谐振引起的再辐射分量和反射板的镜面反射分量。石墨烯的表面电导率是一个有限值，使得其会产生一定的损耗。随着石墨烯贴片大小的变化，反射损耗在 0.2～8 dB 范围变化，这样会使得整个天线阵列的增益略微降低。但是相比于普通金属贴片反射阵，石墨烯贴片由于其亚波长尺寸而使阵列的排布更加密集。这样会对增益损失起到一定的补偿作用，除此之外石墨烯在可重构方面的应用潜力是金属贴片无法比拟的。

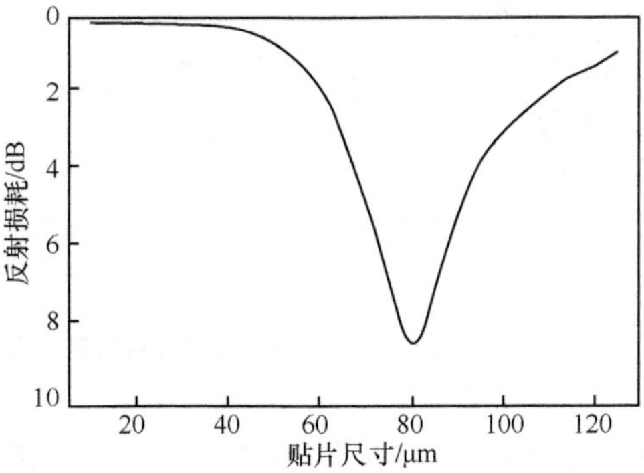

图 2-59　在垂直入射条件下反射单元的反射损耗曲线

在馈源垂直照射的情况下，位于反射阵平面中心区域的贴片单元的谐振再辐射分量和反射板的镜面反射分量均沿着反射阵主波束的方向，而位于反射阵平面边缘区域的单元上的入射波具有相对较大的入射角度，这些单元的再辐射分量将沿着主波束方向，而镜面反射分量则将产生一定角度的偏离，这将引起总体反射波的幅度和相位的变化。图 2-60 和图 2-61 为在不同入射角度下反射波的相位曲线和反射损耗曲线。在这里考虑入射波沿 θ 、ϕ 方向照射，θ 是入射波与 z 轴的夹角，表示入射波的倾角；ϕ 表示与 x 轴的夹角，对应入射波的不同极化，在这里只考虑 0°和 90°的情况（即 TE 波与 TM 波）。在入射角 θ 为 40°时，可认为是单元在最边缘位置下的倾斜照射情况，而在大多数情况下，θ 是小于 30°的。从图 2-60 中可以看出，在石墨烯贴片尺寸为 75 μm，入射角 θ 为 40°，ϕ 为 90°时，出现最大的反射相位变化，即小于 25°，这同样要归功于单元的亚波长尺寸，而反射幅度随入射角的变化在 2 dB 以内。

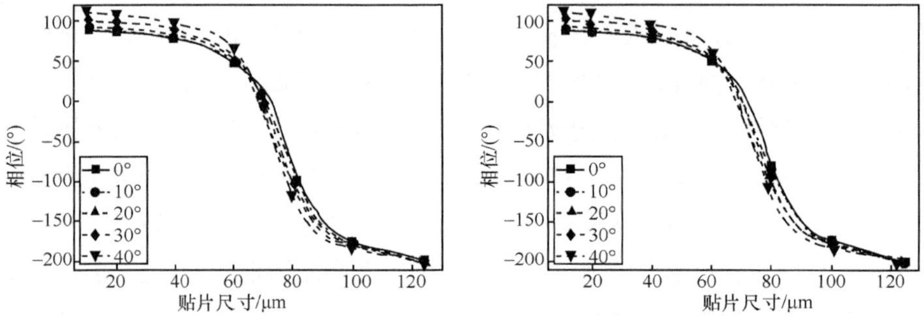

(a) TE波　　(b) TM波

图 2-60　在不同入射角下反射波的相位曲线

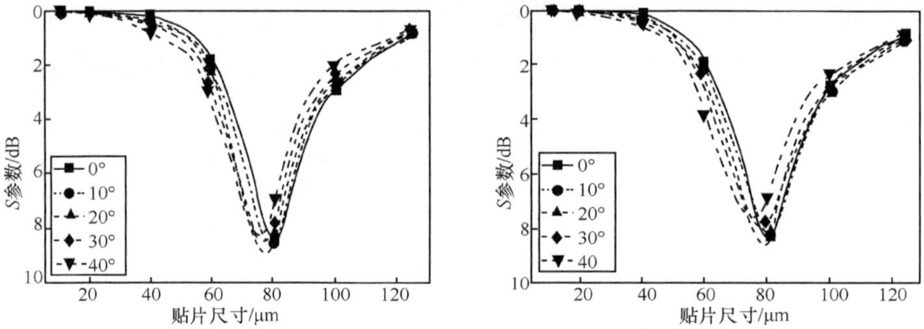

(a) TE波　　(b) TM波

图 2-61　在不同入射角下反射波的反射损耗曲线

作为对比，同样仿真了采用金（Au）作为贴片单元材料的情况，如图 2-62 所示。在与石墨烯贴片同样的尺寸下采用金作为贴片单元，只能获得约 200°的相位变化范围，只有当调整介质厚度到 60 μm，并且反射单元大小约为二分之一空间波长时，才能获得与石墨烯贴片大致相同的性能。

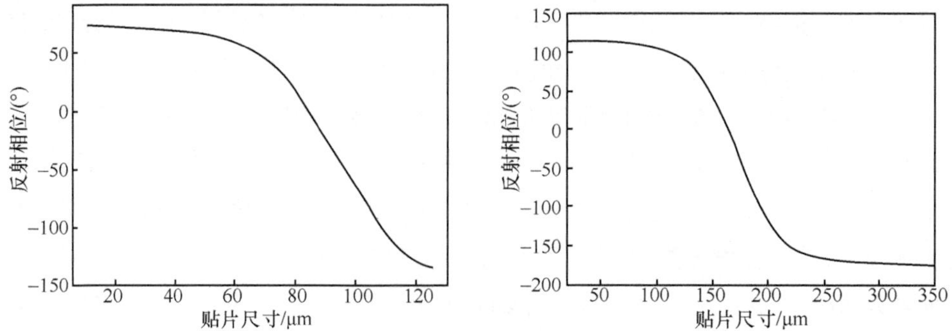

(a) 与石墨烯尺寸相同　　(b) 二分之一波长

图 2-62　与石墨烯尺寸相同和二分之一波长的金属贴片单元的反射相位曲线

2.5.3　基于石墨烯的反射阵天线分析

以上研究了反射单元的特性，接下来需要对整体反射阵天线进行建模分析。反射阵的整体形状为圆形，其特征参数见表 2-2，坐标原点规定在反射面的中心。

表 2-2　石墨烯平面反射阵特征参数

参数	值
频率	0.36 THz
单元个数	5 025 个
单元周期	125 μm
反射面介质厚度	75 μm
反射面直径	10.2 mm
馈源与反射面距离	8.66 mm

对于口径同样大小的反射阵天线，采用半波谐振的金贴片的反射阵单元数为 640 个，而采用石墨烯贴片的反射阵单元数则超过 5 000 个。由于是单层的结构，单元数的增多并不会增加制作的成本。

反射阵天线方向图取决于反射阵单元的排布以及馈源位置和方向图。在这里，使用的馈源为角锥喇叭天线，其模型如图 2-63 所示。喇叭的口径为正方形，尺寸为 1.46 mm×1.46 mm，喇叭长度为 5.93 mm。首先通过仿真得到天线方向图如图 2-64 所示，其增益约为 15 dB，E 面和 H 面的半功率波瓣宽度均为 31°。为了使天线获得尽量高的效率，设计中希望反射阵尽量大以尽可能地将馈源的照射波形成有效辐射。由于馈源在大角度方向的增益降低明显并且入射角的增大反而会引起反射阵方向图的恶化，通常选取反射阵边缘的馈源归一化方向图在−12 dB 范围内，这样在反射阵最边缘的单元入射角约为 30°。

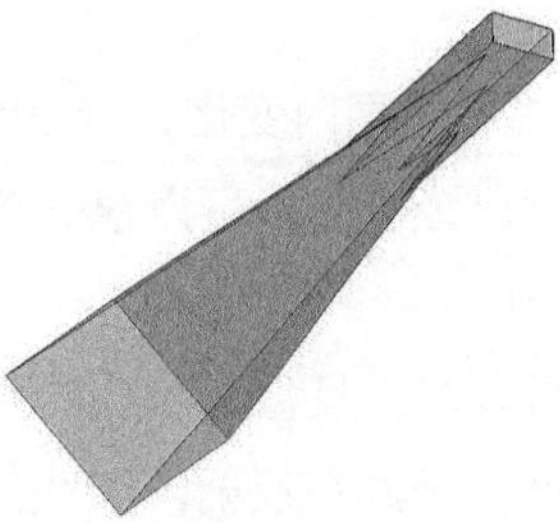

图 2-63　反射阵角锥喇叭天线模型

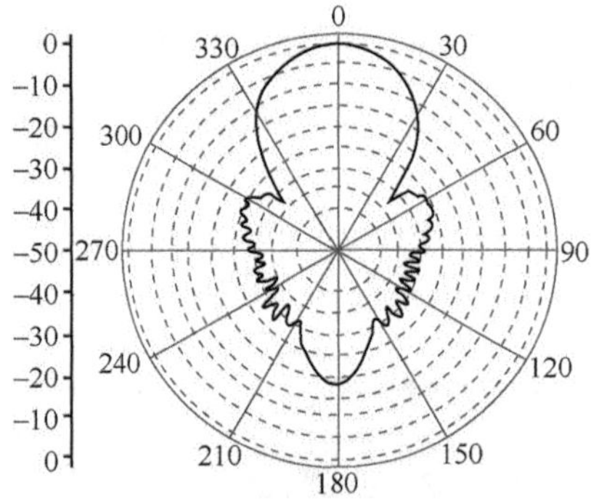

(a) E面方向图

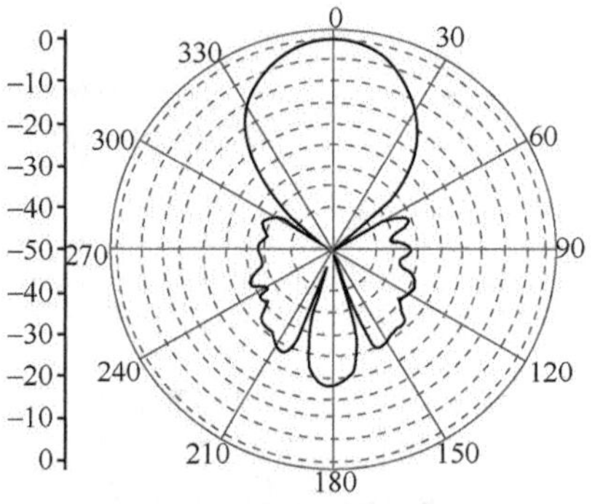

(b) H面方向图

图 2-64　反射阵角锥喇叭天线方向图

图 2-65 是在馈源照射下阵面上所需相位补偿分布，这里采用馈源垂直照射阵面的方式。因为从馈源的相位中心到所有单元的路径长度是不同的，所以导致了不同的相位时延。为了消除这些相位时延，需要根据反射阵单元的相位变化曲线，相应地使反射单元具有一定的相位超前。

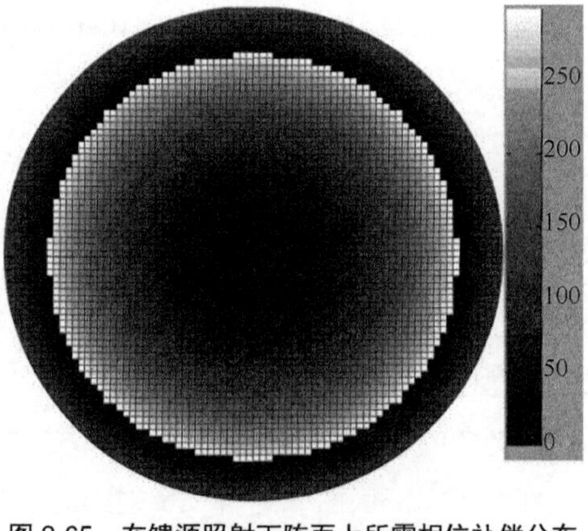

图 2-65　在馈源照射下阵面上所需相位补偿分布

因为单元反射相位只能在 290°范围内变化，所以对于个别单元，会有最多 35°的相位误差。馈源位置及照射角度已经确定，可以根据单元位置，计算入射角及所需要的反射相位，确定单元的尺寸。

由于反射阵天线的单元数目较多，且每个贴片单元的位置和尺寸参数并不一致，这给手动建模带来非常大的难度，因此在反射阵天线的整体分析中，使用 Matlab 与 HFSS 联合仿真建模。通过 VBScript 脚本编程生成阵列。

其建模过程大致如下：首先，通过对石墨烯反射单元进行仿真，获得其不同尺寸下，以及不同入射角度下的反射相位，并建立数据表；然后，根据所给定的馈源及照射位置确定反射阵的整体尺寸；最后，单元相对位置及所需相位通过查询数据表获得单元尺寸，并通过 VBScript 脚本控制 HFSS 仿真软件进行建模。所得到的天线阵面模型如图 2-66 所示。对于完整的天线阵面，其求解过程对计算机的内存需求较大，在这里利用其结构的对称性对模型进行简化，并只对模型的四分之一进行仿真。仿真得到的反射阵远场方向图如图 2-67 所示，反射阵的增益为 25.6 dB，半功率波瓣宽度为 6°。

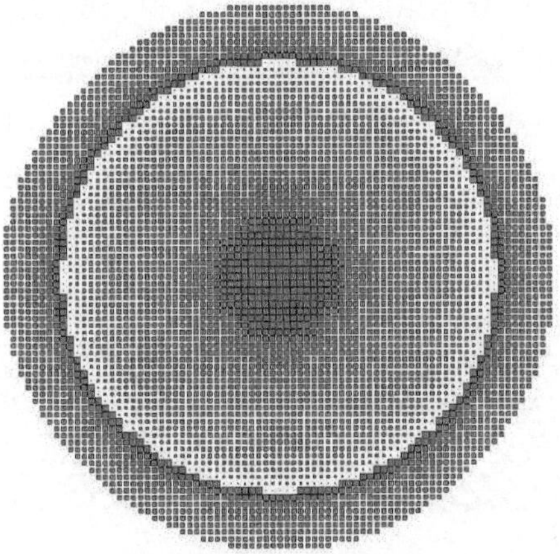

图 2-66　石墨烯反射阵天线阵面模型

通过本节的讨论，对石墨烯材料在平面反射阵天线的应用进行了理论方面的研究。采用石墨烯材料，反射阵单元的间距减小为真空中波长的六分之一，并且具有电调的应用潜力。石墨烯以其特殊的性质为太赫兹天线设计带来新的契机。

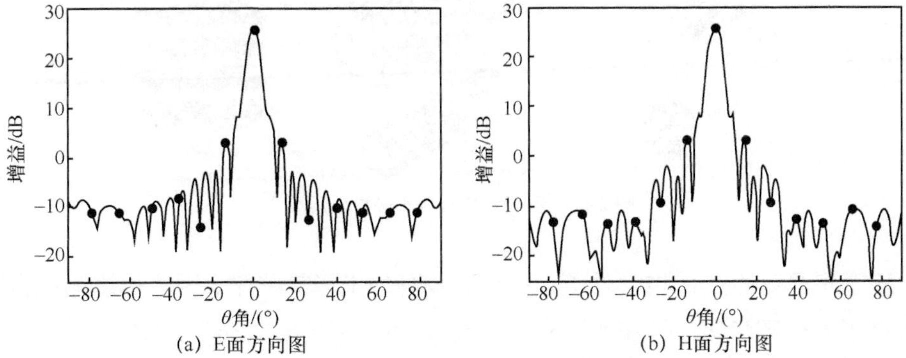

图 2-67　石墨烯反射阵远场方向图

2.6 石墨烯的制备和规模化量产

2.6.1 石墨烯的研究背景及意义

石墨烯是一种由碳原子紧密堆积构成的二维晶体，是包括富勒烯、碳纳米管、石墨在内的碳的同素异形体的基本组成单元。石墨烯可视作芳香族大分子在二维平面上的无限延伸，也可以视作石墨基材料的基本组成单元，如图 2-68 所示。在文献[46]中，石墨烯既可以形成零维的富勒烯，卷曲成一维的碳纳米管，也可以堆叠成三维的石墨。石墨烯不仅能够稳定存在，而且在各方面都表现出了相当优秀的性质，石墨烯被越来越多的科研工作者所关注。

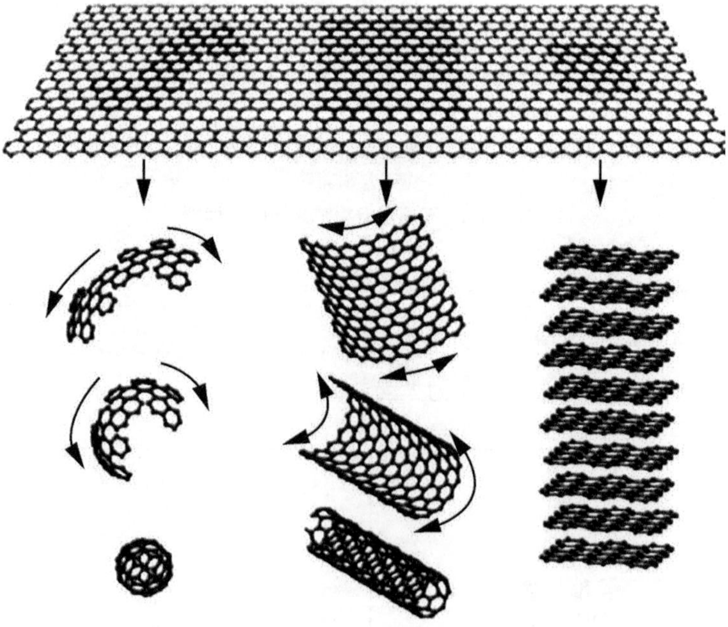

图 2-68 石墨烯构建各种碳材料示意[46]

石墨烯具有卓越的电学性能，由于其较高的电子迁移率，因此相比铜而言电流密度高了 6 个数量级。但在实际应用中会受到很多因素的影响，如层数、缺陷、杂质、官能团的存在，以及基底材料的尺寸和平整度都可能会使石墨烯的电学性质受到影响。得益于其优异的电学特性，石墨烯在新型电子器件开发、环境传感器、光催化材料、能源生产及储存等方面均有广泛应用。石墨烯还具有出色的热传导性质、优异的光学特性、超大的比表面积和异常优异的机械性能，可以作为填充物来增强柔性材料的机械性能，也是吸附或表面反应的理想材料。这些优异的性能使得石墨烯在纳米电子器件、生物医药、绿色能源、气体传感器、能量存储及复合材料等领域有光明的应用前景。

自 2004 年，研究人员提出了各种各样的石墨烯制备方法。目前国际上已公布的石墨烯的制备方法可以分为微观和宏观两种，分别在 2.6.2 小节和 2.6.3 小节中给出详细介绍。

2.6.2　微观石墨烯的制备

2.6.2.1　剥离法

（1）微机械剥离法

如图 2-69 所示，在文献[47]中，英国曼彻斯特大学的物理学家 NOVOSELOV 等利用胶带微机械剥离得到了薄层石墨烯。

微机械剥离法制备薄层石墨烯的步骤：首先，利用氧等离子体的刻蚀作用，在厚度为 1 mm 的高定向热解石墨的表面得到多个深度为 5 μm 的平台，再将刻蚀过的表面固定于光阻材料的平面上，去除平台以外的石墨结构；然后，用透明胶带反复地从已固定的平台上剥离石墨片层，直到该平面上剩下较薄的片层为止，之后将其分散于丙酮溶液当中；最后，将表面为薄膜的硅基片于该溶液中浸渍片刻并通过超声洗涤，一些厚度小的石墨片层在范德瓦耳斯力或毛细作用下紧密地固定在硅基片上。

图 2-69　微机械剥离法制备石墨烯装置示意[47]

在文献[48-50]中，可以看出机械剥离法之后，气相或液相剥离法、静电滚刷法等剥离法应运而生。文献[51]选择邻二氯苯作为分散剂，经混合、超声和离心处理后，得到石墨烯的邻二氯苯分散液，这种方式下产量较高。文献[52]利用静电力辅助的roll-to-roll，进行石墨晶体的剥离，其优点是可控制备的石墨烯层数较少，但存在产率低和成本高的不足。文献[53]利用超临界二氧化碳气体插层石墨烯，剥离获得石墨烯粉体，其操作简单，但较难获得大面积、单层石墨烯。以上石墨烯的制备方法统称为剥离法，可简单理解成直接将石墨烯薄片从较大的石墨晶体上剥离的方法，它们可以制备出高质量石墨烯，但产率低且成本高，不满足工业化和大规模化生产的要求，目前只能用于实验室小规模制备。

（2）溶剂剥离法

溶剂剥离法是将少量的石墨分散于溶剂中，形成低浓度的分散液，利用超声波破坏石墨层间的范德瓦耳斯力，此时溶剂可以插入石墨层间，进行层层剥离，制备出石墨烯。

与氧化-还原法不同，溶剂剥离法制备石墨烯不会破坏石墨烯的结构，可以得到高质量的石墨烯。剑桥大学 HERNANDEZ 等发现适合剥离石墨的溶剂最佳表面张力应该在 40～50 mJ/m^2，而且在氮甲基吡咯烷酮中石墨烯的产率最高（约为 8%），电导率为 6 500 S/m。随后，BAR-RON 等研究发现高定向热裂解石墨、热膨胀石墨和微晶人造石墨适合用溶剂剥离法制备石墨烯。

溶剂剥离法可以制备高质量的石墨烯，整个液相剥离的过程没有在石墨烯的表面引入任何缺陷，为其在微电子学、多功能复合材料等领域的应用提供了广阔的前景。其唯一的缺点是产率很低，限制了它的商业应用。

（3）超声剥离法

超声剥离石墨烯的制备过程一般分为 3 个步骤：

① 将石墨粉分散在特定溶剂中；

② 在溶剂中通过超声的方式剥离出少层或单层石墨烯；

③ 将石墨烯分离出来。由于制备过程没有引入强氧化性试剂，因此超声剥离法制备的石墨烯氧化程度低，石墨烯结晶度高。

如图 2-70 所示，文献[54]简述了超声剥离法制备石墨烯的力学原理。

由于溶剂的存在会对电子设备的性能产生严重影响，电子设备的制造需要能够完全去除溶剂。因此，在低沸点溶剂中剥离和分散石墨烯是更佳的选择。

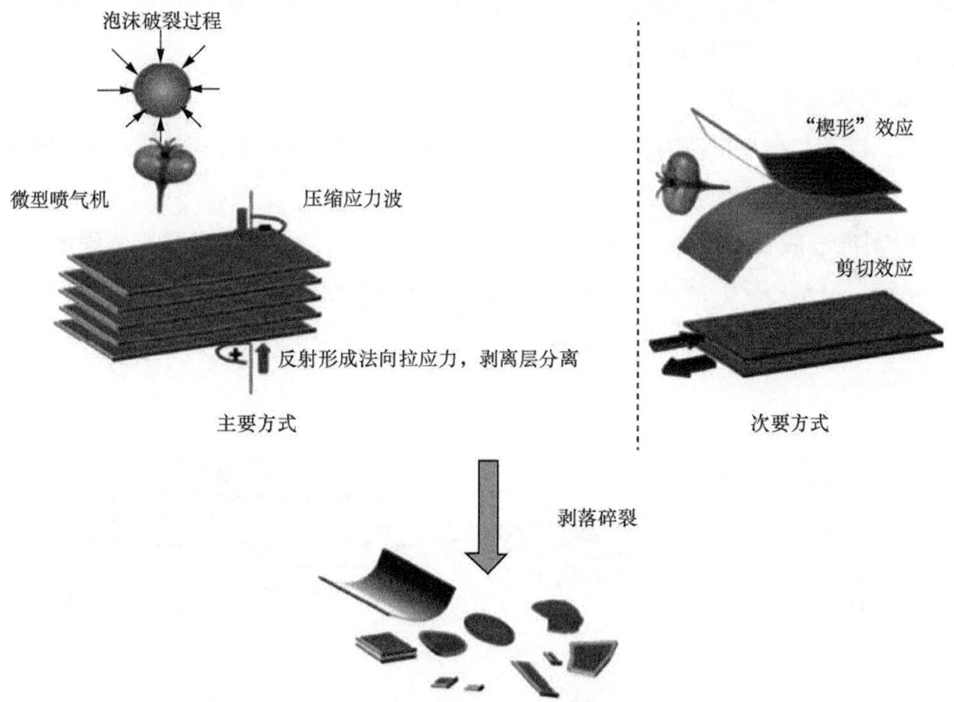

图 2-70　超声剥离法制备石墨烯的力学原理[54]

（4）电化学法剥离石墨烯

电化学法剥离是一种有希望能够实现石墨烯的大规模制备的方法。电化学法剥离通常使用石墨作为工作电极，通过电解质和电流来驱动石墨电极处的结构膨胀，减弱石墨分子层之间的范德瓦耳斯力，从而剥离出单层或少层的石墨烯片。

两电极剥离体系一般包括一个石墨工作电极（高定向热解石墨、石墨棒、石墨片或石墨粉）和一个对电极（一般为铂或石墨），在三电极体系中还包括一个参比电极（饱和甘汞电极或 Ag/AgCl 电极）。与其他制备方法相比，电化学法剥离制备石墨烯的优点主要有：

① 原材料为价格低廉的石墨，且实验设备便宜，制备成本低；

② 反应条件温和，操作简单；

③ 与化学氧化法相比，该方法由于没有强氧化剂的引入，降低了石墨的氧化程度，使石墨烯在很大程度上保留了原有的结构，且提高了制备过程的安全性；

④ 电压和电流等实验参数可以实现精准调节，保证了石墨烯制备的重复性和可控性。

根据对石墨电极施加电位的类型，一般可将电化学法剥离制备石墨烯分为阳极剥离法、阴极剥离法、阳极阴极联合插层剥离法。

① 阳极剥离石墨烯

阳极剥离石墨烯是指以石墨为阳极，利用电解液中的阴离子插层石墨，使石墨逐渐膨胀，从而不断剥离出石墨烯。

阳极剥离一般在水溶液中进行，许多无机阴离子如硫酸根、硝酸根、磷酸根、四氟硼酸根，以及离子液体等可被用于石墨烯的阳极剥离。其中，硫酸根离子（SO_4^{2-}）最常用，剥离效果最好。硫酸根离子电化学插层剥离石墨烯示意如图 2-71 所示。

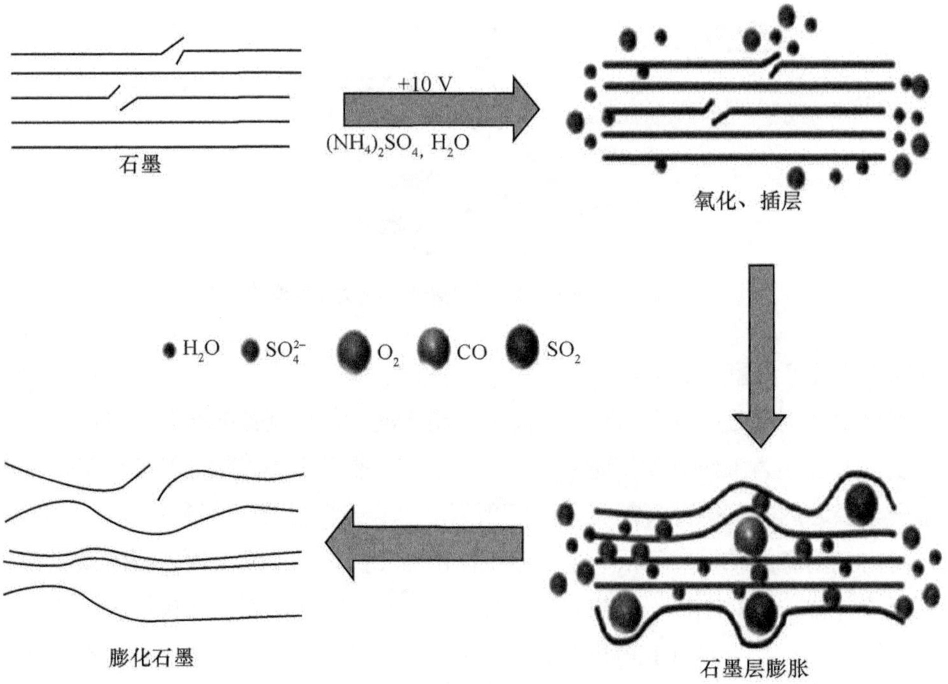

图 2-71　硫酸根离子电化学插层剥离石墨烯示意[54]

阳极剥离法制备石墨烯的剥离速度快，但是由于引入了含氧官能团，将会导致石墨烯的电学性质受到影响。

② 阴极剥离石墨烯

阴极剥离石墨烯是指以石墨为阴极，利用电解液中的阳离子插层石墨，使石墨逐渐膨胀，从而剥离出石墨烯。阴极剥离石墨烯一般在有机溶剂中进行，使用碱金属盐或烷基铵盐作为插层剂来剥离石墨烯。

另外，可以在有机溶剂中使用两步法剥离石墨烯：首先用小尺寸碱金属离子插层使石墨烯边缘膨胀；然后用大尺寸的烷基铵阳离子进一步插层石墨来实现石墨烯的剥离。阴极膨胀剥离石墨机理示意如图 2-72 所示。

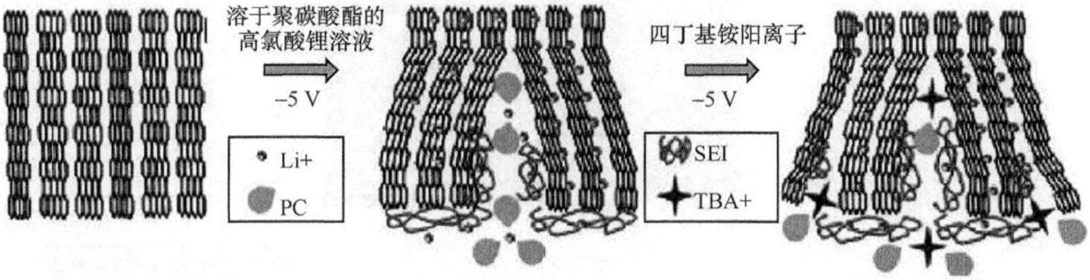

图 2-72　阴极膨胀剥离石墨机理示意[54]

阴极剥离在石墨上进行的是还原反应，因此有效避免了含氧官能团的引入，制备的石墨烯结构较完整，品质较好。但上述石墨烯制备方法使用的是高沸点溶剂，难以除去，且效率较低，速率较慢。

③ 阳极阴极联合插层剥离石墨烯

阳极剥离法制备石墨烯的电解过程中石墨烯的氧化难以避免，而阴极剥离法效率较低，速度较慢。为了在提高剥离效率的同时降低石墨烯的氧化程度，阳极阴极联合插层剥离石墨烯法应运而生。如使用交流电来剥离石墨烯，能将阳极剥离和阴极剥离的优点结合起来；并且在阴极阳极联合插层剥离当中，可实现两个石墨电极的同时剥离，提高石墨烯的剥离效率。

2.6.2.2　外延生长法

外延生长法，就是在单晶衬底上，生长一层合乎要求的单晶石墨烯。相较于其他制备方法，外延生长法获得大面积、高质量石墨烯的概率最大。所获得的石墨烯具有较好的均一性，并且与当前的集成电路技术有很好的兼容性。在文献[55]中，外延生长法根据所选基底材料的不同分为碳化硅（SiC）外延生长法和金属催化外延生长法。

（1）SiC 外延生长法

制备流程：首先把经过氧化或 H_2 刻蚀处理过的 SiC 单晶片置于超高真空和高温环境下，利用电子束轰击 SiC 单晶片，这种方法称为氢刻蚀法，目的是除去其表面氧化物，使 sp^3 杂化的 Si-C 键断裂，游离态的硅原子优先升华；然后在高温条件下将其表面层中的 Si 原子蒸发，使表面剩余的碳原子发生重构，即可在 SiC 单晶片表面外延生长石墨烯。简单地说，就是通过超高真空高温加热单晶 SiC 脱除 Si、C 原子重构生成石墨烯片层。SiC 外延单层石墨烯原子力显微镜（AFM）图如图 2-73 所示。

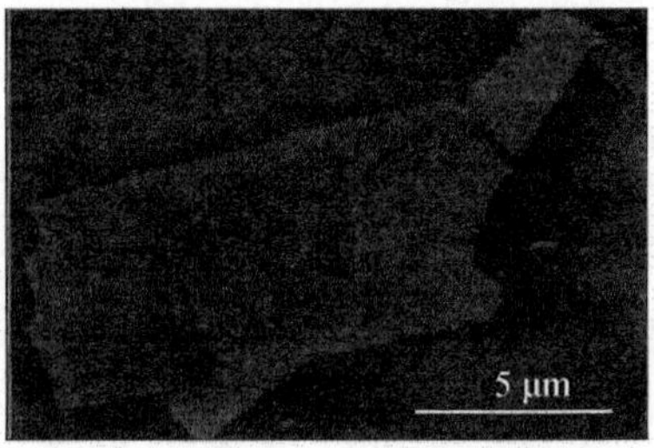

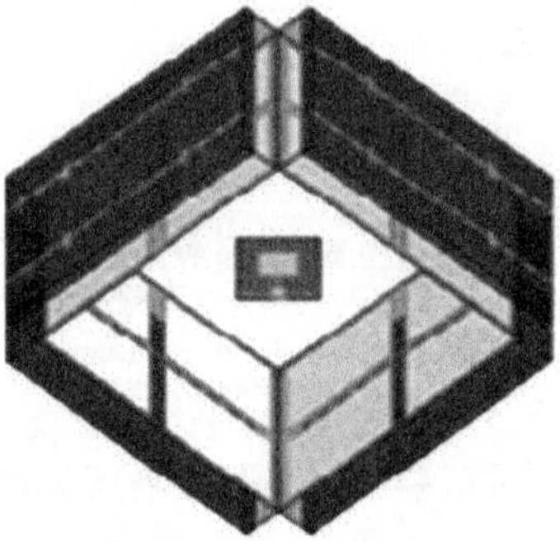

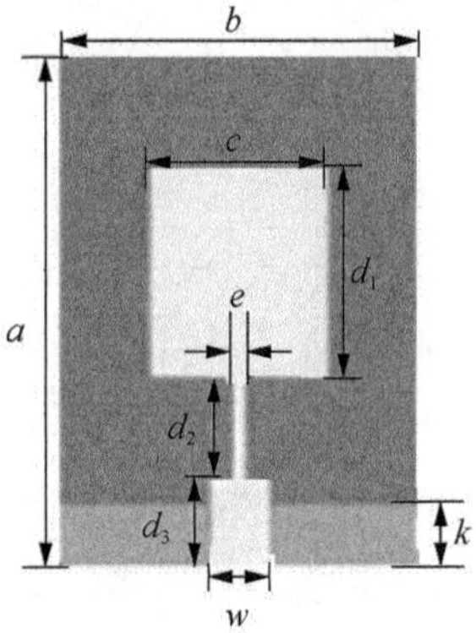

图 2-73　SiC 外延单层石墨烯 AFM 图[55]

由于外延生长法制备的石墨烯，与 Si 基半导体工艺相兼容（不需要转移），在半导体领域具有一定应用优势。SiC 晶体表面在制备过程中表面将会发生重构，难于获得大面积、高质量的石墨烯薄膜；同时，石墨烯表面电子性质受 SiC 衬底的影响很大，限制了产品在其他领域的应用。

（2）金属催化外延生长法

基底材料选用与石墨烯晶格匹配的金属单晶体（如 Ru（0001）、Ni（111）、Ir（111）、Pt（111）等），在高真空环境中，热解含碳化合物（如乙烯、乙炔、苯、吡啶等），通过调控和优化制备工艺参数，石墨烯有望均匀铺满整个金属基底，达到大面积制备的目的，在亚原子单层的沉积速率控制下，有望获得高质量近零缺陷的石墨烯。

如图 2-74 所示，与 SiC 外延生长法相比，金属催化外延生长法制备石墨烯还具有易于转移的优点，能够生长连续、均匀、大面积的单层石墨烯。

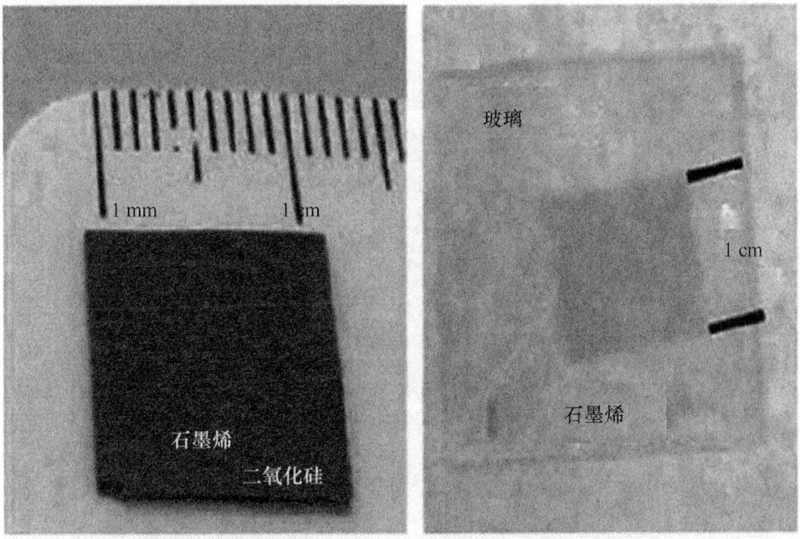

(a) SiO_2/Si基片　　　　(b) 玻璃板

图 2-74　转移到 SiO_2/Si 基片和玻璃板上的石墨烯薄膜[55]

2.6.2.3　化学气相沉积法

化学气相沉积法以含碳气体为原料，通过一系列的化学反应，在基底上沉积制得石墨烯。这种方法可实现大面积、高质量、均匀可控的石墨烯薄膜连续制备。CVD 法已成为石墨烯生长领域的主流技术，是目前可工业化的大规模制备层数可控方法之一。根据制备基底的不同可以将化学气相沉积法分为金属基底 CVD 法和非金属基底 CVD 法两种。

如图 2-75 所示，在文献[56]中，用化学气相沉积法实现了石墨烯薄膜的大规模图形生长，过程如下。

（1）图 2-75（a）中，在 Ni（300 nm）/SiO_2（300 nm）/Si 衬底上生长的厘米级石墨烯薄膜。

（2）图 2-75（b）中，在 1 mL $FeCl_3$ 水溶液中蚀刻镍层后的浮动石墨烯膜。在去除镍层之后，可以通过与衬底直接接触来转移浮动石墨烯膜。

（3）图 2-75（c）中，在图案化的镍层上可以合成各种形状的石墨烯薄膜。

（4）图 2-75（d）~（e）中，基于 PDMS（Polydimethy/si/oxane）印章的干转移方法在图案化石墨烯薄膜的转移中是有用的。在将 PDMS 基板连接到石墨烯图 2-75（d）之后，使用 $FeCl_3$ 溶液图 2-75（e）蚀刻并去除底层镍层。

（5）图 2-75（f）中，PDMS 衬底上的石墨烯薄膜是透明和柔性的。

（6）图 2-75（g）~（h）中，PDMS 戳与二氧化硅衬底形成保形接触。剥去印模图 2-75（g）后，薄膜留在 SiO_2 衬底图 2-75（h）上。

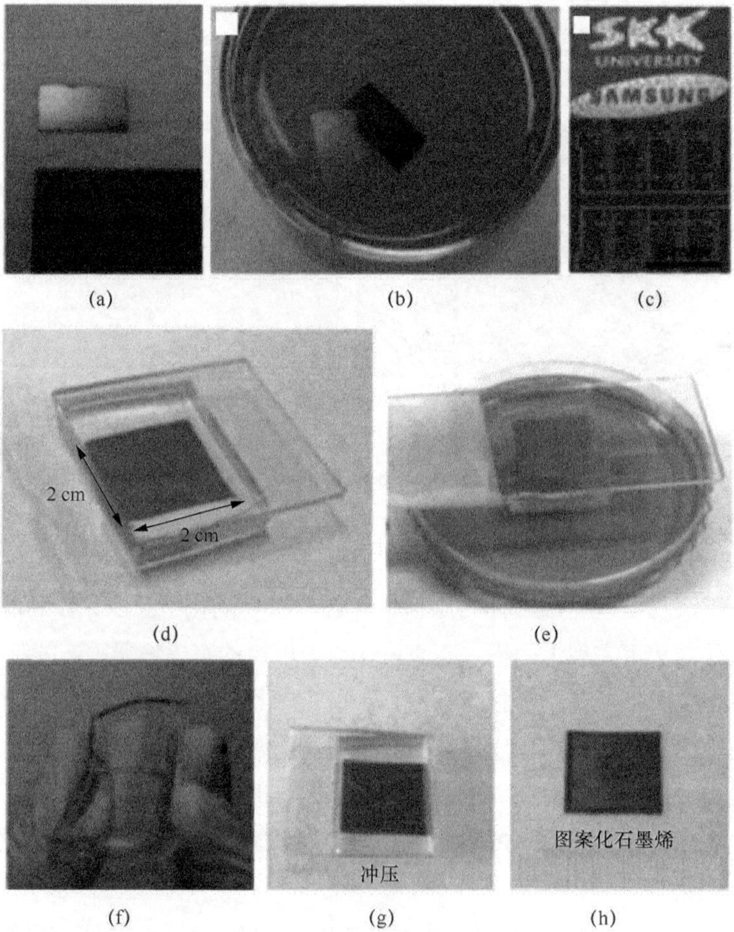

图 2-75　大规模石墨烯薄膜的转移过程[56]

（1）金属基底 CVD 法

金属基底 CVD 法制备石墨烯的基本过程是：首先，把基底金属箔片（通常为镍和铜）放入炉中，通入氢气和氩气或者氢气保护加热至 1 000 ℃左右，使温度保持稳定，保持 20 min 左右；然后，停止通入保护气体，改通入碳源（如甲烷）气体，大约 30 min，反应完成；最后，切断电源，关闭甲烷气体，再通入保护气体排净甲烷气体，在保护气体的环境下直至管子冷却到室温，取出金属箔片，得到金属箔片上的石墨烯。图 2-76 为 CVD 法制备石墨烯的基本流程。

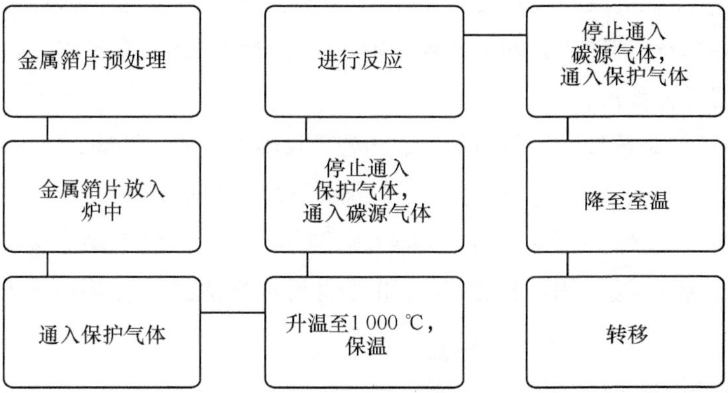

图 2-76　CVD 法制备石墨烯的基本流程

（2）非金属基底 CVD 法

在金属基底表面上制备石墨烯后续还需要转移，转移过程中可能会发生褶皱、掺入杂质等情况使得制得的石墨烯性能降低。在非金属基底上制备石墨烯能够省去转移这一步骤，但是目前对于非金属基底上生长石墨烯这种方法的研究结果不尽如人意，还有许多其他没有攻克的问题，制得的石墨烯质量不如金属基底上的效果好，可见在非金属基底上生长石墨烯的方法仍然有待提高。

2.6.2.4　其他方法

（1）石墨插层法

这种方法主要以天然石墨为原料，用碱金属元素为插层剂，在石墨片层间插入非碳性材料的原子、分子、离子等，形成新的石墨烯层间化合物，以上操作能够削弱石墨片层间作用即范德瓦耳斯力；然后，再将锂、钾、铯等碱金属插入，将一个电子输入石墨晶格中，使晶面带负电，产生静电斥力，从而使得石墨晶体容易发生剥离分开；最后通过超声和离心处理得到石墨烯片。使用插层法制备石墨烯虽然操作简便，但由于在实际的操作过程中并不能保证较好的插层，以至于影响剥离，因此使用这种方法制备的石墨烯厚度较小。

（2）溶剂热法

溶剂热法是指在特制的密闭反应器（高压釜）中，采用有机溶剂作为反应介质，通过将反应体系加热至临界温度（或接近临界温度），在反应体系中自身产生高压而进行材料制备的一种有效方法。溶剂热法的制备步骤如下：

① 膨胀石墨或高纯石墨在超声波作用下在有机溶剂中分散，得到石墨分散液；

② 将石墨分散液置于聚四氟乙烯为内衬的不锈钢高压反应釜中，经过高温高压作用，得到石墨烯分散液；

③ 对石墨烯分散液进行超声分散、离心、收集上层液、抽滤，用水超声滤饼制得石墨烯水溶液，对石墨烯水溶液进行冷冻干燥得到石墨烯粉末。

由于溶剂热条件下还原氧化石墨烯制备的石墨烯薄膜电阻小于传统条件下制备石墨烯的薄膜电阻，因此溶剂热法和其他制备方法的结合将成为石墨烯制备的又一亮点。

（3）CO 还原法

CO 还原法的核心在于利用 CO 直接还原得到单质碳原子，通过富集得到的单质碳制备石墨烯。在文献[57]中，KIM 等报道了 CO 还原法，选用 CO 作为碳源并且通过直接还原 CO 制备石墨烯薄片。在 1 300 ℃、CO 和氩气作为混合气体的条件下，煅烧直接制备石墨烯。通过将硫化铝在 1 200 ℃和 1 300 ℃流下燃烧 10 h 所获得的粉末的 X 射线衍射（XRD）模式如图 2-77 所示。

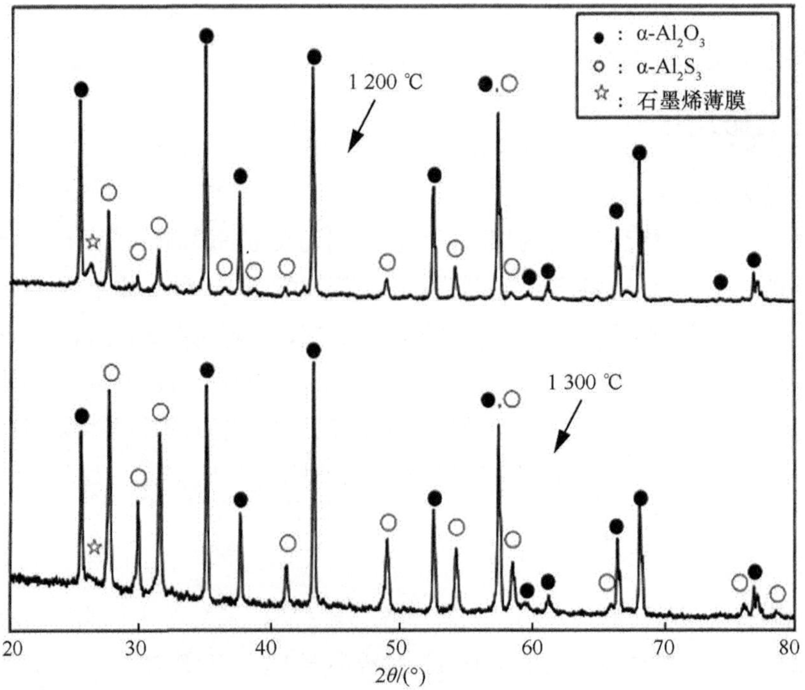

图 2-77 通过将硫化铝在 1 200 ℃和 1 300 ℃流下燃烧 10 h 所获得的粉末的 XRD 模式[57]

2.6.3　宏观石墨烯的制备

2.6.3.1　化学还原法

通过蒸发诱导组装含有少量纤维素纳米晶体（CNC）的氧化石墨烯分散体，并用氢碘酸进行化学还原，制备了类珍珠层石墨烯薄膜。CNC 诱导石墨烯片上形成褶皱，大大提高了石墨烯薄膜的力学性能。石墨烯薄膜具有（765 ± 43）MPa 的超高抗拉强度（在某些情况下高达 800 MPa）、大的失效应变、高韧性和高电导率。

如图 2-78 所示，在文献[58]中，通过混合少量的纤维素纳米晶体来设计 GO 片的拓扑结构。GO/复合 CNC 分散体通过铸造干燥处理成薄膜，然后化学还原法为导电还原氧化物石墨烯（rGO）薄膜，极大地增强了它们的界面相互作用。因此，石墨烯薄膜表现出（765 ± 43）MPa 的超高抗拉强度（在某些情况下高达 800 MPa），大的失效应变为 6.22%±0.19%，以及（15.64 ± 2.20）MJ/m^3 的优异韧性。

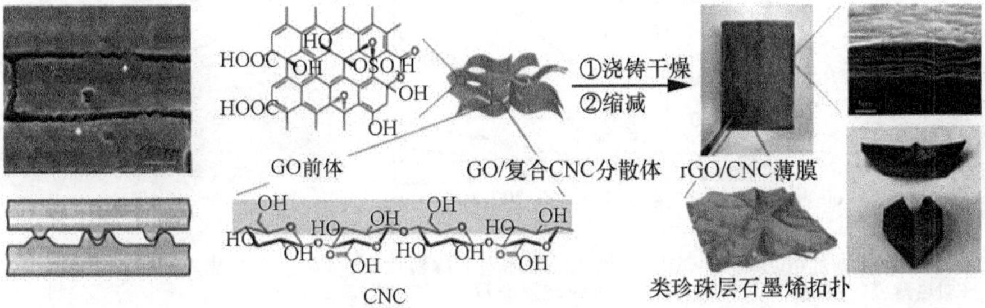

(a) 相邻文石片表面纳米微凸体间连锁结构的扫描电子显微镜图像（up）和示意　(b) 类珍珠层石墨烯薄膜制备示意

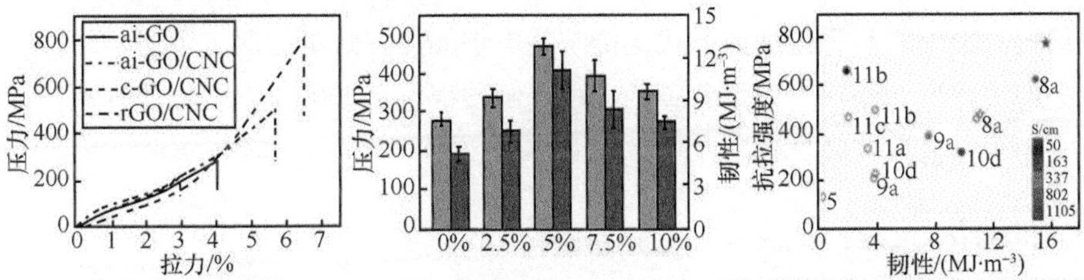

(c) GO和rGO薄膜的典型应力-应变曲线　(d) 不同温度下ai-GO/CNC薄膜的应力和韧性比较　(e) 不同方法制备的石墨烯薄膜与ai-GO和ai-rGO薄膜的极限应力、韧性和电导率[58]

图 2-78　石墨烯薄膜的拓扑设计及其力学性能[58]

化学还原法制备的石墨烯具有优良的机械和电学性能，在柔性电子领域有着巨大的应用潜力。

2.6.3.2 强焦耳加热快速制备法

强焦耳加热快速制备法，是通过焦耳加热化学还原氧化石墨烯薄膜并结合高通量辊对辊工艺连续制备石墨烯薄膜的快速方法。在文献[59]中，采用这种方法制备的石墨烯薄膜具有 4.2×10^5 S/m 的优良电学性能和（1 285±20）W/mK 的导热性能，石墨烯薄膜制备工艺及表征如图 2-79 所示。

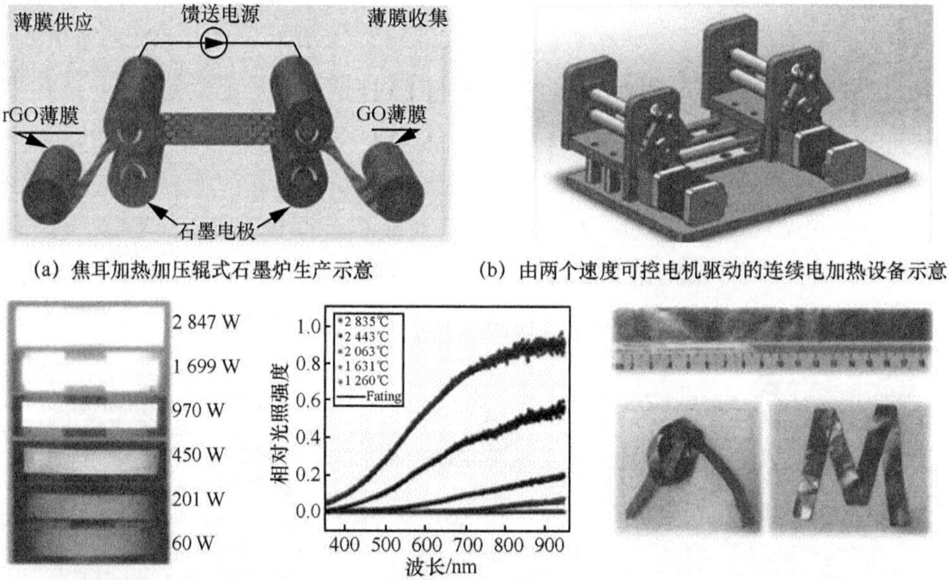

（a）焦耳加热加压辊式石墨炉生产示意　（b）由两个速度可控电机驱动的连续电加热设备示意

（c）通过从下到上增加电功率来加热薄膜的快照　（d）不同电功率输入下薄膜的光谱辐射测量　（e）焦耳加热GF的图片

图 2-79　石墨烯薄膜制备工艺及表征

采用辊对辊的焦耳强化加热方式比传统的电炉加热方式更省时、节能、经济。这种面部处理策略为大面积石墨烯薄膜的大规模制造提供了新的机遇，在热管理、柔性电子和可穿戴设备等领域具有潜在的应用前景。

2.6.3.3 抽滤法

通过使用膜过滤器过滤化学修饰石墨烯（CMG）血小板的均匀胶体悬浮液，可以产生宏观的、独立的石墨烯纸状材料。由于其良好的机械和电气性能，此类纸状材料可能是用作具有高热稳定性和化学稳定性的柔性基底、垫圈、密封剂、致动器和生物相容性基底的良好候选材料。

例如文献[60]研究了不同浓度的肼还原氧化石墨烯均质胶体悬浮液通过过滤制备的一组纸状材料的力学和电学性能，如图 2-80 所示。其通过拉伸试验测定了每种试样的杨氏模量、断裂强度和断裂应变，通过改变悬浮液中 CMG 血小板的浓度，实现在一定程度上控制石墨烯纸状材料的机械和电气性能。

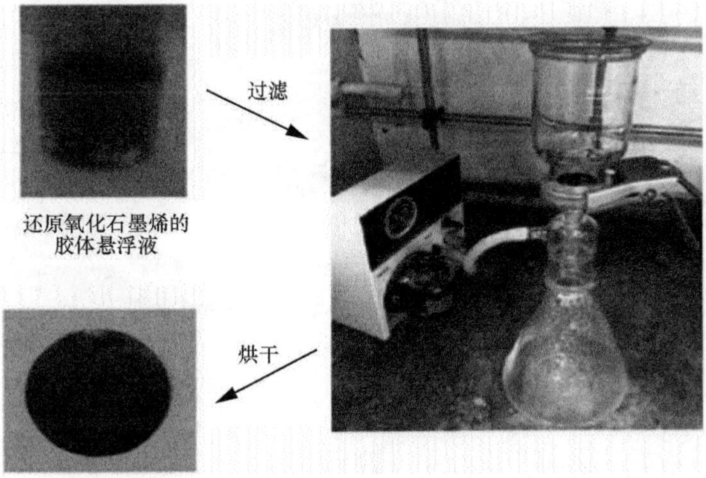

图 2-80　通过过滤悬浮液制备石墨烯纸状材料示意[60]

实验结果表明，随着还原容液浓度的增加，石墨烯薄膜电导率增加，这是由于石墨烯薄膜中的褶皱颗粒有利于促进还原氧化石墨烯片层之间的导电网络，从而导致石墨烯纸具有更高的电导率。

2.6.3.4　涂覆法

涂覆法是以机械的液相剥离石墨烯为源材料，再采用膜铸造法将其制备成石墨烯薄膜的石墨烯制备方法。为了调节单层石墨烯的费米能级，采用的离子门是由高氯酸钾（$KClO_4$）和聚氧化乙烯（PEO）组成的。

文献[61]介绍了以石墨烯片溶液为原料，采用准工业薄膜流延法，制备大面积、长 2.0 m 以上的石墨烯组装膜的石墨烯制备方法，如图 2-81 所示。

文献[61]成功地实现了增强石墨烯薄膜的制备。在室温下，该薄膜电导率高达 14 S/m，由此得到的高热电功率因数为 8.4 μW/(cm·K^2)。采用氯化铁溶液插层法实现了高热功率因数，有效地提高了石墨烯膜中的空穴密度。这种大尺寸的、准工业制造的柔性石墨烯组装薄膜在废热采集、热传感器和红外传感器方面具有广泛的应用。

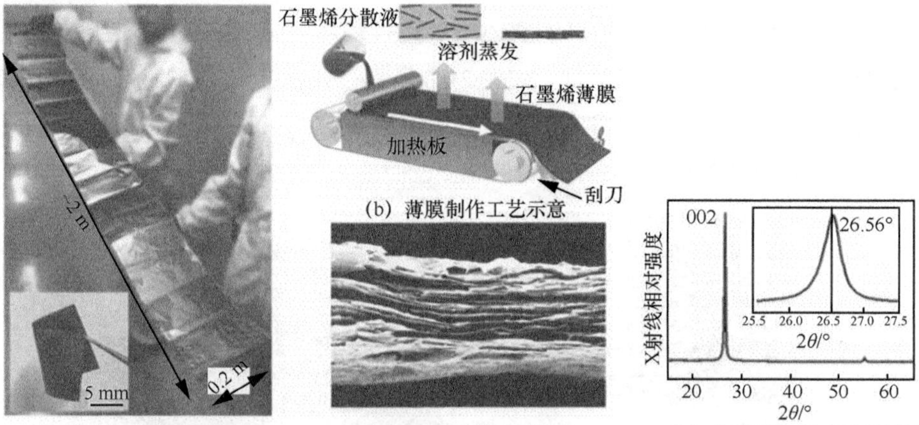

（b）薄膜制作工艺示意

（a）制备的石墨烯组装膜的光学图像尺寸约为2.0 m×0.2 m（展示胶片的高度柔韧性）

（c）具有层状结构的独立石墨烯薄膜的横截面扫描电子显微镜（SEM）图像

（d）室温下组装石墨烯薄膜的XRD图谱（放大的层间距（002）峰）

图 2-81　石墨烯薄膜的基本性质和制备工艺[61]

2.6.3.5　氧化还原法

（1）高温氧化还原法

高温氧化还原法一般需要在 1 000 ℃以上的高温和惰性气体或还原气氛中，氧化石墨在一定温度下热解使得层间的含氧基团如羟基、羧基和环氧基等裂解气化，在层间产生瞬时高气压，使得氧化石墨分层剥离从而被还原。

例如文献[62]中，首先使用尺寸为 270 μm 左右的天然鳞片作为石墨制备大片层氧化的原料，将其溶解于浓硫酸中，再依次按照特定方法加入 $KMnO_4$、去离子水、H_2O_2 溶液，用 10%的稀盐酸溶液多次充分地洗涤所得悬浮液，以除去溶液中的硫酸根和高锰酸根等杂质离子，再用去离子水将溶液通过离心的方法多次水洗直至溶液变为中性。最后将水洗干净后的产物分散在适量去离子水中，冰水浴下超声 1.5 h，将所得分散均匀的混合溶液在 1 000 r/min 的转速条件下离心 10 min 后收集上层清液，即可得到氧化物石墨烯（GO）的胶体。为了进一步得到片层较大的 GO，采用“两步离心法”继续对所得上层清液进行离心处理，得到蓬松呈絮状的氧化石墨烯粉体。将上述冷冻干燥后得到的絮状 GO 置于管式炉中，使用的气体为氩气，升温速率设置为 10 ℃/min，最后在 600 ℃温度下保温 2 h，制备出呈黑色粉末状的高温热还原氧化石墨烯。该高温热处理方法还原效果佳、效率高、污染少但还原成本较高。

（2）超高温氧化还原法

首先，将石墨氧化处理得到氧化石墨；然后，用水溶液或其他有机溶剂溶解氧化石墨；最后，通过还原去氧反应将其转变成石墨烯。为了提高所得到的单层石墨烯的比例，关键在于石墨的氧化处理与还原这两个过程。高锰酸钾和浓硫酸混合液是目前较为常用的氧化剂，同时发展了化学液相还原、热还原、光照还原、电化学还原、微波还原等多种还原方法，使得氧化还原石墨烯的制备方法越发绿色化、环保化。

石墨烯氧化物可以通过氧化石墨材料的过程大量、高效地制备，因此石墨烯氧化物是大规模制备石墨烯材料的有效途径。在众多不同的石墨烯产品形式中，多层石墨烯微片的制备相对更加容易，并且其继承了石墨的导电和导热性能，产业化应用前景更明朗。但是，氧化和还原过程中产生大量缺陷，破坏了石墨烯的电学性能，影响了其在电子信息领域的应用。

例如在文献[63]中，将 GO 用超纯水稀释，形成 2%～4%固体含量的 GO 悬浮液。机械搅拌 GO 悬浮液后将悬浮液转化为 GO 凝胶；将 GO 凝胶顺利地刮到聚对苯二甲酸乙二醇酯（PET）膜的表面，并在室温下干燥后得到 GO 膜。其还可以通过控制 GO 薄膜的厚度和数量来调整 GO 薄膜的厚度；将制作成的 GO 薄膜从 PET 薄膜中撕下来，放在室温至 1 300 ℃的退火炉中，在氩气流动的保护下保持 2 h；将温度升高至 3 000 ℃，保持 1 h，慢慢冷却至室温；最后获得了高导率石墨烯组装膜。高导率石墨烯组装膜制造工艺示意如图 2-82 所示。

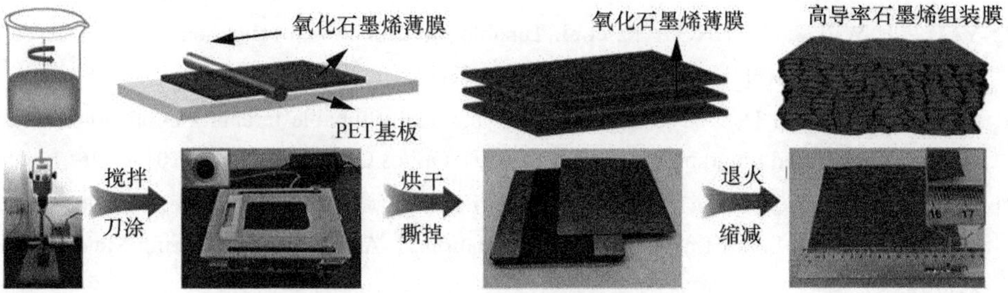

图 2-82　高导率石墨烯组装膜制造工艺示意[63]

参考文献

[1] 武晓琴. 基于石墨烯太赫兹频段超材料天线的设计与研究[D]. 秦皇岛: 燕山大学, 2018.

[2] FUSCALDO W, BURGHIGNOLI P, BACCARELLI P, et al. Efficient 2D leaky-wave antenna configurations based on graphene metasurfaces[J]. Internatinal Journal of Microwave and Wireless Technologies, 2017, 9(6): 1293-1303.

[3] EFAZAT S S, BASIRI R, AL-DIN M S V. The gain enhancement of a graphene loaded reconfi-

gurable antenna with non-uniform metasurface in terahertz band[J]. Optik, 2019, 183: 1179-1190.

[4] GHOSH J, MITRA D. Mutual coupling reduction in planar antenna by graphene metasurface for THz application[J]. Journal of Electromagnetic Waves and Applications, 2017, 31(18): 2036-2045.

[5] SONG R G, CHEN X X, JIANG S Q, et al. A graphene-assembled film based MIMO antenna array with high isolation for 5G wireless communication[J]. Applied Sciences, 2021, 11(5): 2382.

[6] FALLAHI A, PERRUISSEAU C J. Design of tunable biperiodic graphene metasurfaces[J]. Physical Review B, 2012, 86(19): 4608-4619.

[7] CARRASCO E, TAMAGNONE M, PERRUISSEAU C J. Tunable graphene reflective cells for THz reflectarrays and generalized law of reflection[J]. Applied Physics Letters, 2013, 102(10): 183-947.

[8] 张银, 冯一军, 姜田, 等. 基于石墨烯的太赫兹波散射可调谐超表面[J]. 物理学报, 2017, 66(20): 47-55.

[9] 徐星. 多功能可调谐太赫兹石墨烯超表面[J]. 科技创新与应用, 2020(11): 15-19.

[10] HUANG C, SONG J K, JI C, et al. Simultaneous control of absorbing frequency and amplitude using graphene capacitor and active frequency-selective surface[J]. IEEE Transactions on Antennas and Propagation, 2021, 69(3): 1793-1798.

[11] 赵雨桐. 基于石墨烯的透明与可调控微波毫米波器件研究[D]. 西安: 西安电子科技大学, 2018.

[12] YAO Z F, WEI T T, WANG Y K, et al. Tunable multifunctional reflection polarizer based on a graphene metasurface[J]. Applied Optics, 2019, 58(13): 3570-3574.

[13] SUN L L, ZHANG H, DONG G H, et al. Dynamically tunable terahertz anomalous refraction and reflection based on graphene metasurfaces[J]. Optics Communications, 2019, 446: 10-15.

[14] SONG R G, ZHAO X, WANG Z, et al. Sandwiched graphene clad laminate: a binder-free flexible printed circuit board for 5G antenna application[J]. Advanced Engineering Materials, 2020, 22(10).

[15] SONG R G, WANG Z, ZU H R, et al. Wideband and low sidelobe graphene antenna array for 5G applications[J]. Science Bulletin, 2021, 66(2): 103-106.

[16] SA'DON S N H, JAMALUDDIN M H, KAMARUDIN M R, et al. Analysis of graphene antenna properties for 5G applications[J]. Sensors, 2019, 19(22).

[17] DASH S, PATNAIK A. Dual band reconfigurable plasmonic antenna using bilayer graphene[C]//Proceedings of 2017 IEEE International Symposium on Antennas and Propagation & USNC/URSI National Radio Science Meeting. Piscataway: IEEE Press, 2017: 921-922.

[18] 邵丽, 周萌, 唐新悦,等. 一种柔性频率可重构天线及其制备方法、应用[Z].

[19] ZHANG X Y, RUAN C J, DAI J, et al. Frequency and radiation pattern reconfigurable graphene square spiral antenna at terahertz band[C]//Proceedings of 2018 IEEE Asia-Pacific Conference

on Antennas and Propagation (APCAP). Piscataway: IEEE Press, 2018.

[20] YASIR M, SAVI P. Graphene based voltage controlled frequency reconfigurable antennas[C]//Proceedings of 2020 IEEE 40th International Conference on Electronics and Nanotechnology (ELNANO). Piscataway: IEEE Press, 2020: 382-385.

[21] ELSHEAKH D N. Frequency reconfigurable and radiation pattern steering of monopole antenna based on graphene pads[C]//Proceedings of 2019 IEEE-APS Topical Conference on Antennas and Propagation in Wireless Communications (APWC). Piscataway: IEEE Press, 2019: 436-440.

[22] 王胜兰. 石墨烯在天线设计中的应用研究[D]. 成都: 电子科技大学, 2019.

[23] KUMAR J, BASU B, TALUKDAR F A, et al. Graphene based multiband frequency reconfigurable antenna[C]//Proceedings of 2017 IEEE MTT-S International Microwave and RF Conference (IMaRC). Piscataway: IEEE Press, 2017.

[24] 赵欣悦. 双频天线及石墨烯可重构天线的研究[D]. 合肥: 合肥工业大学, 2019.

[25] DASH S, PATNAIK A. Graphene loaded frequency reconfigurable metal antenna[C]// Proceedings of 2017 IEEE International Conference on Antenna Innovations & Modern Technologies for Ground, Aircraft and Satellite Applications (iAIM). Piscataway: IEEE Press, 2017.

[26] ZHAO W S, WANG X C, HU J. Frequency and beam reconfigurable THz Fabry-Perot antenna based on hybrid Cu-graphene HIS[C]//Proceedings of 2015 IEEE MTT-S International Microwave Workshop Series on Advanced Materials and Processes for RF and THz Applications (IMWS-AMP). Piscataway: IEEE Press, 2015.

[27] DONG Y F, LIU P G, YU D W, et al. Dual-band reconfigurable terahertz patch antenna with graphene-stack-based backing cavity[J]. IEEE Antennas and Wireless Propagation Letters, 2016, 15: 1541-1544.

[28] PRAKASH S, DASH S, PATNAIK A. Reconfigurable Circular Patch THz Antenna using graphene stack based SIW Technique[C]//Proceedings of 2018 IEEE Indian Conference on Antennas and Propogation (InCAP). Piscataway: IEEE Press, 2018.

[29] 耿莉, 谢亚楠, 原媛. 基于石墨烯的太赫兹方向图可重构天线[J]. 激光与光电子学进展, 2017, 54(3): 213-222.

[30] 王健. 基于石墨烯的小型化和可重构天线的研究[D]. 南京: 东南大学, 2019.

[31] 姜彦南, 袁锐, 曹卫平, 等. 基于石墨烯覆层的可重构天线: CN105161832B[P]. 2018-04-10.

[32] LYU X L, WU B, ZHAO Y T, et al. THz pattern reconfigurable antenna using graphene-based frequency selective surface[C]//Proceedings of 2019 Cross Strait Quad-Regional Radio Science and Wireless Technology Conference (CSQRWC). Piscataway: IEEE Press, 2019.

[33] 李浩, 梁锋, 张香博. 基于金属-石墨烯复合材料的方向图可重构微带准八木天线[C]// 2017 年全国微波毫米波会议论文集. [浙江: 出版社不详], 2017: 391-394.

[34] 曲美君, 邓力, 李书芳, 等. 基于石墨烯的方向图可重构的天线: CN107546473A[P]. 2018-01-05.

[35] 袁锐. 基于石墨烯的高性能天线研究[D]. 桂林: 桂林电子科技大学, 2016.

[36] WU Y L, QU M J, JIAO L X, et al. Graphene-based Yagi-Uda antenna with reconfigurable radiation patterns[J]. AIP Advances, 2016, 6(6).

[37] HU P, CHEN J, YU X M. A reconfigurable graphene-based yagi antenna[C]//Proceedings of 2019 International Symposium on Antennas and Propagation (ISAP). Piscataway: IEEE Press, 2019.

[38] HUANG Y, WU L S, TANG M, et al. Design of a beam reconfigurable THz antenna with graphene-based switchable high-impedance surface[J]. IEEE Transactions on Nanotechnology, 2012, 11(4): 836-842.

[39] 吴边，张振龙，赵雨桐，等. 基于石墨烯复合结构频率选择表面的方向图可重构天线: CN105006652B[P]. 2018-04-17.

[40] FAN C, WU B, HU Y, et al. Millimeter-wave pattern reconfigurable Vivaldi antenna using tunable resistor based on graphene[J]. IEEE Transactions on Antennas and Propagation, 2020, 68(6): 4939-4943.

[41] 阮久福，赵欣悦，黄波，等. 一种方向图可重构天线和一种通讯设备: CN107579348A[P]. 2018-01-12.

[42] 黄帅，吕政良，陈捷. 基于开关的双频方向图可重构天线设计[C]//2016 年全国军事微波、太赫兹、电磁兼容技术学术会议论文集. [西安: 出版社不祥], 2016: 126-129.

[43] 李瑞华. 宽带反射阵天线的研究与设计[D]. 西安: 西安电子科技大学, 2012.

[44] PEREZ J E. Wiley online library[J]. Journal of Electronic Resources in Medical Libraries, 2021, 18(2): 129-137.

[45] 李彪. 新型电磁功能材料及其在天线设计中的应用[D]. 西安: 西安电子科技大学, 2014.

[46] 王莉，王腾跃，何向明，等. 国内石墨烯技术及产业现状分析[J]. 新材料产业，2016(5): 25-31.

[47] NOVOSELOV K S, GEIM A K, MOROZOV S V, et al. Electric field effect in atomically thin carbon films[J]. Science, 2004, 306(5696): 666-669.

[48] CHALLET S, AZAïS P, PELLENQ R J M, et al. Hydrogen adsorption in microporous alkali-doped carbons (activated carbon and single wall nanotubes)[J]. Journal of Physics and Chemistry of Solids, 2004, 65(2): 541-544.

[49] HERNANDEZ Y, NICOLOSI V, LOTYA M, et al. High-yield production of graphene by liquid-phase exfoliation of graphite[J]. Nature Nanotechnology, 2008, 3(9): 563-568.

[50] KHAN U, O'NEILL A, LOTYA M, et al. High-concentration solvent exfoliation of graphene[J]. Small, 2010, 6(7): 864-871.

[51] HAMILTON C E, LOMEDA J R, SUN Z, et al. High-yield organic dispersions of unfunctionalized graphene[J]. Nano Letters, 2009, 9(10): 3460-3462.

[52] LIANG X G, GIACOMETTI V, ISMACH A, et al. Roller-style electrostatic printing of prepatterned few-layer-graphenes[J]. Applied Physics Letters, 2010, 96(1).

[53] PU N W, WANG C G, SUNG Y, et al. Production of few-layer graphene by supercritical CO_2

exfoliation of graphite[J]. Materials Letters, 2009, 63(23): 1987-1989.

[54] 魏飘飘. 剥离石墨烯的制备、电化学性能调控及传感应用研究[D]. 武汉：华中科技大学, 2019.

[55] 王霖，田林海，尉国栋，等. 石墨烯外延生长及其器件应用研究进展[J]. 无机材料学报, 2011(10):1009-1019.

[56] KIM K S, ZHAO Y, JANG H, et al. Large-scale pattern growth of graphene films for stretchable transparent electrodes[J]. Nature, 2009, 457: 706-710.

[57] KIM C D, MIN B K, JUNG W S. Preparation of graphene sheets by the reduction of carbon monoxide[J]. Carbon, 2009, 47(6): 1610-1612.

[58] WEN Y Y, WU M M, ZHANG M, et al. Topological design of ultrastrong and highly conductive graphene films[J]. Advanced Materials, 2017, 29(41).

[59] LIU Y J, LI P, WANG F, et al. Rapid roll-to-roll production of graphene films using intensive Joule heating[J]. Carbon, 2019, 155: 462-468.

[60] PARK S, SUK J W, AN J, et al. The effect of concentration of graphene nanoplatelets on mechanical and electrical properties of reduced graphene oxide papers[J]. Carbon, 2012, 50(12): 4573-4578.

[61] FENG S R, YAO T Y, LU Y H, et al. Quasi-industrially produced large-area microscale graphene flakes assembled film with extremely high thermoelectric power factor[J]. Nano Energy, 2019, 58: 63-68.

[62] 贾营坤，陈培，张青红，等. 高温热还原氧化石墨烯/聚酰亚胺复合涂层的制备及防腐蚀性能研究[J]. 无机材料学报, 2017, 32(12): 1257-1263.

[63] WANG Z, LI P, SONG R G, et al. High conductive graphene assembled films with porous micro-structure for freestanding and ultra-low power strain sensors[J]. Science Bulletin, 2020, 65(16): 1363-1370.

第3章
超材料和人工电磁材料及其在天线技术中的应用

本章主要阐述超材料及人工电磁材料的研究背景及意义，回顾相关的研究课题和关键技术在国内外的发展状况，简述超材料近几年的研究进展尤其是其在天线领域最新的应用情况。

3.1 超材料的技术背景

超材料是指具有一些天然材料所不具备的超常物理性质的人工复合材料。通常超材料是一种以周期结构为单元的复合材料。通过在其关键物理结构及尺寸上的设计，获得一些突破自然规律限制、超出自然界普通材料特性的超常功能材料。从狭义上讲，超材料主要包括左手材料（Left-Handed Material，LHM）（介电常数和磁导率双负）、单负材料（负介电常数或负磁导率）。这些材料的单元周期尺寸远远小于入射电磁波的波长。超材料有3个重要特征：

（1）具有新奇的人工结构；

（2）具有超常的物理性质（负介电常数、负磁导率、负折射率等）；

（3）其性质取决于其中的人工结构及其排列特性，而与材料的本征性质无关。

早在1968年，俄罗斯科学家VESELAGO[1]就提出负介电常数和负磁导率的假想，从理论上论证了超材料的存在。然而，由于缺乏天然的超材料，VESELAGO的工作在当时并没有引起人们的重视。这种情况一直持续到1996年，英国物理学家PENDRY等[2]提出利用金属柱周期结构可以获得负介电常数的材料。该结构的等效介电特征类似于等离子体，其等效等离子体谐振频率在微波频段内，在低于等离子体谐振频率时，金属线阵列的等效介电常数为负值。1999年，PENDRY和他的研究团队[3]又提出了利用开口谐振环（Split Ring Resonator，SRR）阵列来实现负磁导率的方法。2000年，SMITH等[4]在微波频段制作出通过开口谐振环和金属线复合结构来呈现具有左手特性（介电常数和磁导率都为负值）的人工材料。

这些开创性的研究，为后面超材料的迅猛发展奠定了基础，证明了人们可以通过设计特殊的周期性微结构——晶胞，使得材料具有与传统常规材料不同的电磁特性。“晶胞”这一概念源于固体物理学，又称“惯用元胞”或者“结晶学元胞”，用于表征晶体微结构中原子（微结构）的最小周期以及对称性。晶胞结构只包含一种类型的原子，而包含两种以上不同类型原子的周期微结构用“复式晶胞”表示。图3-1（a）中均匀地排布了开口谐振环这一种结构；而图3-1（b）的结构包含金属棒和谐振环两种不同类型“原子”，因此属于典型的复式晶胞。

(a) 单一谐振结构晶胞

(b) 复式晶胞

图 3-1　人工超材料的周期微结构示意

介电常数 ε 和磁导率 μ 是材料的两个重要的电磁特性参数，决定着电磁波在该材料中的传播特性[5]。材料的介电常数可表示为 $\varepsilon=\varepsilon_r\varepsilon_0$，其中 ε_r 为相对介电常数，ε_0 为真空中的介电常数；磁导率表示为 $\mu=\mu_r\mu_0$，其中 μ_r 为相对磁导率，μ_0 为真空中的磁导率。对自然界的一般材料而言，满足 $\varepsilon\geqslant\varepsilon_0$（即 $\varepsilon_r\geqslant 1$）且 $\mu\geqslant\mu_0$（即 $\mu_r\geqslant 1$）。根据材料的介电常数 ε 和磁导率 μ 的数值范围，材料可以分为两大类：普通材料和超材料。目前发现的各类超材料象限图如图 3-2 所示[6]。

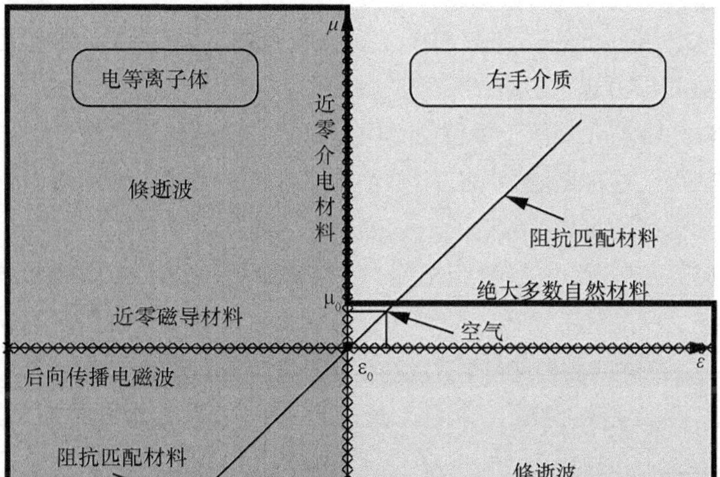

图 3-2　目前发现的各类超材料象限图

普通材料满足$\varepsilon \geqslant \varepsilon_0$（即$\varepsilon_r \geqslant 1$）且$\mu \geqslant \mu_0$（即$\mu_r \geqslant 1$），位于图 3-2 第一象限的右上角；而第一象限剩下的部分以及第二、第三及第四象限则被称为超材料，它们的介电常数ε和磁导率μ满足$\varepsilon < \varepsilon_0$（即$\varepsilon_r < 1$）或$\mu < \mu_0$（即$\mu_r < 1$）。进一步，超材料又可以细分为隐形材料、左手材料、电负材料、磁负材料。其中，隐形材料为第一象限中满足$0 < \varepsilon_r < 1$或$0 < \mu_r < 1$的材料；左手材料为第三象限中满足$\varepsilon_r < 0$且$\mu_r < 0$的材料；电负材料为第二象限中满足$\varepsilon_r < 0$且$\mu_r > 0$的材料；磁负材料为第四象限中满足$\varepsilon_r > 0$且$\mu_r < 0$的材料。

作为一种特殊的超材料分支，电磁带隙（Electromagnetic Band-Gap，EBG）结构特殊的性质使其在天线设计中的应用引起了学术界及产业界的关注。EBG 的概念起源于一种叫作光子晶体的新型材料。1987 年，普林斯顿大学的 JOHN 和美国贝尔实验室的 YABLONOVITCH[7]在讨论周期排列的导电介质结构对材料中的光传播行为的影响时，各自独立地提出了“光子晶体”的新概念。这种材料具有光子带隙（Photonic Band-Gap，PBG）特性，使得光在材料中的传播有类似于在半导体领域中利用半导体掺杂来控制电子运动的特性。这种在光学领域的特殊性质及其巨大的应用前景迅速地引起了国内外学者的关注。光子晶体的概念从光学领域扩展到电磁领域的微波频段便被称为电磁带隙结构。微波频段相对于光波的波长要大得多，制备电磁带隙材料的工艺要求比制备光子带隙材料的工艺要求低得多，且可以获得更高的加工精度，这些特点同样引起了学者的广泛关注。

SIEVENPIPER[8]在其博士学位论文中提出了一种蘑菇型电磁带隙结构，并将其称为高阻抗表面。这种蘑菇型电磁带隙结构以普通介质材料为基板，介质基板的一面印制有周期排列的金属贴片，另一面是整片金属作为接地板，每一个金属贴片的中间通过金属通孔和背面的接地板相连，其结构如图 3-3 所示。在等效电路模型中，金属贴片单元之间的缝隙等效为电容 C，金属通孔及背面金属板所形成的电流通路等效为电感 L，整体结构构成并联的 LC 谐振电路。这种蘑菇型电磁带隙结构表面波带隙不是周期性相位散射波的反相叠加造成的，而是由单元本身的 LC 谐振特性引起的，这样就摆脱了布拉格条件对电磁带隙结构尺寸的限制。周期性单元的尺寸可以减小到波长的五分之一，甚至可以为波长的十分之一或更小，相对于布拉格型的电磁带隙结构，蘑菇型电磁带隙结构更加紧凑，因此这种谐振类型的电磁带隙结构很快便成为研究的热点。电磁带隙结构相关的理论研究和应用得到了异常迅猛的发展，具有非常广阔的前景。

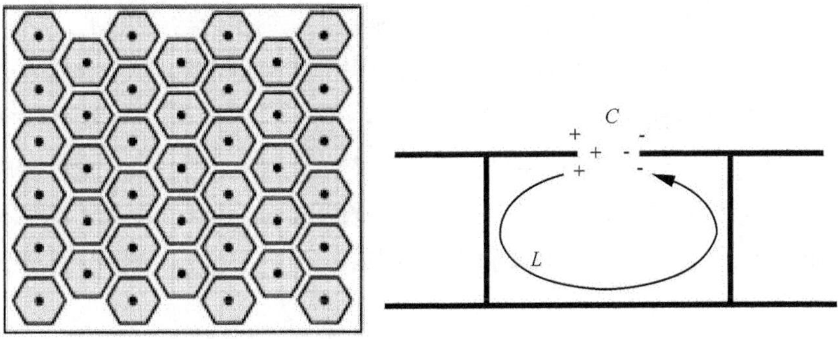

图 3-3　蘑菇型电磁带隙结构及其等效电路模型[8]

近些年来，天线的智能化、小型化、宽带及多频技术对天线的设计提出了更高的要求。电磁带隙结构的应用为这些需求带来了新的方向[9]。作为一种人造的周期结构，电磁带隙结构具有频率带隙和相位带隙特性，在一定范围内影响并改变电磁波的传播，可以用于减小或消除平面结构中的表面波、减小互耦、改善天线的性能等[10-12]。电磁带隙作为一种新型结构材料在微波及天线领域有着很重要的应用价值。

3.2　超材料的国内外研究现状

超材料作为一种新型的人工材料，由于其奇特的性能，具有不可估量的应用价值。ZHELUDEV[13]在《科学》杂志上发表文章，指出了超材料下一阶段将向着可控化、有源化、智能化和量子化的方向发展。最初的频率选择表面是超材料的雏形，接着手性超材料[14]、人工磁性材料[15]和负折射率材料[16]的发展推动了超材料的研究及其各项应用和发展。随着研究的深入，光变换电磁超材料[17]、高低介电常数超材料[18]和基于超材料的色散设计得到了进一步发展。非线性超材料[19]、传感超材料[20-22]、可切换超材料[23-24]以及量子超材料[25-26]则将是超材料发展的趋势。

负介电常数和负磁导率特性的实现，使得超材料具有了自然界物质材料所不具有的许多奇特的物理性质，如：负折射率效应、逆多普勒（Doppler）效应、逆切连科夫（Cerenkov）效应等[27]。超材料在物理学、材料学、光学、力学和应用电磁学等领域具有不可估量的应用价值，引起世界各国研究者的高度关注，大量的研究成果不断涌现[28-32]。2003 年，美国《科学》杂志把 LHM 评为当代十大科学技术进展之一。2007 年，由于超材料研究的不断突破，*Materials Today* 将其评选为近 50 年间的十大科技进展之一。2006 年 PENDRY 等[33]在超材料研究的基础上，提出光学变换的方法和隐身衣的概念，并在《科学》杂志上发表了这一具有里程碑意义的研究成果。2007—2008 年，东南大学崔铁军团队研制出三维隐身衣[34-35]，并利用“隐身斗篷”电磁超材料制造了人类历史上第一个“光学黑洞”——“微波黑洞”，其能将绝大部分入射的微波吸入其中，为更高效地开发和利用太阳能提供了新的思路[36]。超材料的研究发展开辟了材料研究领域的另一片天地，将为人们的生活带来巨大的变化，正推动着新一轮的技术革新。

但是，早期的三维块状超材料损耗高、体积大以及实现困难等缺点，使得超材料在应用中受到了极大的限制。2003 年，美国国家标准与技术研究院 KUESTER 等[37]提出了二维超材料——“超表面”的概念，并提出了过渡边界条件理论用于表征不同超表面的特性，奠定了超表面的理论基础。2011 年，YU 等[38]提出了广义斯涅耳（Snell）定律，用相位突变对超表面非规则反射与折射现象进行了解释。为了方便超材料在微波频段与电路的集成，CALOZ 团队[39]提出了采用分布式的微波结构和元器件实现的复合左右手传输线（Composite Right/Left-Herded Transmission Line，CRH）。

2009 年开始，美国空军联合波音、通用和雷神公司开展了一项有关航空器上集成超低剖面天线的预研项目，研究成果包括采用电磁超表面结构与全息成像技术在复杂表面上产生固定目标辐射场。这是对超表面电磁波调控和超表面辐射这一系列重要科学问题的初次探索，也是超材料天线概念的雏形。随后，MACI 研究团队提出了人工冲浪表面的概念[40]，并对非穿透型超表面的表面波调控机理及目标识别成像理论进行了一系列深入的研究[41-43]。目前，欧洲航天局（European Space Agency，ESA）正在资助完成一个星载先进超表面天线的项目，现阶段基于简单单元结构已经实现了圆极化固定波束的辐射[44-45]。

3.2.1 利用超材料实现天线的小型化

天线表面尺寸的小型化设计，利用复合左右手传输线结构的零阶、负阶等谐振特性可以突破传统贴片天线工作波长的限制，为新型的小型化天线带来新的设计思路。复合左右手传输线媒质是一类特殊的超材料。超材料除了在介质板上加载金属结构之外，还能通过加载无源传输线来实现。图 3-4 给出了一个由传输线组成的一维超材料。这个传输线周期性地加载了串联电容和并联电感，可以实现复合左右手传输线媒质。这种复合左右手传输线媒质在低频工作时可以支持电磁波的反向传输模式，而在高频工作时可以支持电磁波的正向传输模式。复合左右手传输线媒质的相位传播常数 β 由式（3-1）决定

$$\beta = s(\omega)\sqrt{\omega^2 L_R C_R + \frac{1}{\omega^2 L_L C_L} - \left(\frac{L_R}{L_L} + \frac{C_R}{C_L}\right)} \tag{3-1}$$

其中，$s(\omega)$ 由式（3-2）表示

$$s(\omega) = \begin{cases} -1, & \omega < \min\left(\frac{1}{\sqrt{L_R C_L}}, \frac{1}{\sqrt{L_L C_R}}\right) \\ 1, & \omega > \max\left(\frac{1}{\sqrt{L_R C_L}}, \frac{1}{\sqrt{L_L C_R}}\right) \end{cases} \tag{3-2}$$

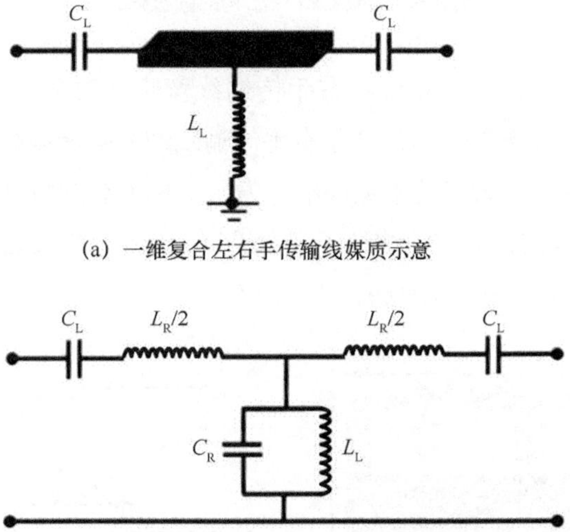

(a) 一维复合左右手传输线媒质示意

(b) 复合左右手传输线媒质的等效电路示意

图 3-4　由传输线组成的一维超材料

由式（3-1）可知，当 β=0 时，该材料的零阶谐振频率是 $(1/\sqrt{L_L C_L})$ 或 $(1/\sqrt{L_R C_R})$。可知这种材料的零阶谐振频率与传输线的长度没有关系，只由 4 个无源器件 L_L、L_R、C_L 和 C_R 的取值决定。所以，通过采用大电容和大电感的无源器件，我们就可以使该媒质在尺寸不变的情况下降低工作频率。用同样的方法，在天线中添加无源器件，可以设计小型化的天线。

文献[46]设计出一种加载超材料结构的新型圆极化小型化天线。如图 3-5 所示，该天线采用单馈点馈电，通过在传统的微带贴片天线基础上加载一个蘑菇型复合左右手传输线单元阵列，激励出复合左右手结构的负阶谐振点，从而引入一个低频谐振频率点，以此来达到减小天线尺寸的目的；并且可以通过改变贴片的长宽比以及馈电点位置，灵活实现天线的双频和圆极化特性。

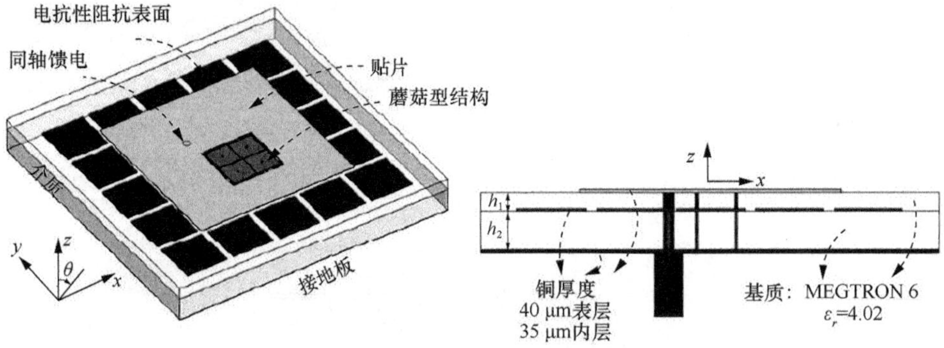

图 3-5　加载 CRLH 结构的圆极化天线

文献[47]提出了一款基于复合左右手传输线宽带非对称共面波导馈电的微带天线，如图 3-6 所示。该天线利用复合左右手传输线的零阶谐振原理，实现了小型化的效果，同时零阶谐振时，天线的带宽很窄。为了扩展天线的带宽，该文献利用零阶谐振点与其+1 阶谐振点结合的方法达到了带宽扩展的效果，扩展之后，天线的−10 dB 阻抗带宽为 109.1%（2.69～9.15 GHz）。

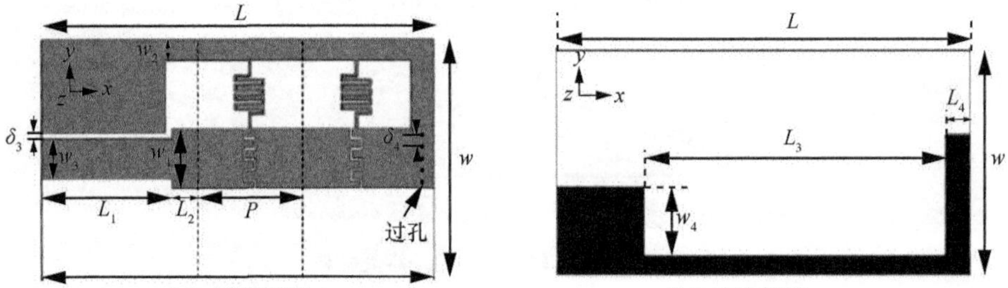

(a) 天线正面　　(b) 天线背面

图 3-6　基于复合左右手传输线宽带非对称共面波导馈电的微带天线

除了上述采用超材料设计小型化天线外，也可以直接将超材料作为天线的辐射单元来实现天线的小型化。文献[48]提出了利用复合左手传输线结构作为贴片天线的辐射单元来实现天线的小型化，如图 3-7（a）所示。与 λ/2 矩形贴片天线相比，其辐射单元的尺寸减小了 50%以上。文献[49]基于金属开口谐振环结构和容性加载短线结构（Capacitive Loaded Strip，CLS）构成的左手材料设计了可用于医学探测的具有高增益的小型化的超宽带（Ultra Wide Band，UWB）天线，如图 3-7（b）所示。文献[50]提出了基于复合左右手传输线的小型化双频天线，既减小了天线的尺寸，又拓展了有效相对带宽，如图 3-7（c）所示。文献[51]设计了一个六边形的多频段磁负超材料，并将该磁负超材料作为辐射单元，实现了具有陷波特性的多频段天线设计，如图 3-7（d）所示。

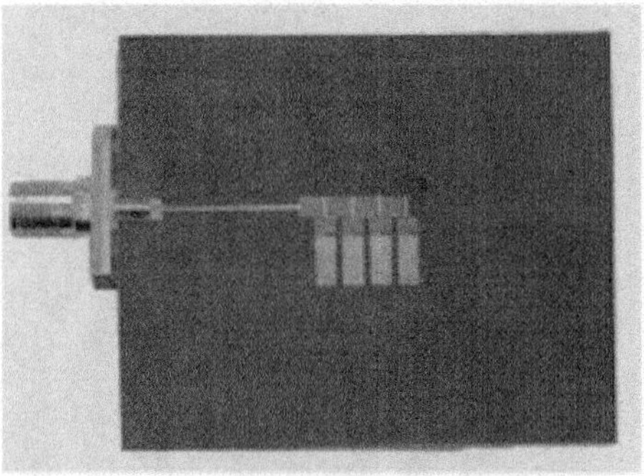

(a) 复合左手传输线左手材料天线

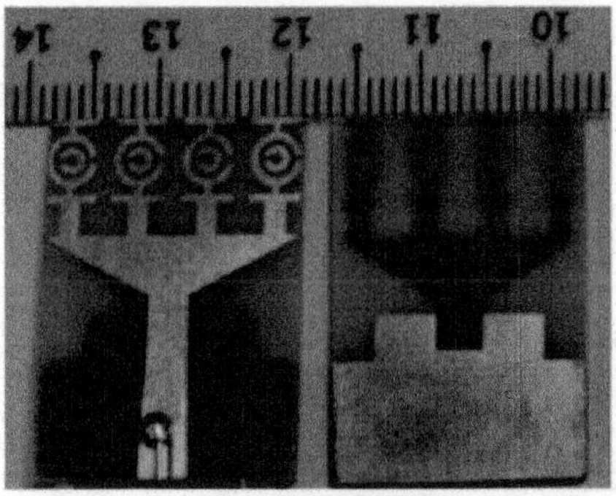

(b) 基于SRR和CLS结构的左手材料天线

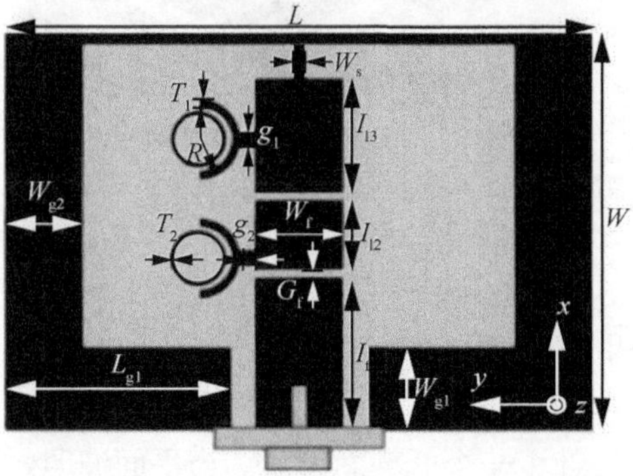

(c) 基于复合左右手传输线的小型化双频天线

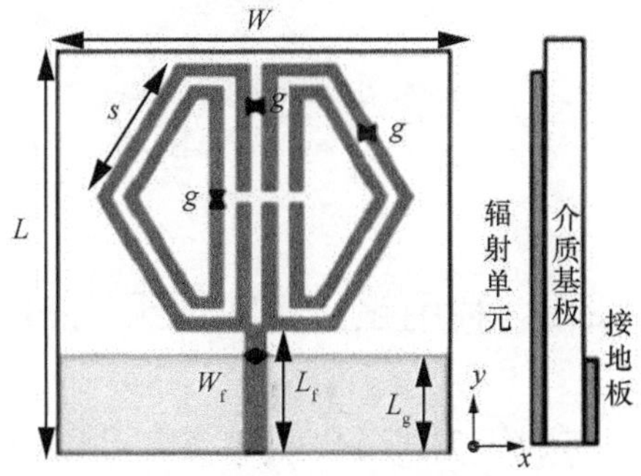

(d) 六边形多频段磁负超材料陷波天线

图 3-7　超材料作为天线的辐射单元

广义超材料天线严格来说并不是由超材料构成的，而是对超材料的一种借鉴。超材料是单元结构按周期或者非周期排列组成的材料，需要多个单元才能在宏观上展现出电磁特性。在实际应用中，因为超材料单元对电磁波有很强的调控作用，所以将单个或有限几个超材料单元放在天线附近也会对天线的性能造成很大影响。这样数量有限且没有按周期排列的单元结构可以看作广义的超材料。利用这种广义超材料设计的天线可以被称作广义超材料天线。超材料单元一般是谐振结构，所以当超材料单元被放在一个距离天线合适的位置时，天线的辐射场可以激发这些单元，引入一个与天线谐振频率不同的新谐振频率。虽然只使用有限几个单元结构，但是新引入的谐振频率与天线在由多个相同单元结构组成的阵列中的谐振频率是相近的，而且这个谐振频率可以远小于天线自身的谐振频率，这样就可以实现天线的小型化。这种用广义超材料的设计方法可以用来设计小型化的贴片天线、振子天线、环天线等。

文献[52]提出了一种将优化了尺寸的互补开口环谐振器（Complementary Split Ring Resonator，CSRR）放在天线辐射结构与金属背板之间的设计方案。该方案如图 3-8 所示，可以使天线的体积缩小到原来的 1/16，同时保证天线具有良好的阻抗匹配带宽。

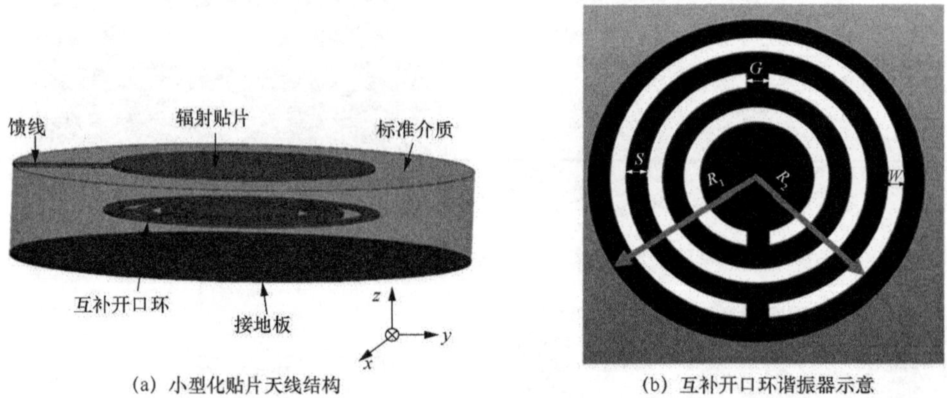

(a) 小型化贴片天线结构　(b) 互补开口环谐振器示意

图 3-8　互补开口环谐振器方案示意[52]

3.2.2　利用超材料实现天线的低剖面

文献[53]利用 EBG 结构的同相反射特性设计了一个低剖面天线。当平面波照射该表面时，反射相位随着频率从 180°到−180°连续变化，这样在一定频带范围内，反射相位可以看成同相。利用该 EBG 结构替代金属接地板，能够摆脱传统金属接地板反相反射相位的限制，可以极大地降低天线辐射表面与接地板之间的距离，从而实现低剖面天线的有效辐射。天线结构如图 3-9 所示，该 EBG 结构应用于偶极子天线，作为其反射板，减小了天线的剖面尺寸。

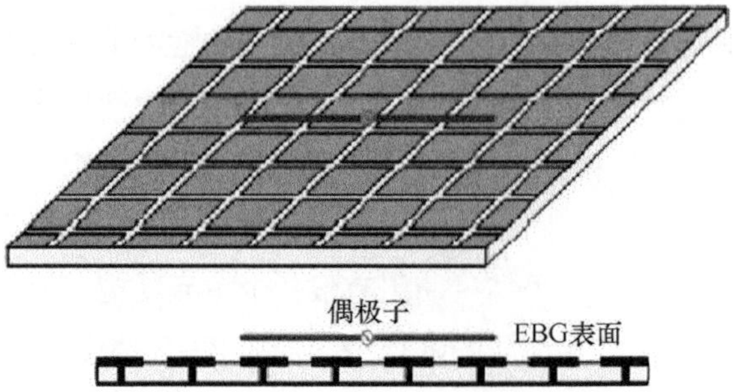

图 3-9　一个低剖面天线结构[53]

文献[54]提出了利用人工磁导体（Artificial Magnetic Conductor，AMC）结构以及部分反射表面（Partially Reflective Surface，PRS）覆层结构实现高增益低剖面的新型天线，该天线的结构如图 3-10 所示。与传统的采用 PRS 覆层提高天线的增益不同，该天线同时采用 AMC 结构代替传统定向天线的接地板结构，在获取高增益天线的同时得到较低的天线剖面。同时，利用谐振腔理论，文献[54]给出了该结构天线设计的近似解析计算公式。

（a）带AMC接地板的贴片天线　　　　（b）PRS覆层

图 3-10　高增益低剖面天线结构

文献[55]提出了一款基于圆形贴片 AMC 结构的低剖面、双极化、高隔离度 MIMO 天线阵列，并将其应用于宽带基站天线设计中，如图 3-11 所示。该文献首先设计了基于 AMC 结构的宽带低剖面天线单元，之后将该天线单元排成了 1×4 的线阵，且在 AMC 反射板中将部分圆形贴片替换成解耦枝节，使天线单元间横向传播的电磁波与解耦枝节激励的表面波相抵消来提高单元间的隔离度。

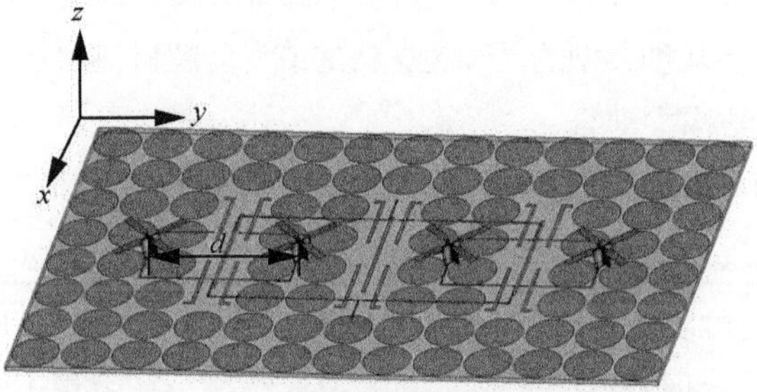

图 3-11　低剖面高隔离度 MIMO 天线阵列示意

可以看出，无论是采用单独的 AMC 结构设计，还是采用覆层配合 AMC 结构的设计，AMC 本身的谐振属性导致这种结构的带宽都不能达到一个较宽的水平。文献[56]在前面设计的基础上，提出了采用渐变的 AMC 结构对天线进行改造，如图 3-12 所示，在得到低剖面天线的同时，天线的工作带宽得到一定的提升。

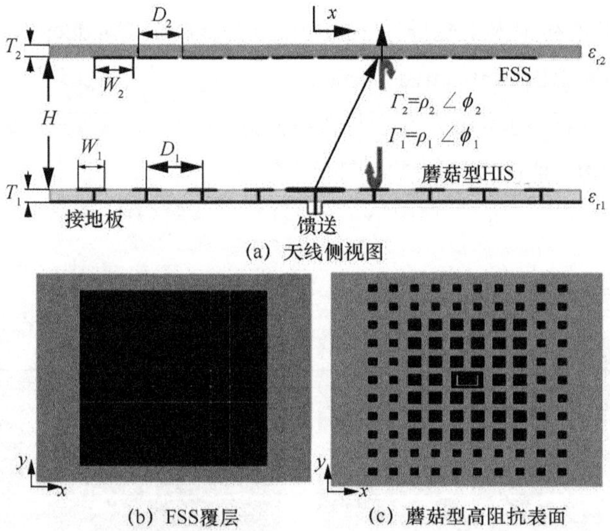

图 3-12　利用渐变型高阻抗表面实现宽带低剖面高增益微带天线结构

3.2.3　利用超材料实现天线的去耦合

近些年来，随着移动通信、卫星通信、探测遥感等天线技术的发展，在空间受限的载体上，天线的数目越来越多，而天线之间的物理间距不断压缩，这就造成了天线的耦合问题日益显现。目前天线的耦合问题成为学术界和工业界关注的焦点，已经有大量的去耦合方法。超材料由于具有一些结构或自然材料所不具有的优异特性，因此大量地应用在天线去耦合领域。下面阐述几种典型的基于超材料的或者受超材料启发的天线去耦合方法。

（1）采用 EBG 结构去耦合

利用 EBG 结构去耦合最早出现在文献[57]中。如图 3-13 所示，4 列 EBG 周期结构的近场分布证明了其具有良好的表面波抑制特性。因此如图 3-14 所示，将 EBG 结构嵌入天线元件之间可以减少互耦，在谐振频率 5.8 GHz 处有 8 dB 的隔离改善。该方法被大量文献引用且出现了各类形态不同的设计[58-59]。在卫星天线阵列和毫米波雷达的收发阵列之间，也出现了该去耦合技术的商业应用。

从上面的分析可以看到，将周期的 EBG 结构嵌入两个天线或者天线阵之间，确实可以有效地抑制表面波，解决由表面波传播造成的天线之间的耦合问题。但是，从图 3-14 中可以看到，为了放置 EBG 的去耦合结构，需要两个有耦合的天线之间具有足够的空间，甚至远大于天线本身的尺寸。如果天线间距更为紧凑，就需要考虑更紧凑的方案。

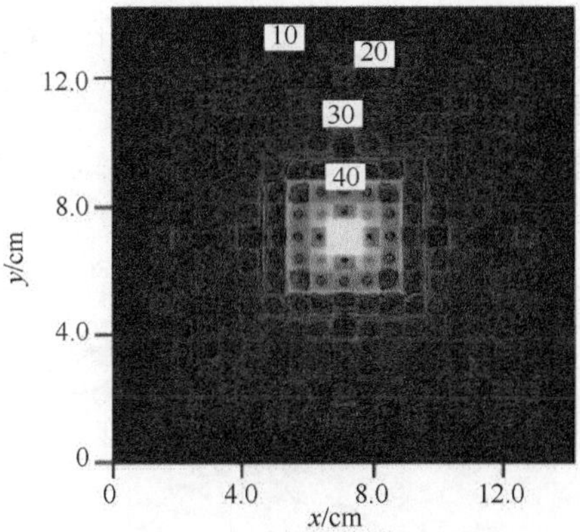

(a) 加入前

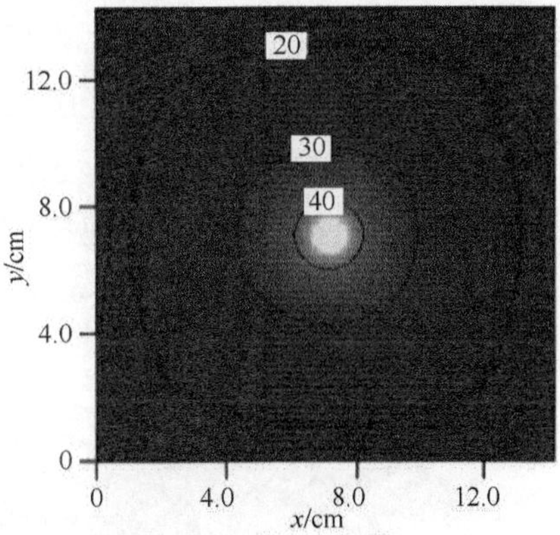

(b) 加入后

图 3-13　加入 EBG 结构前后天线的场强分布

图 3-14　中间嵌入 EBG 结构的两耦合微带天线结构

为此，SHEN 等[60]提出了一种同样采用 EBG 结构实现去耦合的紧凑型设计，如图 3-15 所示。由于两个 E 型的微带天线间距非常近，如果需要引入 EBG 的去耦合结构，必须设置在天线的正下方。通过 EBG 接地板对表面波的抑制，提升天线之间的隔离度，可以从 10～15 dB，提升到 20～25 dB，且具有较宽的带宽。在设计过程中，由于加入了 EBG 的去耦合接地板，整个天线的阻抗需要重新匹配，因此，我们选择了 E 型的贴片天线，通过馈电点两边蚀刻的缝隙的长度和宽度，来调整天线的阻抗，使得微带天线可以顺利地在 EBG 而非金属的接地板上工作。在毫米波段的加工是很大的挑战，特别需要用到盲、埋、通孔的工艺和多层叠压，因此需要选择稳定可靠的供应商，结合具体的工艺进行加工，才能获得满意的效果。为了帮助读者更好地复现结果，我们将该设计主要的参数列在表 3-1 中。在设计中，电路板的介质采用的是罗杰斯公司的 RO4003（$\varepsilon_r = 3.55$, $\tan\delta=0.002\,7$），粘合层采用的是罗杰斯公司的 RO4450F。需要提醒读者的是，在建模仿真的过程中，不只是介质层，连全部的粘合层都要考虑在仿真中。由于多层板的流胶等情况，实际加工完成的电路板的粘合层厚度会小于加工前粘合层的厚度，这一点请向具体加工商索要参数，以便能够准确地进行建模仿真。

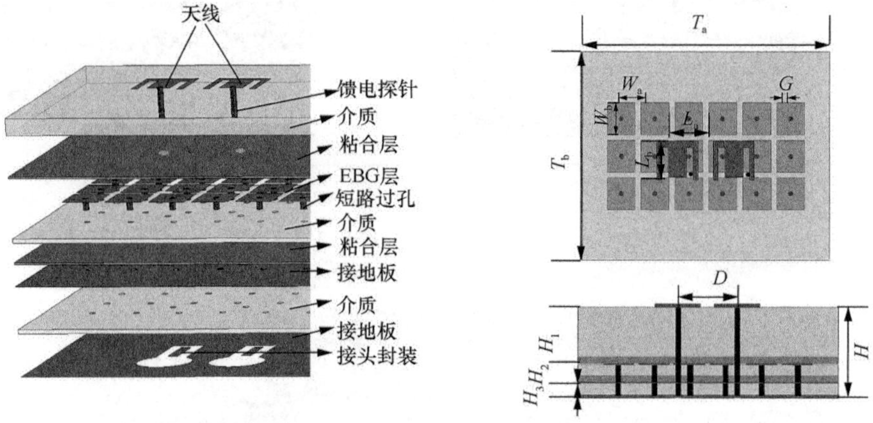

(a) 采用EBG作为接地板的两个微带天线的层叠图

(b) 采用EBG作为接地板的两个微带天线的俯视图和侧视图

图 3-15　一种同样采用 EBG 结构实现去耦合的紧凑型设计

表 3-1　带有 EBG 接地板的双天线具体参数值

变量	值/mm	变量	值/mm	变量	值/mm
T_a	15	L_a	2.5	H_3	0.2
T_b	12.7	L_b	2.4	D	3.4
W_a	2.1	G	0.35	H_1	0.9
W_b	1.7	H	1.4	H_2	0.3

（2）采用超材料隔墙去耦合

文献[61-62]提出了一种利用超材料结构改善宽带双极化贴片天线的方法。该超材料结构由接地的电容性负载环和 π 形元件组成，并放置于天线单元之间。从图 3-16 可以看出，电容性负载环和 π 形元件在所需要的频带内都具有高隔离度特性。在加载了超材料去耦合结构之后，两个天线的同极化间端口的互耦在工作频带（3.3～3.6 GHz）内被降低到−25.5 dB 以下，隔离水平改善了约 7 dB。

不仅如此，基于 Meta-wall 结构去耦合的方法也能够被应用在毫米波 MIMO 天线中。文献[63]就提出了一种利用超材料极化旋转（Metamaterial Polarized Rotating，MPR）壁来减少毫米波介质谐振器天线（Dielectric Resonator Antenna，DRA）之间互耦的技术。如图 3-17 所示，在两个 DRA 之间嵌入 MPR 壁，使得天线的 TE 模式互相正交，从而减少了两个 DRA 之间的互耦，实现了带宽内天线的互耦平均降低 16 dB 以上。

Meta-wall 结构对天线单元的互耦降低有明显的作用，但 Meta-wall 结构本身也需要一定的高度，并且需要天线单元之间具有一定的间距。

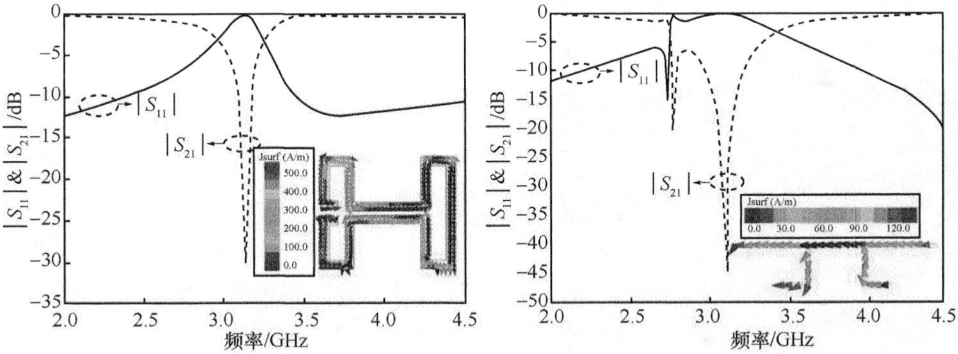

图 3-16　仿真的电容性负载环和 π 形元件的 S 参数

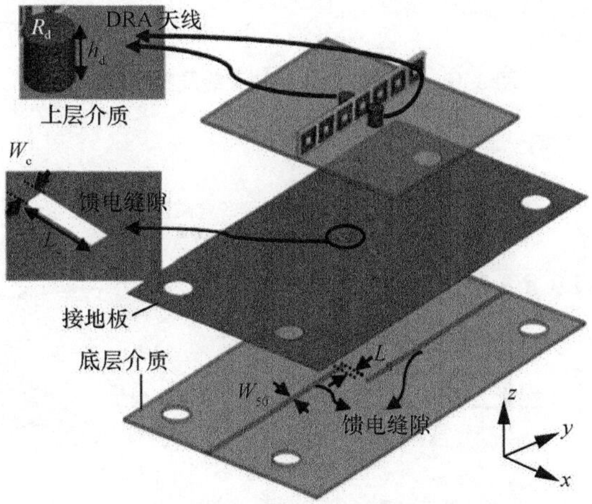

图 3-17　毫米波介质谐振器天线结构示意[63]

（3）采用周期频选结构去耦合

文献[64]提出了一种采用频率选择表面来改善双频基站天线系统互耦的方法。如图 3-18 所示，工作在 B1 频段（0.69～0.96 GHz）的双极化偶极子天线和工作在 B2 频段（3.5～4.9 GHz）的 2×2 天线阵共口径放置。从辐射方向图可以看出，当两个频段的天线独立工作时，都具有良好的辐射特性。但是，在双频共口径天线系统中，高频天线的辐射性能由于与低频天线互耦的影响，发生了明显的恶化。

为了抑制互耦对 B1 和 B2 频段的天线性能的影响，文献[64]提出了在高频与低频天线之间引入频率选择表面的方法。FSS 工作原理结构以及实际基站应用如图 3-19 所示。其中 FSS 采用金属方环的形式，放置于 B1 频段和 B2 频段天线之间。测试结果表明，在这两个频段上，天线的辐射方向图都趋于稳定，表明 FSS 发挥了预期的作用，有效地抑制了双频天线之间的耦合。

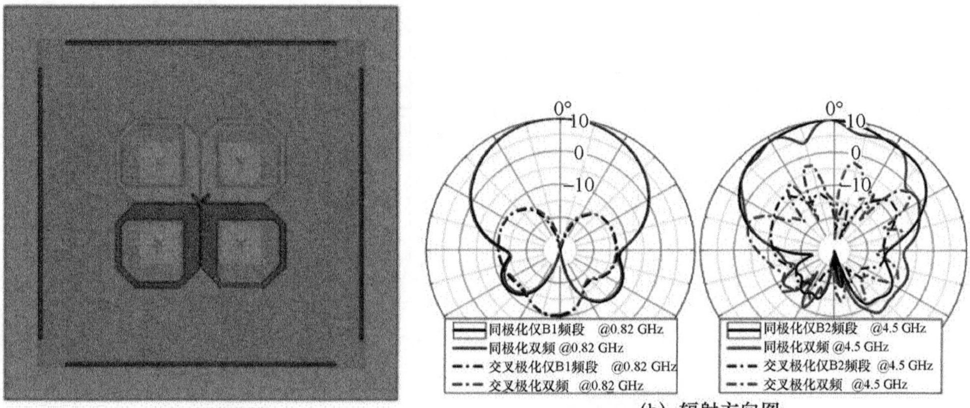

(a) 天线结构　　(b) 辐射方向图

图 3-18　共口径双频基站天线及其辐射特性

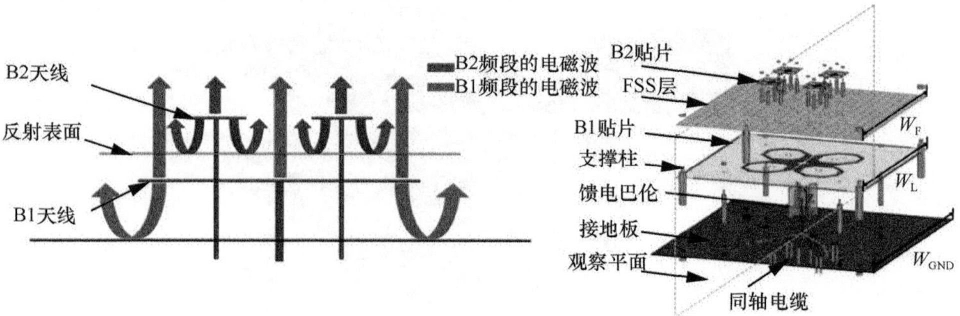

图 3-19　FSS 工作原理结构以及实际基站应用

（4）采用超材料覆层去耦合

当利用上述两种超材料结构去耦合时，需要天线单元之间具有一定的间距。为了克服这个缺点，WANG 等最早在学术界开展了基于超材料覆层的天线去耦合方法，并在文献[65]中，首次提出了用开口谐振环作为超材料覆层放置于天线上方去耦合的方法。其提出的天线覆层在所需要的频率（5.8 GHz）附近具有较大的介电常数，SRR 可引入等幅反相的反射波，用于抵消原始天线的耦合波，因此可以显著降低 MIMO 天线系统中的天线互耦。通过合理地设计覆层，可以将紧密放置的微带贴片天线的互耦降低，同时为了更好地匹配，在天线上进行开槽，可以在获得良好匹配的前提下，使得隔离在感兴趣的频带内从约 8 dB 增加到大于 27 dB。

文献[66]更是提出了一种覆层用于减少 30 GHz MIMO 系统中四端口圆极化（Circular Polarized，CP）天线之间的近场耦合。这种覆层由平面交叉偶极金属条的双层透射型频率选择表面构成。FSS 能够在所设计的频带内传输大部分入射的电磁波，使得天线的辐射方向图略微向上集中，最终减小天线间互耦。当应用 FSS 层时，结果显示 4 个相邻 CP-MIMO 天线之间的隔离平均提高了 6～12 dB。

相较于文献[65]，我们课题组进一步改善了超材料覆层的特性，在文献[35]中提出的覆层不仅在结构上更加简单一些，而且具有入射角不变特性，比 SRR 更加稳定。文献[67]提出的超材料覆层由双层的金属短截线组成，在所需要的频带内同样具有负磁导率特性，能够阻止波的传播。蝶形天线在保证反射系数在 2 300～2 690 MHz 的频带内低于−15 dB 的前提下，实现了隔离从 10 dB 到 25 dB 的提高，并且天线效率相较于参考天线也提高了 10%，能够很好地应用在 5G 通信中。

这类方法能够解决紧密放置的两个天线单元之间的互耦问题，使得天线的隔离得到明显改善，但它需要牺牲一定的剖面高度，因此在实际应用中，可以根据需要选择合适的去耦合方法。

（5）采用超材料斗篷实现天线隔离

文献[68]采用了一种周期条带状的结构构成超材料斗篷，覆盖在偶极子天线外，实现了天线隔离度的大幅度提升，如图 3-20 所示。

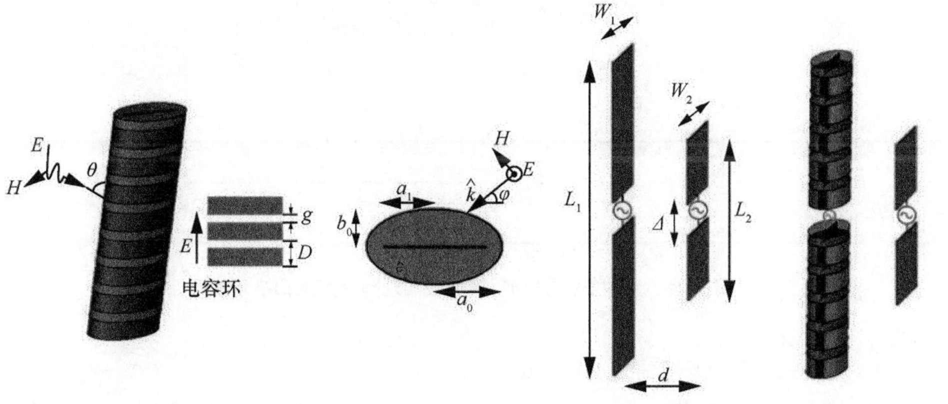

(a) 超材料斗篷示意　　(b) 包裹有超材料斗篷的两个偶极子天线

图 3-20　采用超材料斗篷实现天线隔离示意

3.2.4 利用超材料实现其他功能

（1）采用 EBG/AMC 接地板实现阵列宽角扫描[69]

采用 EBG/AMC 接地板，利用其同相反射的特性，使得图 3-21（a）所示的电偶极子（阵列）的 H 面方向图展宽，实现超过 85°的一维宽角扫描，如图 3-21（b）所示。

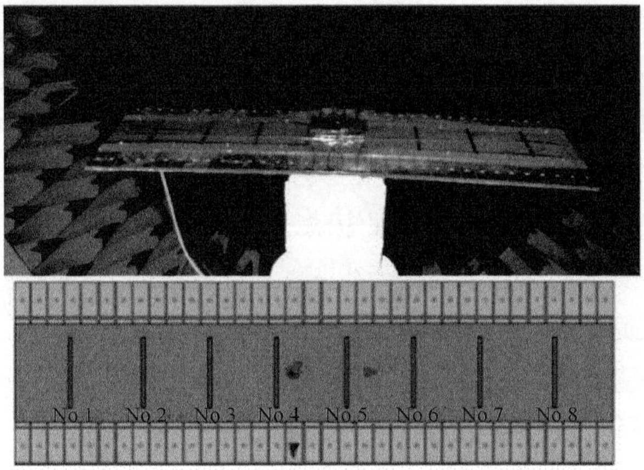

(a) 具有EBG/AMC接地板的电偶极子阵列实物

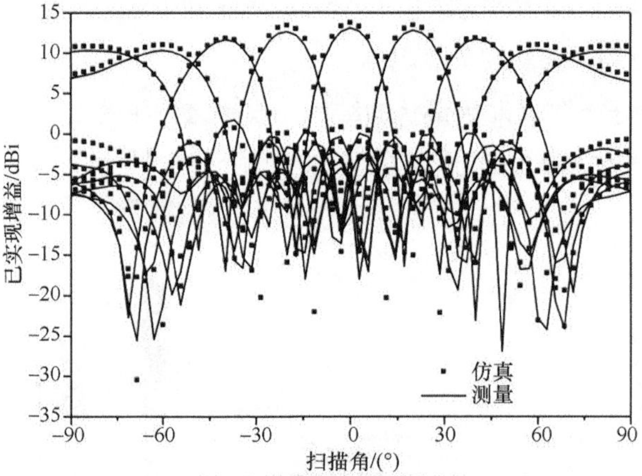

(b) 该阵列的H面扫描波位图

图 3-21　采用 EBG/AMC 接地板实现阵列宽角扫描示意

（2）超材料用于雷达散射截面的缩减

文献[70]中，LIU 等通过极化旋转表面设计，实现了雷达散射截面（RCS）的显著缩减，如图 3-22 所示。

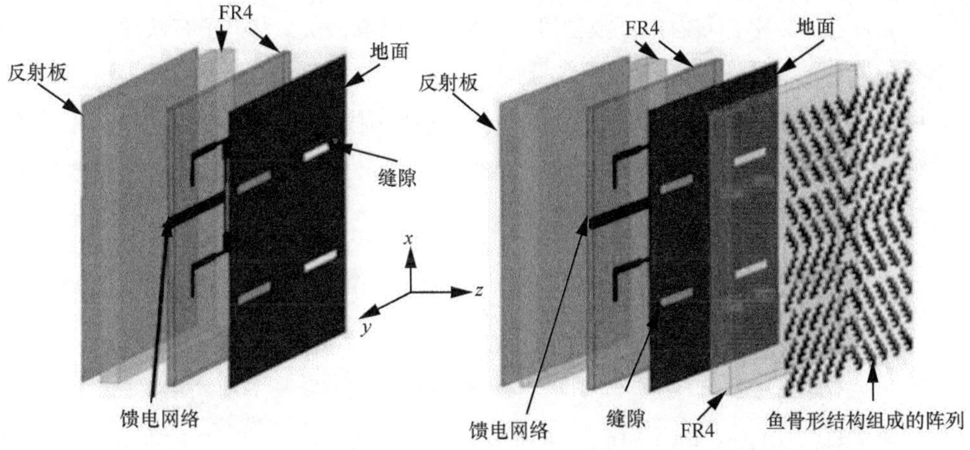

图 3-22　文献[70]提出的方案示意

3.3　电磁超材料的性质及分析试验方法

3.3.1　电磁超材料

（1）负介电常数

在等离子体中，在很小的范围内正负电荷发生分离，因离子质量大，可以认为固定不动，构成一个均匀的带有正电荷的背景环境。电子带负电则在静电力作用下，产生振荡，称为等离子体振荡，其振荡的频率称为等离子体谐振频率。在等离子体中，当入射电磁波的频率低于等离子体的谐振频率时，可表现为呈负介电常数的材料。通常情况下金属的等离子体谐振频率很高，例如银的等离子体谐振频率可以达到 2π×2 184 THz[71]。

Drude 模型[72]可用来描述金属的介电常数 $\varepsilon(\omega)$ 和等离子体谐振频率 ω_p

$$\varepsilon(\omega)=1-\frac{\omega_\mathrm{p}^2}{\omega(\omega+\mathrm{i}\gamma)} \tag{3-3}$$

$$\omega_\mathrm{p}^2=\frac{n\mathrm{e}^2}{\varepsilon_0 m_\mathrm{eff}} \tag{3-4}$$

其中，γ为阻尼频率，n为电子数密度，e为电子电量，m_{eff}为电子有效质量，ε_0为真空中介电常数。

PENDRY 等[2]提出了金属柱阵列的设计，通过调节金属柱的几何参数来改变阵列的等效等离子体谐振频率和介电常数。如图 3-23 所示，金属柱阵列的电子有效质量和等效等离子体谐振频率可表示为

$$m_{\text{eff}*} = \frac{m_0 r^2 e^2 n}{2} \ln(a/r) \tag{3-5}$$

$$\omega_{p*}^2 = \frac{2\pi c_0^2}{a^2 \ln(a/r)} \tag{3-6}$$

由式（3-5）和式（3-6）可知，通过改变金属柱的半径r和排列周期a，可以有效地调节其等效等离子体谐振频率。一方面金属柱阵列可以有效降低电子数密度 n；另一方面金属柱的自感会激发出感应磁场，提高电子有效质量m_{eff}，改变几何参数r和a可以调节等离子体谐振频率和介电常数。

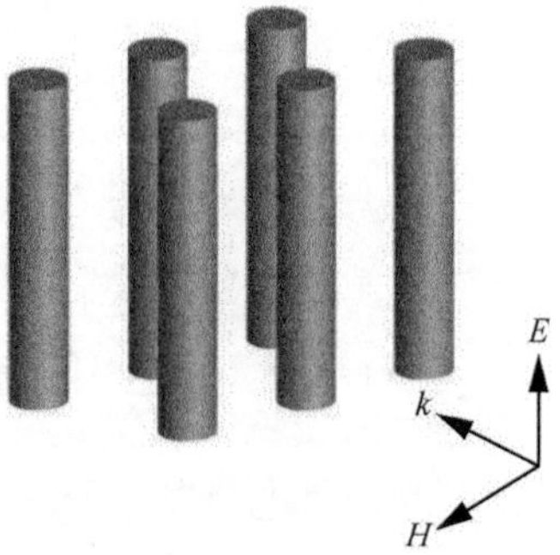

图 3-23　金属柱阵列结构[2]

（2）负磁导率

PENDRY 等[3]之后又提出同轴开口谐振圆环结构，通过用金属结构单元代替材料中的分子和原子，使其在宏观上可表现出强烈的磁谐振特性，可用于实现负磁导率，并可以通过改变几何参数和结构来调节负磁导率出现的频段。如图 3-24 所示，由麦克斯韦方程可知，入射波使得两个嵌套的金属圆环中均产生感应电流，可以等效为电感，同时在环的开口处、内环外侧和外环内侧产生电荷的积聚，等效为电容。电感和电容激励出等效的LC谐振，在谐振频率附近得到负磁导率。等效磁导率可表示为

$$\mu(\omega) = 1 - \frac{F\omega^2}{\omega^2 - {\omega_{\text{m}}}^2 + \text{i}\omega\Gamma_{\text{m}}} \tag{3-7}$$

$$\omega_{\mathrm{m}}=\frac{3ac_0^2}{\pi r^2\ln(2w/d)} \tag{3-8}$$

$$\Gamma_{\mathrm{m}}=\frac{2a\sigma}{r\mu_0} \tag{3-9}$$

$$F=\frac{\pi r^2}{a^2} \tag{3-10}$$

其中，ω_{m} 为开口谐振环的谐振频率，Γ_{m} 为损耗因子，a 为谐振环的排列周期，c_0 为真空中光速，r 为内金属环的内径，w 为环的宽度，d 为内外环间距，σ 为沿谐振环周长方向的金属电导率。

在频率低于谐振环结构的谐振频率时，磁导率为正值；频率高于谐振频率时，磁导率为负值。由式（3-7）～式（3-10）可知，谐振频率与结构的几何尺寸、形状、排列周期有关，因此可以进行人工设计和调节。

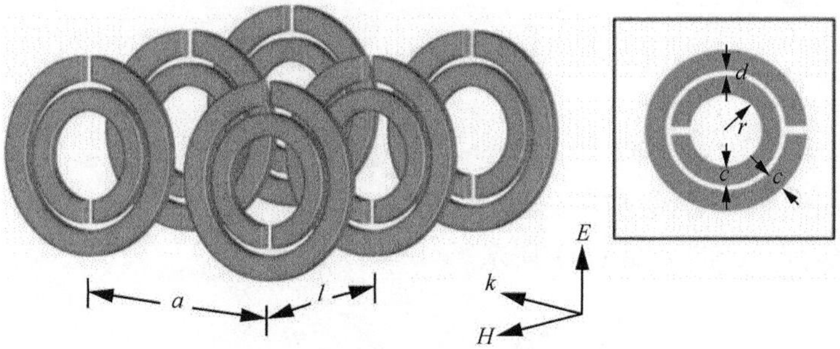

图 3-24　同轴开口谐振环阵列结构[3]

（3）双负材料

当不考虑金属柱阵列和开口谐振环阵列之间的相互作用时，二者的结合可以实现介电常数和磁导率同时为负值的双负材料，又称左手材料。SMITH 等[4]首次利用金属柱阵列和开口谐振环结合的方式实现了左手材料的设计，如图 3-25 所示。

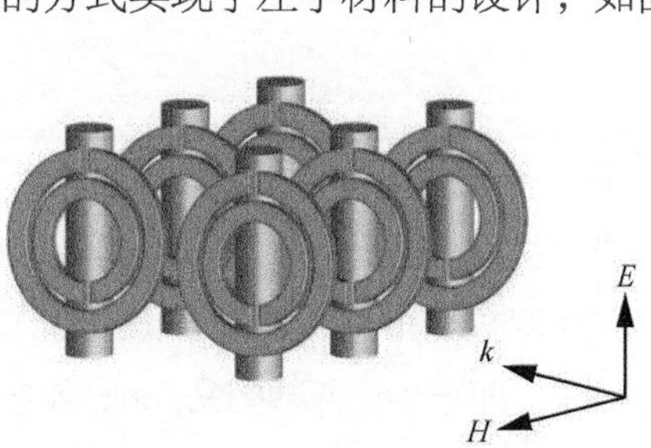

图 3-25　金属柱与开口谐振环阵列的结合[4]

3.3.2 电磁超材料的特性

电磁超材料尤其是左手材料具有很多天然材料所不具备的奇特的性质，例如左手特性、逆 Doppler 效应、逆 Snell 效应、逆 Cherenkov 效应、完美透镜效应、逆古斯–汉欣（Goos-Hänchen）位移等。以下对其做简要的介绍，更深入地研讨请参考相关的文献和专著。

（1）左手特性

由麦克斯韦电磁理论可知，复数形式的麦克斯韦方程组可表示为

$$\boldsymbol{k}\times\boldsymbol{E}_0=\omega\mu\boldsymbol{H}_0 \tag{3-11}$$

$$\boldsymbol{k}\times\boldsymbol{H}_0=-\omega\varepsilon\boldsymbol{E}_0 \tag{3-12}$$

$$\nabla\cdot\boldsymbol{E}_0=0 \tag{3-13}$$

$$\nabla\cdot\boldsymbol{H}_0=0 \tag{3-14}$$

玻印廷矢量可表示为

$$\boldsymbol{S}=\boldsymbol{E}\times\boldsymbol{H}=\frac{\boldsymbol{k}}{\omega\mu}\left|\boldsymbol{E}\right|^2=\frac{\boldsymbol{k}}{\omega\varepsilon}\left|\boldsymbol{H}\right|^2 \tag{3-15}$$

由式（3-15）可知，当ε和μ都小于 0 时，波矢$\boldsymbol{k}$、电场$\boldsymbol{E}_0$和磁场$\boldsymbol{H}_0$构成左手螺旋定则，如图 3-26（a）所示；当ε和μ都大于 0 时，波矢$\boldsymbol{k}$、电场$\boldsymbol{E}_0$和磁场$\boldsymbol{H}_0$构成右手螺旋定则，如图 3-26（b）所示。

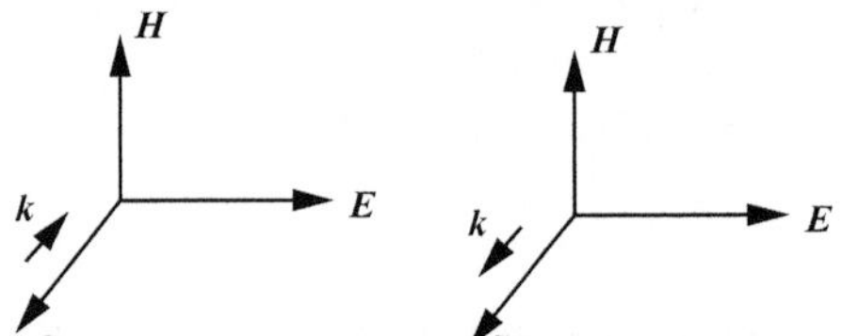

（a）左手螺旋定则　（b）右手螺旋定则

图 3-26　左手螺旋定则和右手螺旋定则

（2）逆 Doppler 效应

Doppler 效应是指，根据波动理论，当波源和观察者以一定的速度互相接近时，观察到的振动频率相应地增加；当两者互相远离时，观察到的振动频率减小。对于左手材料来说，波的相速度和群速度方向相反，所以当波源和观察者互相接近时，接收到的频率会降低，反之则会升高，即产生所谓逆 Doppler 效应。如当反射面相对于波源后退时，反射波频率在普通材料内降低，而在左手材料中却会升高，如图 3-27 所示。

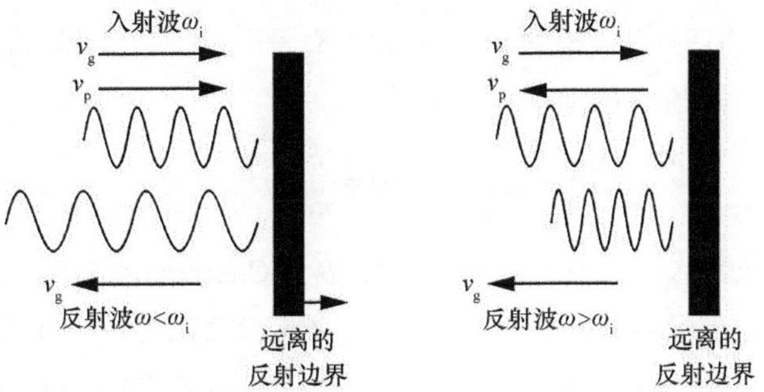

(a) Doppler效应　　(b) 逆Doppler效应

图 3-27　Doppler 效应和逆 Doppler 效应

（3）逆 Snell 效应

Snell 定律是描述光的折射规律的定律：光入射到不同介质的界面上会发生反射和折射。其入射光和折射光位于同一平面，且与界面法线的夹角满足如下关系

$$\frac{n_1}{n_2}=\frac{\sin\theta_1}{\sin\theta_2} \tag{3-16}$$

其中，n_1 和 n_2 分别为两个介质的折射率，θ_1、θ_2 和 θ_3 分别为入射光、折射光和发射光与界面法线的夹角，称为入射角、折射角和反射角。$\boldsymbol{k}_1$、$\boldsymbol{k}_2$ 和 $\boldsymbol{k}_3$ 分别为入射波、折射波和反射波的波矢。

如图 3-28 所示，对于普通的右手材料，介电常数 ε 和磁导率 μ 都大于 0，入射方向和折射方向位于法线两侧，满足 Snell 定律；而对于左手材料，介电常数 ε 和磁导率 μ 都小于 0，入射方向和折射方向位于法线同侧，出现负折射效应，被称为逆 Snell 定律。

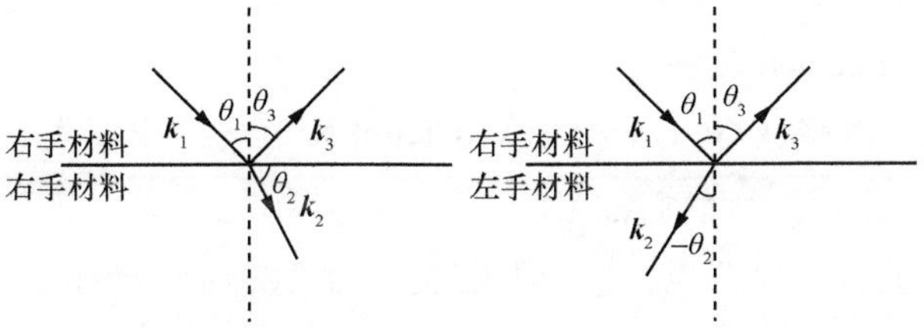

(a) Snell定律　　(b) 逆Snell定律

图 3-28　Snell 定律和逆 Snell 定律

（4）逆 Cherenkov 效应

物理学家 CHERENKOV[73]在研究高速带电粒子在非真空的透明介质中穿行时，发现当粒子速度大于光在这种介质中的相速度时，会激发出电磁波。这种现

象即 Cherenkov 辐射[73]。物理学家 FRANK 等[74]对这种现象进行了理论说明。Cherenkov 辐射的场与粒子运动方向满足

$$\cos\theta = \frac{\mathrm{c}}{nv} \tag{3-17}$$

其中，n 为介质折射率，v 为粒子运动速度，θ 为 Cherenkov 夹角，c 为真空中光速。

对于普通的右手材料，$n>0$，Cherenkov 效应如图 3-29（a）所示；对于左手材料，$n<0$，Cherenkov 效应如图 3-29（b）所示，呈现逆 Cherenkov 效应。

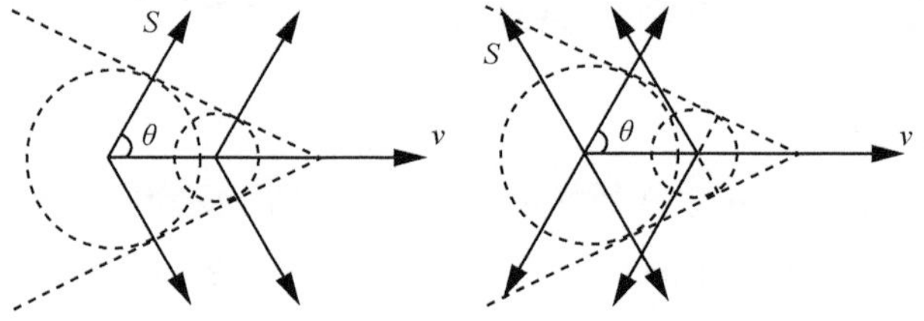

(a) Cherenkov效应　　(b) 逆Cherenkov效应

图 3-29　Cherenkov 效应和逆 Cherenkov 效应

（5）完美透镜效应

一般情况下，用普通透镜只能观测到物体的大概信息，而物体的精细信息储存在倏逝波里；倏逝波进入透镜后，以 e 的负指数函数随距离衰减，所以使用普通透镜观测不到其上的精细信息。这就是瑞利判据的由来。而基于左手材料的完美透镜可以实现亚波长成像，将倏逝波传递并放大，使人们可以观测到物体表面的精细信息，突破了衍射极限。PENDRY[75]阐述了基于负折射效应的超级透镜。美国伯克利大学 FANG 等[76]已经用金属银做出了这种透镜。

（6）逆 Goos-Hänchen 位移

Goos-Hänchen 位移是 GOOS 和 HÄNCHEN 两位物理学家发现的[77]：光束在两种介质界面上全反射时，反射点相对于入射点在相位上有一突变，而反射光相对于入射光在空间上有一段距离，这一距离被称为 Goos-Hänchen 位移。Goos-Hänchen 位移的光波 s 分量和 p 分量可由以下公式给出

$$\Delta_s = \frac{\tan\theta_1}{\sqrt{\sin^2\theta_1 - n^2{}_{21}}} \tag{3-18}$$

$$\Delta_p = \frac{\tan\theta_1}{n^2{}_{21}\sqrt{\sin^2\theta_1 - n^2{}_{21}}} \tag{3-19}$$

其中，n_{21} 和 θ_1 分别为两种介质的相对折射率和入射角。

对于普通的右手材料，电磁波深入介质 2 中并逐渐被反射，而并非由界面直接反射，其平均反射面位于穿透的介质深处，如图 3-30（a）所示；对于左手材料，Goos-Hänchen 位移沿光波传播反方向，出现逆 Goos-Hänchen 位移，如图 3-30（b）所示。

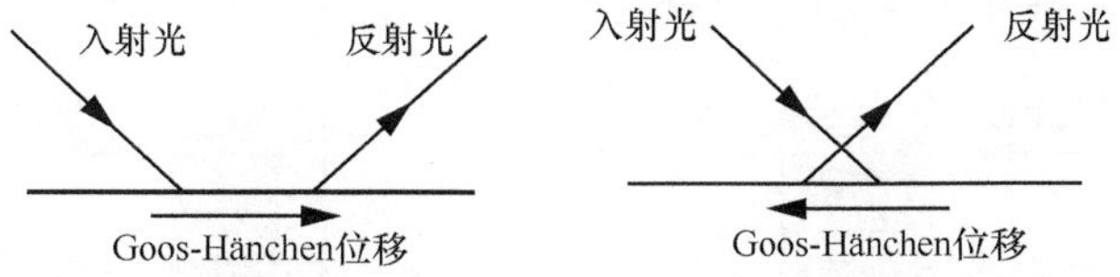

（a）Goos-Hänchen位移　　（b）逆Goos-Hänchen位移

图 3-30　Goos-Hänchen 位移和逆 Goos-Hänchen 位移

3.3.3　超材料的数值研究方法

可以通过改变特征结构尺寸、形状及分布人为地调节其特性是电磁超材料的一个重要特点。普通材料的特性取决于其化学成分，例如：水的性质取决于水分子 H_2O，金的性质取决于 Au 原子等。而超材料是利用由人工设计的特殊结构代替物质的原子、分子，而实现其奇特性质，因此超材料的特性取决于结构特征，而不单纯是化学组分。类似于普通材料，我们同样希望用介电常数、磁导率和折射率等描述自然界普通材料的物理量来描述超材料的特性，因而超材料的材料参数的提取同样引起了学者的兴趣[78-79]。在这里必须利用等效介质理论对其进行分析：当电磁超材料的结构单元特征尺寸相对于其工作波长很小时，可以将电磁超材料等效为自然界的物质。

目前电磁超材料的数值研究方法有很多，包括时域有限差分法[80-81]、传输矩阵法[82]和等效介质反演法[83-85]等。

等效介质反演法基于二端口微波网络理论，对于均质材料可以等效成图 3-31，其中 d 是均匀材质的厚度。

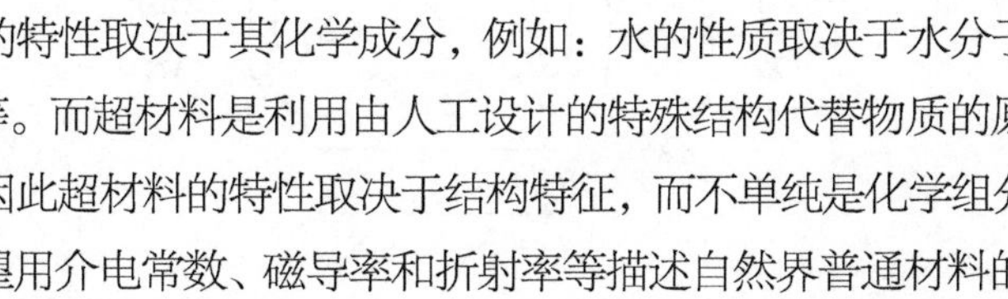

图 3-31　均质材料透射与反射参数

非均质材料结构可以等效成图 3-32（不同的阴影部分表示不同的材料，每种材料都有不同的材料参数）。如果非均质材料是由结构单元周期排列组成的，那么就可以把基于周期结构的分析方法应用到非均质材料中来。因此，可以在某种程度上把具有周期结构的材料作为均质媒质。在对称结构中，可以得到 $S_{11}=S_{22}$。因此非均质对称材料的标准 S 参数求解方法与均质材料相同。

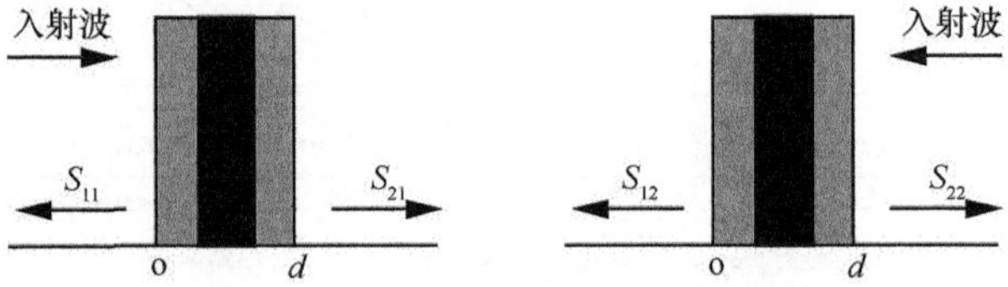

图 3-32　非均质材料透射与反射参数

根据 SMITH 等给出的等效介质反演理论[83-85]，在均质材料中，可以求出折射率 n 和阻抗 z 与散射系数的关系

$$n=\frac{1}{kd}\arccos\left(\frac{1}{2S_{21}}(1-S_{11}^2+S_{21}^2)\right)+\frac{2\pi m}{kd} \tag{3-20}$$

$$z=\sqrt{\frac{(1+S_{11})^2-S_{21}^2}{(1-S_{11})^2+S_{21}^2}} \tag{3-21}$$

其中，d 是结构单元的厚度，k 是波数。式（3-20）中，由于存在反余弦函数使表达式结果不唯一，因此需要计算 m 的准确值，这给确定 n 的实部带来了一定困难。对于普通的无源介质，折射率的虚部和阻抗的实部应同时满足条件 Im（n）>0，Re（z）>0。在确定折射系数的实部时需要通过迭代计算来获得精确的 m 值。

为了解决这个问题，假设介电常数 $\varepsilon(f)$ 和磁导率 $\mu(f)$ 是频率 f 的连续函数。知道了频率 f_0 处的折射系数 $n(f_0)$，通过展开函数 $\mathrm{e}^{n(f_1)k_0(f_1)d}$ 可以获得在下一个频率点 f_1 处的折射系数 $n(f_1)$

$$\mathrm{e}^{n(f_1)k_0(f_1)d}=\mathrm{e}^{n(f_0)k_0(f_0)d}\left(1+\varDelta+\frac{1}{2}\varDelta^2\right) \tag{3-22}$$

其中，$\varDelta=n(f_1)k_0(f_1)d-n(f_0)k_0(f_0)d$，并且 $k_0(f_0)$ 表示真空中频率为 f_0 时的波数，d 是介质的厚度。

在式（3-22）中，只有 $n(f_1)$ 的实部是不确定的，可以把式（3-22）看成是 $n(f_1)$ 的二次方程。在它的两个解中，只有其中的一个才近似等于正确的解。又因为在前面已经可以获得准确的 $n(f_1)$ 的虚部，所以可以通过将两个根的虚部和正确的虚部比较，来选择合适的解。这样就可以找到一个合适的根 $n(f_1)$，并把它和上面所得到的 $n(f_0)$ 的实部进行比较。由于假设 $n(f_0)$ 是连续的，当通过迭代计算得到合适的 m 值，使之满足这一条件时，则可以确定 m 的取值，从而折射系数的实部得以确定。

计算得到折射率 n 和阻抗 z 后，介电常数 ε 和磁导率 μ 便可得到，即

$$\varepsilon = \frac{n}{z} \tag{3-23}$$

$$\mu = nz \tag{3-24}$$

为了更加直观地理解，以下将以实例对电磁超材料等效本构参数的提取进行说明。

图 3-33（a）中为所需要进行参数提取的超材料表面，该超材料表面由双层金属短截线周期排布形成。金属短截线印刷于 0.8 mm 厚度的、介电常数为 2.65 的 F4B 介质板两侧。其单元结构的具体表面尺寸以及单元间距见表 3-2。为了提取该超材料表面的等效本构参数，在 ANSYS HFSS 中利用周期性边界条件对超表面单元结构进行了仿真分析，进而得到无限周期超表面的反射和透射系数，如图 3-33（b）所示。其中平面入射波垂直于超表面平面，电场和磁场分别平行于 x 轴和 y 轴。具体的 HFSS 仿真设置如下：主边界条件和从边界条件分别加在与 x 轴和 y 轴垂直的表面上，在与 z 轴垂直的表面上设置两个激励端口。超材料单元反射系数和透射系数的幅度和相位如图 3-34 所示。

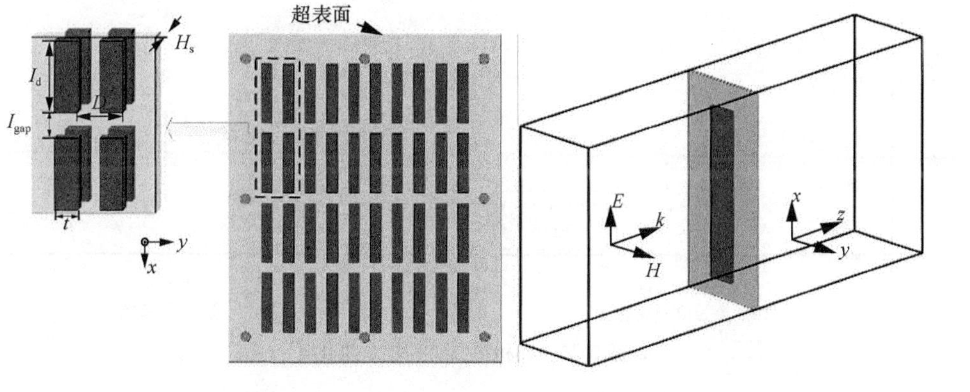

（a）超材料表面示意　　（b）超材料单元结构仿真示意

图 3-33　超材料表面及超材料单元结构仿真示意

表 3-2　超材料表面尺寸及单元间距

变量	值/mm	变量	值/mm
I_d	25.1	t	3.4
I_{gap}	5.8	D	8.1

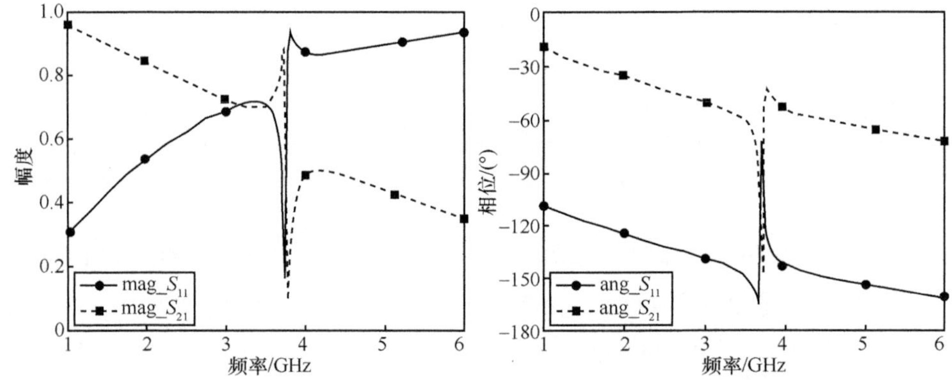

(a) 幅度　　(b) 相位

图 3-34　超材料单元反射系数和透射系数的幅度和相位

通过 HFSS 软件仿真得到超材料表面单元结构的散射参数值后，提取散射参数的幅度和相位，通过 S 参数反演方法计算出该超材料结构的等效本构参数值，结果如图 3-35 所示。

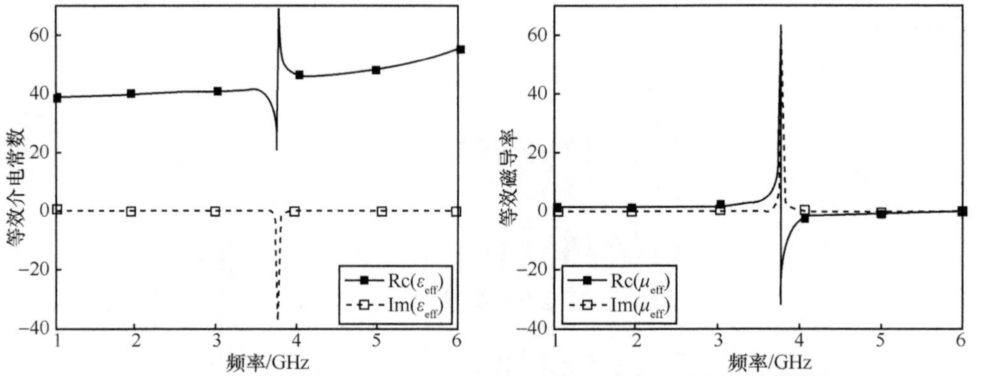

(a) 等效介电常数　　(b) 等效磁导率

图 3-35　超材料结构等效本构参数

MAJID 等[86]基于微波二端口网络理论提出一种新的抽取等效介电常数和磁导率的公式。这个计算方法更加简单，但是同样需要注意的是，由于相位的周期性，会使

得 μ 值出现正负的突变，此时需要对相位周期进行补偿。

$$\varepsilon \approx \frac{2}{\mathrm{j}kd}\frac{1-v_1}{1+v_1} \tag{3-25}$$

$$\mu \approx \frac{2}{\mathrm{j}kd}\frac{1-v_2}{1+v_2} \tag{3-26}$$

其中，$v_1 = S_{21} + S_{11}$，$v_2 = S_{21} - S_{11}$，$k = \omega / c$，S_{11} 与 S_{21} 是端口的复 S 参数。

3.4　人工介质与人工介质层

3.4.1　人工介质及人工介质层基本概念

电磁透镜的蓬勃发展，促进了人工介质（Artificial Dielectrics，AD）的应用。电磁透镜，包括龙勃透镜，通常需要渐变的、分层的可控介电常数材料。这就凸显了常用的电磁介质材料的缺点，包括体积重量大、介电常数较难随意指定以及价格昂贵等。在文献[87]中，为了克服上述困难，KOCK 首先提出了采用人工介质来代替自然介质材料。

人工介质，是由在三维空间的多个金属导体周期性排布组成的，是具有类似于自然介质材料特性的一种人工电磁材料。除了排布在自由空间中，这些金属导体也可以嵌入具有一定介电常数的基材中，提供比基材介电常数高很多的且可控的介质参数。典型的人工介质如图 3-36 所示。图 3-36（a）展示的是一个由规则周期排布的球体组成的立方体结构，而如果将球体在一个维度压扁，就形成了图 3-36（b）所示的圆盘状结构。圆盘状周期结构相对于球状周期结构的差别将在后文详细展开。图 3-36（c）和图 3-36（d）分别是由导电棒或者导电条/片状结构组成的周期媒质。如果周围施加的电场与图 3-36（c）、图 3-36（d）中的导电棒或导电条垂直分布，由于导电棒和导电条不同层之间会产生额外的电容加载，则会额外增加其等效的介电常数 $\varepsilon_{\mathrm{eff}}$。

人工介质层（Artificial Dielectrics Layer，ADL）是人工介质的二维特例，通常由印刷在主介质基板上周期性排列的金属夹杂材料组成。ADL 的主要特点是，在较宽的频率范围内，有效介电常数比主基板大得多，会使得入射波在均匀介质中传播时产生时延、折射等一系列现象[88-92]。可以说，ADL 是 AD 的二维表征。

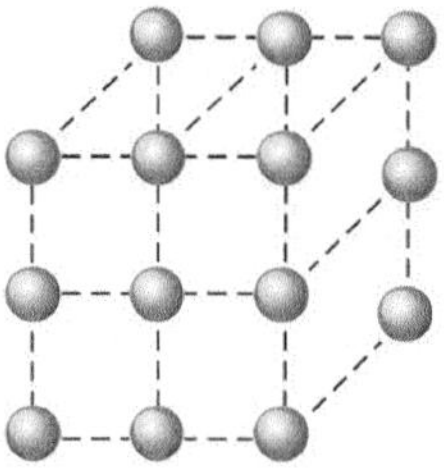

(a) 三维球体周期媒质

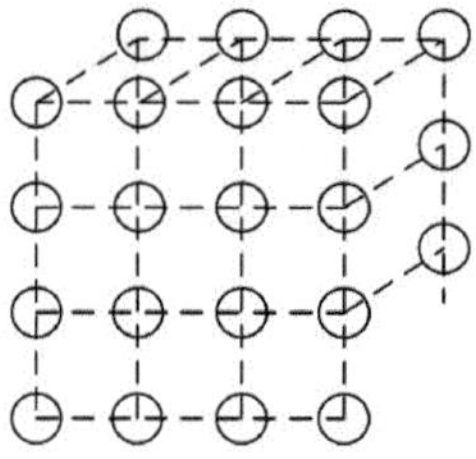

(b) 二维圆盘状周期媒质

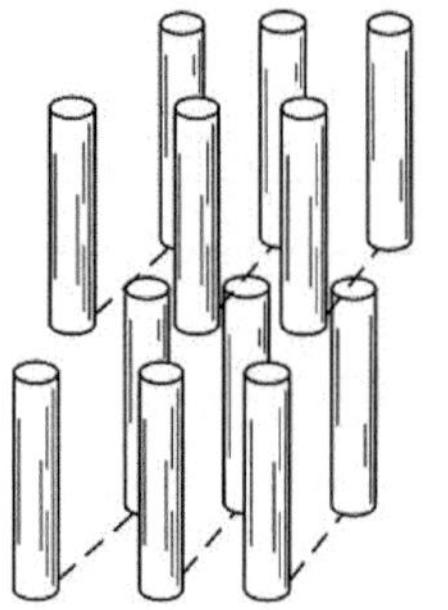

(c) 二维棒状周期媒质

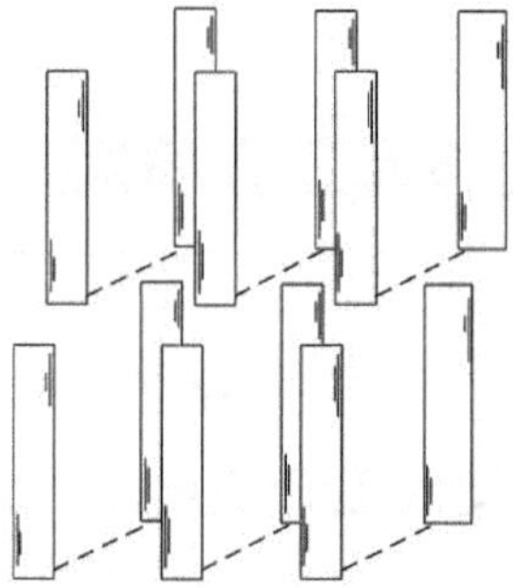

(d) 二维条状周期媒质

图 3-36 典型的人工介质（材料）

图 3-37 给出了人工介质层等效介电常数示意[93]。由图 3-38 可以看到，对于单层周期性排布的金属片间隙处可以看作同样二维周期排布的缝隙，根据等效原理，可以用沿着 x 和 y 方向的磁流 m_x 、 m_y 来等效。

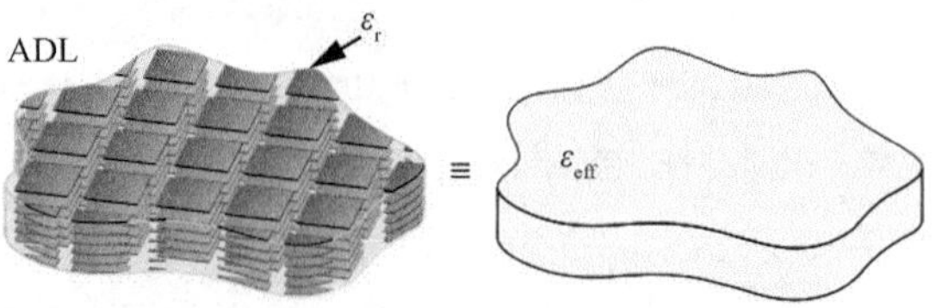

图 3-37 人工介质层等效介电常数示意

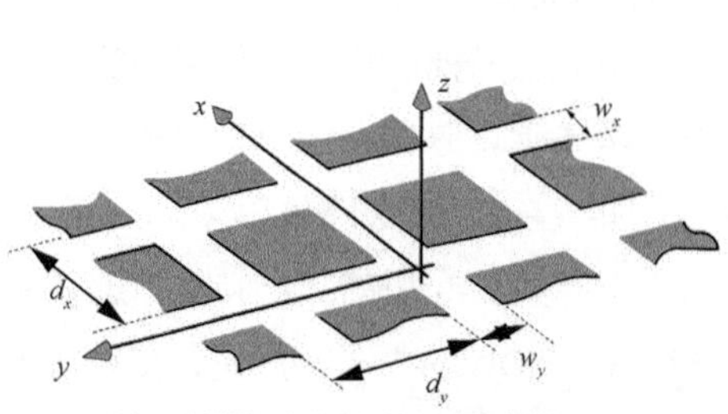

(a) 由周期排布的金属片组成的单层ADL

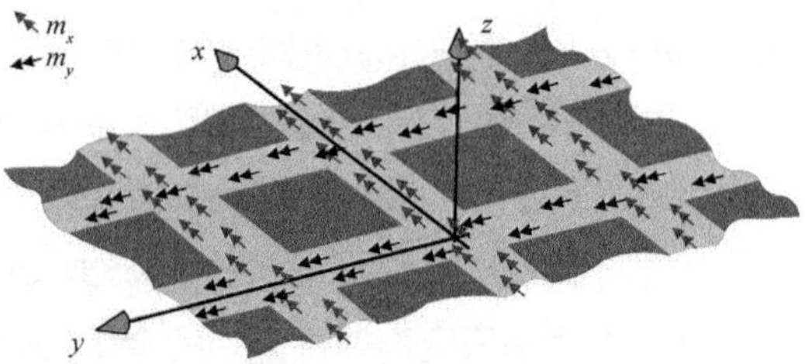

(b) 周期金属片形成的缝隙的等效磁流

图 3-38 基于等效原理的 ADL 分析示意

3.4.2　人工介质及人工介质层的基本分析方法

经历了几十年的发展，人们对人工介质的分析方法越来越清晰，目前共有 4 种系统的方法分析人工介质。第一种是采用洛伦兹定理（Lorentz Theory）的静电场分析，这也是我们对自然介质进行分析时所采用的方法。这种方法只考虑了若干周期排布的导电体偶极矩之间的相互作用，因此对于导电体间距小于 $0.1\lambda_0$（λ_0 为自由空间波长），同时导电体的尺寸小于导电体间距的人工介质的分析，可以得到准确的结果。但是当导电体的尺寸与导电体的间距相比较大的时候，其感应场只用偶极矩来代表，就不够准确了。第二种方法相较于洛伦兹定理更为精准，采用了严谨的静态场求解，考虑了所有的感应场展开的极点。这对于导电体间距小于 $0.1\lambda_0$ 且导电体本身尺寸大于间距的情形，可以得到更好的结果。第三种方法是采用麦克斯韦方程，并且通常可以简化且等效为周期性带有负载的传输线模型。第四种方法是直接采用电磁数值计算方法。目前，CST 等电磁仿真软件，甚至可以直接输出等效的介电常数和磁导率，使得 AD/ADL 的分析和参数提取较为便捷。

3.4.3　人工介质的洛伦兹定理分析

洛伦兹定理只考虑了若干周期排布的导电体偶极矩之间的相互作用，因此对于导电体间距小于 $0.1\lambda_0$（λ_0 为自由空间波长），同时导电体的尺寸小于导电体间距的人工介质的分析，可以得到准确的结果。我们以如图 3-39 所示的三维周期球状导电体组成的人工介质为例，说明这种静电场求解方法。

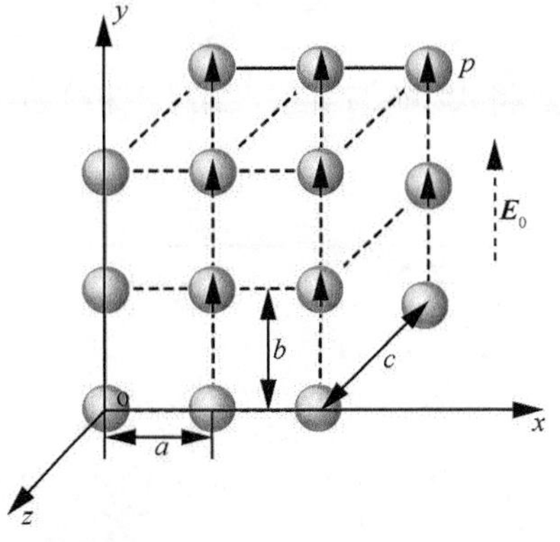

图 3-39　施加了电场的三维周期球状导电体组成的人工介质

图 3-39 中，均匀球状导电体分别以 a 为间隔沿着 x 方向、以 b 为间隔沿着 y 方向以及以 c 为间隔沿着 z 方向，在三维空间中成均匀点阵排列。我们假设有一外加电场 $\boldsymbol{E}_0$ 沿着坐标轴 y 的正方向，那么，导电体上感应的电偶极矩也是沿着 y 轴正方向。

由于采用洛伦兹定理求解时，已经假设了导电体的尺寸相对于其间距比较小的前提，因此，使得每个导电体极化的场，可以假定为均匀分布且等于导电体中心的电场的场。以图 3-39 中位于原点 o 的导电体为例，由于坐标轴的对称关系，使其产生极化的电场只有 y 分量，定义为 $\boldsymbol{E}_{ey}$，其中下标 y 就表示了 y 分量。由于感应的电偶极矩正比于使其感应的作用电场，因此有如下关系

$$p=\chi_e\varepsilon_0\boldsymbol{E}_{ey} \tag{3-27}$$

其中，比例常数 χ_e 称为极化率，是导电体的特征参量。对于非对称的导电体，极化率一般是张量。根据上述假设，可以知道，单位体积中的导电体个数 N，实际上是 a、b、c 乘积的倒数，即

$$N=\frac{1}{abc} \tag{3-28}$$

因此，每单位体积内的总电偶极矩为

$$P=Np=\frac{p}{abc}=N\chi_e\varepsilon_0\boldsymbol{E}_{ey} \tag{3-29}$$

使原点的导电体产生电偶极矩的有效极化场只有 y 分量，且可以表示为

$$\boldsymbol{E}_{ey}=\boldsymbol{E}_0+\boldsymbol{E}_{iy} \tag{3-30}$$

其中，外加电场 $\boldsymbol{E}_0$、$\boldsymbol{E}_{iy}$ 被称为相互作用场，也就是所有周围相邻导电体的相互作用场，该场与电偶极矩 p 成正比，可以表示为

$$\boldsymbol{E}_{iy}=\frac{Cp}{\varepsilon_0} \tag{3-31}$$

其中，C 被称为作用常数。将式（3-31）代入式（3-30）和式（3-27）中，可以得到如下关系

$$p=\frac{\chi_e\varepsilon_0 p}{1-\chi_e C} \tag{3-32}$$

这样又可以写出平均电位移的 y 分量

$$D_{ay}=\varepsilon_0\boldsymbol{E}_{ay}+P=\varepsilon_{\mathrm{r}}\varepsilon_0\boldsymbol{E}_{ay} \tag{3-33}$$

其中，$\boldsymbol{E}_{ay}$ 是人工介质单位晶胞体积（$V=a\cdot b\cdot c$）中总电场的 y 分量平均值。ε_{r} 是 y 方向的相对介电常数。因此有

$$\varepsilon_{\mathrm{r}} = 1 + \frac{P}{\varepsilon \boldsymbol{E}_{ay}} = 1 + \frac{P}{\varepsilon_0(\boldsymbol{E}_0 + \boldsymbol{E}_{\mathrm{pay}})} \tag{3-34}$$

其中，$\boldsymbol{E}_{\mathrm{pay}}$ 为人工介质单位晶胞体积中平均电偶极子场的 y 分量。由于对称性，单位晶胞体积内，平均感应的电场等于零，因此，在式（3-34）中，令 $\boldsymbol{E}_{\mathrm{pay}}=0$，最终，可以得到 Clausius-Mossotti（克劳修斯-莫索提）关系的经典表达式

$$\varepsilon_{\mathrm{r}} = 1 + \frac{N\chi_e}{1 - \chi_e C} \tag{3-35}$$

通过式（3-35）可以看到，通过改变单位体积中导电体的个数，可以有效地调控相对介电常数。

3.4.4 ADL 等效参数提取

在电磁仿真软件中进行仿真时，可将 ADL 表面用均匀介质板来代替，我们只需要在电磁仿真软件中改变 ADL 表面的介电常数的设置即可。在 HFSS 仿真软件中优化得到 ADL 表面的相关参数后，考虑质量和加工因素，所需的相应介电常数的介质板在实际中可能无法使用。我们称在寄生介质基板上印刷周期性金属单元后的介质板为 ADL 介质板，周期性金属单元为 ADL 单元。可以选择在工程上常用的低介电常数介质板作为寄生介质基板，在寄生基板上印刷周期性排列的 ADL 单元达到 ADL 介质板的高介电常数设计。图 3-40 给出了常用的 ADL 单元的几何形状。

图 3-40　常用的 ADL 单元几何形状

ADL 介质板的等效介电常数与印刷在寄生介质基板上 ADL 单元的几何形状无关，只与周期排布的 ADL 单元的尺寸和大小有关。以菱形和交叉十字形结构举例，寄生介质基板的厚度为 d。选用实际中常用的介电常数为 3.5、损耗为 0.005 的 Arlon AD430 板材作为寄生介质基板，这里主要设计了两种周期金属 ADL 单元结构的几何形状，分别为交叉十字形和菱形。

在 CST 软件中提取两种周期金属 ADL 单元的等效材料介电常数，通过改变 ADL 单元几何形状的尺寸和排布间距可以得到不同的介电常数介质板，这就是我们确定实

际实现的 ADL 表面的基础。

图 3-41 给出了菱形 ADL 单元在 CST 中的结构，可以看出，菱形 ADL 单元以中心间距为 L_{s1} 的尺寸周期排布在主介质基板上。菱形 ADL 单元的具体参数见表 3-3。

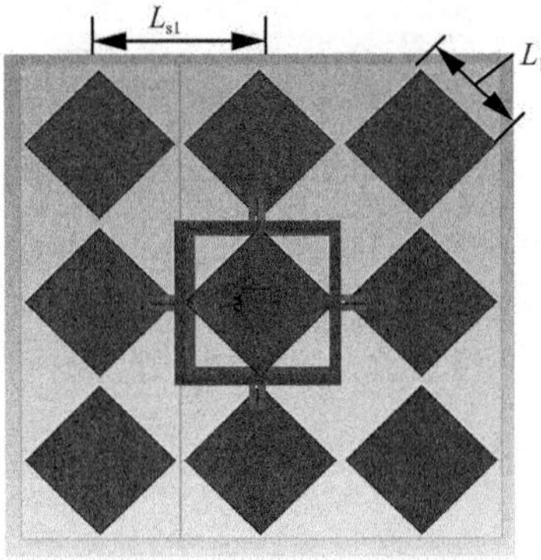

图 3-41　菱形 ADL 单元在 CST 中的结构

表 3-3　菱形 ADL 单元具体参数

单元参数	数值/mm
L_{s1}	27
L_1	18
d	1

在 CST 软件中仿真计算加载周期菱形 ADL 单元后新介质板的介电常数。图 3-42 给出了上述菱形 ADL 单元等效介电常数随频率的变化情况。

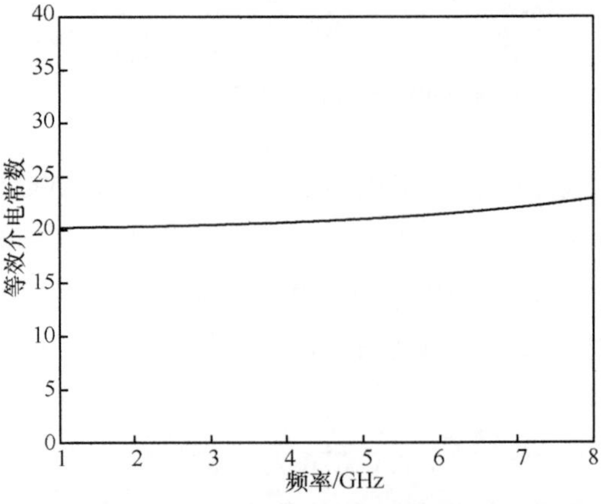

图 3-42　菱形 ADL 单元等效介电常数随频率的变化情况

由仿真结果可以看出，当菱形 ADL 单元尺寸为 18 mm，单元周期排布的间距为 27 mm 时，ADL 介质板在 1～8 GHz 宽频段内等效介电常数趋势平稳，在 1～2 GHz 频段内的等效介电常数为 20。

在设计 ADL 单元时，同样可以采用与基站天线±45°极化方式相同的交叉十字形结构。图 3-43 给出了交叉十字形 ADL 单元的结构。合理设计交叉十字形结构的尺寸大小和排布方式，可以得到与上述加载菱形结构一样的 ADL 介质板等效介电常数。交叉十字形 ADL 单元尺寸参数见表 3-4。

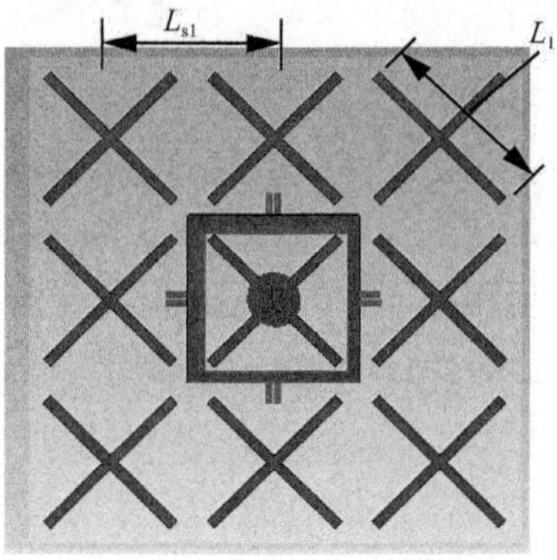

图 3-43　交叉十字形 ADL 单元结构

表 3-4　交叉十字形 ADL 单元尺寸参数

单元参数	数值/mm
L_{s1}	30
L_1	35
d	1

交叉十字形 ADL 单元在 CST 软件中计算得到 ADL 介质板的等效介电常数随频率的变化情况如图 3-44 所示。

由仿真结果可以看到，当交叉十字形 ADL 单元尺寸为 35 mm，单元周期排布的间距为 30 mm 时，新的介质基板在 1～2 GHz 的等效介电常数同样为 20。

由上述在寄生介质基板上加载菱形和交叉十字形 ADL 单元形状，ADL 介质板随频率变化的等效介电常数结果可知，当寄生介质板的介电常数和厚度确定时，将 ADL 单元周期排布印刷在寄生介质基板上，并通过合理地设计 ADL 单元的形状和尺寸得到 ADL 介质板不同的等效介电常数。

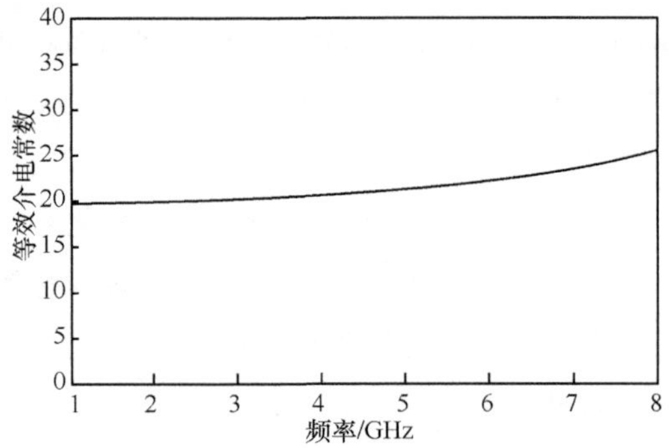

图 3-44　交叉十字形 ADL 单元等效介电常数随频率的变化情况

3.5　基于人工介质层的大规模天线阵列

下面以 ADL 在基站大规模天线去耦合上的应用为例，详细说明人工电磁材料对天线的性能优化能力。

自 MIMO 技术提出以来，移动通信系统经历了跨越性发展，对基站天线的要求越来越严格。基站天线在接收和发射信号时，通常采用频分双工（Frequency Division Duplex，FDD）模式，上行链路和下行链路有一定的带宽间隔，两者分别为接收和传送信道，可以大大提高基站天线的抗干扰能力。5G 基站天线应该满足同时覆盖现有的商用 2G/3G/4G LTE 频段，因此研究工作在 GSM 1 800/1 900MHz 的 1 710～2 170 MHz 频段的基站天线，在工程和学术上都具有重大意义。基站天线通常采用±45°双极化天线[94-100]作为阵元，可以高效地接收和发射信号。

本节设计基站天线的上行链路频带为 1.71～1.92 GHz，下行链路的频带为 1.93～2.17 GHz。首先设计了两个小型双极化天线单元，其中接收天线（Rx）为低频单元，工作频段为 1.71～1.92 GHz；发射天线（Tx）为高频单元，工作频段为 1.93～2.17 GHz。此外，为提高基站天线的高增益和波束指向性，减少基站天线的数量，利用波束赋形技术，设计了一款不等分的功分器，将 Rx 和 Tx 天线单元分别组成 1×3 直线阵。为了实现 MIMO 阵列的紧凑化设计，采用交错排布方式将两个直线阵拓展组成 6×6 MIMO 天线阵列，针对 MIMO 阵列之间的强互耦，提出加载寄生离散隔板和 ADL 覆层的方法，提高端口之间的隔离度，完成了 MIMO 阵列的电磁仿真和优化，并对阵列的实物进行加工、验证和测试。

在设计大规模 MIMO 阵列之前，首先需要设计组成阵列的天线单元。减小 MIMO 天线阵面尺寸，主要是通过缩小相邻阵列天线间距的方法。但在缩小天线单元间距的同时，会有一定的弊端，比如相邻天线辐射臂会在空间发生交叉重叠等现象，天线能量无法辐射出去，因此天线单元的小型化设计成为研究的重点。

针对双极化天线单元的小型化设计，本节主要利用弯折振子臂小型化原理，通过对偶极子天线振子臂进行向下弯折，进而在有限的空间内增加天线的电长度，实现双极化天线横向尺寸的小型化。

3.5.1 小型化天线单元设计

3.5.1.1 双极化偶极子天线设计

对称偶极子天线又称为半波振子，因其结构简单，方向图稳定，是无线通信系统中使用最早且最为广泛的天线之一[101-107]。偶极子天线由两个对称放置的导体组成，每根导体的长度为 1/4 波长，在半波振子中心通过馈电线连接两根导体。将两个偶极子天线正交放置，可以实现两种极化，图 3-45 给出了半波偶极子示意，分别为单极化偶极子天线和双极化偶极子天线。

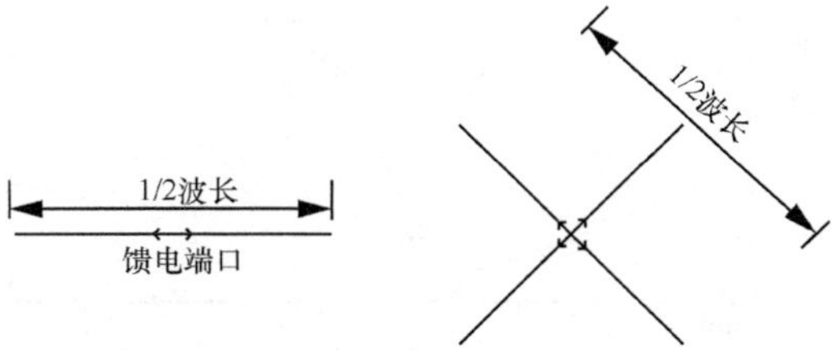

(a) 单极化偶极子　　(b) 双极化偶极子

图 3-45 半波偶极子示意

图 3-46 给出了最初设计工作在 1.71～1.92 GHz 的±45°放置的双极化偶极子天线结构。该天线主要由一个对称的半波振子、两个微带巴伦、两个基板介质板和一块金属反射板组成，所使用的板材为相对介电常数为 4.1、损耗角正切为 0.005、厚度为 0.8 mm 的 Meg4W 介质基板。其中偶极子的振子臂和 Γ 形微带巴伦结构分别印刷在介质基板的正反面，两个正交的偶极子形状尺寸完全一致，二者±45°正交放置，天线的整体尺寸为 $W \times W \times H$=55 mm×55 mm×40 mm。

图 3-47 给出了双极化偶极子的散射参数仿真结果。可以看出，设计的双极化偶极子天线在 1.71～1.92 GHz 频段内，反射系数小于−10 dB，端口隔离度大于 30 dB。在观察天线辐射性能时，主要分析天线的 3D 方向图和极坐标下的归一化远场辐射方向图，所

设计的偶极子天线在结构上具有较好的对称性。我们只研究激励 + 45°极化端口时天线的辐射特性。由基站天线在扇区的排布方式，定义 *xoy* 平面为水平面（H 面），*yoz* 平面为垂直面（V 面）。图 3-48 为天线在 1.8 GHz 时的 3D 方向图和交叉极化的仿真结果。可以看出，在中心频点 1.8 GHz 时，天线的方向图增益为 7.9 dBi，交叉极化比大于 20 dB。

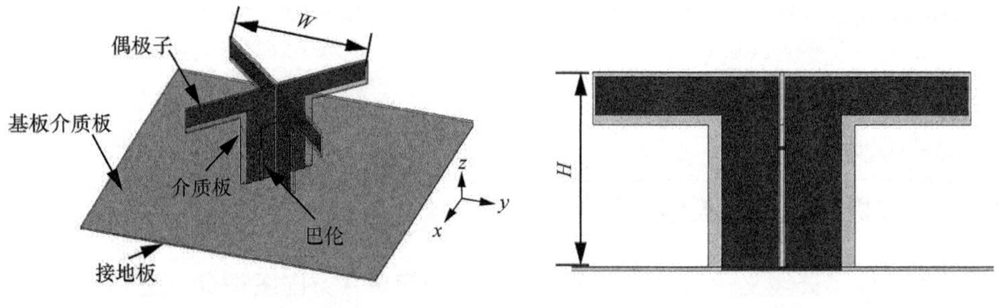

(a) 主视图　　(b) 侧视图

图 3-46　双极化偶极子天线结构

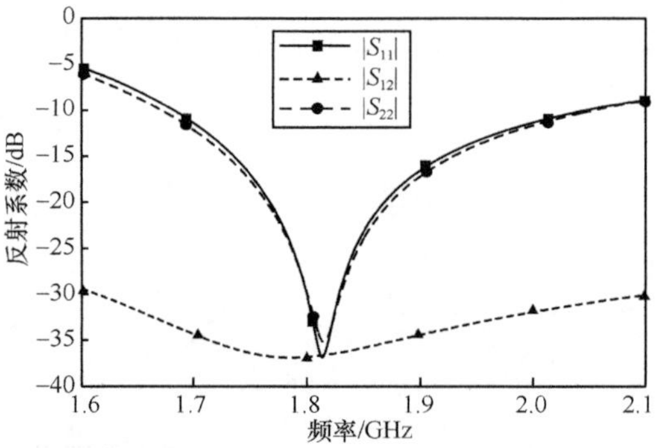

图 3-47　双极化偶极子散射参数仿真结果

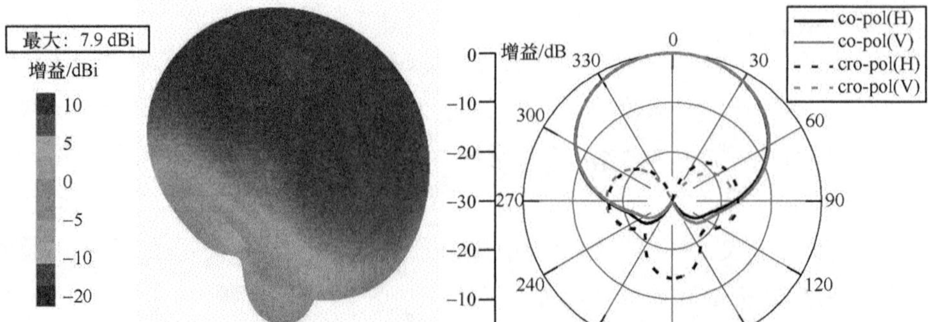

(a) 3D方向图　　(b) H面与V面辐射方向图

图 3-48　天线在 1.8 GHz 时的 3D 方向图及交叉极化的仿真结果

3.5.1.2　小型双极化天线设计

在 3.5.1.1 小节提出的传统双极化偶极子天线的基础上，将两个天线振子臂向下弯折，延长天线辐射臂的电流路径，缩小天线的横向尺寸，实现双极化天线的小型化。本小节设计了两个结构相同的小型双极化天线，主要用于基站天线的 FDD 工作模式。如图 3-49 所示，因两个单元结构相同，本小节主要分析 Rx 天线。

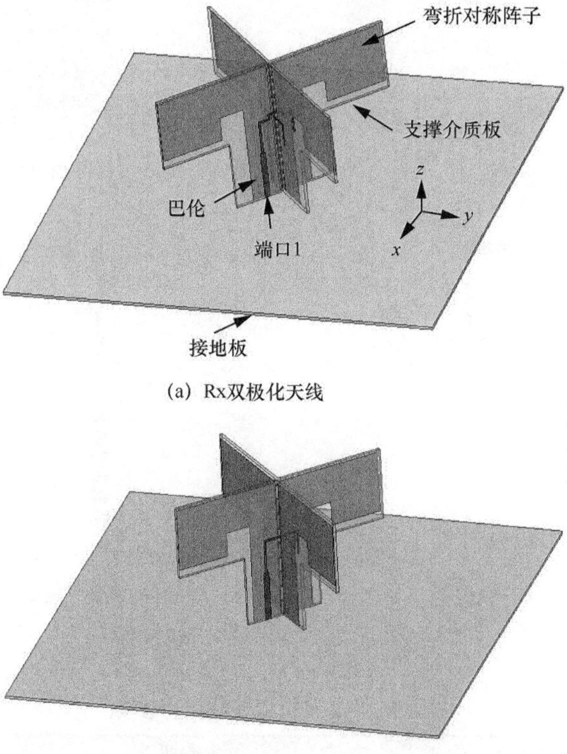

(a) Rx双极化天线

(b) Tx双极化天线

图 3-49　小型双极化天线结构

图 3-50 给出了设计的 Rx 双极化天线单元的结构细节，天线的整体尺寸为 $W\times W\times \mathrm{RH}$=49 mm×49 mm×40 mm，在横向尺寸上，相比 3.5.1.1 小节设计的双极化单元横向尺寸缩减了 7 mm，更有利于阵列间距的紧凑化设计。图 3-50（a）和图 3-50（b）给出了两个±45°馈电巴伦的结构，二者正交放置且相互独立作用，分别产生正交的两种极化模式。巴伦由两节阻抗变换的金属枝节组成，金属枝节末端连接 50 Ω 馈电端口。在设计时，巴伦上端为避免两个正交的金属枝节重叠，分别在二者上端做了交错弯折

设计。优化后天线尺寸参数见表 3-5。

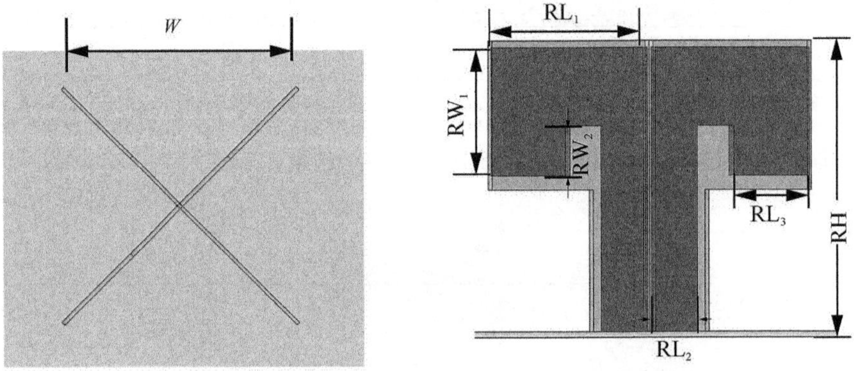

（a）俯视图　　（b）侧视图

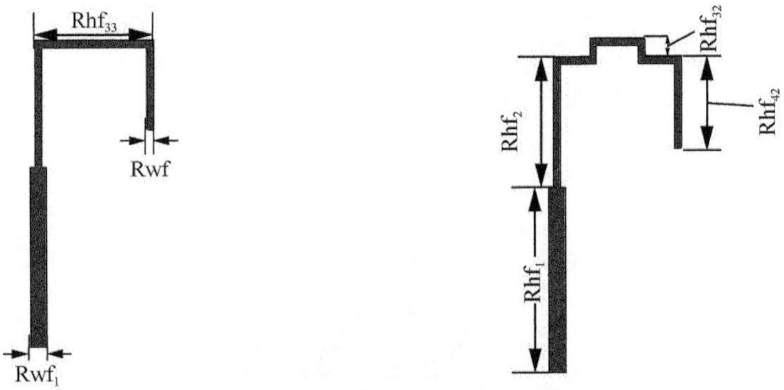

（c）+45°馈电巴伦　　（d）–45°馈电巴伦

图 3-50　Rx 双极化天线单元结构细节

表 3-5　Rx 双极化天线尺寸参数

参数	数值/mm	参数	数值/mm
RW_1	18	Rwf_1	1.5
RL_1	33	Rhf_2	10
RW_2	7	Rwf	0.6
RL_2	8.25	Rhf_{33}	10.6
RL_3	17.75	Rhf_{32}	2.4
RH	40	Rhf_{42}	7
Rhf_1	14		

Tx 双极化天线结构与 Rx 双极化天线结构一致，Tx 双极化天线参数设计时均以 T 开头，具体尺寸参数见表 3-6。

表 3-6 Tx 双极化天线尺寸参数

参数	数值/mm	参数	数值/mm
TW_1	18	Twf_1	1.7
TL_1	30	Thf_2	10
TW_2	7	Twf	0.6
TL_2	8.25	Thf_{33}	9.4
TL_3	14.75	Thf_{32}	3.4
TH	40	Thf_{42}	6.4
Thf_1	14		

所设计的双极化天线在结构上具有很好的对称性，我们同样只分析激励天线其中一个极化端口。为了研究弯折偶极子小型化的工作机理，图 3-51 给出了端口 1 激励时，45°极化方向 Rx 天线单元在 1.8 GHz 时的矢量电流分布。可以看出，偶极子下半部分接地板在巴伦馈电的激励下产生电流，上半部分通过槽耦合产生感应电流，在弯折部分电流路径延长，实现了天线单元的小型化设计。

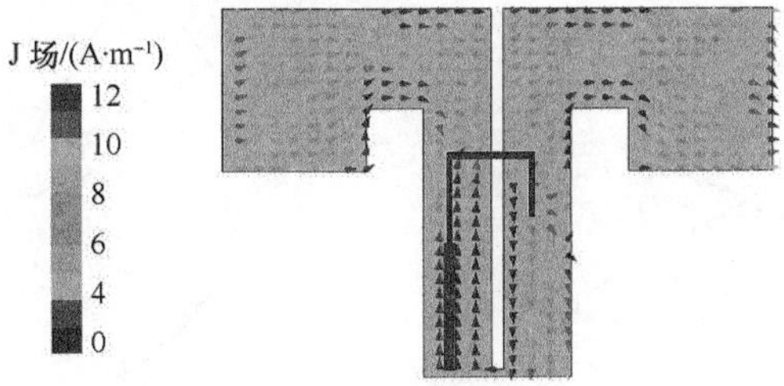

图 3-51 端口 1 激励时，45°极化方向 Rx 天线单元在 1.8 GHz 时的矢量电流分布

图 3-52 给出了 Rx 和 Tx 双极化天线单元的散射参数的仿真结果，可以看出 Rx 双极化天线在 1.71～1.92 GHz 频段范围内，反射系数 S_{11} 小于−10 dB，端口隔离度大于 30 dB；Tx 双极化天线在所需 1.93～2.17 GHz 频段范围内，反射系数 $|S_{11}|$ 小于−10 dB，端口隔离度大于 25 dB。这样在满足工作带宽的基础上，实现了天线单元的小型化设计。

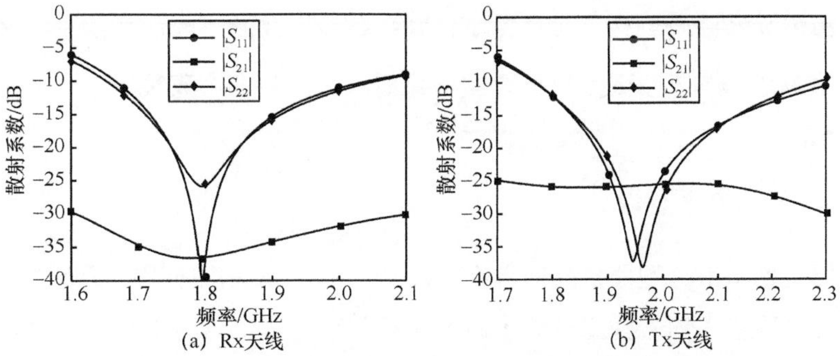

图 3-52 Rx 和 Tx 双极化天线单元散射参数的仿真结果

图 3-53 给出了端口 1 激励时 Rx 天线单元在中心频点 1.8 GHz 的 3D 方向图和交叉极化比的仿真结果。可以看出，在 1.8 GHz 时，天线的方向图增益为 7.8 dBi，交叉极化比大于 20 dB。Tx 双极化天线在 2 GHz 中心频点处增益为 7.8 dBi，交叉极化比大于 20 dB。所设计的双极化天线具有很好的辐射性能，可以用于基站天线的组阵设计。

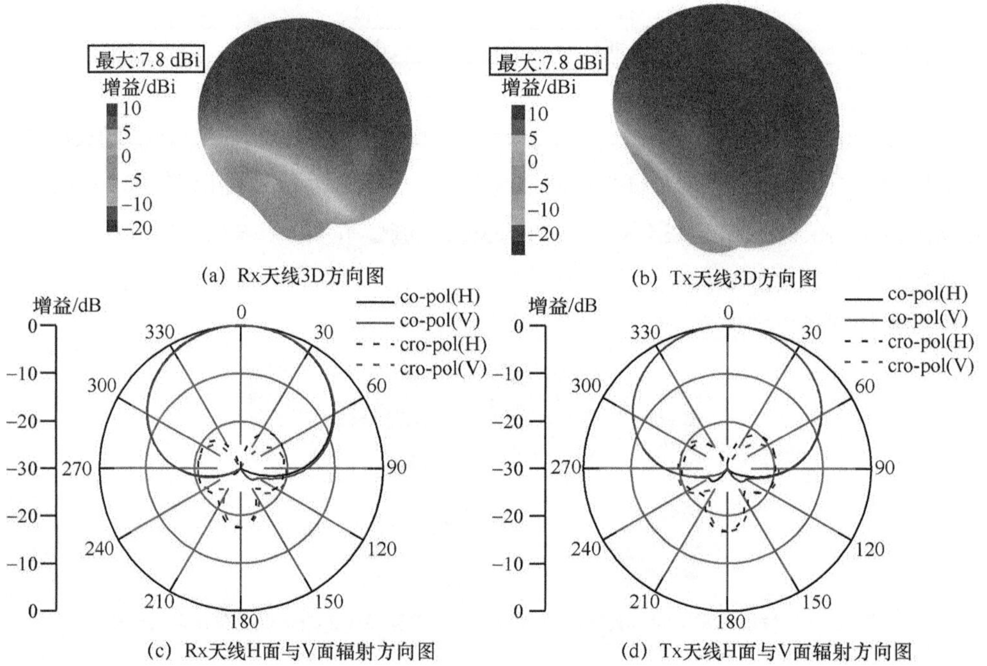

图 3-53　端口 1 激励时 Rx 天线单元在中心频点 1.8 GHz 的 3D 方向图和交叉极化比的仿真结果

3.5.2　1×3 双极化直线阵设计

为避免相邻基站信号的干扰，在设计基站扇区天线时，需要使用高增益和较强波束指向性的 MIMO 阵列天线，这便需要波束赋形技术将多个天线单元合成阵列天线实现指标要求。

3.5.2.1　一分三功分器设计

功分器全称功率分配器，是一种在移动通信系统中广泛应用的无源器件，能够将馈线端口的一路输入信号能量分成多路输出相等或不等的信号能量。根据输出信号端口数量，将功分器分为一分二功分器、一分三功分器等。多路功分器的设计可以分为两种，一种是通过一个结构将一路信号一次性地分成多路信号输出；另一种是将一路信号经过最基本的一分二功分器级联形成 N 路功分器。

图 3-54 给出了一分二功分器的电路结构，Z_0 为第一段传输线的特性阻抗，中间两段传输线为 1/4 波长阻抗变换枝节，特性阻抗分别为 Z_{02}、Z_{03}，输出口分别接负载 R_2 和 R_3。假设端口 1 无反射，端口 2 与端口 3 输出功率比为 $1/k^2$。

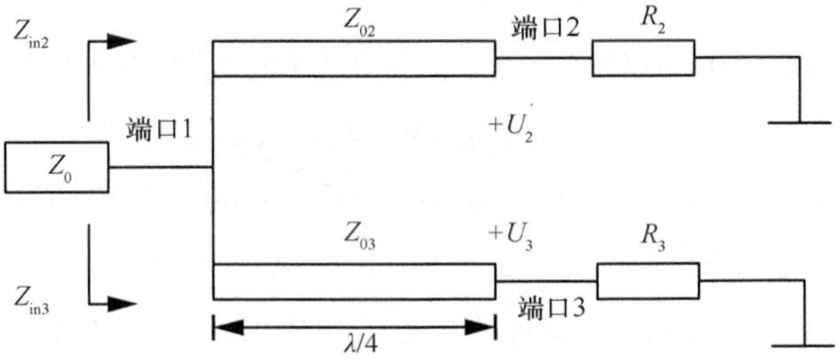

图 3-54　一分二功分器的电路结构

由此可以得到

$$
\begin{aligned}
&\frac{1}{Z_{in2}}+\frac{1}{Z_{in3}}=\frac{1}{Z_0}\\
&\frac{\left(\frac{1}{2}\cdot\frac{U_2^2}{R_2}\right)}{\left(\frac{1}{2}\cdot\frac{U_3^2}{R_3}\right)}=\frac{1}{k^2}\\
&U_2=U_3
\end{aligned}
\tag{3-36}
$$

由传输线理论可得

$$
\begin{cases}
Z_{in2}\cdot R_2=Z_{02}^2\\
Z_{in3}\cdot R_3=Z_{03}^2
\end{cases}
\tag{3-37}
$$

设 $R_2=kZ_0$，则 Z_{02}、Z_{03}、R_3 的计算公式为

$$
\begin{aligned}
&Z_{02}=Z_0\sqrt{k(1+k^2)}\\
&Z_{03}=Z_0\sqrt{(1+k^2)/k^3}\\
&R_3=Z_0/k
\end{aligned}
\tag{3-38}
$$

取 k=1，得到一分二功分器的各参数为 $R_2=R_3=Z_0$，$Z_{02}=Z_{03}=\sqrt{2}Z_0$。

一分三微带功分网络是个 4 端口电路结构。一分三功分器拓扑结构如图 3-55 所示，输入信号能量为 P_0，三路输出信号能量为 P_1、P_2、P_3。

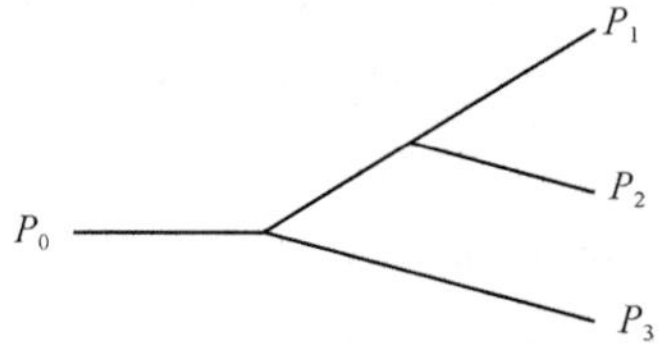

图 3-55　一分三功分器拓扑结构

设计时功分器采用 T 型微带结构，它的优点是端口的幅度和相位分配灵活。图 3-56 为设计的一分三不等分 T 型功分器的结构。基站天线子阵单元之间的间距通常大于 0.6λ。该功分器印刷在相对介电常数为 3.46，损耗为 0.002，厚度为 0.8 mm 的 Megtron6 介质板上，整体尺寸为 228 mm×17 mm×0.8 mm，3 个端口间距为 113.5 mm（0.7λ，λ 为 1.95 GHz 频点对应的波长）。设计的一分三功分器由两级组成，分别是一个不等分的一分二功分器和一个等分的一分二功分器，3 个输出端口的功分比为 3:3:4。该馈电网络优化后参数的具体数值为：W_1=1.65 mm，W_2=0.8 mm，W_3=0.7 mm。优化后的双频功分器可同时适用于 Rx 和 Tx 两种天线工作频段。

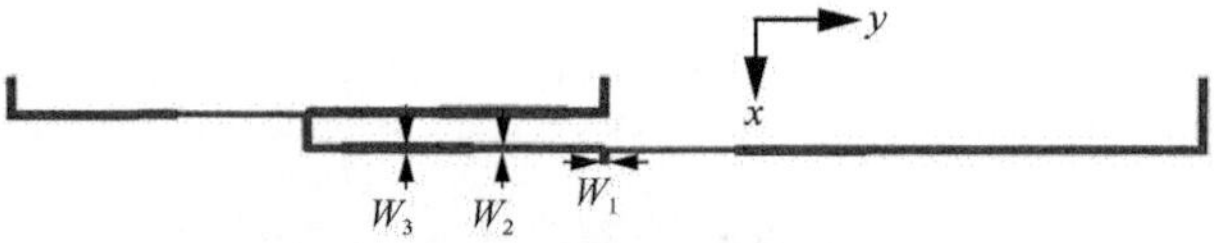

图 3-56　一分三不等分 T 型功分器结构

图 3-57 给出了一分三功分网络的散射参数仿真结果和端口相位仿真结果。由散射参数仿真结果可以看出，该功分馈电网络在 1.71～1.92 GHz 和 1.93～2.17 GHz 工作频段内，反射系数均小于－20 dB，一分三等分功分器的输出端口的分配损耗理论值为 4.7 dB。根据 3 个输出端口的功分比，从图 3-57 中可知 3 个端口的插入损耗均小于 1 dB，输出 3 个端口的相位相同。

3.5.2.2　1×3 双极化直线阵设计

基站天线的 MIMO 阵列由加载馈电网络的子阵列排布组成，对上文设计的 Rx 和 Tx 双极化天线单元分别通过一分三功分网络组成 1×3 直线列。图 3-58 为加载上述不等分的一分三馈电网络的 Rx 和 Tx 双极化直线阵的天线结构，利用 6 根特性阻抗为 50 Ω 的同轴电缆馈电连接 Rx 双极化天线的 6 个端口，每种极化的天线端口用一个功分器连接，合成一个新的馈电端口。

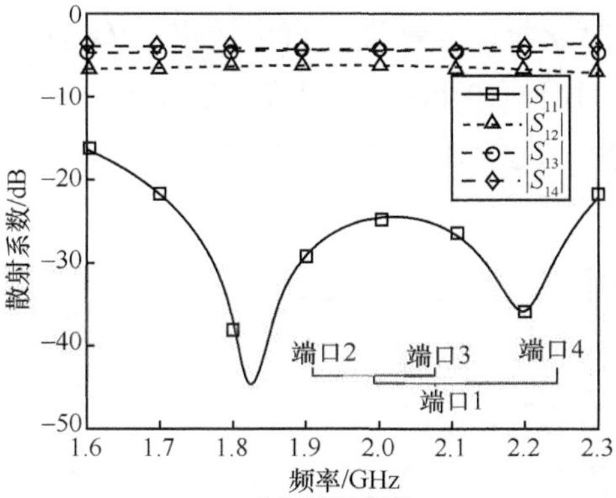

(a) 散射参数

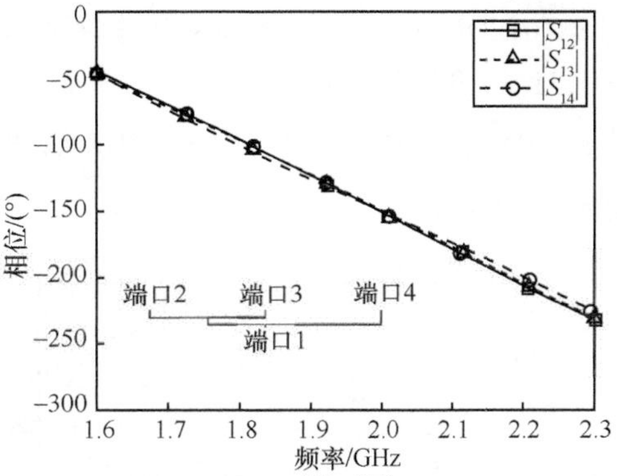

(b) 相位

图 3-57　一分三功分网络的散射参数仿真结果和端口相位仿真结果

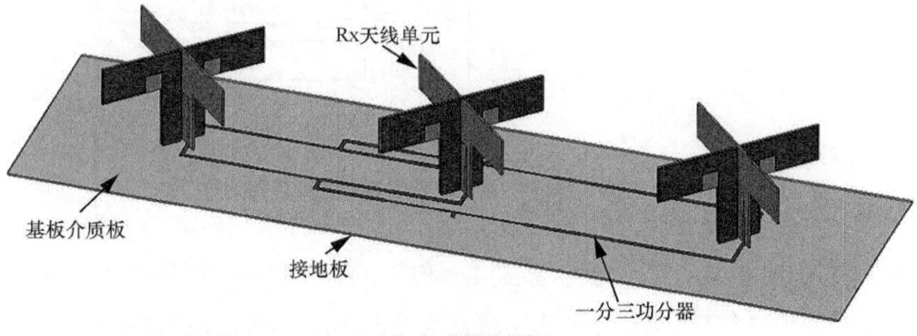

(a) Rx直线阵结构

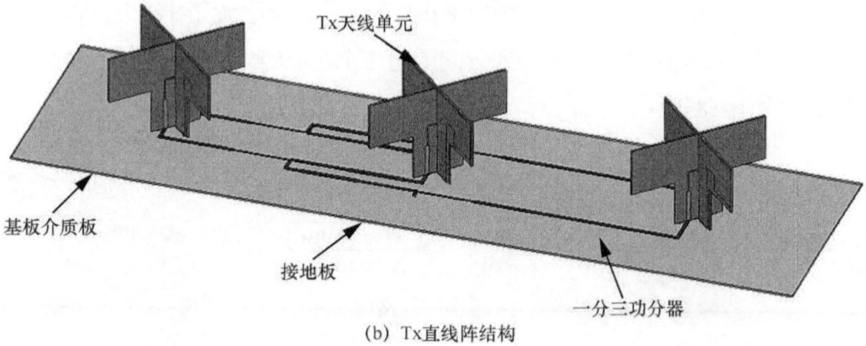

(b) Tx直线阵结构

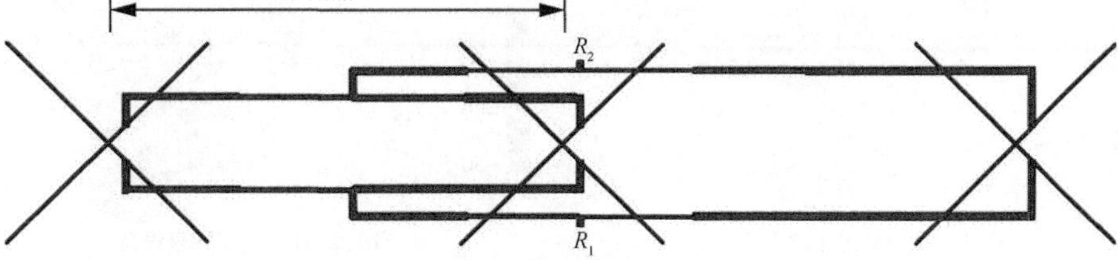

(c) 1×3直线阵排布间距示意

图 3-58　加载不等分的一分三馈电网络的 Rx 和 Tx 双极化直线阵的天线结构

图 3-59 给出了 Rx 和 Tx 直线阵的散射参数仿真结果。可以看出，Rx 直线阵在 1.71～1.92 GHz 范围内，反射系数$|S_{11}|$小于−10 dB，端口隔离度基本在 20 dB 以上。Tx 直线阵在 1.93～2.12 GHz 范围内，反射系数$|S_{11}|$小于−10 dB，端口隔离度大于 18 dB。

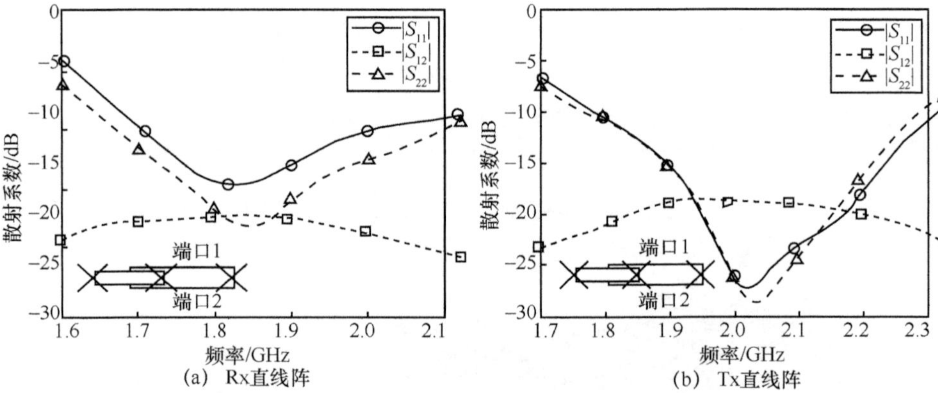

图 3-59　Rx 和 Tx 直线阵的散射参数仿真结果

图 3-60 和图 3-61 分别给出了激励 Rx 和 Tx 直线阵中一种极化时在各自中心频点的辐射方向图仿真结果。Rx 天线单元增益为 7.8 dBi，加载馈电网络后，子阵列方向图为 3 个 Rx 天线单元的合成，增益为 11.8 dBi，交叉极化比大于 18 dB。Tx 天线单元增益为 7.8 dBi，加载馈电网络后，子阵列方向图为 3 个 Tx 天线单元的合成，增益为 12 dBi，交叉极化比大于 18 dB。

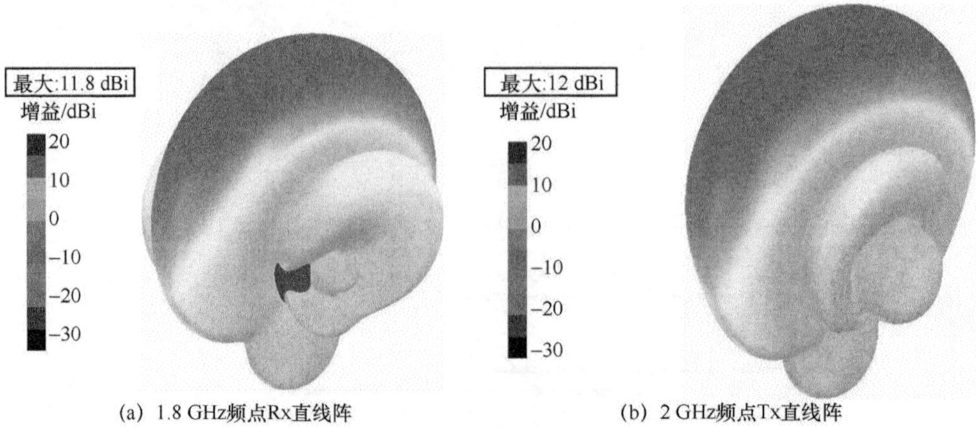

图 3-60　1×3 直线阵 3D 方向图

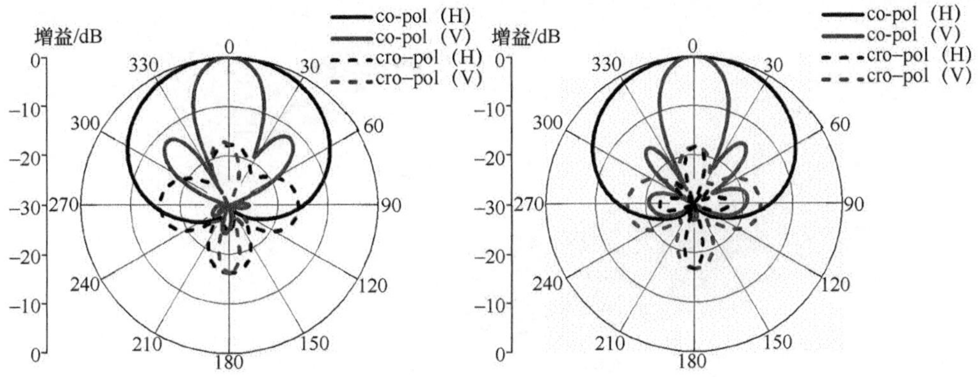

(a) 1.8 GHz频点Rx直线阵　　(b) 2 GHz频点Tx直线阵

图 3-61　1×3 直线阵 H 面和 V 面辐射方向图

3.5.3　6×6 MIMO 阵列 ADL 去耦合设计

在基站天线系统中，为提高接收和发射信号的数据传输率，扩大系统容量，需要在基站侧设计安装多个天线。传统的 4G LTE 天线系统在基站侧最多需要 40 个天线，因此合理地设计天线的间距成为了研究的重点。本小节设计了一款将传统基站天线阵列间距缩减一半的 6×6 MIMO 阵列，相当于在传统接收阵列之间插入一列发射阵列，实现基站天线的紧凑化，并在天线周围加载离散隔板和在天线上方加载 ADL 解决天线端口之间的互耦。读者可以参考该阵列设计，扩展更大的阵列规模。

3.5.3.1　6×6 MIMO 阵列天线设计

将 3.5.2 小节设计的 Rx 和 Tx 直线阵交错排布组成 6×6 MIMO 阵列。传统的 MIMO 阵列之间的间距为 0.7λ，按照 Rx 和 Tx 天线单元工作频段，λ 为中心频点 1.95 GHz 对应的波长，其中 Rx 直线阵的宽度为 49 mm（0.32λ），Tx 直线阵的宽度为 45 mm（0.29λ），要实现天线阵列的极限紧凑化，同时避免天线振子臂在空间中的交叠，将 Rx 和 Tx 子阵列按照 46 mm（0.3λ）行间距组阵。

图 3-62 给出了紧凑化设计的 6×6 MIMO 天线阵列结构。从天线侧视图可以看出，在 x 方向 Rx 和 Tx 直线阵的振子臂几乎重叠。从正视图可以看出，单元直线阵之间的间距为 113.5 mm（0.7λ），在 y 方向 Rx 和 Tx 直线阵的振子臂之间间距为 56.75 mm（0.35λ）。得益于天线单元小型化设计，两者之间有 y=10 mm 间隙，使得两列天线在空间排布时有一定的空隙。

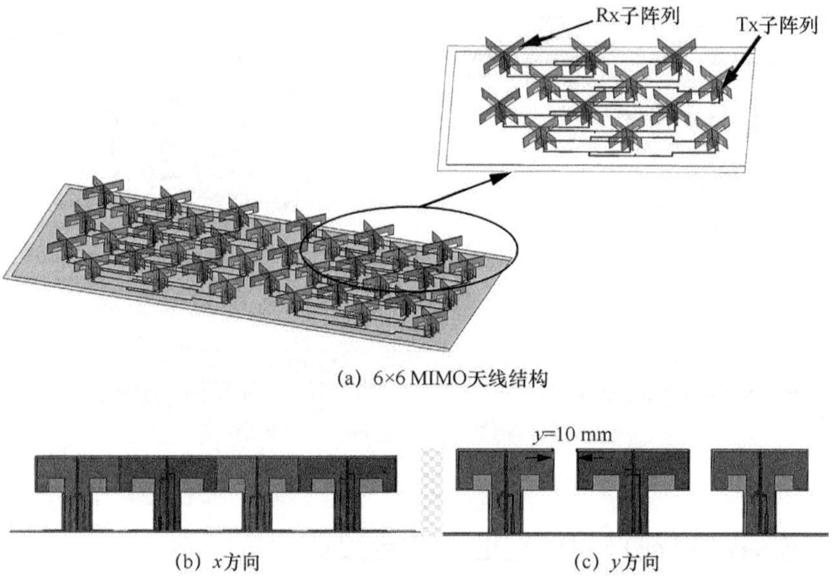

图 3-62 紧凑化设计的 6×6 MIMO 天线阵列结构

6×6 MIMO 阵列由以下几部分组成，分别为 18 个 Rx 双极化天线单元组成的 6 个 1×3 双极化直线阵，18 个 Tx 双极化天线单元组成的 6 个 1×3 双极化直线阵，共 24 个馈电网络端口，功分器支撑介质板及接地板。这样天线的整体尺寸为 670 mm×280 mm×40 mm。

在电磁仿真软件中，计算该大规模阵列需要耗费大量的资源。在节省计算资源的同时又能模拟大规模阵列之间的端口耦合的情况下，需要截取大规模阵列的部分阵列进行仿真和计算。从图 3-63 阵列排布情况可知，同一行的两个同频 1×3 子阵列端口之间的间距为 340.5 mm（2.1 λ），大于 1 个波长。通过仿真模拟，同一行两个子阵列之间的隔离度均大于 25 dB。通过上述分析，我们采取以小见大的思路，用 4×3 MIMO 阵列端口之间的耦合来模拟 6×6 MIMO 阵列耦合情况，可节省计算资源。通过仿真模拟，发现两个阵列天线端口间的 S 参数的变化趋势一致，故可以通过在 HFSS 软件中仿真分析 4×3 MIMO 阵列的端口散射特性来分析 6×6 MIMO 天线阵列的端口特性。为简化天线端口结构图，可用图 3-63 所示的交叉十字形结构代替双极化天线单元，阵列天线端口为 1～8，便于分析阵列端口之间的互耦。

从排布方式可以看出，4×6 MIMO 阵列天线中各种耦合有两大类，一类为同极化耦合，另一类为异极化耦合。根据天线阵列的排布方式可以将同极化耦合进一步分为相邻列同极化耦合、间隔列同极化耦合；异极化耦合进一步分为相邻列异极化耦合、间隔列异极化和天线自身的交叉耦合。

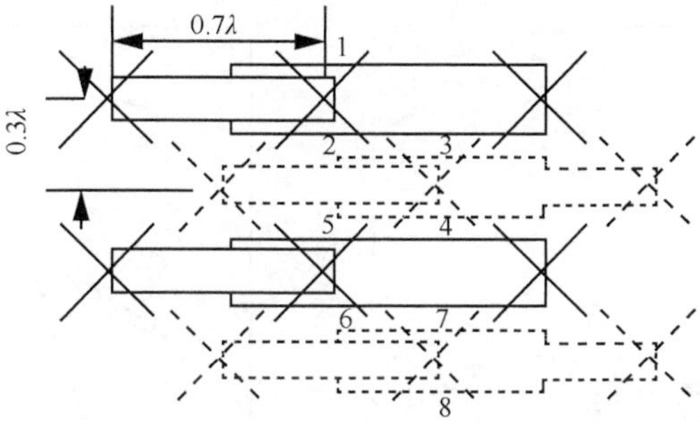

图 3-63　4×3 MIMO 天线阵列排布情况

通过 HFSS 仿真分析 4×3 MIMO 阵列的散射特性和辐射特性。图 3-64 给出了 4×3 MIMO 阵列的散射参数仿真结果，可以看出，合成的 4×3 阵列中 Rx 阵列在 1.71～1.92 GHz 工作频段内反射系数小于−10 dB，Tx 阵列在 1.93～2.17 GHz 工作频段内反射系数小于−10 dB，4 个阵列的匹配良好。由于阵列间距的缩减，天线振子臂紧凑放置，天线阵列端口耦合较为严重。

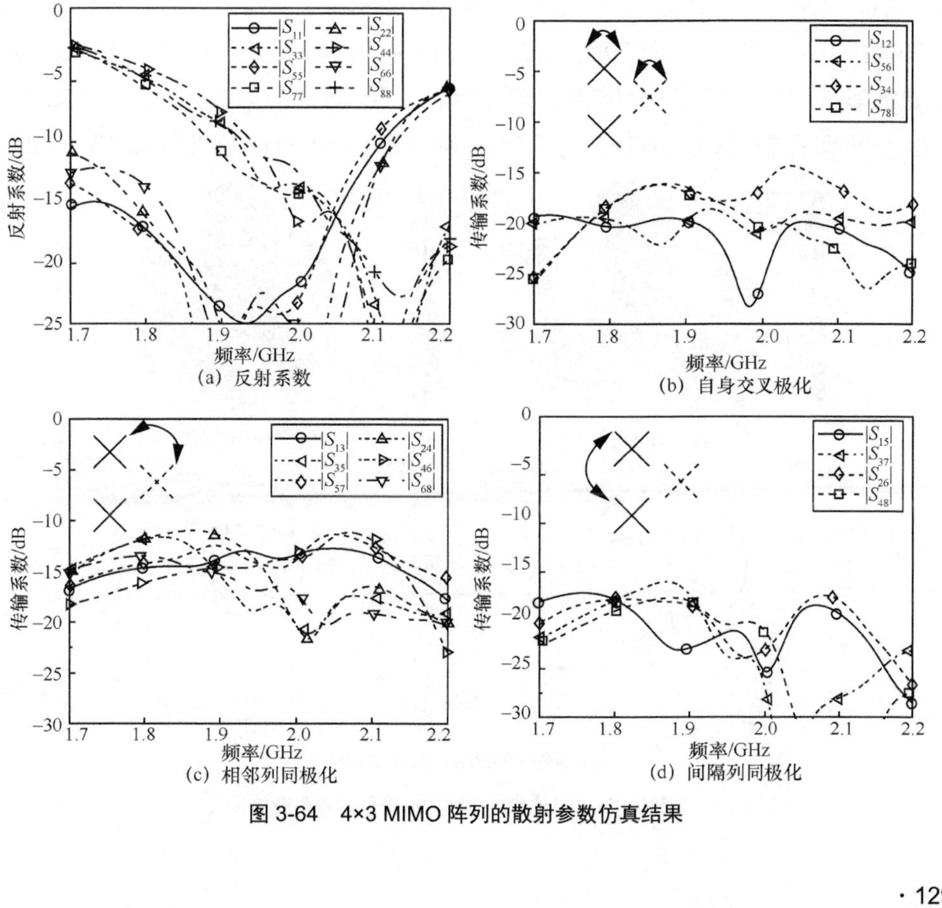

图 3-64　4×3 MIMO 阵列的散射参数仿真结果

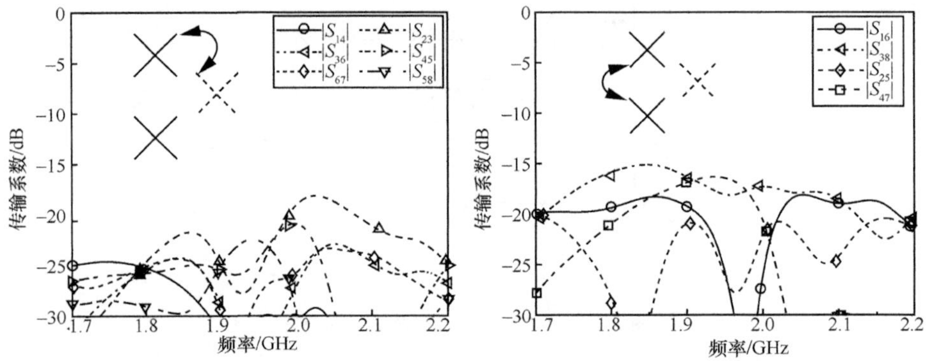

（e）相邻列异极化　　（f）间隔列异极化

图 3-64　4×3 MIMO 阵列的散射参数仿真结果（续）

从图 3-64 可以看出，较为严重的为 Rx 和 Tx 阵列之间的同极化耦合，如相邻列同极化隔离度只有 10 dB，其余同极化和异极化隔离度基本为 15 dB。

简化后的阵列同样具有对称性结构，在研究阵列端口的辐射特性时，可以从阵列的边缘阵列和中心阵列的 3D 方向图，以及 H 面和 V 面的辐射方向图入手，同时 Rx 阵列和 Tx 阵列在 4×3 阵列中的位置对称，因此我们只分析 Rx 阵列的辐射参数。图 3-65 给出了 Rx 边缘阵列和中心阵列的辐射参数，可以看出，由于阵列间耦合的影响，边缘 Rx 阵列和中心 Rx 阵列的增益值为 10 dBi，边缘 Rx 阵列和中心 Rx 阵列的交叉极化比为 10 dB。

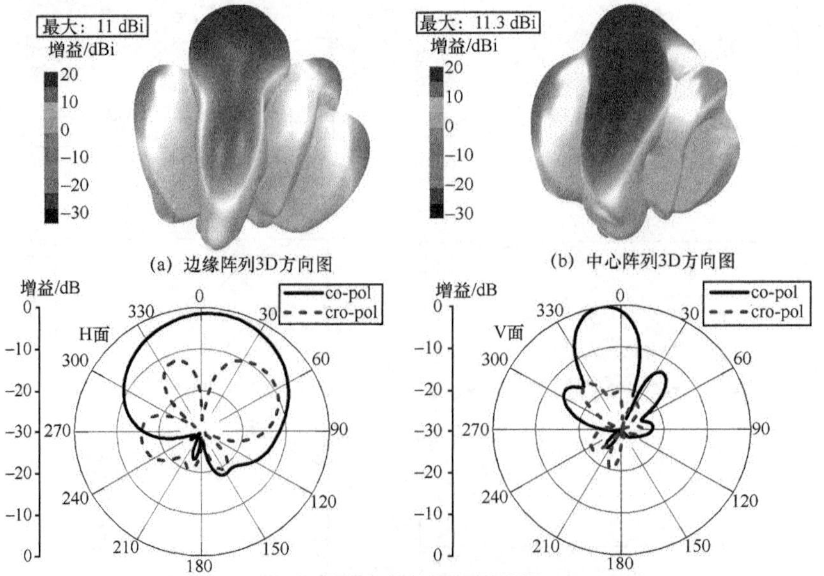

（a）边缘阵列3D方向图　　（b）中心阵列3D方向图

（c）边缘阵列H面和V面辐射方向图

图 3-65　Rx 边缘阵列和中心阵列的辐射参数

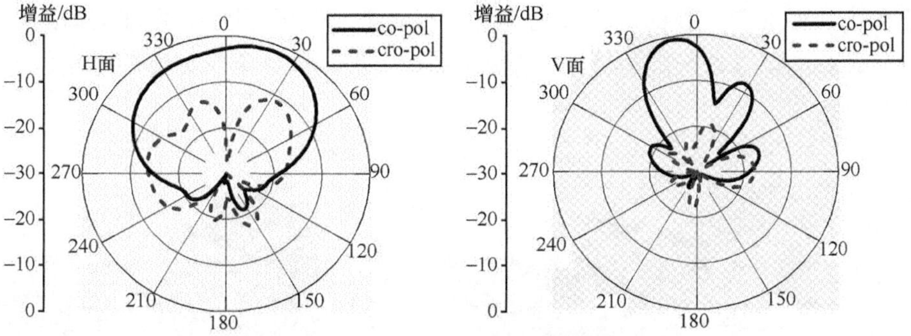

(d) 中心阵列H面和V面辐射方向图

图 3-65　Rx 边缘阵列和中心阵列的辐射参数（续）

3.5.3.2　6 × 6 MIMO 阵列去耦合设计

在传统基站天线去耦合设计中，通常在天线周围加载高于天线剖面的长隔板来降低天线端口的耦合，但本设计中相邻子阵列天线辐射臂几乎交叠，在阵列间放置高于天线剖面的隔板围框，天线振子臂会与隔板和围框在空间位置上交叠，使得天线无法辐射能量。故需要改进传统去耦合方式，我们提出离散栅状低剖面隔板，在天线周围加载低于振子辐射臂的离散隔板。图 3-66 给出了离散隔板的结构示意。

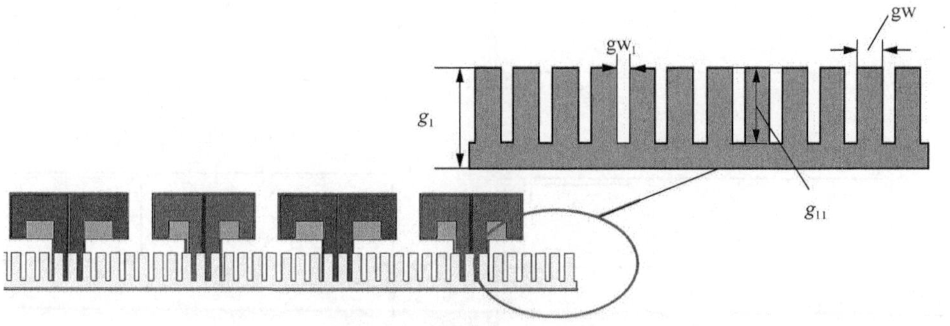

图 3-66　离散隔板结构示意

我们分析引入离散隔板前后周围天线阵列的表面电流分布情况，研究离散隔板对天线阵列去耦合的影响。鉴于该双极化阵列天线端口的对称性，只激励边缘 Rx 阵列的 + 45°端口 2。图 3-67 给出了加载离散隔板前后天线周围的表面电流分布。

可以看出，在天线周围引入离散栅栏状隔板后，隔板上有相应的电流分布，使得相邻列天线单元之间的部分电流相应减弱。引入离散隔板主要减小同列自身交叉极化和相邻列 E 面放置的两个极化天线表面电流，可以用散射参数即端口隔离度分析天线阵列的耦合情况。图 3-68 给出了离散隔板高度变化时天线阵列端口散射参数的仿真结果。

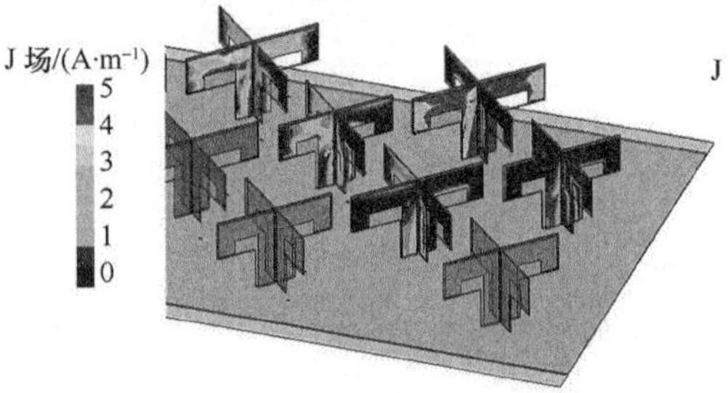

(a) 原始阵列

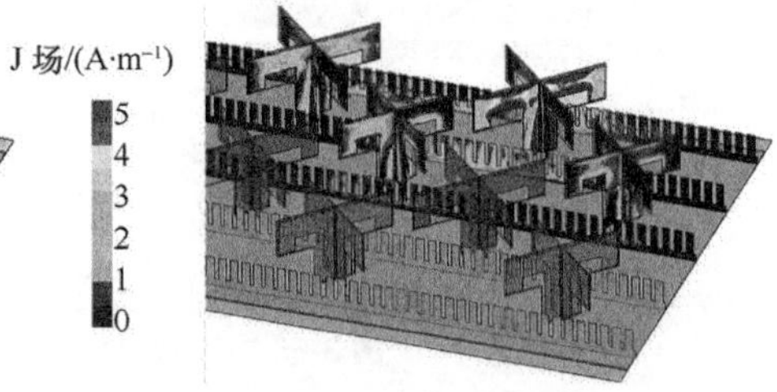

(b) 加载离散隔板后

图 3-67　加载离散隔板前后天线周围的表面电流分布

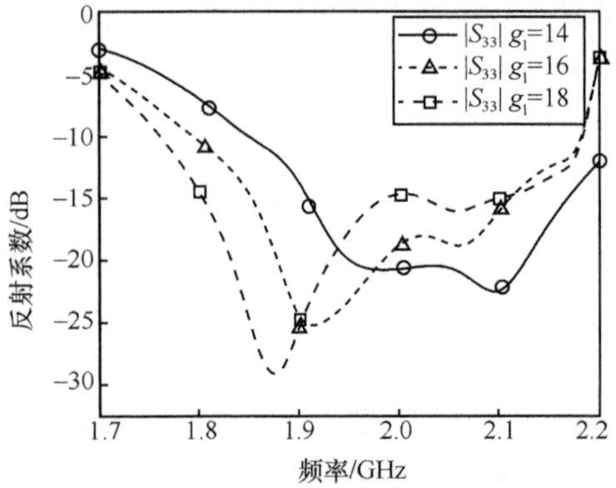

(a) 反射系数

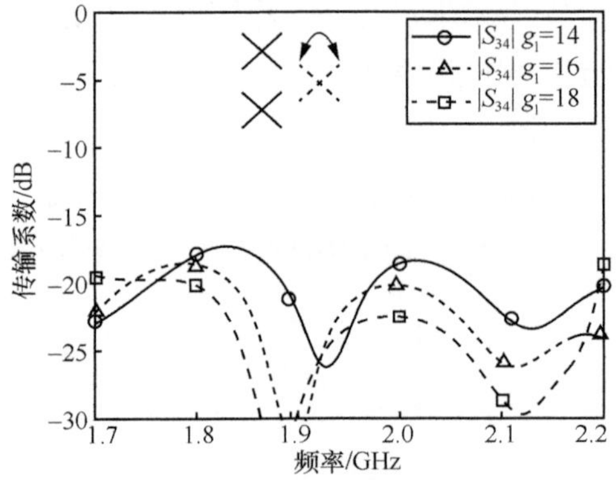

(b) 子阵交叉极化

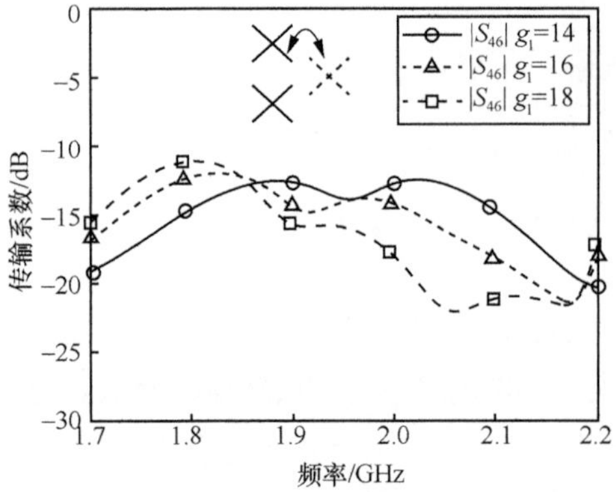

(c) E面同极化

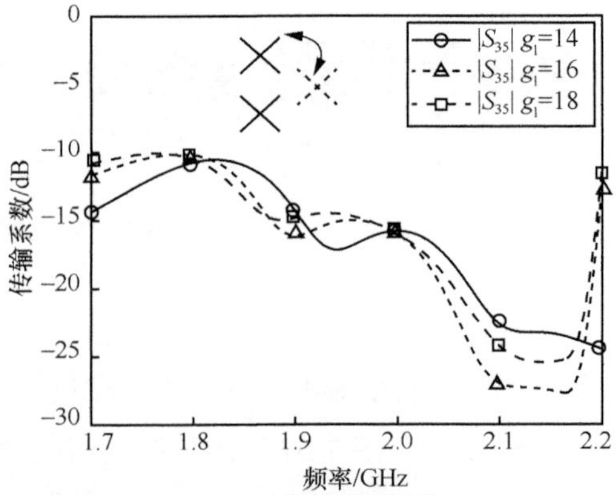

(d) H面同极化

图 3-68　离散隔板高度变化时天线阵列端口散射参数的仿真结果

离散隔板高度的变化，主要改变了同列自身交叉极化耦合和 E 面同极化耦合，对天线的反射系数和同极化耦合基本没有影响。通过仿真优化离散隔板的尺寸，最大限度地改善天线阵列端口的隔离度。离散隔板最优尺寸参数见表 3-7。

表 3-7　离散隔板最优尺寸参数

离散隔板参数	数值/mm
g_1	16
g_{11}	112
gw	4
gw_1	2

以上采用离散隔板改善了阵列自身交叉极化和相邻列 E 面同极化耦合。针对相邻列 H 面同极化，本书提出一种改善两个紧凑放置的单极化天线隔离度的 ADL 覆层用于去耦合的方法。

ADL 去耦合原理是利用 ADL 表面制造额外的电波路径来抵消现有的耦合。通过引入一条反射相位和反射幅度可控的额外路径，消除大量 MIMO 阵列中的主要耦合，以达到减少互耦的目的。

图 3-69 给出了两个天线单元上表面覆盖 ADL 表面后的耦合路径。可以得出，两个天线单元间的耦合路径主要分为：天线间直接耦合路径 1 以及接地板反射耦合路径 2。通过计算两路径的波程差以及接地板反射提供的额外相位，可知两路耦合信号会同相叠加，覆盖 ADL 表面在天线上方之后产生一条新的电波路径。

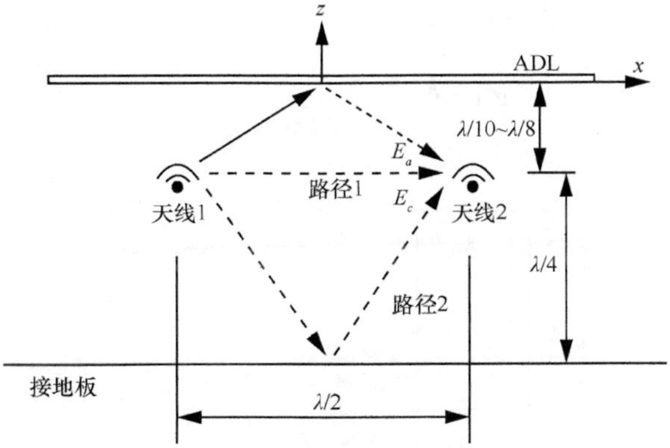

图 3-69　两个天线单元上表面覆盖 ADL 表面后的耦合路径

由于 ADL 表面反射回来的电波与耦合电波基本幅度相等、相位相反，从而抵消耦合实现解耦。ADL 表面的反射系数控制反射波的幅度，表面距离天线单元的高度控制反射波的相位（考虑反射相位和波程差）。

ADL 表面可以用一块介电常数适合的介质板替代。图 3-70 为 ADL 表面等效示意。为了简化模型，这块介质板可以进一步简化为介电常数为 ε_r' 的半空间介电区域。E_i 为天线耦合到介质板的电场，等效半空间介电区域下表面造成的反射电场 E_r，实际是由介质板上表面造成的反射电场 E_{r1} 和介质板下表面造成的反射电场 E_{r2} 叠加而成的，因此介质板的厚度 D 对反射波的相位是有影响的，厚度越厚相位越大，等效为介质板的高度也越高。因为 ADL 的介电常数很高，反射系数为负，因此 ADL 表面会为反射波提供额外的 180°相位，实现提高两天线单元隔离度的目的。

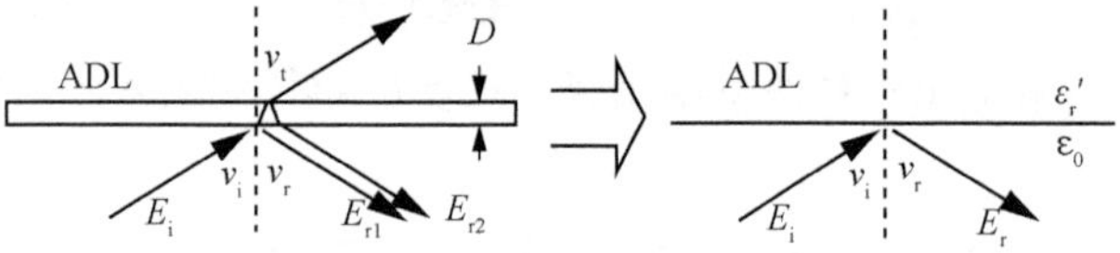

图 3-70　ADL 表面等效示意

图 3-71 给出了加载 ADL 的天线辐射示意。本设计在天线上方加载高介电常数的人工介电质层。其主要通过在 MIMO 天线阵列上引入高介电常数介质板，天线辐射电磁波经过上方的 ADL 表面多次反射，产生额外的波路径；并通过适当地改变 ADL 的高度、厚度和介电常数改变附加波路径的幅度和相位，使得附加波能够抵消现有的耦合波，降低天线之间的耦合，提高 MIMO 天线的隔离度。天线解耦后，可以通过调整馈电巴伦或匹配网络实现端口匹配。

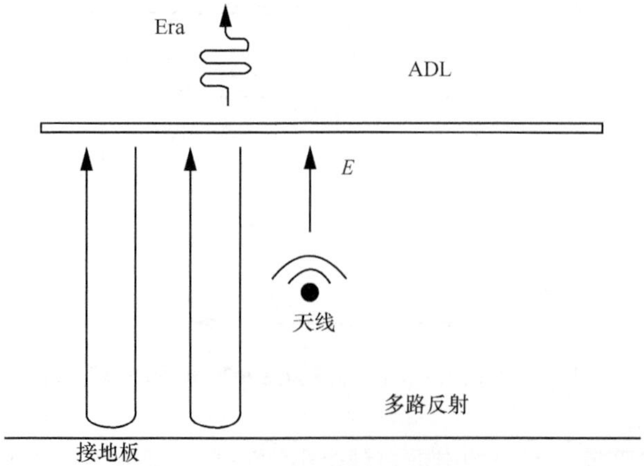

图 3-71　加载 ADL 的天线辐射示意

图 3-72 给出了加载高介电常数的介质板的阵列结构。由于后期选用的寄生介质基板是介电常数为 4.3 的罗杰斯板材，厚度为 1 mm，因此讨论 ADL 的介电常数变化对天线阵列耦合的影响，我们可以将介质板的常数设为 ε_r，ADL 表面放置在距离天线阵列上方 1/4 波长处。图 3-73 给出了当介电常数变化时，天线反射系数和同极化耦合的情况。可以看出，当 ADL 高度和厚度不变时，改变介电常数的大小对反射系数和天线自身交叉极化隔离度基本没有影响，但是随着介电常数的变化，相邻列同极化耦合变化较大。

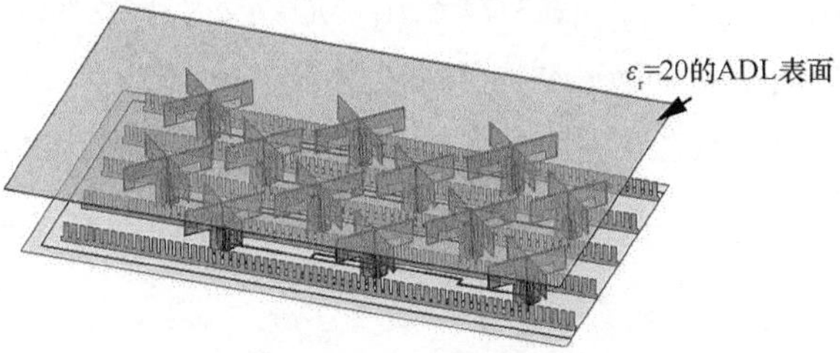

图 3-72　加载高介电常数的介质板阵列结构

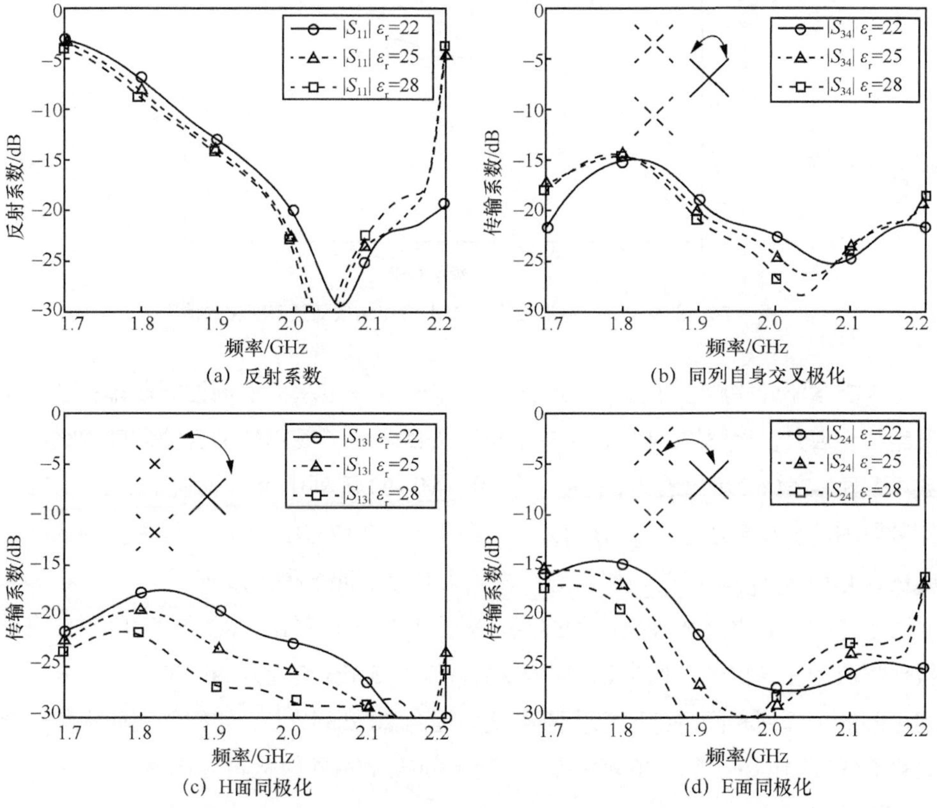

图 3-73　当介电常数变化时，天线反射系数和同极化耦合情况

通过优化仿真，发现当 ADL 的介电常数为 28 时，4×3 MIMO 阵列的所有隔离度基本提高 20 dB 以上。

现有的高介电常数介质板可以选用陶瓷介质板，考虑加工费用、实用性和稳固性，可以在寄生介质基板上加载周期 ADL 单元结构，实现 ADL 的介电常数替代。我们主要选用与天线单元形式相同的交叉十字形结构作为 ADL 基本周期单元，印刷在介电常数为 4.3、损耗为 0.005 的寄生介质基板上，并通过 CST 软件仿真交叉十字形周期金属结构得到相应的 ADL 单元尺寸。图 3-74 给出了加载交叉十字形结构后 ADL 介电常数随频率变化的情况。当交叉十字形结构的长度为 30 mm、宽度为 2 mm、间距为 36.5 mm 时，等效的 ADL 介电常数在 1.71～2.17 GHz 工作频段内等效为 28。

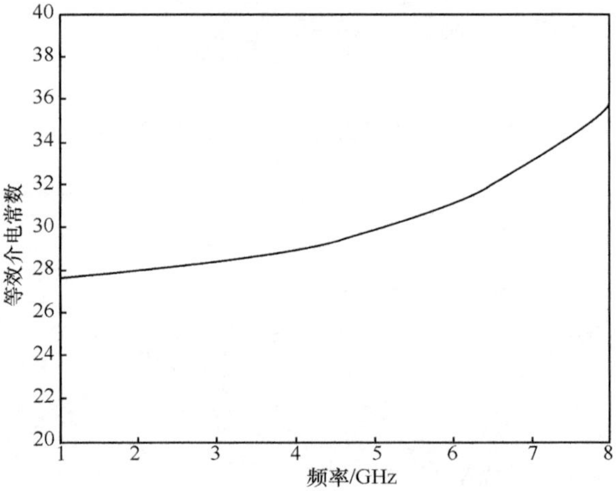

图 3-74　加载交叉十字形结构后 ADL 介电常数随频率变化的情况

图 3-75 给出了等效后的去耦合天线阵列模型，在主基板上刻蚀周期排布的交叉十字形结构金属片。图 3-76 和图 3-77 给出了去耦合后天线阵列仿真的散射参数和辐射参数。从图 3-76（a）可以看出，去耦合后 4×3 MIMO 阵列中 Rx 阵列在 1.71～1.92 GHz 工作频段内反射系数小于−10 dB，Tx 阵列在 1.93～2.17 GHz 工作频段内反射系数小于−10 dB，4 个阵列各端口的匹配良好，相较去耦合前匹配得到改善。

对于阵列端口之间的隔离度的提升，从图 3-76 可以看出，Rx 和 Tx 阵列自身的交叉极化隔离度在各自的工作带宽内由去耦合前的 15 dB 均提升 20 dB 以上；Rx 和 Tx 阵列之间的相邻列和间隔列同极化隔离度均提高 20 dB 以上。如相邻列同极化隔离度由去耦合前的 10 dB 提高 20 dB 以上，其余同极化和异极化耦合基本由去耦合前的 15 dB 提高 20 dB。

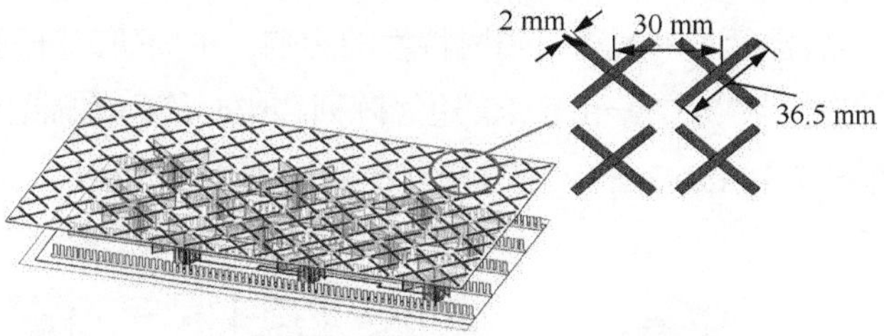

图 3-75　等效后的去耦合天线阵列模型

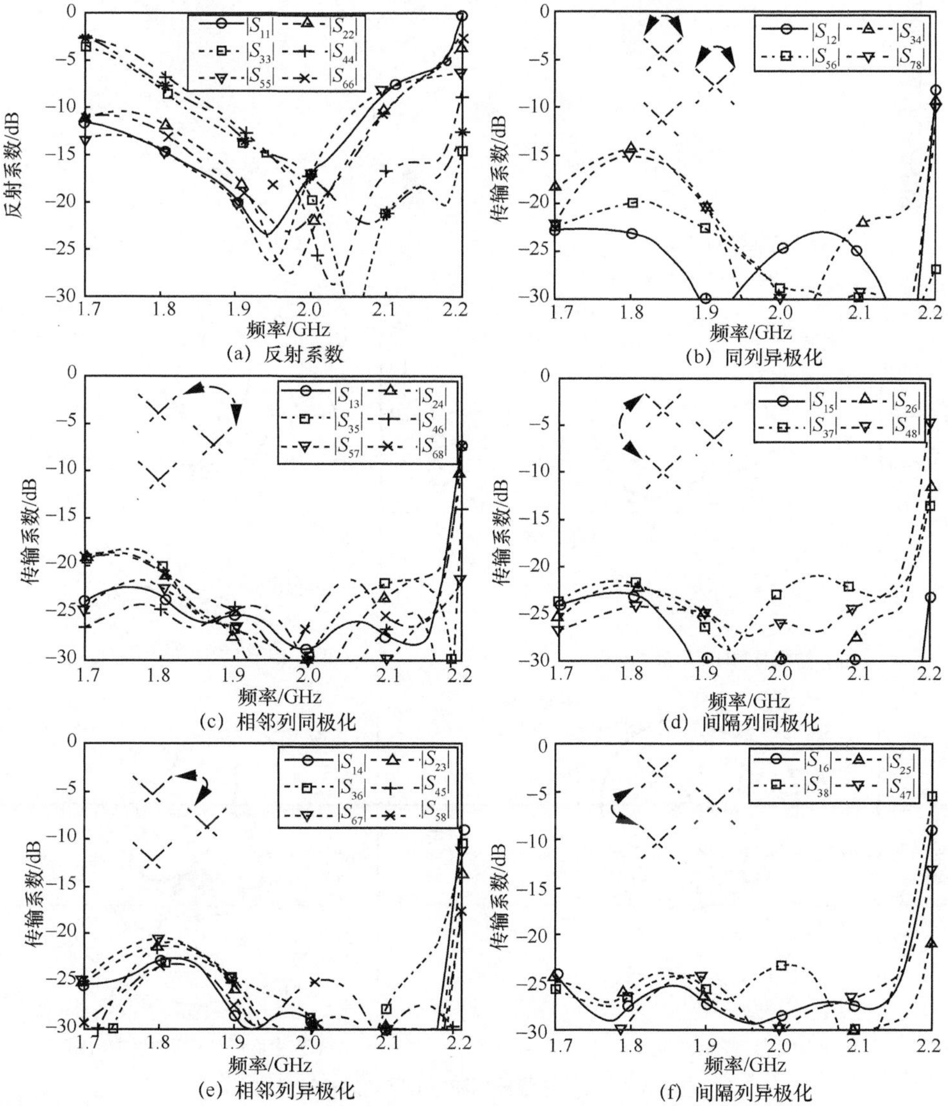

(a) 反射系数　(b) 同列异极化

(c) 相邻列同极化　(d) 间隔列同极化

(e) 相邻列异极化　(f) 间隔列异极化

图 3-76　去耦合后 4×3 MIMO 阵列的散射参数仿真结果

接下来分析去耦合后对阵列端口辐射特性的影响，主要研究阵列的边缘阵列和中心阵列的辐射方向图。图 3-77 给出了 Rx 边缘阵列和中心阵列的辐射参数，可以看出，Rx 阵列的增益基本在 10 dBi 左右，交叉极化比基本大于 10 dB。

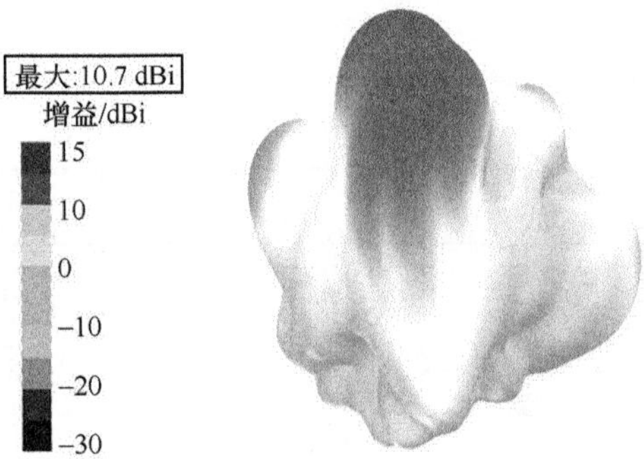

(a) 边缘阵列3D方向图

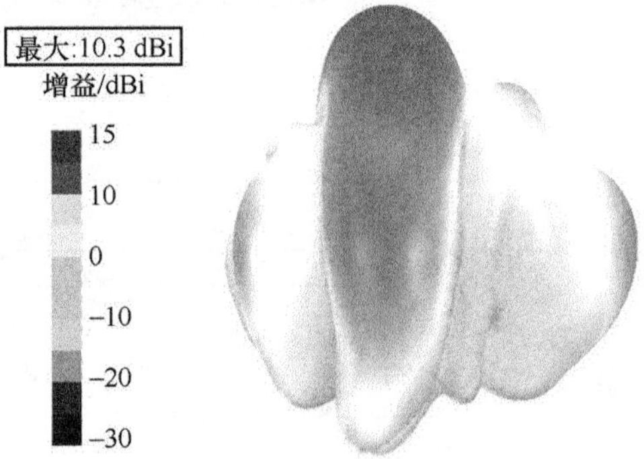

(b) 中心阵列3D方向图

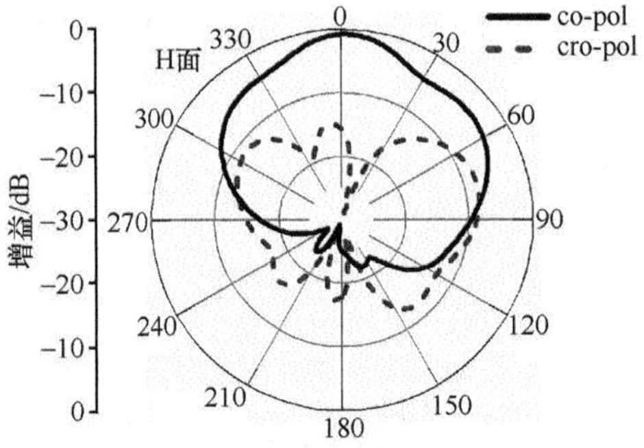

(c) 边缘阵列H面辐射方向图

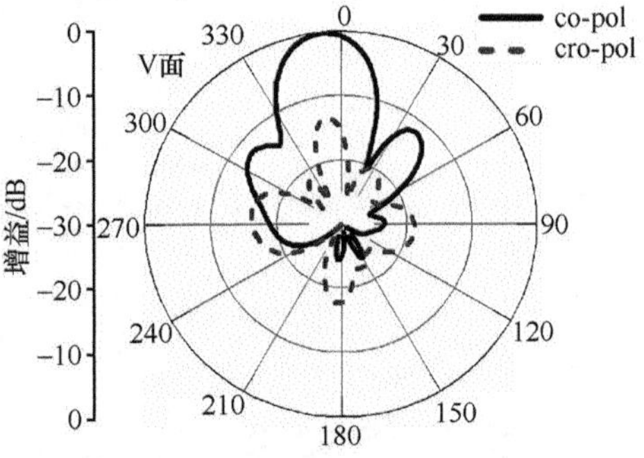

(d) 边缘阵列V面辐射方向图

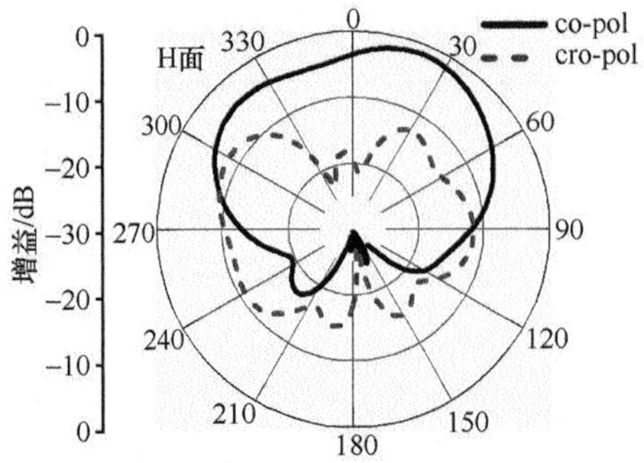

(e) 中心阵列H面辐射方向图

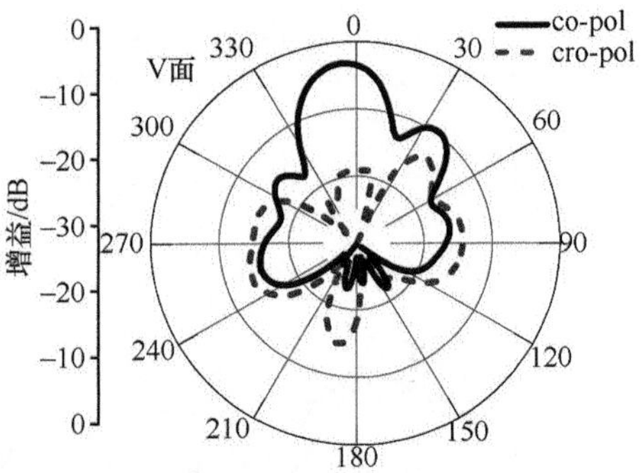

(f) 中心阵列V面辐射方向图

图 3-77　Rx 边缘阵列和中心阵列的辐射参数

3.6　本章小结

本章全面地回顾了超材料的技术背景和国内外研究现状，并且对超材料在天线技术上的应用进行了系统的总结和全面的归纳整理。之后，系统地介绍了电磁超材料的特性与分析试验方法的基本理论。介绍超材料的负介电常数和负磁导率特性，以及由此产生的一些物理现象。分析电磁超材料的数值计算模型及参数提取方法，并推导相应公式。引入了人工介质和人工介质层的基本概念和分析方法，并利用 ADL 的覆层去耦合技术，在一款紧凑型 MIMO 天线阵列上面进行了验证。设计了小型化天线单元和功分网络，介绍了 ADL 去耦合原理及实现方法，通过加载离散隔板同时在天线上方引入 ADL 覆层，提高端口隔离度，得到具有较好性能的 6×6 MIMO 阵列，通过加工与实测，表明该结构与仿真结构基本吻合，为 ADL 在大规模天线阵列的小型化、去耦合以及其他性能优化的领域发展，奠定了良好的基础。

参考文献

[1] VESELAGO V G. The electrodynamics of substances with simultaneously negative values of of μ and ε[J]. Soviet Physics Uspekhi, 1968, 10(4): 509-514

[2] PENDRY J B, HOLDEN A J, STEWART W J, et al. Extremely low frequency plasmons in metallic mesostructures[J]. Physical Review Letters, 1996, 76(25): 4773-4776.

[3] PENDRY J B, HOLDEN A J, ROBBINS D J, et al. Magnetism from conductors and enhanced nonlinear phenomena[J]. IEEE Transactions on Microwave Theory and Techniques, 1999, 47(11): 2075-2084.

[4] SMITH D R, PADILLA W J, VIER D C, et al. Composite medium with simultaneously negative permeability and permittivity[J]. Physical Review Letters, 2000, 84(18): 4184-4187.

[5] CALOZ C, ITOH T. Electromagnetic metamaterials: transmission line theory and microwave applications[M]. Hoboken: John Wiley & Sons, Inc., 2005.

[6] CUI T J, SMITH D R, LIU R P. Metamaterials: theory, design, and applications[EB]. 2010.

[7] YABLONOVITCH E. Inhibited spontaneous emission in solid-state physics and electronics[J]. Physical Review Letters, 1987, 58(20): 2059-2062.

[8] SIEVENPIPER D. High-impedance electromagnetic surfaces[D]. California: University of California, 1999.

[9] YANG F, RAHMAT-SAMII Y. Electromagnetic band gap structures in antenna engineering[M]. Cambridge: Cambridge University Press, 2009.

[10] BARACCO J M, PAQUAY M, DE MAAGT P. An electromagnetic bandgap curl antenna for phased array applications[J]. IEEE Transactions on Antennas and Propagation, 2005, 53(1): 173-180.
[11] LIN B Q, YE X Y, CAO X Y, et al. Uniplanar EBG structure with improved compact and wide-band characteristics[J]. Electronics Letters, 2008, 44(23).
[12] CAMINITA F, COSTANZO S, DI MASSA G, et al. Reduction of patch antenna coupling by using a compact EBG formed by shorted strips with interlocked branch-stubs[J]. IEEE Antennas and Wireless Propagation Letters, 2009, 8: 811-814.
[13] ZHELUDEV N I. The road ahead for metamaterials[J]. Science, 2010, 328: 582-583.
[14] WANG B N, ZHOU J F, KOSCHNY T, et al. Nonplanar chiral metamaterials with negative index[J]. Applied Physics Letters, 2009, 94(15).
[15] KIM S H, HASHI S, ISHIYAMA K. A basic study of a triangular magnet chain for locomotion control[J]. Journal of Applied Physics, 2011, 109(7).
[16] BASILIO L I, WARNE L K, LANGSTON W L, et al. Microwave-frequency, negative-index metamaterial designs based on degenerate dielectric resonators[J]. IEEE Antennas and Wireless Propagation Letters, 2012, 11: 113-116.
[17] ZEDLER M, ELEFTHERIADES G V. Anisotropic transmission-line metamaterials for 2-D transformation optics applications[J]. Proceedings of the IEEE, 2011, 99(10): 1634-1645.
[18] LOVAT G, BURGHIGNOLI P, CAPOLINO F, et al. Combinations of low/high permittivity and/or permeability substrates for highly directive planar metamaterial antennas[J]. IET Microwaves, Antennas & Propagation, 2007, 1(1).
[19] POUTRINA E, HUANG D, URZHUMOV Y, et al. Nonlinear oscillator metamaterial model: numerical and experimental verification[J]. Optics Express, 2011, 19(9): 8312-8319.
[20] TAO H, KADLEC E A, STRIKWERDA A C, et al. Microwave and terahertz wave sensing with metamaterials[J]. Optics Express, 2011, 19(22): 21620-21626.
[21] HUANG M, YANG J, JUN S, et al. Simulation and analysis of a metamaterial sensor based on a microring resonator[J]. Sensors (Basel, Switzerland), 2011, 11(6): 5886-5899.
[22] CHEN T, LI S Y, SUN H. Metamaterials application in sensing[J]. Sensors, 2012, 12(3): 2742-2765.
[23] ZHU B, FENG Y J, ZHAO J M, et al. Switchable metamaterial reflector/absorber for different polarized electromagnetic waves[J]. Applied Physics Letters, 2010, 97(5).
[24] LI W, LIU Z, ZHANG X G, et al. Switchable hyperbolic metamaterials with magnetic control[J]. Applied Physics Letters, 2012, 100(16).
[25] QUACH J Q, SU C H, MARTIN A M, et al. Reconfigurable quantum metamaterials[J]. Optics Express, 2011, 19(12): 11018-11033.
[26] TAVALLAEE A A, HON P W C, CHEN Q S, et al. Active terahertz quantum-cascade composite right/left-handed metamaterial[J]. Applied Physics Letters, 2013, 102(2).
[27] ENGHETA N, ZIOLKOWSKI R W. Metamaterials[M]. Hoboken: John Wiley & Sons, Inc., 2006.

[28] VALENTINE J, ZHANG S, ZENTGRAF T, et al. Three-dimensional optical metamaterial with a negative refractive index[J]. Nature, 2008, 455: 376-379.

[29] CHOI M, LEE S H, KIM Y, et al. A terahertz metamaterial with unnaturally high refractive index[J]. Nature, 2011, 470: 369-373.

[30] KRISHNAMOORTHY H N S, JACOB Z, NARIMANOV E, et al. Topological transitions in metamaterials[J]. Science, 2012, 336: 205-209.

[31] 汤世伟，朱卫仁，赵晓鹏. 光波段多频负折射率超材料[J]. 物理学报，2009，58(5): 3220-3223.

[32] 王甲富，屈绍波，徐卓，等. 基于双环开口谐振环对的平面周期结构左手超材料[J]. 物理学报, 2009, 58(5): 3224-3229.

[33] PENDRY J B, SCHURIG D, SMITH D R. Controlling electromagnetic fields[J]. Science, 2006, 312: 1780-1782.

[34] LIU R, JI C, MOCK J J, et al. Broadband ground-plane cloak[J]. Science, 2009, 323: 366-369.

[35] MA H F, CUI T J. Three-dimensional broadband ground-plane cloak made of metamaterials[J]. Nature Communications, 2010, 1.

[36] CHENG Q, CUI T J, JIANG W X, et al. An electromagnetic black hole made of metamaterials[Z]. arXiv preprint arXiv:0910.2159, 2009.

[37] KUESTER E F, MOHAMED M A, PIKET-MAY M, et al. Averaged transition conditions for electromagnetic fields at a metafilm[J]. IEEE Transactions on Antennas and Propagation, 2003, 51(10): 2641-2651.

[38] YU N F, GENEVET P, KATS M A, et al. Light propagation with phase discontinuities: generalized laws of reflection and refraction[J]. Science, 2011, 334: 333-337.

[39] CALOZ C, ITOH T. Application of the transmission line theory of left-handed (LH) materials to the realization of a microstrip "LH line" [C]//Proceedings of IEEE Antennas and Propagation Society International Symposium (IEEE Cat. No.02CH37313). Piscataway: IEEE Press, 2002: 412-415.

[40] MACI S, MINATTI G, CASALETTI M, et al. Metasurfing: addressing waves on impenetrable metasurfaces[J]. IEEE Antennas and Wireless Propagation Letters, 2011, 10: 1499-1502.

[41] MINATTI G, MACI S, DE VITA P, et al. A circularly-polarized isoflux antenna based on anisotropic metasurface[J]. IEEE Transactions on Antennas and Propagation, 2012, 60(11): 4998-5009.

[42] MINATTI G, SABBADINI M, MACI S. Surface to leaky wave transformation in polarized metasurfaces[C]//Proceedings of 2013 International Symposium on Electromagnetic Theory. Piscataway: IEEE Press, 2013: 298-301.

[43] MARTINI E, MACI S. Metasurface transformation theory[M]. London: Springer London, 2013: 83-116.

[44] MINATTI G, FAENZI M, MARTINI E, et al. Modulated metasurface antennas for space: synthesis, analysis and realizations[J]. IEEE Transactions on Antennas and Propagation, 2015, 63(4): 1288-1300.

[45] FAENZI M, CAMINITA F, MARTINI E, et al. Realization and measurement of broadside beam modulated metasurface antennas[J]. IEEE Antennas and Wireless Propagation Letters, 2016, 15: 610-613.

[46] DONG Y D, TOYAO H, ITOH T. Compact circularly-polarized patch antenna loaded with metamaterial structures[J]. IEEE Transactions on Antennas and Propagation, 2011, 59(11): 4329-4333.

[47] LEE H, WOO D J, NAM S. Compact and bandwidth-enhanced asymmetric coplanar waveguide (ACPW) antenna using CRLH-TL and modified ground plane[J]. IEEE Antennas and Wireless Propagation Letters, 2016, 15: 810-813.

[48] LAI A, ITOH T, CALOZ C. Composite right/left-handed transmission line metamaterials[J]. IEEE Microwave Magazine, 2004, 5(3): 34-50.

[49] ISLAM M T, ISLAM M M, SAMSUZZAMAN M, et al. A negative index metamaterial-inspired UWB antenna with an integration of complementary SRR and CLS unit cells for microwave imaging sensor applications[J]. Sensors (Basel, Switzerland), 2015, 15(5): 11601-11627.

[50] GUPTA A, KUMAR CHAUDHARY R. A compact dual band short ended metamaterial antenna with extended bandwidth[J]. International Journal of RF and Microwave Computer-Aided Engineering, 2016, 26(5): 435-441.

[51] IMACULATE ROSALINE S, RAGHAVAN S. Metamaterial inspired monopole antenna for WLAN/WiMAX applications[J]. Microwave and Optical Technology Letters, 2016, 58(4): 936-939.

[52] OUEDRAOGO R O, ROTHWELL E J, DIAZ A R, et al. Miniaturization of patch antennas using a metamaterial-inspired technique[J]. IEEE Transactions on Antennas and Propagation, 2012, 60(5): 2175-2182.

[53] YANG F, RAHMAT-SAMII Y. Reflection phase characterizations of the EBG ground plane for low profile wire antenna applications[J]. IEEE Transactions on Antennas and Propagation, 2003, 51(10): 2691-2703.

[54] FERESIDIS A P, GOUSSETIS G, WANG S H, et al. Artificial magnetic conductor surfaces and their application to low-profile high-gain planar antennas[J]. IEEE Transactions on Antennas and Propagation, 2005, 53(1): 209-215.

[55] ZHAI H Q, XI L, ZANG Y P, et al. A low-profile dual-polarized high-isolation MIMO antenna arrays for wideband base-station applications[J]. IEEE Transactions on Antennas and Propagation, 2018, 66(1): 191-202.

[56] WU Z H, ZHANG W X. Broadband printed compound air-fed array antennas[J]. IEEE Antennas and Wireless Propagation Letters, 2010, 9: 187-190.

[57] YANG F, RAHMAT-SAMII Y. Microstrip antennas integrated with electromagnetic band-gap (EBG) structures: a low mutual coupling design for array applications[J]. IEEE Transactions on Antennas and Propagation, 2003, 51(10): 2936-2946.

[58] AL-HASAN M J, DENIDNI T A, SEBAK A R. Millimeter-wave compact EBG structure for mutual coupling reduction applications[J]. IEEE Transactions on Antennas and Propagation,

2015, 63(2): 823-828.

[59] LEE J Y, KIM S H, JANG J H. Reduction of mutual coupling in planar multiple antenna by using 1-D EBG and SRR structures[J]. IEEE Transactions on Antennas and Propagation, 2015, 63(9): 4194-4198.

[60] SHEN X M, LIU Y J, ZHAO L Y, et al. A miniaturized microstrip antenna array at 5G millimeter-wave band[J]. IEEE Antennas and Wireless Propagation Letters, 2019, 18(8): 1671-1675.

[61] PAN B C, CUI T J. Broadband decoupling network for dual-band microstrip patch antennas[J]. IEEE Transactions on Antennas and Propagation, 2017, 65(10): 5595-5598.

[62] TANG M C, CHEN Z Y, WANG H, et al. Mutual coupling reduction using meta-structures for wideband, dual-polarized, and high-density patch arrays[J]. IEEE Transactions on Antennas and Propagation, 2017, 65(8): 3986-3998.

[63] FARAHANI M, POURAHMADAZAR J, AKBARI M, et al. Mutual coupling reduction in millimeter-wave MIMO antenna array using a metamaterial polarization-rotator wall[J]. IEEE Antennas and Wireless Propagation Letters, 2017, 16: 2324-2327.

[64] ZHU Y F, CHEN Y K, YANG S W. Decoupling and low-profile design of dual-band dual-polarized base station antennas using frequency-selective surface[J]. IEEE Transactions on Antennas and Propagation, 2019, 67(8): 5272-5281.

[65] WANG Z Y, ZHAO L Y, CAI Y M, et al. A meta-surface antenna array decoupling (MAAD) method for mutual coupling reduction in a MIMO antenna system[J]. Scientific Reports, 2018, 8.

[66] AKBARI M, ABO GHALYON H, FARAHANI M, et al. Spatially decoupling of CP antennas based on FSS for 30-GHz MIMO systems[J]. IEEE Access, 2017, 5: 6527-6537.

[67] LIU F, GUO J Y, ZHAO L Y, et al. A meta-surface decoupling method for two linear polarized antenna array in sub-6 GHz base station applications[J]. IEEE Access, 2019, 7: 2759-2768.

[68] BERNETY H M, YAKOVLEV A B. Reduction of mutual coupling between neighboring strip dipole antennas using confocal elliptical metasurface cloaks[J]. IEEE Transactions on Antennas and Propagation, 2015, 63(4): 1554-1563.

[69] LI M, XIAO S Q, WANG B Z. Investigation of using high impedance surfaces for wide-angle scanning arrays[J]. IEEE Transactions on Antennas and Propagation, 2015, 63(7): 2895-2901.

[70] LIU Y, LI K, JIA Y T, et al. Wideband RCS reduction of a slot array antenna using polarization conversion metasurfaces[J]. IEEE Transactions on Antennas and Propagation, 2016, 64(1): 326-331.

[71] SHEN N H, KOSCHNY T, KAFESAKI M, et al. Optical metamaterials with different metals[J]. Physical Review B, 2012, 85(7).

[72] SHIRE E S. Classical electrodynamics[J]. Physics Bulletin, 1963, 14(9): 253-258.

[73] CHERENKOV P A. Visible emission of clean liquids by action of γ radiation[J]. Doklady Akademii Nauk SSSR, 1934, 2: 451-454.

[74] FRANK I M. Coherent radiation of the fast electron in medium[EB]. 1971.

[75] PENDRY J. Negative refraction makes a perfect lens[J]. Physical Review Letters, 2000, 85(18): 3966-3969.

[76] FANG N, LEE H, SUN C, et al. Sub Diffraction-limited optical imaging with a silver superlens[J]. Science, 2005, 308(5721): 534-537.

[77] GOOS F, HÄNCHEN H. Ein neuer und fundamentaler Versuch zur Totalreflexion[J]. Annalen Der Physik, 1947, 436(7): 333-346.

[78] LUBKOWSKI G, BANDLOW B, SCHUHMANN R, et al. Effective modeling of double negative metamaterial macrostructures[J]. IEEE Transactions on Microwave Theory and Techniques, 2009, 57(5): 1136-1146.

[79] SIMOVSKI C R. On electromagnetic characterization and homogenization of nanostructured metamaterials[J]. Journal of Optics, 2011, 13(1).

[80] MOSS C D, GRZEGORCZYK T M, ZHANG Y, et al. Numerical studies of left handed metamaterials[J]. Progress in Electromagnetics Research, 2002, 35: 315-334.

[81] ZIOLKOWSKI R W, HEYMAN E. Wave propagation in media having negative permittivity and permeability[J]. Physical Review E, 2001, 64(5).

[82] MARKOŠ P, ROUSOCHATZAKIS I, SOUKOULIS C M. Transmission losses in left-handed materials[J]. Physical Review E, 2002, 66(4).

[83] SMITH D R, SCHULTZ S, MARKOS P, et al. Determination of effective permittivity and permeability of metamaterials from reflection and transmission coefficients[EB]. 2001.

[84] SMITH D R, VIER D C, KOSCHNY T, et al. Electromagnetic parameter retrieval from inhomogeneous metamaterials[J]. Physical Review E, 2005, 71(3).

[85] CHEN X D, GRZEGORCZYK T M, WU B I, et al. Robust method to retrieve the constitutive effective parameters of metamaterials[J]. Physical Review E, Statistical, Nonlinear, and Soft Matter Physics, 2004, 70(1).

[86] MAJID H A, RAHIM M K A, MASRI T. Microstrip antenna's gain enhancement using left-handed metamaterial structure[J]. Progress in Electromagnetics Research M, 2009, 8: 235-247.

[87] KOCK W E. Metallic delay lenses[J]. Bell System Technical Journal, 1948, 27(1): 58-82.

[88] SYED W H, NETO A. Front-to-back ratio enhancement of planar printed antennas by means of artificial dielectric layers[J]. IEEE Transactions on Antennas and Propagation, 2013, 61(11): 5408-5416.

[89] COLLIN R E, CHANG H. Field theory of guided waves[J]. Physics Today, 1961, 14(9): 50-51.

[90] ALBANI M, CAPOLINO F. Wave dynamics by a plane wave on a half-space metamaterial made of plasmonic nanospheres: a discrete Wiener–Hopf formulation[J]. Journal of the Optical Society of America B, 2011, 28(9): :2174-2185.

[91] SYED W H, NETO A. Near field excitation of artificial dielectric layers: field distributions and electrical properties[C]//Proceedings of 2012 6th European Conference on Antennas and Propagation (EUCAP). Piscataway: IEEE Press, 2012.

[92] SYED W H, NETO A. Artificial dielectric layers for the performance enhancement of slot antennas on a dielectric lens[C]//Proceedings of the 2012 IEEE International Symposium on Antennas and Propagation. Piscataway: IEEE Press, 2012.

[93] CAVALLO D, SYED W, NETO A. Closed-form analysis of the decoupling properties of artificial dielectric layers[C]//Proceedings of 2014 IEEE Antennas and Propagation Society International Symposium (APSURSI). Piscataway: IEEE Press, 2014.
[94] LIU Y, YI H, WANG F W, et al. A novel miniaturized broadband dual-polarized dipole antenna for base station[J]. IEEE Antennas and Wireless Propagation Letters, 2013, 12: 1335-1338.
[95] YANG W J, PAN Y M. A wideband dual-polarized dipole antenna with folded metallic plates[J]. IEEE Antennas and Wireless Propagation Letters, 2018, 17(10): 1797-1801.
[96] CUI Y H, WU L J, LI R L. Bandwidth enhancement of a broadband dual-polarized antenna for 2G/3G/4G and IMT base stations[J]. IEEE Transactions on Antennas and Propagation, 2018, 66(12): 7368-7373.
[97] LEE H, LEE B. Compact broadband dual-polarized antenna for indoor MIMO wireless communication systems[J]. IEEE Transactions on Antennas and Propagation, 2016, 64(2): 766-770.
[98] LIANG Z X, LU C M, LI Y X, et al. A broadband dual-polarized antenna with front-to-back ratio enhancement using semicylindrical sidewalls[J]. IEEE Transactions on Antennas and Propagation, 2018, 66(7): 3735-3740.
[99] LIU Y, WANG S H, LI N, et al. A compact dual-band dual-polarized antenna with filtering structures for sub-6 GHz base station applications[J]. IEEE Antennas and Wireless Propagation Letters, 2018, 17(10): 1764-1768.
[100]WONG S W, HUANG Q K, SUN G H, et al. Multiple-mode wideband dual-polarized antenna for long term evolution (LTE) application[J]. IEEE Antennas and Wireless Propagation Letters, 2016, 15: 203-206.
[101]CUI Y H, LI R L, FU H Z. A broadband dual-polarized planar antenna for 2G/3G/LTE base stations[J]. IEEE Transactions on Antennas and Propagation, 2014, 62(9): 4836-4840.
[102]CHU Q X, WEN D L, LUO Y. A broadband ±45° dual-polarized antenna with Y-shaped feeding lines[J]. IEEE Transactions on Antennas and Propagation, 2015, 63(2): 483-490.
[103]WU J J, YU W, CHEN J. A broadband dual-polarized arm-overlapped dipole antenna for base station applications[J]. Progress in Electromagnetics Research C, 2019, 89: 51-59.
[104]HUANG H, LIU Y, GONG S X. A broadband dual-polarized base station antenna with sturdy construction[J]. IEEE Antennas and Wireless Propagation Letters, 2017, 16: 665-668.
[105]HUANG H, LIU Y, GONG S X. A broadband dual-polarized base station antenna with anti-interference capability[J]. IEEE Antennas and Wireless Propagation Letters, 2017, 16: 613-616.
[106]GOU Y S, YANG S W, LI J X, et al. A compact dual-polarized printed dipole antenna with high isolation for wideband base station applications[J]. IEEE Transactions on Antennas and Propagation, 2014, 62(8): 4392-4395.
[107]ZHENG D Z, CHU Q X. A multimode wideband ± 45° dual-polarized antenna with embedded loops[J]. IEEE Antennas and Wireless Propagation Letters, 2017, 16: 633-636.

第 4 章 人工电磁透镜天线

透镜天线这一概念很早就被提出了，其设计思路来源于光学透镜，光学透镜更是被广泛应用在光学元件之中。早期应用于通信与雷达的透镜天线工作频率较低、体积大、损耗高。现在的通信频段极大扩展，进入毫米波频段，为了解决微波毫米波高定向性天线和波束扫描高增益天线设计的挑战，透镜理论被用于天线的设计。工作于高频段的透镜体积减小、加工方便，因此透镜天线的优势又体现了出来。

最早出现的电磁透镜天线采用介质型天线。这是因为天然介质取材广泛、加工方便，介质对于电磁波的相位具有很好的调控能力。随着新型加工技术、人工电磁媒质理论和电磁超表面的发展，人工材料电磁透镜超越传统介质透镜天线的优越性引起业界广泛关注，特别是其介电常数乃至频率色散的可调控特性，使得其在透镜天线上的应用更为灵活便捷。因此，人工电磁透镜获得了新的发展和应用契机。

本章将从透镜天线的类型与基本原理出发，探讨透镜天线的设计和分析方法，以及新型人工电磁透镜的技术演进。

4.1 透镜天线类型与基本原理

透镜天线利用电磁透镜对馈源发射的球面电磁波进行汇聚，从而实现高增益定向辐射。在卫星通信、移动通信、微波中继通信、遥测系统、雷达系统、电子对抗系统等领域，高增益天线具有广泛的应用，举例如下。

（1）远程和短程无线通信网络中的点对点链路，需要非常高的传输容量。目前，这些市场覆盖的频段范围很广，从 20 GHz 到 100 GHz 不等，另有 100 GHz 以上的频段正在积极探索中。典型的增益水平为 30～50 dBi。

（2）5G 移动网络中的基站提供毫米波移动接入。这些系统需要紧凑且经济高效的基站天线，具有广角扇区的波束转向能力、多波束或波束形成能力以及 20～30 dBi 范围内的增益水平。

（3）Ku-Ka 频段的卫星通信，特别是在移动终端（车辆）或便携式终端，需要轻型、紧凑和低成本的结构。

（4）汽车雷达。如今，各种短程或远程雷达为现代车辆配备了安全（防撞）、舒适（自动巡航）或自动驾驶装置。增益范围为 10～40 dBi，根据应用情况，需要宽波束或窄波束扫描功能。

（5）成像和安全应用，毫米波频段的使用在成像（公共交通中的安检）、监视（雷达）和工业控制中越来越流行。

（6）新型雷达应用，特别是机载、星载等载荷受限平台，亟须功耗低、结构紧凑、低成本的快速波束扫描天线。

透镜天线的形式多种多样，包括基于电磁媒质的球面透镜和平面透镜天线，以及基于相移表面的平面或共形透镜天线。下面将分别介绍几种透镜天线。

4.1.1 均匀媒质透镜天线

基于均匀媒质的透镜天线类似于光学透镜，几何光学的射线分析非常适用于原理分析与设计。以图 4-1 的均匀介质曲面–平面透镜为例，给出分析方法。馈源天线发射的球面电磁波，通过透镜后将转变为等相位的平面电磁波。因此，图 4-1 中 OA_1A_2 的电长度应该等于 OB_1B_2 的电长度。若透镜周围均为空气媒质或真空媒质，则有

$$k_0 R = k_0 F + k_{\rm d}(R\cos\theta - F) \tag{4-1}$$

其中，k_0 为真空中的波数，$k_0 = \dfrac{2\pi}{\lambda_0}$；$k_{\rm d}$ 为介质中的波数，$k_{\rm d} = \dfrac{2\pi}{\lambda_{\rm d}}$；$F$ 为透镜的焦距，R 为焦点 O 到曲面的距离；令 $n = \dfrac{k_{\rm d}}{k_0}$，可以解出 R 为

$$R = \frac{(n-1)F}{n\cos\theta - 1} \tag{4-2}$$

图 4-1 中，D 为透镜的直径，n 为折射率。式（4-2）表明透镜天线的外形与介质材料的折射率 n 及焦距 F 相关。若 n 不随频率变化，则透镜轮廓固定，换句话说这样轮廓的球面透镜天线对于频率不敏感。

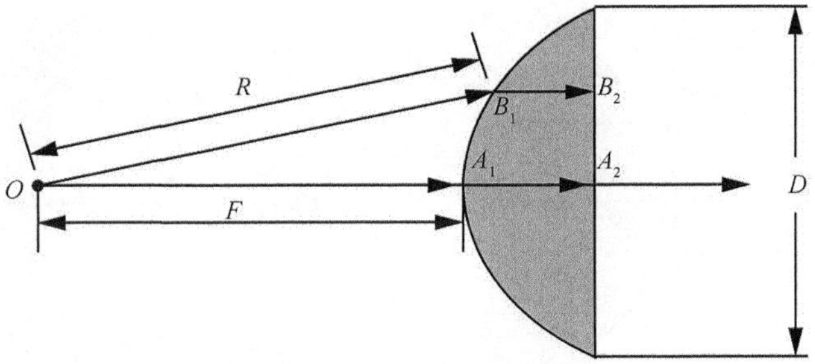

图 4-1　曲面–平面介质透镜

图 4-2 给出了不同折射率时透镜的曲面轮廓线（n=0.2，0.5，1.5，2），从图中可以看出，对于相同焦距和直径的透镜天线，n 大于 1 时为凸透镜，n 取值越大，透镜天线的厚度越小；n 小于 1 时为凹透镜，n 取值越小，透镜天线的厚度越小。根据媒质不同可以分为两种：加速透镜及减速透镜。加速透镜通过透镜媒质使电磁波加速通过透镜材料，减速透镜与之相反，通过透镜媒质对电磁波减速。在常规介质中，波会受到时延作用，因此对于常规介质材料，折射率总是大于 1，常规的介质透镜均为减速透镜。电磁波在 E 面金属板中传播 $\mathrm{TM_{01}}$ 波，会被加速，因此 E 面金属板透镜为加速透镜。具有负折射率的人工电磁材料也可以用来设计加速透镜[1]。

图 4-3 给出了 3 种最常见的均匀介质透镜外形。其中第一种和第二种只有一个折射面，另一面为垂直入射。第一种透镜在靠近馈源的界面发生折射；第二种透镜朝向馈源侧为一个圆球面，在远离馈源处发生折射。第一种透镜的轮廓方程前面已经推导过。第二种透镜的轮廓方程可以通过极坐标方程描述

$$R = \frac{(n-1)F}{\cos\theta + n}$$

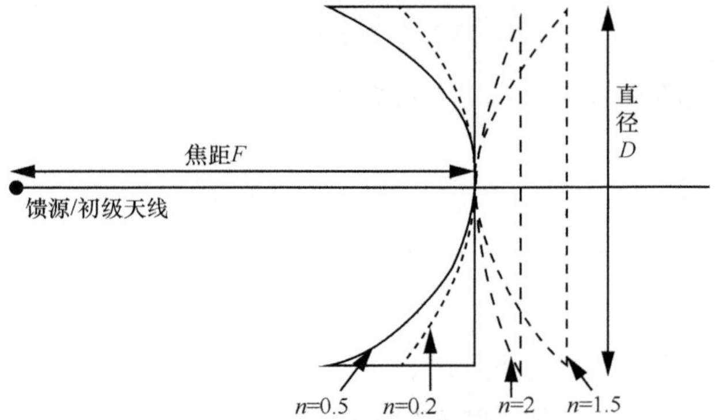

图 4-2　不同折射率的曲面轮廓线

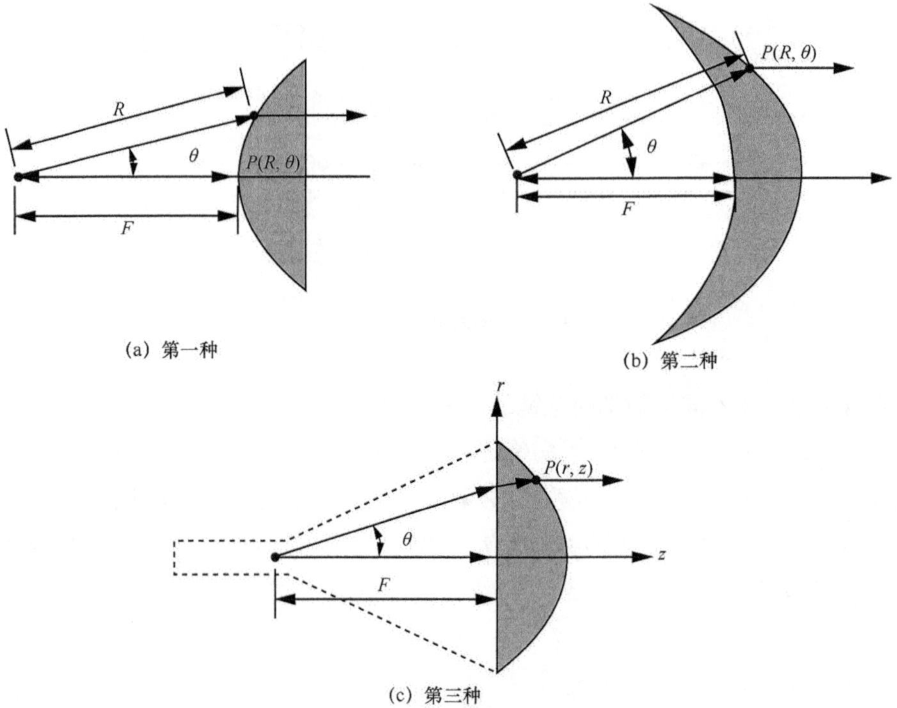

图 4-3　均匀介质透镜外形

第三种透镜朝向馈源侧为平面，远离馈源处为曲面，具有两个折射面。这样的透镜更广泛地用于高增益介质透镜喇叭天线。将透镜天线安装在喇叭天线的开口处，用于提高喇叭天线的增益。对于第三种透镜，其曲面轮廓线更方便采用柱面坐标进行描述。对于曲面上任意一点 P 的柱面左边，r、z 均是角度 θ 的函数。因此采用柱面坐标描述的轮廓方程为

$$\begin{cases} r = \dfrac{(n-1)T + (n^2-1)F\sec\theta - FS\tan\theta}{\dfrac{n^2}{\sin\theta} - S} \\ z = (r - F\tan\theta)S \end{cases} \tag{4-3}$$

其中

$$S = \sqrt{\left(\frac{n}{\sin\theta}\right)^2 - 1} \tag{4-4}$$

从图 4-2 和图 4-3 可以看出，透镜天线的厚度与口面大小相关。口面越大，透镜天线的厚度越大。为了结构紧凑和降低重量，降低透镜天线的厚度通常可以周期性地移除一定厚度的介质区域。采用这样的方法设计的透镜天线称为分区透镜。

对于图 4-3 中的第一种透镜，其分区透镜的轮廓满足

$$k_0 R = k_0 F + k_{\rm d}(R\cos\theta - F) - 2K\pi，K = 0, \pm1, \pm2\cdots \tag{4-5}$$

可以解出透镜的轮廓满足

$$R = \frac{(n-1)F + K\lambda_0}{n\cos\theta - 1}，K = 0, \pm1, \pm2\cdots \tag{4-6}$$

对于折射率为 1.5 的介质，分区透镜的结构如图 4-4 所示。这里需要指出，分区透镜的分区方式与工作波长相关。在特定设计频率上，通过分区降低厚度并不会影响透镜的性能；然而在其他频率上，并不能满足式（4-5），从而导致透镜天线的性能下降。分区透镜的分区数目越多，其工作带宽越窄。因此，只要透镜天线的工作频段要求不宽，就可以通过分区的方法显著减小透镜天线的体积和减轻重量。

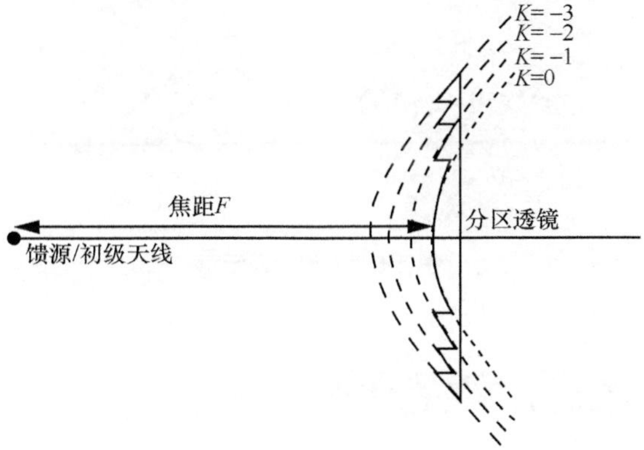

图 4-4　分区透镜的结构

除了采用均匀介质材料，还可以采用梯度折射率介质、分层折射率介质等方法设计介质透镜。其中龙伯透镜是一种典型代表，如图 4-5 所示。龙伯透镜是 1944 年提出的一种梯度折射率透镜。介电常数沿着径向变化，随着径向 r 的增大而减小，沿着切向均匀分布。其相对介电常数满足

$$\varepsilon(r)=2-\left(\frac{r}{R}\right)^2 \tag{4-7}$$

其中，R 为龙伯透镜的直径。龙伯透镜的焦点位于龙伯球表面上，可以将焦点处发射的球面电磁波转化为平面电磁波，反之可以将入射平面电磁波转变为球面电磁波，并汇聚于球体表面。由于龙伯透镜具有球面对称性，因此球面上的任意一点均为焦点，这是龙伯透镜的极大优势。只要控制初级馈源在球面上的位置，就可以改变透镜天线的波束指向，并且波束增益、副瓣等特性完全一致。由于龙伯透镜采用介质分布特性，其介电常数通常对于频率不敏感，因此龙伯透镜的工作带宽通常很宽。介电常数均匀渐变的龙伯透镜是很难加工制造的，通常采用分层结构降低加工制造成本。其分层方法包括等介电常数分层法[2]、等厚度分层法[3]、利用优化算法分层法[4]等。等介电常数分层法是将球壳的介电常数等数值变化，再根据每层的相对介电常数决定每层球壳的厚度。由于龙伯透镜中心节点常数变化缓慢，边缘变化剧烈，因此等介电常数分层的龙伯透镜外层球壳薄，内层球壳厚。等厚度分层法是按照半径等分球壳，每层球壳厚度一样，再根据分层数量确定相对介电常数。利用优化算法分层法是采用优化算法，根据能够提供的集中特定介电常数材料确定每层的最优球壳厚度，或者根据每层所需球壳厚度确定最优的介电常数。该方法相比等厚度分层法及等介电常数分层法更灵活。

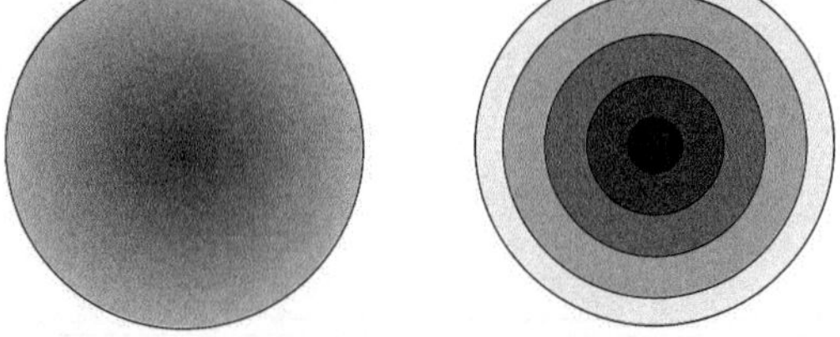

图 4-5　龙伯透镜示意

4.1.2　基于相移表面的平面透镜天线

基于相移表面的平面透镜天线通过频率选择表面、电磁超材料、天线阵等方式在

电磁界面上引入相位梯度，从而改变电磁波折射方向。其基础理论为广义折射定律或广义斯涅耳定理。

折射定律表明从介质 1 入射介质 2 的电磁波入射角与反射角相同，折射角与介质的折射率相关，满足

$$\begin{cases}\theta_\mathrm{i}=\theta_\mathrm{r}\\ \dfrac{\sin\theta_\mathrm{i}}{\sin\theta_\mathrm{t}}=\dfrac{n_2}{n_1}\end{cases} \tag{4-8}$$

折射定律表明，反射波和折射波的传播方向仅由入射波方向和介质特性决定，如图 4-6 所示。已知入射波和折射波传播方向可以推算出介质折射率，这也是介质透镜的设计基础原理。而广义折射定律是折射定律的一种推广，广义折射定律指出，入射角与折射角之间的关系，不仅与两种介质的折射率相关，还与介质分界面处的相位突变有关。引入相位突变，改变了界面处的相位关系，从而改变了折射方向。我们可以通过费马原理重新推导折射定律：考虑一束平面波以入射角 θ_i 入射。如图 4-7 所示，假设这两条光路从 A 点出发经过 B 点，那么它们之间的相位差为 0，可以通过式（4-9）表示

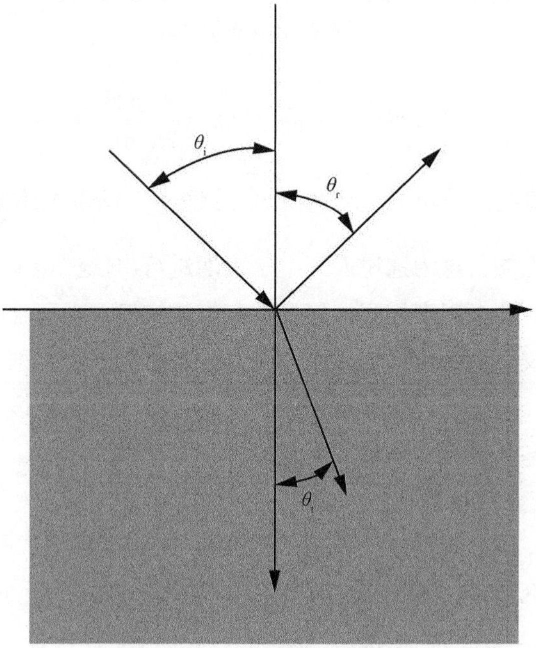

图 4-6　斜入射电磁波的反射与折射

$$\left(k_0 n_{\mathrm{i}} \sin(\theta_{\mathrm{i}})\mathrm{d}x + (\Phi + \mathrm{d}\Phi)\right) - \left(k_0 n_{\mathrm{t}} \sin(\theta_{\mathrm{t}})\mathrm{d}x + \Phi\right) = 0 \tag{4-9}$$

其中，θ_{i}和θ_{t}分别是入射角和折射角；Φ 和 $\Phi+\mathrm{d}\Phi$ 分别是两条不同路径在介质分界面处的相位突变；dx 是两条不同路径之间的距离；n_{i}和 n_{t}分别是两种介质的折射率；λ_0是真空波长。如果沿界面的相位梯度为常数，则式（4-9）将推导出广义折射定律

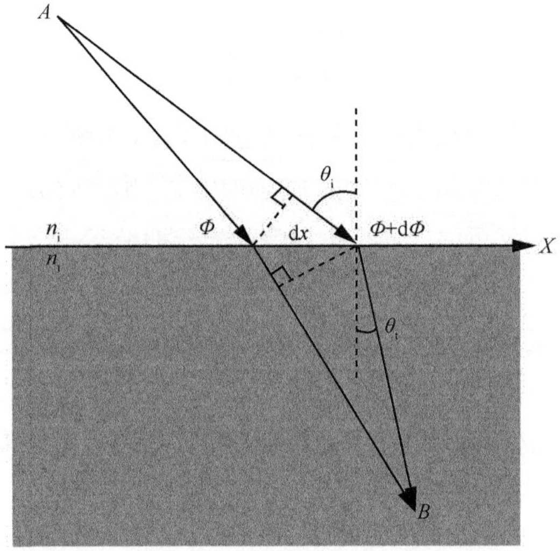

图 4-7　广义折射光路

$$\sin(\theta_{\mathrm{t}})n_2 - \sin(\theta_{\mathrm{i}})n_1 = \frac{\lambda_0}{2\pi}\frac{\mathrm{d}\Phi}{\mathrm{d}x} \tag{4-10}$$

式（4-10）表明在入射角不变的情况下，只要引入不同相位梯度（$\frac{\mathrm{d}\Phi}{\mathrm{d}x}$），折射波束就可以有不同方向，这为通过人工电磁表面进行电磁波传播方向调控提供了理论基础。即使两种介质的折射率相同，只要存在相位梯度，即可控制折射电磁波。当相位梯度为 0 时，广义折射定律的表达式与折射定律相同，即折射定律是广义折射定义的一个特例。因此，只要合理地利用相位突变的分布，就可以设计具有平面结构的超薄电磁透镜，也就是基于相移表面的平面透镜。

典型相移表面透镜天线的结构及其坐标系如图 4-8 所示。对于相移表面上的一点 P，其坐标为（$x_{\mathrm{i}}, y_{\mathrm{i}}$），该点与馈电天线之间的距离是 R_{i}。若相移表面的移相为 $\Phi_{\mathrm{i}}(x_{\mathrm{i}}, y_{\mathrm{i}})$，那么透过相移表面之后的电磁波相位分布 $\varphi_{\mathrm{i}}(x_{\mathrm{i}}, y_{\mathrm{i}})$ 为

$$\varphi_{\mathrm{i}}(x_{\mathrm{i}}, y_{\mathrm{i}}) = \Phi_{\mathrm{i}}\left(x_{\mathrm{i}}, y_{\mathrm{i}}\right) - R_{\mathrm{i}}k_0 + \Phi_{\mathrm{FS}}\left(\theta_{\mathrm{i}}, \varphi_{\mathrm{i}}\right) + \varphi_0 \tag{4-11}$$

其中，k_0 为自由空间波数，$\Phi_{\mathrm{FS}}(\theta_{\mathrm{i}}, \varphi_{\mathrm{i}})$ 为馈源在 P 点方向的辐射电磁波相位，若馈源的

相位方向图稳定，则 $\Phi_{FS}(\theta_i,\varphi_i)$ 与方向无关，通常为一个常数。假设馈源所在坐标为（x_f,y_f,z_f），则 R_i 可以写为

$$R_i=\sqrt{(x_i-x_f)^2+(y_i-y_f)^2+(z_i-z_f)^2} \tag{4-12}$$

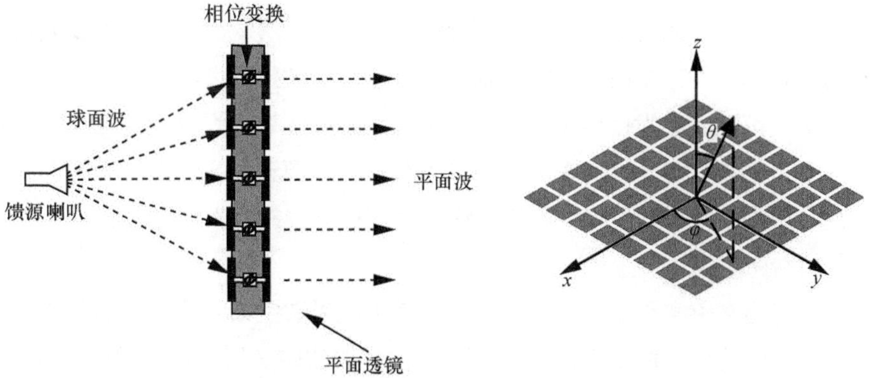

图 4-8　典型相移表面透镜天线的结构及其坐标系

另一方面，当阵列的波束指向为（θ_b,φ_b）时，其口面相位分布可以表示为

$$\varphi_i(x_i,y_i)=-k_0\sin(\theta_b)\cdot(x_i\cos\theta_b+y_i\sin\varphi_b)+\varphi_0 \tag{4-13}$$

通过式（4-5）和式（4-7）联立，很容易解出所需移相为

$$\Phi_i(x_i,y_i)=-k_0\sin(\theta_b)\cdot(x_i\cos\theta_b+y_i\sin\varphi_b)-\varphi_0+R_ik_0-\Phi_{FS}(\theta_i,\varphi_i) \tag{4-14}$$

从式（4-14）可以看出，对于基于相移表面的透镜天线，其表面移相分布由波束指向（θ_b,φ_b）、馈源位置和工作频率这几个参数决定。

图 4-9 给出了工作频率为 8 GHz、10 GHz 和 12 GHz 时，焦距为 300 mm、口径大小为 300 mm×300 mm、波束指向偏移 30°的平面透镜相位分布图。从图 4-9 中可以看出，相位分布具有频率相关特性。

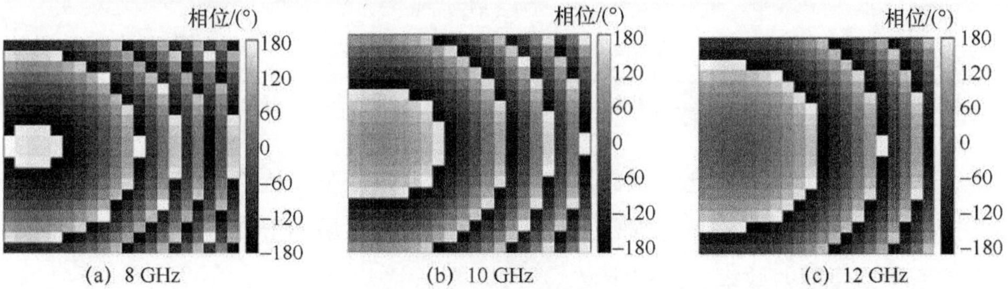

(a) 8 GHz　(b) 10 GHz　(c) 12 GHz

图 4-9　平面透镜相位分布图

4.1.3 透镜天线设计的关键因素

（1）馈源天线

馈源天线作为透镜的源天线或初级天线，用于照射透镜面。透镜天线通常位于主辐射方向的后部，不存在馈源遮挡问题。但是馈源的波束宽度与照射角度会决定透镜天线的效率，可以通过优化馈源来实现透镜天线的高效率和大增益。应选择具有低副瓣、低后瓣，工作带宽满足需求的单波束天线作为馈源天线。透镜天线的馈源可以是喇叭天线、微带贴片天线、对数周期天线、渐变槽天线或者天线阵。

（2）增益带宽

透镜天线通常由增益来定义其带宽。透镜天线采取空馈结构，其馈源的回波损耗与馈源天线的回波损耗相差不大。一般来说，透镜天线带宽指的是其增益带宽，有 1 dB 增益带宽与 3 dB 增益带宽等定义方式，即增益下降不超过 1 dB 或 3 dB 的频带范围

$$\mathrm{BW}_{1\,\mathrm{dB}} = \frac{f_{1\,\mathrm{dB上}} - f_{1\,\mathrm{dB下}}}{(f_{1\,\mathrm{dB上}} + f_{1\,\mathrm{dB下}})/2}$$

$$\mathrm{BW}_{3\,\mathrm{dB}} = \frac{f_{3\,\mathrm{dB上}} - f_{3\,\mathrm{dB下}}}{(f_{3\,\mathrm{dB上}} + f_{3\,\mathrm{dB下}})/2} \tag{4-15}$$

（3）焦距、直径、焦径比

透镜天线的焦距为馈源相位中心距离透镜的距离为 F；透镜的直径为 D_l。焦径比为焦距与直径的比值为 F/D_l，其是类比于抛物面天线的概念。在馈源天线与透镜结构一定的情况下，焦径比的选择决定了整体天线的增益。

（4）口面效率

口面效率是用来衡量透镜天线的一个重要指标。口面效率 η_a 为透镜的有效面积 A_e 与实际的物理面积 A_p 之比，即

$$\eta_a = \frac{A_e}{A_p} \tag{4-16}$$

$$A_e = \frac{D\lambda^2}{4\pi} \tag{4-17}$$

其中，D 为透镜天线的方向性系数，在相同的物理口径下，透镜天线的方向性系数越高，定向性越好，口面效率也越高，实际的口面效率总是小于 1。口面效率还可以由溢出效率和口径照射效率的乘积定义

$$\eta_a = \eta_s \eta_{\mathrm{taper}} \tag{4-18}$$

其中，η_s 表示溢出效率，即馈源照射到透镜上的功率与实际发射功率的比值，也就是透镜口面截获馈源发射功率的比值。其计算公式如下

$$\eta_s = \frac{\int_{\delta} \boldsymbol{P}(\boldsymbol{r}) \cdot \mathrm{d}\boldsymbol{s}}{\int_{\Sigma} \boldsymbol{P}(\boldsymbol{r}) \cdot \mathrm{d}\boldsymbol{s}} \tag{4-19}$$

式中的积分表示了波印廷矢量通过一个表面区域的通量。分母是整个球面∑进行积分，分子是球面的一部分 δ 进行积分，面 δ 为透镜面。

η_{taper} 表示了口径照射的效率，也称为渐削效率，其计算公式如下

$$\eta_{\text{taper}} = \frac{1}{A} \frac{\left| \int_A I(x,y) \mathrm{d}A \right|^2}{\int_A |I(x,y)|^2 \, \mathrm{d}A} \tag{4-20}$$

式中 $I(x,y)$ 表示口径面上的幅度分布。η_{taper} 表明由于照射口面场的幅度不等幅导致的方向性系数降低。

通常理想馈源的功率方向图函数可以简化为 $\cos^n\theta$，典型的 n 取值与方向性系数和半功率波瓣宽度的关系如图 4-10 所示。

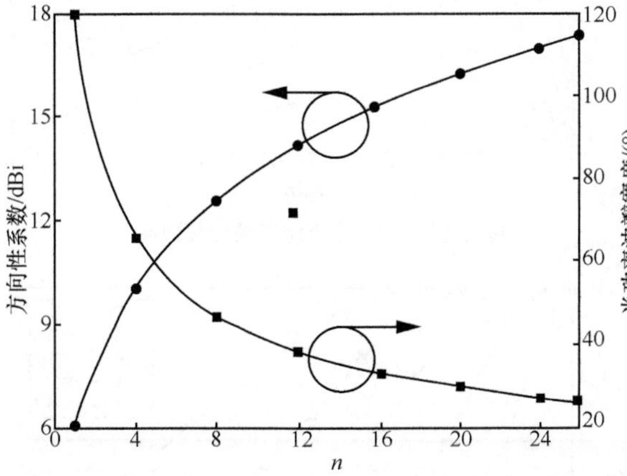

图 4-10　典型的 n 取值与方向性系数和半功率波瓣宽度的关系

通过馈源方向图不难计算出，当透镜阵面直径为 D_1，焦径为 F 时，中心馈电的透镜天线溢出效率为

$$\eta_s = 1 - \cos^{n+1}\theta_0, \quad \theta_0 = \arctan\left(\frac{D_1}{2F}\right) \tag{4-21}$$

此时，透镜天线的理论方向性系数为

$$D=\frac{2F^2}{\lambda^2}(n+1)\left|\int_0^{2\pi}\int_0^{\theta_0}\sqrt{\frac{\cos^{n+2}\theta}{1+\tan^2\theta\sin^2\phi}}\frac{\sin\theta}{\cos^3\theta}\mathrm{d}\theta\mathrm{d}\phi\right|^2 \tag{4-22}$$

通过式（4-18）、式（4-22），可以计算出透镜天线的理论口面效率。对于馈源方向图为 $\cos^n\theta$ 的正馈透镜天线，其口面效率、溢出效率、口径照射效率和边缘锥削电平与焦径比的关系分别如图 4-11～图 4-14 所示。从图 4-11 中可以明显地看出，对于确定的馈源天线方向图，总有一个最优的焦径比使得口径效率最佳。焦径比过大会导致馈源辐射能量溢出透镜面，从而降低效率；焦径比过小会导致边缘锥削过大，降低透镜口面的能量分布均匀程度，从而导致口径照射效率降低。因此，焦径比的选择需要综合考虑溢出效率和照射效率。

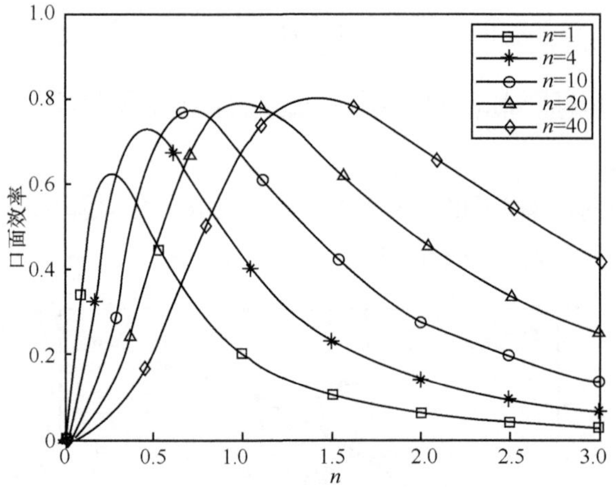

图 4-11　不同焦径比下的口面效率

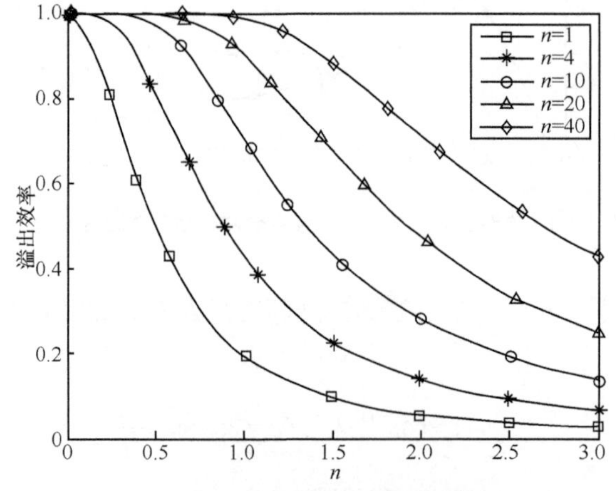

图 4-12　不同焦径比下的溢出效率

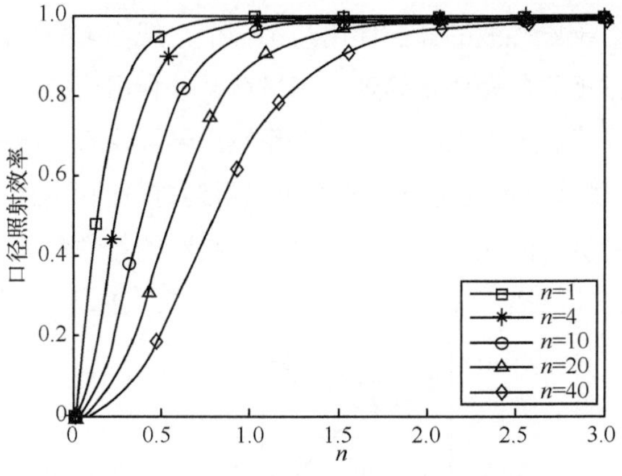

图 4-13　不同焦径比下的口径照射效率

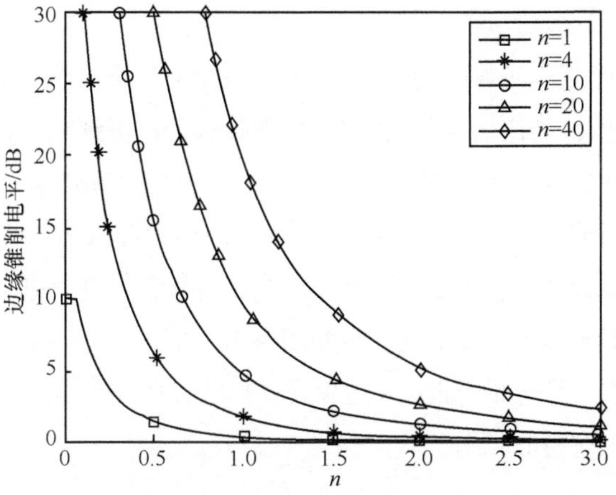

图 4-14　不同焦径比下的边缘锥削电平

4.2　人工材料透镜

人工材料通常利用微观结构实现特定宏观介电常数。利用人工材料可以方便地设计透镜。近年来包括 3D 打印技术在内的新型加工技术与具有新颖特性的电磁超材料技术极大地促进了人工材料透镜天线的发展。利用新型加工工艺和电磁超材料技术，介质透镜的材料不仅局限于自然界中的介质，人们还可以根据需求自行设计所需介质材料，构造新型透镜。

人工材料可以通过等效媒质理论计算其等效介电常数或者折射率。对于某种特定的人工材料，若其对于电磁波的操控作用与某一个常规均匀介质的操控作用相同，我们就可以用这一种常规均匀介质来等效人工材料，并利用均匀介质的相对介电常数、折射率、波阻抗等描述这一人工材料。计算等效介电常数的一种常用方法是 S 参数反演法[5]。采用实际测试或者电磁仿真的方法可以得到材料的反射系数和透射系数，即 S 参数。利用测试或者仿真的 S 参数可以计算人工材料的特性参数，其中人工材料单元的等效介电常数 $\varepsilon_{\rm eff}$、折射率 n 和波阻抗 Z 可以通过式（4-23）反演得到。

$$\begin{cases} n = \dfrac{1}{kd}\cos^{-1}\dfrac{1-S_{11}^2+S_{21}^2}{2S_{21}} \\ Z = \sqrt{\dfrac{\left(1+S_{11}\right)^2-S_{21}^2}{\left(1-S_{11}\right)^2-S_{21}^2}} \end{cases} \tag{4-23}$$

$$\varepsilon_{\rm eff}=n/Z$$

利用仿真软件计算人工媒质等效参数的思路如下：第一步，利用电磁仿真软件建立单元模型；第二步，利用仿真软件计算内部散射场，得到端口散射参数 S_{11} 和 S_{21}；第三步，利用式（4-23）计算等效电磁参数。商用软件 ANSYS HFSS 等提供的主从边界可以模拟平面周期结构，这种边界条件强制使从边界上每点的电场与主边界上相应点的电场相匹配。利用周期边界条件可以将单元间的互耦考虑在内，模拟周期条件下单元的特性。人工材料等效媒质参数提取仿真示意如图 4-15 所示。当入射波穿过反射单元时，一部分能量被散射回去，另一部分能量穿过单元。利用仿真软件提取 S 参数时，参考面通常需要向内移动到人工材料的表面。

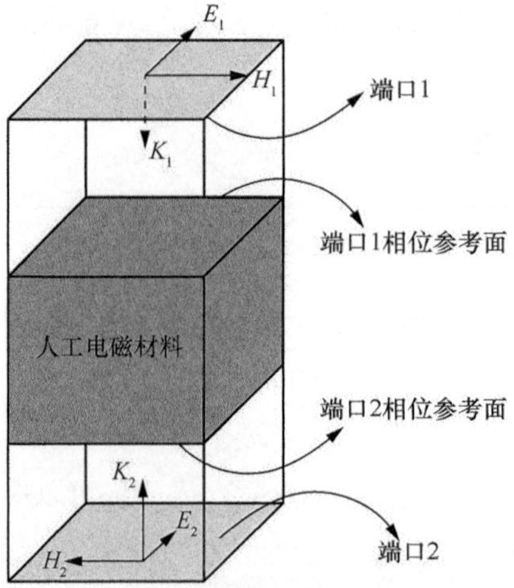

图 4-15　人工材料等效媒质参数提取仿真示意

通过人为地将两种不同介质材料按照一定的比例与方式填充，可以构造出人工材料。例如可以通过打孔技术，在常规介质基底中掺入空气媒质，并通过控制打孔密度和大小来调控介质的折射率。图 4-16（a）为不同介质基材采用打孔结构的人工材料单元在 10 GHz 的折射率随打孔尺寸的变化关系。其中人工介质材料单元的尺寸为 1.5 mm×1.5 mm×1.5 mm，打孔方向沿着电磁波的传播方向，打孔直径为 D。从计算结果可以看出，当单元的打孔直径较小时，其等效介质的折射率接近基材的折射率。随着开孔的增大，掺入空气的比例提高，等效折射率逐渐减小。当开孔直径从 0 变化至 1.4 mm 时，相对介电常数为 3.55 的介质基材打孔后折射率从 1.884 降低至 1.287，相对介电常数为 2.55 的介质基材打孔后等效折射率从 1.597 降低至 1.193。通过控制开孔大小可以较为灵活地控制折射率。除了填充空气之外，还可以填充具有更高介电常数的材料，从而提高折射率。这里需要指出，在实际应用中，通常开孔尺寸不能过大，否则会导致基材的机械结构不稳定，但开孔尺寸过小也会导致加工困难。因此根据所需等效折射率选择合适的基材，若要通过开孔获得更低的折射率，需要采用介电常数更低的基材。通过混合填充的方式获得的人工材料，当波长远小于单元尺寸时，等效介电常数基本不随频率变化，因此可以用于制造宽带的透镜天线。随着频率升高，当开孔大小与波长相比拟时，开孔结构可能会发生谐振，此时的等效材料会表现出不同的特性。除了采用打孔这种减材制造技术，3D 打印等增材制造技术也可以用于人工介质的合成。相比打孔的方法，3D 打印可以构造更复杂的介质结构，改善结构强度。

利用周期排布的金属材料也可以构造人工介质材料。周期金属结构可以是金属条、金属盘或者金属杆。图 4-16（b）为周期排布的金属条带构成的人工介质材料在 10 GHz 的等效折射率。其中的金属条带印刷在介质基板上，介质基板采用罗杰斯 RO4003。金属条带的排布周期间距为 3 mm，金属条带宽度为 0.2 mm。在 10 GHz 下，周期单元尺寸仅为十分之一波长。通过调节金属条带的长度，其等效折射率也会发生显著变化。金属条带 l 从 0.1 mm 变化至 2.9 mm 时，等效折射率从 1.2 提高至 1.53。

近年来，有大量文献利用人工电磁媒质设计透镜天线。文献[1]应用人工电磁超材料提出了一种基于负折射率的人工介质透镜。人工电磁材料由周期性排布的超材料单元构成，其单元结构如图 4-17（a）所示。该单元由平板波导、填充介质（ε_r=2.2）和圆柱形介质谐振器（ε_r=38）构成，平板波导的入射波为 TE1 模式，并进一步激励圆柱形谐振器的 TE01δ模式。该超材料单元的等效介电常数和等效磁导率如图 4-17（b）所示，超材料透镜如图 4-17（c）所示。等效介电常数与等效磁导率均随着频率变化，在

11 GHz 时等效介电常数与等效磁导率均小于 0，等效折射率约为−1。由于等效折射率小于 1，透镜为凹透镜。利用式（4-2）可以设计该加速透镜天线。

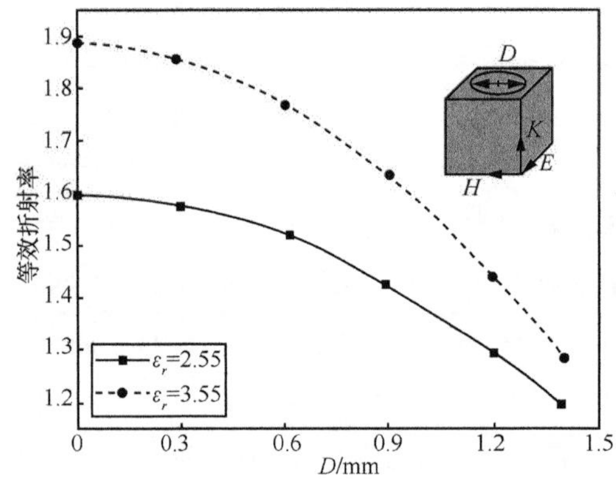

(a) 等效折射率随打孔尺寸的变化关系

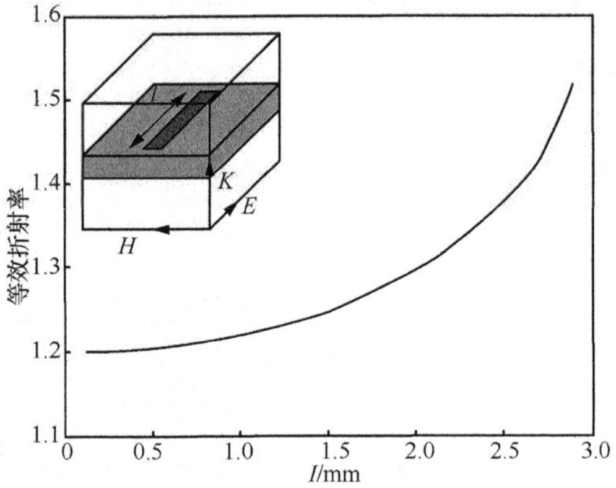

(b) 等效折射率

图 4-16　人工电磁媒质材料的等效折射率

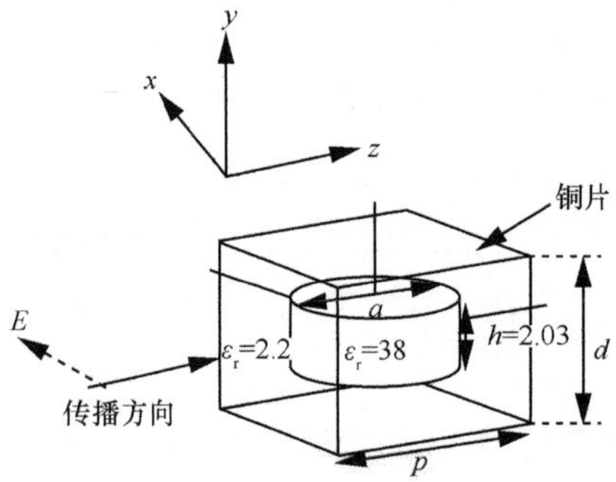

(a) 超材料单元结构

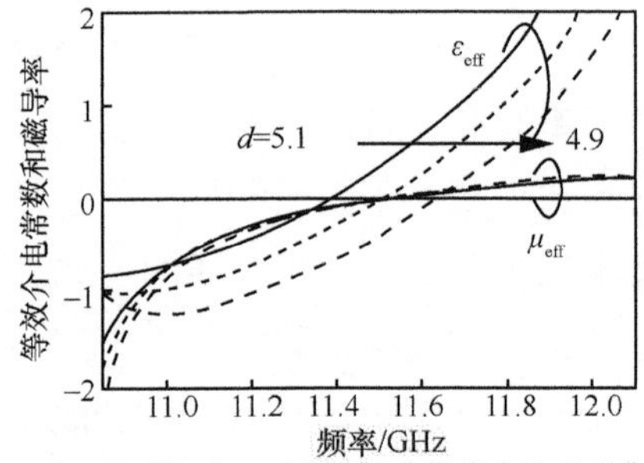

(b) 超材料单元的等效介电常数和等效磁导率

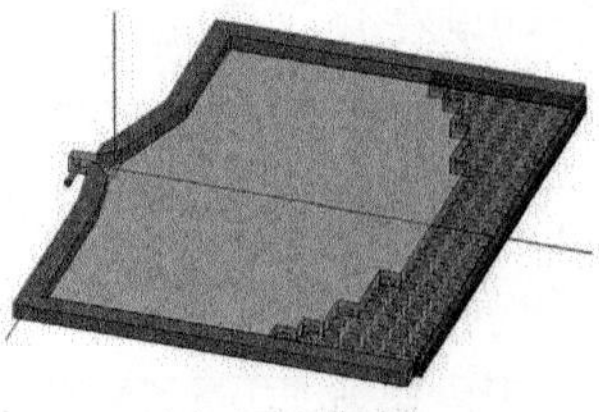

(c) 超材料透镜

图 4-17　负折射率人工电磁材料透镜[1]

在文献[6]中，WU 等利用近零折射率的超材料设计了平面透镜，并用来提升喇叭天线的增益。透镜天线由周期性排布的 3 层金属栅格型超材料构成，其单元结构如图 4-18（a）所示。每层结构相同，a=5.1 mm，p=5.5 mm，层间厚度为 h=5.8 mm。

在 15.8～17.5 GHz 的频率范围内，其等效折射率如图 4-18（b）所示。显然，这样的人工材料具有很低的折射率，最小折射率仅为 0.14，因此可以利用这种人工材料构造加速型平面人工透镜天线，实现波束汇聚。根据前面章节的分析可知，折射率越小，均匀媒质透镜天线的厚度越小。当折射率趋于 0 时，透镜的曲面外形趋于平面。利用这种人工电磁材料构造的电磁透镜喇叭天线如图 4-18（c）所示。相比未加载透镜的喇叭，该透镜喇叭的增益提升为 2.71 dB。

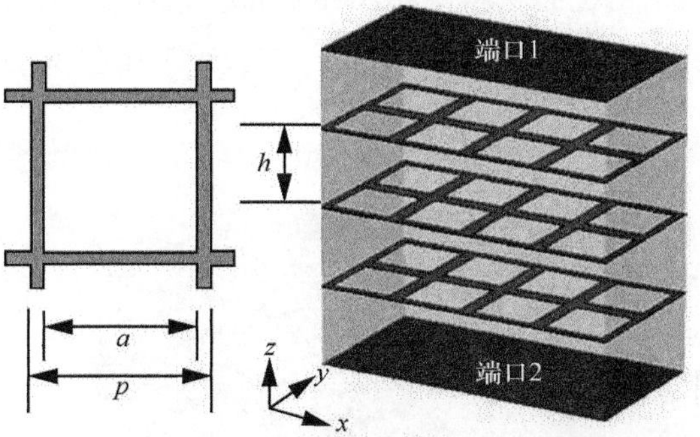

(a) 人工材料单元结构

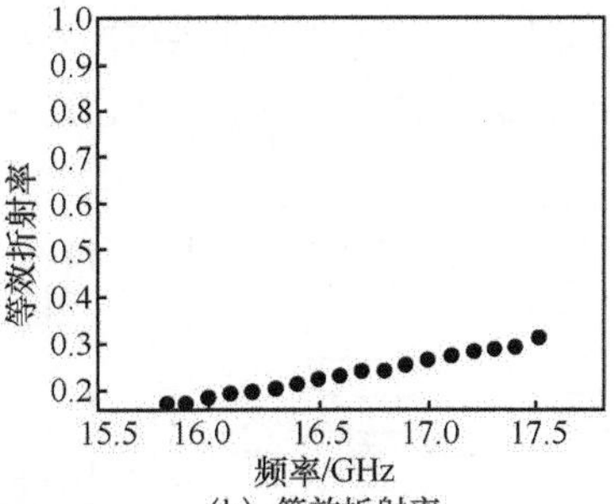

(b) 等效折射率

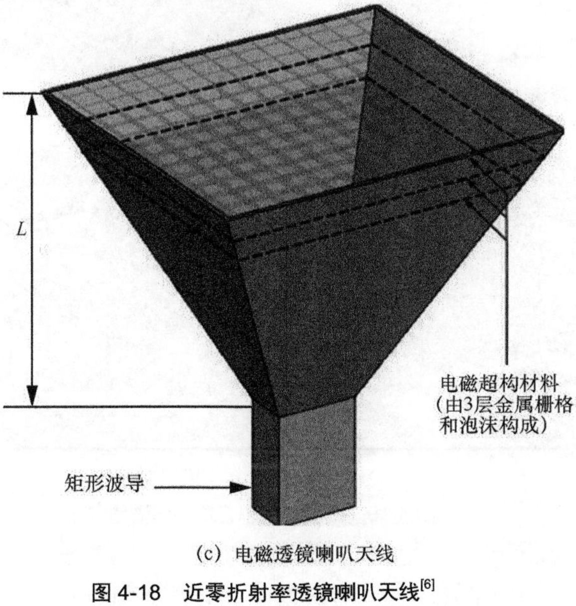

(c) 电磁透镜喇叭天线

图 4-18　近零折射率透镜喇叭天线[6]

在文献[7]中，IMBERT 等利用梯度折射率的介质设计了平板透镜天线，该天线结构如图 4-19（a）所示。该透镜采用相对介电常数 ε_r=6.0 的 Rogers TMM6 介质基材，并利用机械钻孔的方式降低其等效相对介电常数。通过调整钻孔直径和孔间距，等效介电常数变化范围在 2.25～6.00。利用介质材料非均匀梯度折射率分布的方法，将较低介电常数的材料放置在透镜外围，高介电常数的材料放置在透镜中心，实现了凸透镜的平面化。该透镜天线工作在 60 GHz 和 77 GHz，增益分别为 18.3 dBi 和 18.9 dBi，口面效率为 19%～27%。

文献[8]中提出了一种基于 3D 打印的平面介质天线设计方法。利用孔洞结构实现等效介电常数的降低，虽然与文献[7]中的加工方法不同，但是两者设计理念是基本一致的。该天线采用相对介电常数 ε_r=2.77 的树脂材料 VeroWhitePlus RGD835 进行 3D 打印，并采用分区透镜的设计方法，其结构如图 4-19（b）所示。该天线工作在 30 GHz，1 dB 增益带宽为 21.5%，口面效率为 38.6%。

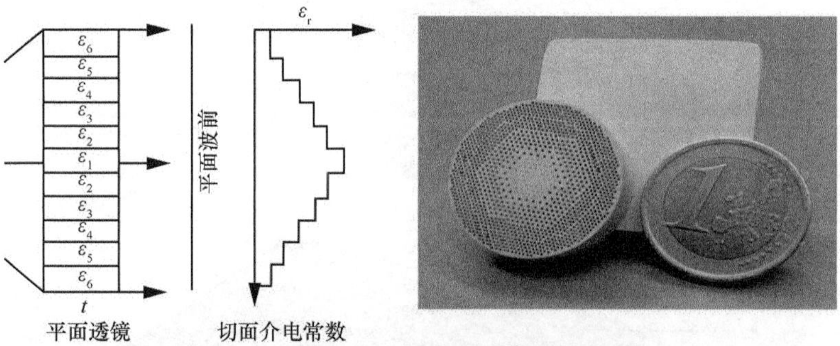

(a) 基于机械钻孔的平面透镜天线结构

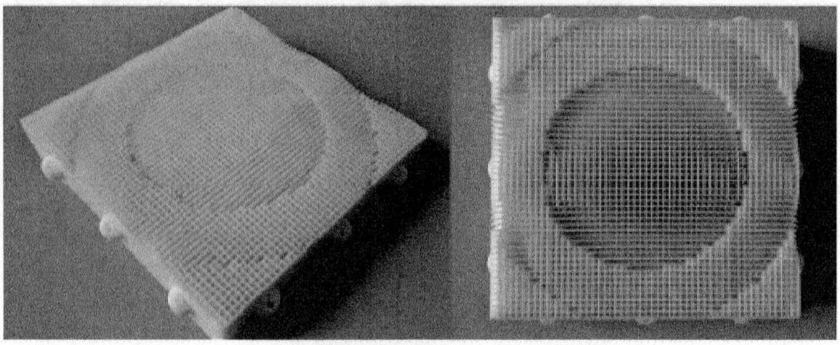

(b) 基于3D打印的平面透镜

图 4-19　阶梯折射率介质平面透镜[7-8]

文献[9]和文献[10]也采用介质与空气混合的方法构造人工媒质，并设计了龙伯球面透镜，结构分别如图 4-20、图 4-21 所示。文献[9]提出利用一种人工媒质透镜，通过调整径向排布介质板的形状和组装方式，等效龙伯透镜所需的介质折射率。该天线的加工方式简单，仅需要加工特殊形状的介质杆，但是组装难度较大。

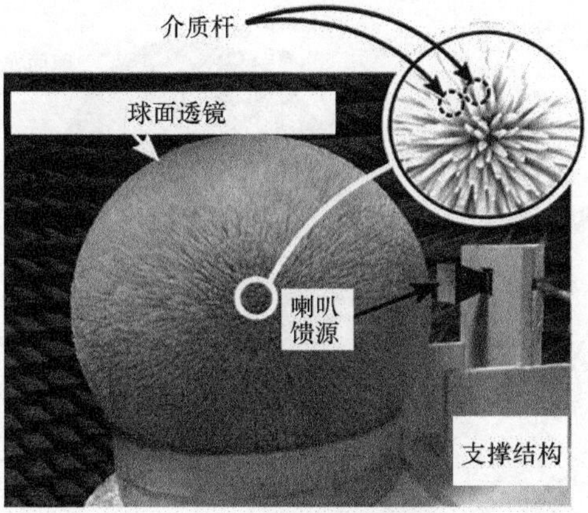

(a) 由介质杆构成的龙伯透镜

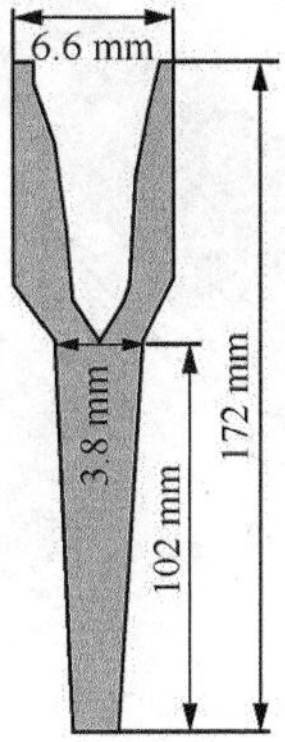

(b) 介质杆

图 4-20　龙伯球面透镜实例 1[9]

图 4-21　龙伯球面透镜实例 2[10]

文献[10]提出采用 3D 打印的方法构造人工材料龙伯透镜，这种龙伯透镜具有重量小、结构坚固等特点。该设计采用相对介电常数为 2.9 的树脂材料作为 3D 打印基材，制作工作在 28～38 GHz 的球面透镜，其增益为 18.6～21.2 dBi，口面效率为 35%～49%。

文献[11-12]提出了基于光学变换的平面龙伯透镜设计方法。从式（4-7）可知，龙伯透镜的等效介电常数介于 1 和 2 之间。经过光学变换，可以将龙伯透镜的球面外形变换为平面外形，其等效相对介电常数范围由 1～2 变为 2～12，如图 4-22 所示。通过人工合成介质材料或者电磁超材料的方式实现 2～12 的等效相对介电常数。MATEO-SEGURA 课题组[11]利用合成材料构造了介质型龙伯透镜，增益为 16.8 dBi，口面效率达到 67%。接着，新加坡国立大学陈志宁教授课题组[12]利用电磁超材料构造了人工超材料龙伯透镜，增益为 16.35 dBi，口面效率为 46.2%。由于采用了光学变换的方法，球形龙伯透镜转变为平面结构，有效地降低了透镜天线的剖面高度和体积大小。

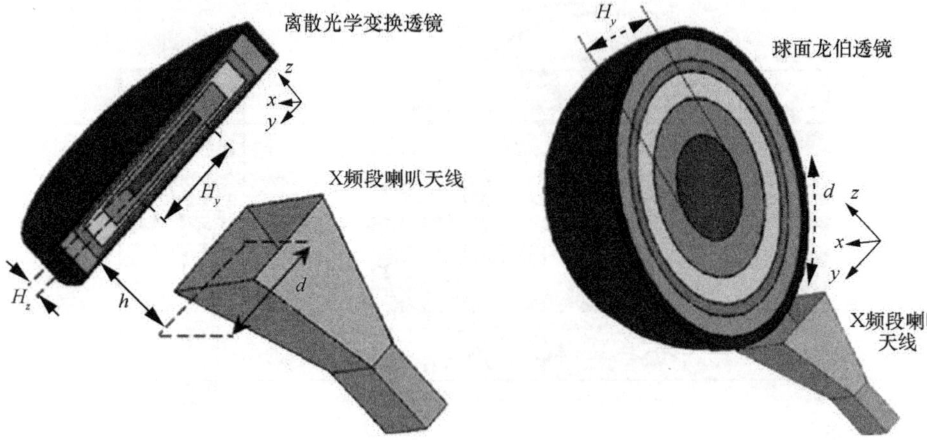

图 4-22 基于光学变换的人工介质透镜[11]

4.3 基于相移表面的透镜天线

基于相移表面的平面透镜是利用离散的透射型单元阵列取代传统介质透镜曲面的形状来实现聚集波束的一种高增益天线。

基于相移表面的透镜天线设计可以追溯到 1982 年 MILNE[13]和 1986 年 MCGRATH[14]发表的经典文章。MILNE 的设计采用 7 层共面偶极子叠加，MCGRATH 的设计采用微带贴片天线阵和延迟线阵列相连的方法，分别提出了透射阵天线的设计方法。近年来，国内外对平面透镜进行了大量的研究。在一些文献中，相移表面平面透镜的工作频率覆盖了 3～150 GHz 的频段。这种平面透镜通常采用多层 PCB 工艺或机械加工工艺。大多数平面透镜的性能类似，3 dB 增益带宽通常为 10%～20%，最大口面效率为 20%～50%。按照单元调相方式来划分主要有两种设计方法，分别是接收再辐射法（Receiving-Transmitting Method，RTM），包括多层频率选择表面（Multilayer-Frequency Selective Surface，M-FSS）和电磁超表面等的多层耦合结构设计法。

在接收再辐射法中，平面透镜一般是由两个朝向相反的天线阵列构成，一个阵列接收来自馈源的入射波能量，另一个阵列将能量传输到透射阵列另一侧的自由空间，所需要的相位补偿依靠调节加载在接收和辐射阵之间的相位延迟线长度或者通过旋转发射贴片来实现。

在文献[15]中，法国 PALMA 等提出了基于 RTM 的圆极化透射阵设计方法。该透镜采用多层 PCB 工艺，具有 3 层金属层，总厚度为 1.3 mm（$0.13\lambda_0$），其单元结构如图 4-23（a）所示。每一个单元由两个“背靠背”放置的微带贴片天线构成。该透镜天线采用线极化喇叭作为馈源天线，靠近馈源一面的接收层为线极化微带贴片天线，发射层为圆极化微带贴片天线，通过旋转发射层的微带贴片等效相移。利用该单元设计了口径为 $10\lambda_0 \times 10\lambda_0$ 的平面透镜，结构如图 4-23（b）所示。该透镜不仅实现了波束汇聚，还实现了极化转变，兼顾透镜和极化器的功能。透镜天线的实测增益为 22.8 dBi，3 dB 增益带宽为 20%，该天线的口面效率较低，仅为 15%。这是因为该天线相位补偿方案中使用了 180°量化导致量化误差大（量化损耗约 3.1 dB），焦距也较小（F/D=0.52）。

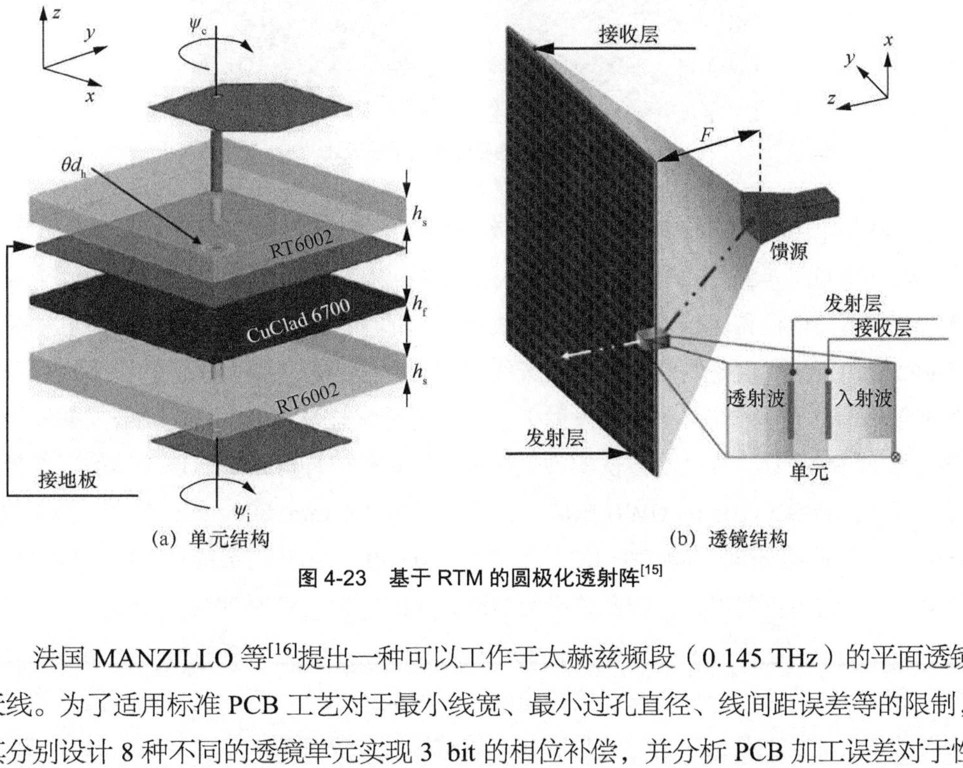

(a) 单元结构　　(b) 透镜结构

图 4-23　基于 RTM 的圆极化透射阵[15]

法国 MANZILLO 等[16]提出一种可以工作于太赫兹频段（0.145 THz）的平面透镜天线。为了适用标准 PCB 工艺对于最小线宽、最小过孔直径、线间距误差等的限制，其分别设计 8 种不同的透镜单元实现 3 bit 的相位补偿，并分析 PCB 加工误差对于性能的影响。该设计方案通过标准多层 PCB 工艺进行加工实测，测试样品具有 1 600 个单元，焦径比为 0.75，增益为 33.0 dBi，1 dB 增益带宽为 11.7%，最大口面效率达 38.3%。

文献[17]中提出一种双频圆极化平面透镜的设计方法。该透镜天线采用高低频贴片单元共口面的设计方法，将高低频单元交错排布，如图 4-24 所示。与文献[15]的方法类似，采用旋转贴片的方式等效 360°连续相移，通过分别旋转高低频贴片，实现不同频率下透射相位分布和合成波束极化的独立调控。该透镜天线仅采用一个线极化馈源喇叭照射，在 12 GHz 和 14.2 GHz 两个不同频率实现独立的波束指向和极化设计。该平面透镜厚度仅为 $0.06\lambda_0$，在 12 GHz 和 14.2 GHz 的增益分别为 23.9 dBic 和 24.5 dBic，3 dB 增益带宽为 7.5%和 7%。但发射贴片采用了线极化贴片导致线—圆转化损耗较大，因此口面效率约为 30%。

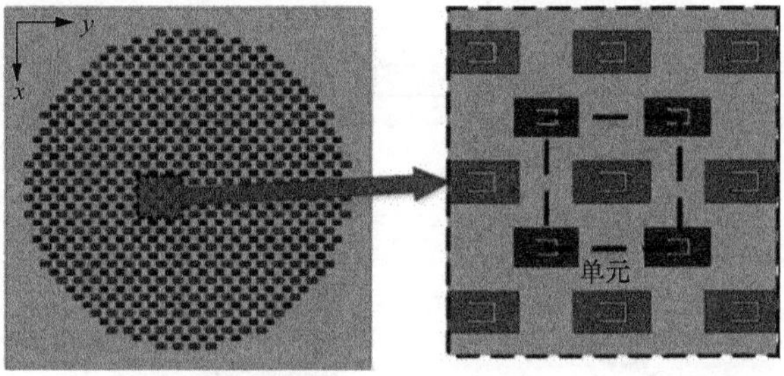

图 4-24　双频圆极化平面透镜天线[17]

文献[18]中提出一种基于 RTM 的超宽带平面透镜的设计方法。超宽带平面透镜天线整体结构如图 4-25（a）所示，单元结构如图 4-25（b）所示，每个单元由两个短偶极子、金属接地板和连接偶极子的传输线构成。平面透射单元的透波频带宽度和空间相位补偿的频带宽度是制约平面透镜天线工作带宽的两个重要因素。该平面透镜采用紧耦合短偶极子阵列作为接收和发射天线，展宽透波频带宽度；采用调节发射和接收天线之间的平行双线长度的方法实现真时延，展宽相位补偿带宽。该透镜的工作带宽可以覆盖 3.0～9.5 GHz 的 UWB 频段，天线口径为 200 mm×200 mm，焦径比为 0.56。采用对数周期天线作为馈源时，增益为 13.3～20.6 dBi。由于对数周期天线相位中心随频率变化、波束宽度过大，因此该平面透镜天线的口面效率为 20%～40%。

文献[19]中提出一种纯金属的平面透镜天线设计方法。透镜的每个单元由两层具有谐振缝隙的铜片和一个金属连接柱构成，如图 4-26（a）所示。通过调整谐振缝隙的结构尺寸，可以实现 360°连续相位变化。该透镜天线仅有两层金属结构，具有 256 个单元，焦径比（F/D）为 1，其结构如图 4-26（b）所示，增益为 26 dBi，1 dB 增益带宽为 14.6%（8.2～9.5 GHz）。由于采用纯金属结构，该天线的损耗很小，因此口面效率也较高，为 47.6%。

除了接收再辐射法，包括多层频率选择表面和电磁超表面等的多层耦合结构也非常适用于平面透镜的设计。

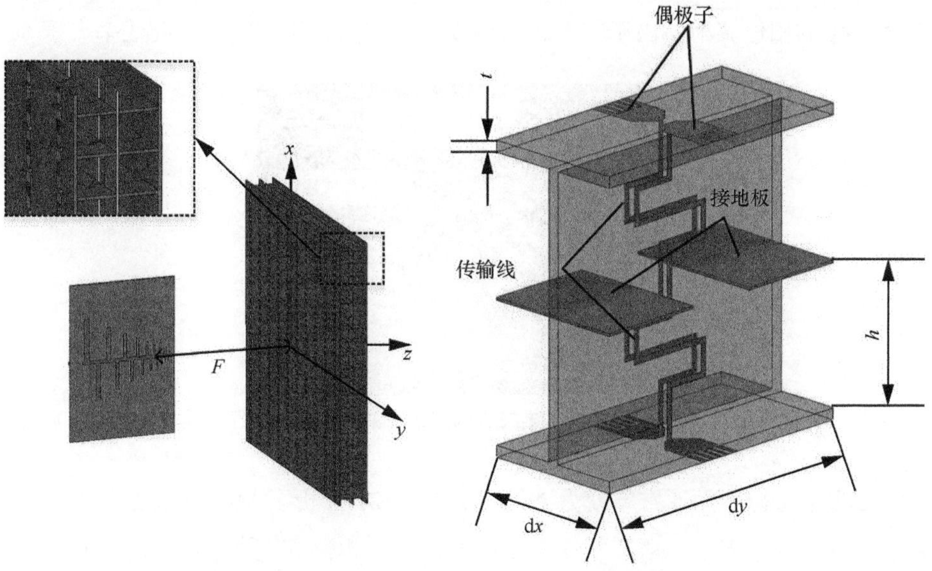

(a) 超宽带平面透镜天线整体结构 (b) 透镜单元结构

图 4-25 超宽带平面透镜天线[18]

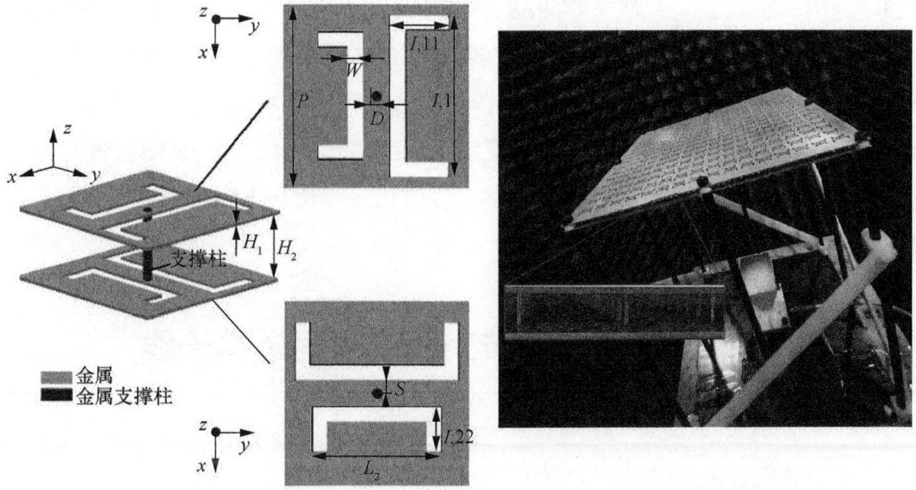

(a) 透镜单元结构 (b) 平面透镜结构

图 4-26 纯金属平面透镜天线[19]

文献[20]提出一种基于 M-FSS 的双频线极化平面透镜，如图 4-27 所示。该天线为纯金属结构，包含 4 片 0.3 mm 厚度的黄铜金属薄板，每一片铜板尺寸均为 280 mm×280 mm，间隔 5 mm，总厚度约为 15 mm。该透镜由 16×16 的 4 层频率选择表面阵列构成，每层中每个单元采用 3 条平行排布的缝隙构成带通频率选择表面。通过改变缝隙尺寸实现连续 360°的相位调节。由于纯金属结构损耗低，因此该天线的口面效率大于 50%。

图 4-27　基于 M-FSS 的双频线极化平面透镜[20]

多层频率选择表面通常厚度为 2～4 层。文献[21]分析了 M-FSS 层数与透波效率和最大移相量之间的关系。该文献作者通过理论分析和数值仿真指出单层、两层、三层和四层 FSS 结构在插损小于 1 dB 情况下，其移相限制分别为 54°、170°、308°和 360°。

通过在 M-FSS 多层结构中引入垂直过孔等额外的耦合结构可以扩展移相角度。文献[22]中提出一种双层马耳他十字 FSS 透镜单元。该单元仅由一层介质板和两层金属构成，上下两层通过金属过孔相连。与传统的 M-FSS 采用空间耦合不同，该单元中的过孔提供了新的耦合结构。由于采用了新的耦合结构，该单元的移相范围达到 360°。利用该天线设计工作在 20 GHz 的平面透镜，口面效率为 40%，1 dB 增益带宽为 3.9%。文献[23]提出一种改进型的双层平面透镜，通过进一步优化 M-FSS 结构，提高了工作带宽，其 1 dB 增益带宽为 9.6%。

4.4　机械波束扫描天线与波束切换平面透镜天线

4.4.1　机械波束扫描天线

在很多应用中，天线的波束扫描是非常重要的一个功能。透镜天线可以通过机械方式实现波束扫描。与常规机械扫描天线不同，透镜天线既可以通过移动透镜阵面而无须移动馈源天线来实现波束扫描，也可以只移动馈源而无须移动透镜阵面实现波束扫描，或者同时移动馈源和透镜阵面实现二维波束扫描。事实上，前两种移动方式是通过改变馈源和透镜阵面之间的相对位置和角度，从而实现波束的偏移。

对于龙伯透镜等球面透镜，由于其具有结构对称性，因此移动位于球面上的初级馈源可以产生无扫描损耗的波束，如图 4-28 所示。利用这一突出的优点，龙伯透镜可以实现大角度的波束扫描，其波束扫描范围取决于馈源能够移动的范围，移动范围越大，扫描角度越大。

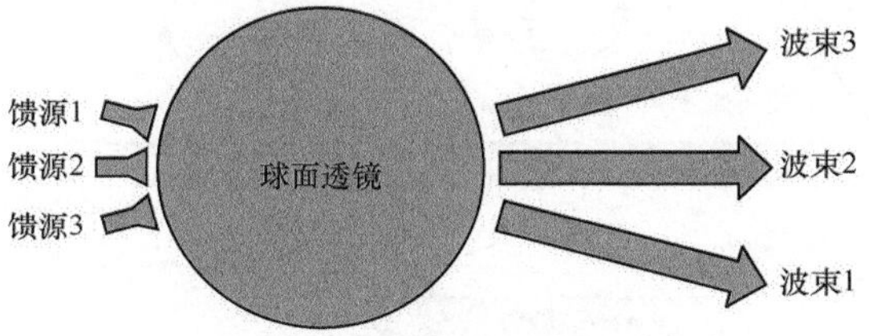

图 4-28　球面透镜的波束扫描

对于平面透镜天线，也可以通过在等焦距弧面上旋转移动馈源的方法实现波束扫描，如图 4-29 所示。这是利用移动馈源改变透镜阵面上的入射电磁波相位，实现波束扫描。在方位角和俯仰角两个维度上移动馈源，可以实现二维波束扫描，这种方法具有广泛的工程应用。与球面透镜不同，对于这种平面透镜，通常波束移动扫描角度在 ±30°范围内。过大的扫描角度会导致包括增益降低、波束变宽、副瓣抬升等性能恶化。

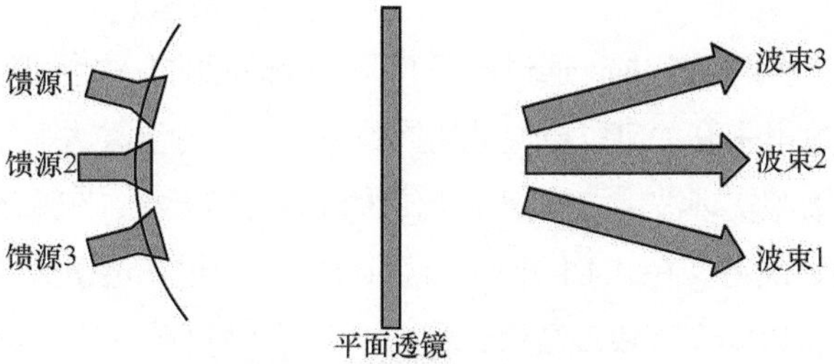

图 4-29　平面透镜的波束扫描

文献[24]介绍一种通过移动馈源实现波束扫描的透镜天线，并通过仿真和实验验证了扫描特性。该平面透镜工作在 73.5 GHz 和 83.5 GHz 两个频段，焦径比为 0.9。在 ±20°扫描范围内，增益损失分别小于 1.3 dB（73.5 GHz）和 1 dB（83.5 GHz）。

对于更大口径的透镜天线，旋转并移动透镜馈源或者透镜阵面需要较大的体积和复杂的轨道，而平移结构通常更为简单，可以通过平行移动馈源或者透镜阵面来实现波束扫描。文献[25]提出一种通过平移馈源实现俯仰角扫描、旋转透镜阵面从而实现方位角波束扫描的方法，其结构如图 4-30 所示。该平面透镜系统工作于 30 GHz 频段，采用另一个较小的透镜天线作为初级馈源，这种结构有效地减小了天线系统的厚度。透镜阵面为 195 mm×145 mm，高度仅为 84 mm，实际焦径比仅为约 0.55。该透镜天线增益为 27.3 dBi，通过整体移动初级馈源天线，可以实现俯仰 0～50°的波束覆盖，扫描增益损失小于 2.8 dB，通过平面旋转透镜阵面的方式可以实现 360°方位角扫描。

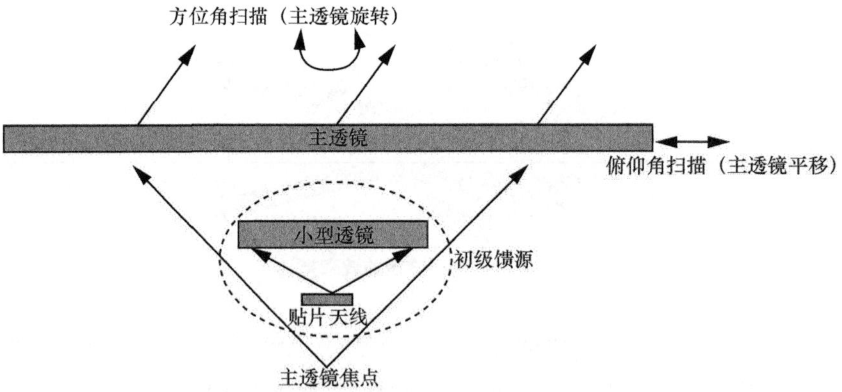

图 4-30　通过平面旋转和移动实现方位角波束扫描透镜[25]

4.4.2　波束切换平面透镜天线

除了机械移动产生波束扫描，通过电子开关切换馈源的方式也可以实现波束扫描。相比于机械移动，通过电子开关可以更快地切换波束，更适用于雷达等需要快速波束扫描的场景。此外，切换馈源实现波束扫描相比于传统机械扫描天线，在系统的成本、重量和可靠性方面均具有明显优势。在 4.4.1 小节已经介绍过，通过在透镜天线的焦平面上布置多个馈源天线阵列，可以实现天线多波束，利用电子开关阵列切换即可实现快速波束扫描，如图 4-31（a）所示。这种方法相对比较简单，特别是对于毫米波通信系统非常有吸引力。

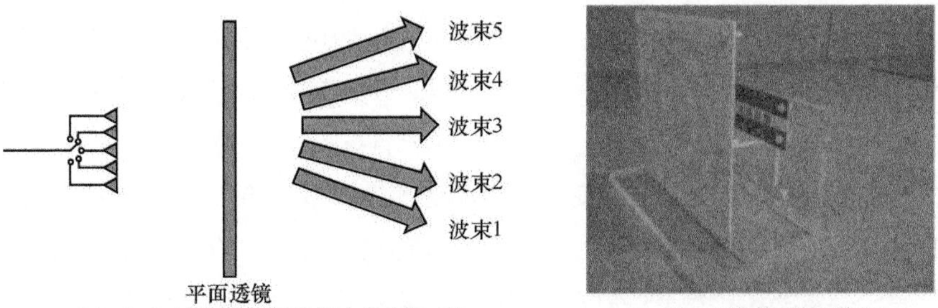

(a) 电子开关阵列切换的多波束透镜天线

(b) 多波束透镜天线[26]

图 4-31　波束切换透镜天线

清华大学 HOU 等[26]提出了一种八波束透镜天线，采用 8 个馈源分别实现独立的波束，并且覆盖了±42°的波束扫描范围。该天线工作在 5.8 GHz，增益为 10.72～3.90 dBi，扫描增益损失约为 4 dB。文献[27]中设计了一个工作在 26.6～29 GHz 的多波束透镜天线，如图 4-32 所示。采用 7 个贴片天线作为馈源阵列，其中每个贴片天线可以独立形成一个波束。这 7 个波束覆盖了±27°范围，最大增益为 24.2 dBi，扫描损耗 3.7 dB。文献[28]提出一种用于点对点通信的 60 GHz 线极化波束可切换透镜天线。透镜天线焦径比为 0.65，采用一组五元贴片阵列作为馈源天线，并利用一个单刀五掷开关切换工作馈源，分别产生 0、±2.3°、±4.6°的 5 个波束，最大增益为 29.3 dBi，波束扫描损失约为 1.5 dB，3 dB 波束可以覆盖±6.1°。

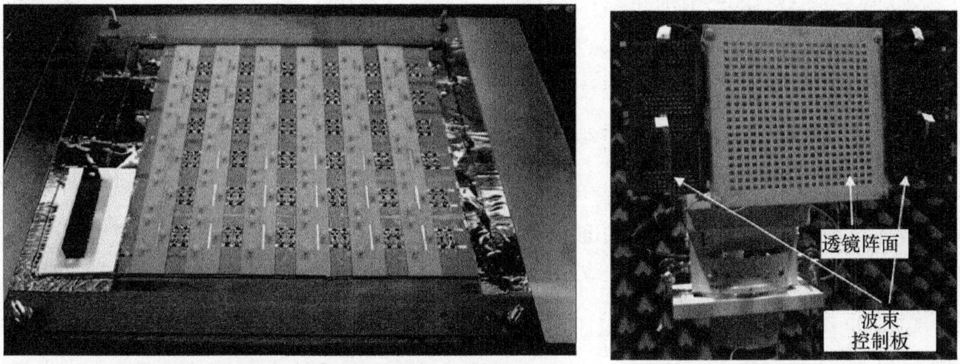

(a) 基于变容二极管的可重构透镜天线单元结构　(b) 基于PIN管的可重构透镜天线结构

图 4-32　可重构透射阵面

需要指出，在上面的几个例子中，均通过平移馈源天线实现波束扫描，透镜天线为无源天线，因为每个端口都只对应一个固定的波束，所以无法连续扫描。相对于中心波束，扫描波束在增益、副瓣电平、工作带宽等性能上都有一定恶化。为了平衡不同波束之间的性能，透镜天线往往需要特殊优化，从而在中心波束性能和扫描波束性能之间找到平衡。

4.5　电控可重构平面透镜天线

近年来，随着射频开关等半导体器件和高速控制电路的发展，电调可重构或者现场可编程平面透镜天线发展迅速。电调可重构平面可根据系统应用需求的变化，动态地改变其特性；可以应对复杂的电磁环境，提高系统性能；能够降低平台负载，实现多个天线物理口径的复用。具有现场可编程能力的电调可重构平面透镜天线是在每一个单元内部集成切换或者调节器件，通过改变传输的相位、幅度、极化实现天线方向图波束指向或极化变化的功能。随着界面电磁学和可编程超材料的发展，这种新型相控阵天线的设计思路逐渐受到关注。其利用空间馈源照射电磁表面，在电磁表面单元中加载控制器件，通过调控电磁波的散射相位特性，实现高增益辐射和快速波束扫描等性能。这种新型相控阵天线的单元集成“辐射”和“移相”两种功能，避免使用收发组件，具有低成本、易加工、易共形、低剖面、重量轻等突出优势，应用前景广阔。这种透镜天线具有辐射性能可控、切换速率快、集成度高、控制方便等特点，在许多新兴领域具有很好的应用前景。随着可重构天线技术的发展与工艺的成熟，这种新体制相控阵天线逐渐成为研究的焦点问题。

与波束扫描天线不同，可重构平面透镜是在不改变透镜天线系统配置的情况下，通过电调开关等器件改变透镜天线性能，从而实现波束扫描。相比机械扫描透镜天线，可重构透镜波束扫描范围更大，波束控制精度更高，波束扫描速度也更快。可重构透镜天线工作频段覆盖了 3～100 GHz 频段，其可重构单元的小尺寸、低损耗、简单的控制逻辑一直是设计的关注点。

美国亚利桑那州立大学 CHIH-CHIEH 等研究的基于单片集成微机电开关的 4 bit 相位重构单元可以将工作在 38.9 GHz 的 15 dBi 角锥喇叭的方向图变换到±40°[29]，但是由于其采用硅工艺，其透镜单元的插入损耗高达 8 dB，最终实测增益也仅为 9.2 dBi。虽然这种波束扫描的实现需要付出巨大的代价，但是其结果表明电控开关实现透镜波束扫描是可行的。

采用辐射再接收法设计的透镜天线可以通过加载变容二极管、PIN 管等方法实现辐射相位的电调。加拿大多伦多大学的 LAU 等用接收再辐射法设计了 5 GHz 频段的波束扫描透射阵列[30]，其厚度只有 0.17 个自由空间波长，单元结构如图 4-32（a）所示。每个单元上的接收天线和发射天线通过一个加载了变容二极管的 bridged-T 型可变移相器连接。通过改变变容二极管两端的电压，该移相器可以在 360°范围内连续改变传输相位。实验结果展示了 6×6 规模的透镜天线的二维波束扫描效果，其最大增益为 16 dBi，可以覆盖（±50°）×（±50°）的空间范围，扫描增益损失约为 3 dB。但是该单元的结构非常复杂，很难适用于更高频率。

法国原子能委员会电子与信息技术实验室的 CLEMENTE 等[31]设计了具有 400 个单元的 X 频段的透射阵列，在 9.8 GHz 实现了 22.7 dBi 的最大增益和波束扫描，其结构如图 4-32（b）所示。他采用的基于接收再辐射法的 1 bit 相位可重构方案可以降低偏置电路的复杂性，简化扫描逻辑电路，同时降低整体的损耗。E 面扫描范围为±40°，H 面扫描范围为±70°。

采用 M-FSS 也可以设计电调可重构天线。NGUYEN 等[32]提出一种基于 M-FSS 的 1 bit 相位离散的线极化单元，并仿真验证了设计 Ka 频段的可重构透射阵列的可行性。文献[33]提出一种基于变容二极管的工作在 24.6 GHz 的可重构透射阵天线。通过改变集成在 M-FSS 上的变容二极管偏置电压可以实现透镜单元 360°相位调制。6×6 规模的透镜天线样机实现了±60°的大角度扫描。日本 NEC 公司的 WU 等[34]提出一种线极化的具有 3 个状态的可重构 M-FSS 单元，并仿真设计了阵列样机。该天线可以实现±40°的扫描，增益大于 20 dBi。

可重构透镜天线不仅能够实现波束扫描，还能实现极化电调。中国科学院光电技术研究所的 HUANG 等[35]采用 1 bit 极化可重构贴片与移相器串联的方法，设计出工作在 5.4 GHz 的方向图和极化均可重构透射阵列，实现了透射阵列波束和极化的同时控制。其工作原理与文献[30]提出的方法类似。一方面由于移相器采用变容二极管控制，无法工作于更高频段；另一方面存在结构过于复杂，仅适用于小规模、低频透射阵的问题。文献[36]基于相似的原理通过采用 1 bit 相位和 1 bit 极化可重构的方法，提出一种 X 频段的方向图和极化均可重构透射阵列。该阵列可以实现左旋圆极化和右旋圆极化的切换。法国格勒诺布尔大学的 PALMA 等[37]采用 1 bit 的相位和极化合成的方案在 Ka 频段设计了具有 20×20 单元的圆极化可重构透射阵列，在 29 GHz 频段的增益有 20.8 dBi，在天线的工作频段内轴比均小于 2 dB。

4.6　结束语

本章介绍了人工电磁透镜天线的主要工作原理、优点和挑战，以及典型的应用场景；总结了国内外研究现状和研究方向，主要包括不同频率范围内的无源透镜、波束扫描透镜和可重构透镜天线，并结合实例，介绍了该技术的最新发展情况。

参考文献

[1] KAMADA S, MICHISHITA N, YAMADA Y. Metamaterial lens antenna using dielectric resona-

tors for wide angle beam scanning[C]//2010 IEEE Antennas and Propagation Society International Symposium. Piscataway: IEEE Press. 2010.

[2] PEELER G, COLEMAN H. Microwave stepped-index luneberg lenses[J]. IRE Transactions on Antennas and Propagation, 1958, 6(2): 202-207.

[3] SANFORD J. A Luneberg-lens update[J]. IEEE Antennas and Propagation Magazine, 1995, 37(1): 76-79.

[4] FUCHS B, LE COQ L, LAFOND O, et al. Design optimization of multishell luneburg lenses[J]. IEEE Transactions on Antennas and Propagation, 2007, 55(2): 283-289.

[5] SMITH D R, SCHULTZ S, MARKOŠ P, et al. Determination of effective permittivity and permeability of metamaterials from reflection and transmission coefficients[J]. Physical Review B, 2002, 65(19).

[6] WU Q, PAN P, MENG F Y, et al. A novel flat lens horn antenna designed based on zero refraction principle of metamaterials[J]. Applied Physics A, 2007, 87(2): 151-156.

[7] IMBERT M, PAPIO A, DE FLAVIIS F, et al. Design and performance evaluation of a dielectric flat lens antenna for millimeter-wave applications[J]. IEEE Antennas and Wireless Propagation Letters, 2015, 14:342-345.

[8] MASSACCESI A, PIRINOLI P, BERTANA V, et al. 3D-printable dielectric transmitarray with enhanced bandwidth at millimeter-waves[J]. IEEE Access, 2018, 6: 46407-46418.

[9] SAYANSKIY A, GLYBOVSKI S, AKIMOV V P, et al. Broadband 3D luneburg lenses based on metamaterials of radially diverging dielectric rods[J]. IEEE Antennas and Wireless Propagation Letters, 2017, 16: 1520-1523.

[10] LI Y, GE L, CHEN M, et al. Multibeam 3D-printed luneburg lens fed by magnetoelectric dipole antennas for millimeter-wave MIMO applications[J]. IEEE Transactions on Antennas and Propagation, 2019, 67(5): 2923-2933.

[11] MATEO-SEGURA C, DYKE A, DYKE H, et al. Flat luneburg lens via transformation optics for directive antenna applications[J]. IEEE Transactions on Antennas and Propagation, 2014, 62(4): 1945-1953.

[12] SU Y Y, CHEN Z N. A flat dual-polarized transformation-optics beamscanning luneburg lens antenna using PCB-stacked gradient index metamaterials[J]. IEEE Transactions on Antennas and Propagation, 2018, 66(10): 5088-5097.

[13] MILNE R. Dipole array lens antenna[J]. IEEE Transactions on Antennas and Propagation, 1982, 30(4): 704-712.

[14] MCGRATH D. Planar three-dimensional constrained lenses[J]. IEEE Transactions on Antennas and Propagation, 1986, 34(1): 46-50.

[15] PALMA L D, CLEMENTE A, DUSSOPT L, et al. Circularly polarized transmitarray with sequential rotation in Ka-band[J]. IEEE Transactions on Antennas and Propagation, 2015, 63(11): 5118-5124.

[16] MANZILLO F F, CLEMENTE A, GONZÁLEZ-JIMÉNEZ J L. High-gain D-band transmitarrays in standard PCB technology for beyond-5G communications[J]. IEEE Transactions on An-

tennas and Propagation, 2019.

[17] CAI Y M, LI K, LI W, et al. Dual-band circularly polarized transmitarray with single linearly polarized feed[J]. IEEE Transactions on Antennas and Propagation, 2020, 68(6): 5015-5020.

[18] CAI Y M, LI W, LI K, et al. A novel ultrawideb and transmitarray design using tightly coupled dipole elements[J]. IEEE Transactions on Antennas and Propagation, 2019, 67(1): 242-250.

[19] HU W, DONG J, LUO Q, et al. A wideband metal-only transmitarray with two-layer configuration[J]. IEEE Antennas and Wireless Propagation Letters, 2021, 20(7): 1347-1351.

[20] WU R Y, LI Y B, WU W, et al. High-gain dual-band transmitarray[J]. IEEE Transactions on Antennas and Propagation, 2017, 65(7): 3481-3488.

[21] ABDELRAHMAN A H, ELSHERBENI A Z, YANG F. Transmission phase limit of multilayer frequency-selective surfaces for transmitarray designs[J]. IEEE Transactions on Antennas and Propagation, 2014, 62(2): 690-697.

[22] AN W, XU S, YANG F, et al. A double-layer transmitarray antenna using malta crosses with vias[J]. IEEE Transactions on Antennas and Propagation, 2016, 64(3): 1120-1125.

[23] YI X, SU T, LI X, et al. A double-layer wideband transmitarray antenna using two degrees of freedom elements around 20 GHz[J]. IEEE Transactions on Antennas and Propagation, 2019, 67(4): 2798-2802.

[24] AL-NUAIMI M K T, WEI H. On the beam scanning capabilities of discrete dielectric flat lens at 73.5GHz and 83.5GHz[C]//Proceedings of the 2015 IEEE International Wireless Symposium (IWS 2015) . Piscataway: IEEE Press. 2015.

[25] LIMA E B, MATOS S A, COSTA J R, et al. Circular polarization wide-angle beam steering at Ka-band by in-plane translation of a plate lens antenna[J]. IEEE Transactions on Antennas and Propagation, 2015, 63(12): 5443-5455.

[26] HOU Y, CHANG L, LI Y, et al. Linear multibeam transmitarray based on the sliding aperture technique[J]. IEEE Transactions on Antennas and Propagation, 2018, 66(8): 3948-3958.

[27] JIANG M, CHEN Z N, ZHANG Y, et al. Metamaterial-based thin planar lens antenna for spatial beamforming and multibeam massive MIMO[J]. IEEE Transactions on Antennas and Propagation, 2017, 65(2): 464-472.

[28] MOKNACHE A, DUSSOPT L, SAILY J, et al. A switched-beam linearly-polarized transmitarray antenna for V-band backhaul applications[C]// 2016 10th European Conference on Antennas and Propagation (EuCAP). Piscataway: IEEE Press, 2016.

[29] CHIH-CHIEH C, LAKSHMINARAYANAN B, ABBASPOUR-TAMIJANI A. A programmable lens-array antenna with monolithically integrated MEMS switches[J]. IEEE Transactions on Microwave Theory and Techniques, 2009, 57(8): 1874-1884.

[30] LAU J Y, HUM S V. Reconfigurable transmitarray design approaches for beamforming applications[J]. IEEE Transactions on Antennas and Propagation, 2012, 60(12): 5679-5689.

[31] CLEMENTE A, DUSSOPT L, SAULEAU R, et al. Wideband 400-element electronically reconfigurable transmitarray in X band[J]. IEEE Transactions on Antennas and Propagation, 2013, 61(10): 5017-5027.

[32] NGUYEN B D, PICHOT C. Unit-cell loaded with PIN diodes for 1-bit linearly polarized reconfigurable transmitarrays[J]. IEEE Antennas and Wireless Propagation Letters, 2019, 18(1): 98-102.

[33] FRANK M, LURZ F, WEIGEL R, et al. Electronically reconfigurable 6 element transmitarray at K-band based on unit cells with continuous phase range[J]. IEEE Antennas and Wireless Propagation Letters, 2019, 18(4): 796-800.

[34] WU M, KOSAKA K, HANKUI E. Reconfigurable metasurface lens thin antenna with 3-state unit cells in 28 GHz band[C]//2019 IEEE International Symposium on Antennas and Propagation and USNC-URSI Radio Science Meeting. Piscataway: IEEE Press, 2019: 1599-1600.

[35] HUANG C, PAN W, MA X, et al. Using reconfigurable transmitarray to achieve beam-steering and polarization manipulation applications[J]. IEEE Transactions on Antennas and Propagation, 2015, 63(11): 4801-4810.

[36] HUANG C, PAN W, LUO X. Low-loss circularly polarized transmitarray for beam steering application[J]. IEEE Transactions on Antennas and Propagation, 2016, 64(10): 4471-4476.

[37] PALMA L D, CLEMENTE A, DUSSOPT L, et al. Circularly-polarized reconfigurable transmitarray in Ka-band with beam scanning and polarization switching capabilities[J]. IEEE Transactions on Antennas and Propagation, 2017, 65(2): 529-540.

第 5 章
基于功能材料的机械天线技术

3 Hz ~ 30 kHz 频段的极低频（Extremely-Low Frequency, ELF）、超低频（Super-Low Frequency，SLF）、特低频（Ultra-Low Frequency, ULF）和甚低频（Very-Low Frequency，VLF）电磁波因穿透力强、传播距离远、抗干扰能力强、海水中衰减系数小等优点[1]，在透地通信、地质勘测、潜艇通信等方面具有重要作用。

在目前的“陆海空天”物理空间中，作为远距离信息传输载体的高频电磁波唯独无法适用于海洋远近距离信息传输。高频电磁波在水、岩石以及其他介质中衰减严重，且其波长短，导致信号绕射能力差。比较而言，低频电磁波在导电介质中趋肤深度大、衰减慢、传播距离长，波长较长，具有良好的衍射能力，可跨越障碍物，功率足够时可在大地和电离层之间来回折射，进行远距离传播。

然而，传统的低频电磁波发射系统因其体积庞大、维护成本高、功耗巨大而无法满足如今便携与经济的要求。受制于材料与技术的限制，低频电磁波发射系统进展缓慢。步入 21 世纪以来，功能材料的迅速发展为低频电磁波发射系统的小型化提供了新的可能。美国国防部高级研究计划局（Defense Advanced Research Projects Agency，DARPA）提出了“机械天线”项目[2]。从此，低频天线的研究进入新的阶段。

5.1 机械天线基本原理及其发展

5.1.1 传统低频天线

由于低频电磁波的诸多优点，人类对低频电磁波的使用历史深远。法国早在 1917 年就利用极低频段的电磁波，成功实现了 30 km 外 10 m 水深的反潜通信。在第二次世界大战期间，甚低频通信技术取得了很大的发展，德国在萨克森州建设了“歌利亚”甚低频发信台，工作频段为 15～25 kHz，最大发信功率为 1 800 kW，采用 3 副伞状天线，主天线塔高为 204 m，天线阵基线长为 2.4 km，总占地面积为 2.63 km^2。由于接地网络的要求，超低频发光系统对场所要求极高，发射台都建设在土地电导率低的地区，对地质构造、地理环境要求很高。系统所需的耗电量极高，达到兆瓦级，对电力供应能力有很大要求。此外，系统的辐射效率低，美国的低频率通信系统在 1 MW（1×10^6 W）的输入功率下只产生 8 W 的有效辐射。现有的超低频通信系统的窄带宽、低网速也使其实用性大打折扣。除了传统的电流偶极子式天线发射低频电磁波外，另一种传统低频发射系统是利用大功率高频电磁波对电离层进行人工加热产生低频电磁波来实现的。

电离层中有大量的自然电流，双波束幅度调制形成两个“ELF/VLF 偶极子天线”示意如图 5-1 所示。大功率高频电磁波定向辐射可以在电离层区域加热到高空，通过控制加热的起止可以改变电子碰撞频率，从而改变该区域的电流密度。为了产生与调制信号频率相同的电流振荡，它辐射出相应频率的电磁波。此外，由于高频发射天线的体积较小，在一定程度上可以解决地基低频发射系统中地面目标较大的问题[3]。早在 20 世纪上半叶，人们就提出了低频电磁波电离层调制的思想，并通过美国科罗拉多州的加热实验证明了该方案的可行性[4-5]。随后，出现了大量的理论和实验，研究表明，电离层调制方法可以产生覆盖极低频到甚低频范围的电磁波[6-7]。

为了解决地面上的低频传输系统规模大容易受到打击并且难以恢复的问题，顽存机动低频传输系统在低频通信领域是一个很大的研究课题。一方面，顽存机动低频传使得其能够作为陆上和潜水艇的中继站，接收陆地上的高频信号，在接近潜水艇的位置有效地进行低频通信。顽存机动低频传输系统可以在基于地面的传输系统发生故障之后承担低频通信任务。另一方面，其机动性使得其能够作为陆上和潜水艇的中继站，接收陆地上的高频信号，在接近潜水艇的位置有效地进行低频通信。现有的顽存机动低频传输系统主要包括车载、舰载、飞机和星载的方案[9]。

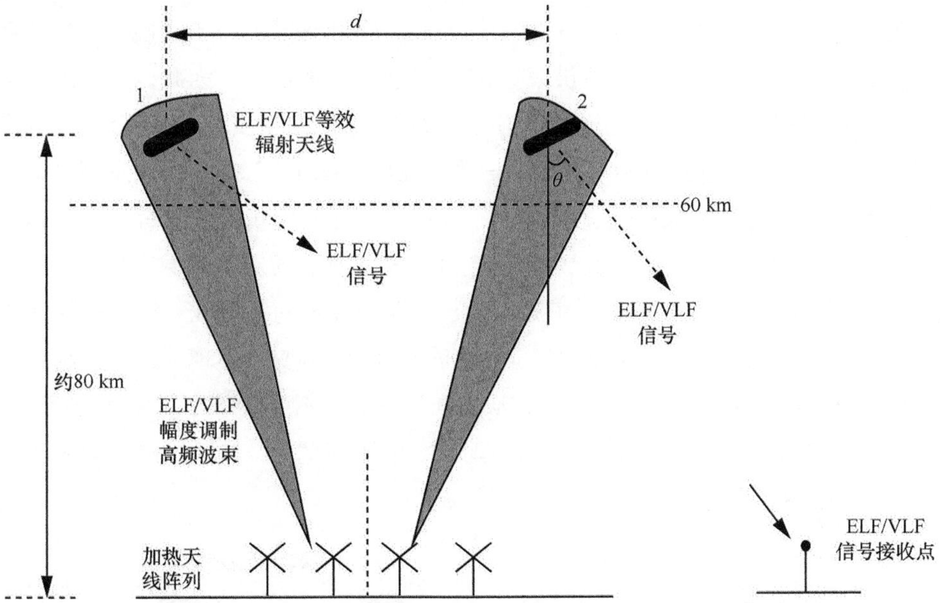

图 5-1　双波束幅度调制形成两个“ELF/VLF 偶极子天线”示意[8]

车载、舰载型低频发射系统采用气球升降方式，将千米级长度的甚低频天线线缆依附于充满低密度惰性气体的大型气球上，为了能够提供驱动能源，线缆的下端连接在车辆或者舰船上[10]。机载型低频发送系统将长天线与短天线的两个拖曳天线组合构成发送系统，长拖曳天线与飞机主体连接，短拖曳天线与发射机功率放大器的输出端连接[11]。与其他甚低频发射天线相同，为保证有效辐射甚低频电磁波，发射天线应尽可能保证垂直极化，因此，在双拖曳天线中，长拖曳天线应尽可能保持垂直，并且在发射甚低频信号时，飞机进行盘旋动作，以使得辐射信号具有较大的垂直分量，便于水下潜艇接收[12]。

星载型低频发射系统将地面上的大规模天线移到低地球卫星的轨道上，可以在避免地上缺陷的同时，利用卫星的轨道移动来缩短与水中接收潜水艇的距离。目前正在测试的卫星搭载 VLF 天线有美国和意大利采用的细长天线和俄罗斯采用的环形天线[13]。

即便目前存在上述各类顽存机动低频发射系统，也无法改变低频天线需要较大体积的客观要求，各方案均存在明显的外置天线，仍存在遭受打击的风险，且顽存机动方案无法长期使用，维护成本高昂。

5.1.2 机械式低频天线的提出

为了解决激励电流天线难以小型化的问题，降低易遭受打击风险，满足能耗要求，实现高效小型化的低频电磁波发射成为目前研究的热点。为此，美国国防部高级研究计划局提出机械天线的概念，并于 2017 年 9 月斥资 2 300 万美元启动了 AMEBA 项目，项目的主要目标是研发一种便携式 ULF 或 VLF 频段发射系统。该系统将具有“尺寸小、重量轻、功耗低”的特点，可以彻底解决现有长波通信设施的不足。该项目提出通过机械装置驱动空间中电场或磁场发生时域变化，从而产生低频电磁波（原理如图 5-2 所示[14]）。与电激励天线不同，机械天线将机械能转换为电磁能，其信息加载在驱动环节，通过机械运动状态变化实现。其直接利用能量调控机械运动即可产生低频电磁波并实现信号调制，不受限于电流振荡空间尺寸、不需要阻抗匹配电路，有望实现高效小型化的超低频发信，是无线电发射系统的重大变革性和颠覆性创新。

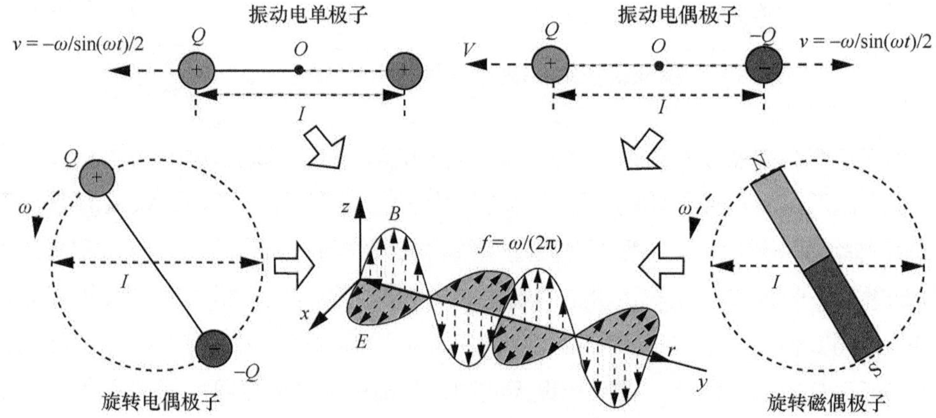

图 5-2 机械天线的主要形式与基本原理[14]

AMEBA 项目需要解决的关键问题包括：为了制造低功耗、精确控制的机械式射频发射机，需要在电磁材料、机械驱动装置与天线结构设计、发射材料、匹配网络等多个技术领域获得关键性突破。其中，最核心的问题是如何在满足低功耗的条件下，在较小的空间内形成所需的强电磁场。其他关键技术问题包括：如何有效调制载波，以产生有用的信息带宽；如何研制供单兵使用的“尺寸小、重量轻、功耗低”的发射机背包；如何进行发热控制，降低功率需求；如何封装与加固系统，提高抗颠簸性能等。

5.1.3 机械天线简述

AMEBA 项目自立项之初，就受到了国内外的广泛关注，被列为 DARPA 最前沿的 4 项技术之一[15]。我国国防科技大学、中国船舶重工集团公司第七二二研究所、北京航空航天大学、西安电子科技大学等高校和研究院所纷纷跟踪响应，从电磁波产生的基本原理入手开展了辐射机理、方案模型等的研究工作，主要集中于物理构架模型的建立与仿真[14–17]，对于天线的实现也开展了一部分原型机的研制[18–19]。目前根据核心材料的不同，机械天线大致可归为 3 类：驻极体式机械天线、永磁体式机械天线和压电谐振式机械天线。

驻极体是一种长期处于极化亚稳状态，能长期储存空间电荷或电偶极子的电介质材料[20–21]。驻极体式机械天线的机理是以极化后的驻极体为核心材料，当其做简谐运动时，其内的束缚电荷也随之运动，从而对外辐射电磁波。目前国内外的驻极体式机械天线多处于理论计算与模拟阶段[22–24]，BICKFORD 等[25–26]对旋转和振动两种模态的天线性能进行仿真模拟，结果表明高速旋转的驻极体式机械天线辐射效率更高。为了验证模拟结论，BICKFORD 等[26]把 25.4 mm×25.4 mm×0.25 mm 的聚四氟乙烯驻极体固定在一根长度为 1 m 的旋转碳纤维棒尾端，通过磁强计测定其在 x 轴方向上 5 cm 处的磁场强度为 5 pT 左右。

稀土永磁材料的生产工艺日益成熟，永磁体式机械天线随之出现。永磁体是在开路状态下能长期保留较高剩磁的磁体[27]。永磁体式机械天线的机理是以永磁体为核心材料，通过电机驱动永磁体旋转，从而产生与旋转频率相应的磁场辐射[28–29]。BURCH 等[29]将钕铁硼空心圆柱体固定在旋转的金属轴上，通过电机旋转带动钕铁硼永磁体旋转，产生约 500 Hz 的电磁波，并在 100 m 处探测到约为 800 fT 的磁感应强度。西安电子科技大学的 GONG 等[28]基于 Amperian 电流模型，推导旋转磁体机械天线的电磁场表达式，使用 100 mm×50 mm×20 mm 的磁铁制作样机，在 2 m 的范围内得到与计算结果相吻合的交流磁场。

与上述两种旋转式机械天线不同的是，压电谐振式机械天线是以压电材料为核心，通过振动辐射磁场的。目前压电谐振式机械天线主要包含两种模式：一种是通过压电材料本身的正逆压电效应来辐射磁场的机械天线；另一种是利用压电材料与磁致伸缩材料相结合的磁电复合结构产生的磁电效应来产生电磁波的磁电式机械天线。以压电晶体或者压电陶瓷等压电陶瓷材料作为核心材料的声波激励电场式机械天线，通过外加电场对压电材料进行激励，使压电材料产生随外加电场波形相关的形变，电动压电材料表面束缚带动压电材料表面束缚电荷与内部偶极矩的运动，形成偶极电流，从而对外产生辐射。

5.2 功能材料及其换能效应

5.2.1 能量转换与功能材料

能量作为描述物质存在状态及状态变化的常用参数，与物质一起组成客观世界的基础。我们常用的能量单位包括：焦耳（J）、千瓦时（kW·h）、卡（cal）等。1 J 相当于 1 N 的力将物体移动 1 m 的距离所需要的能量；1 cal 是指 1 g 水在标准大气压（101.325 kPa）下提升 1℃所需要的热量。这些对于能量量纲的不同定义往往取决于不同的应用环境或应用领域，当然，实际应用中还存在其他一些单位，如标准煤当量、标准油当量等。即使量纲有所差异，其对于物质存在状态及状态变化的描述作用是一致的，因此我们可以基于其所描述的物质的特定状态，划分能量的存在形式，主要包括：机械能、热能、电能、辐射能和核能。能量是不会凭空产生和消失的，其使用和获得都满足基本的守恒定律。因此，能量的有效转换成为获得和使用能量实现具体目标的前提。

在过去，人类尝试过通过多种转换方式获得所需要的能量，包括使用蒸汽机、发动机、电机、发电机等，这些方式都存在设备体型大、器件设计复杂、难操作等问题。因此，人类提出基于材料本身的性质去实现能量转换的方式，而这种通过材料本身性质实现能量转换的功能被称为换能效应。利用材料的换能效应，人类成功得到微型化、易组装的各类元器件，成功克服传统意义上的大型机械实现的能量转换所带来的困难。而用于制备这些元器件的换能材料往往具有除机械特性以外的其他功能特性，因此被称为二次功能材料。

功能材料，是指通过除机械作用以外的光、磁、电、热、化学等作用后具有特定功能的材料。功能材料按其功能的显示过程可分为一次功能材料和二次功能材料。当向材料输入的能量和从材料输出的能量属于同一种形式时，材料起到能量传输的作用，这种功能材料称为一次功能材料或载体材料；当向材料输入的能量和从材料输出的能量属于不同形式时，材料起能量转换部件的作用，这种功能材料称为二次功能材料。对于二次功能材料而言，其换能效应种类繁多。例如，光能与其他形式能量的转换，如光合成反应[30]、光分解反应[31]、光致伸缩[32]等；电能与其他形式能量的转换，如热电效应[33]、光电效应[34]、压电效应[35]、电致发光[36]等；磁能与其他形式能量的转换，如磁冷冻效应[37]等。

电气化时代，电能成为各国促进科技发展和提升经济实力的重要动力。其可存储、可输送的特点使得它在日常照明、能源动力、化工生产、冶金矿产、交通通信、纺织工业等各个领域都有广泛的应用。电能作为现代化文明中不可或缺的重要角色，不仅其用量成为衡量文明发展程度的标准之一，其获得和使用方式也是研究的重要课题。因此，和电能的获得和使用相关的能量转换问题就显得格外重要。这些转换问题主要集中在人们日常生活所接触到的能量形式中，主要包括热能、光能以及机械能。针对这一需求，与压电效应、热电效应、光电效应、电致发光相关联的光电功能材料、电致发光功能材料、热电功能材料以及压电功能材料得到了广泛关注。

5.2.2　压电材料

在机械天线的应用中，压电陶瓷的使用十分广泛。压电陶瓷是具有压电效应的晶体通过烧结而成的一种多晶铁电体。内部晶粒和电畴取向的随机性，使得各铁电畴之间的压电效应相互抵消，压电陶瓷在整体上不会体现压电效应。只有通过长时间强直流电场作用下的极化处理，使各铁电畴沿最靠近电场的方向排列，才能使压电陶瓷在宏观上具有极性，从而产生压电效应[38]。

压电效应是一种机电耦合的效应，可以分为正压电效应和逆压电效应。晶体的压电效应原理如图 5-3 所示。对于具有非对称中心结构的晶体，在一定方向上对其施加机械应力时，晶胞中正负离子的相对位移使正负电荷中心不再重合，导致晶体发生宏观极化，而晶体表面电荷面密度等于极化强度在表面法向上的投影，所以压电材料受压力作用形变时两端面会出现数量相等、符号相反的束缚电荷，且在一定范围内电荷密度与作用力成正比，这种由“压力”产生“电”的现象称为正压电效应。反之，若在此类晶体上施加电场，电场导致介质内部正负电荷中心位移，造成介质产生形变，在一定范围内，其形变与电场强度成正比，这种由“电”产生“机械形变”的现象就是逆压电效应。

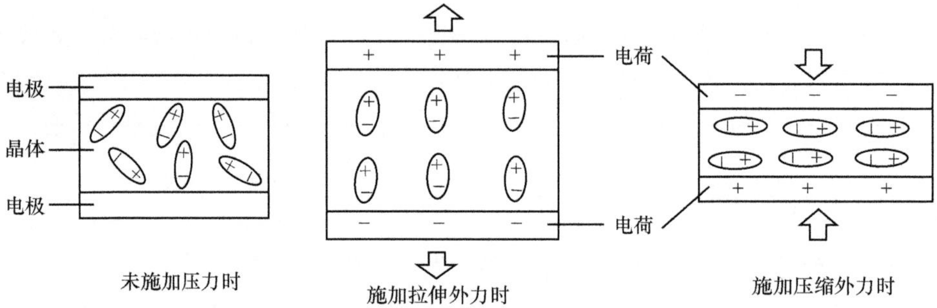

(a) 正压电效应

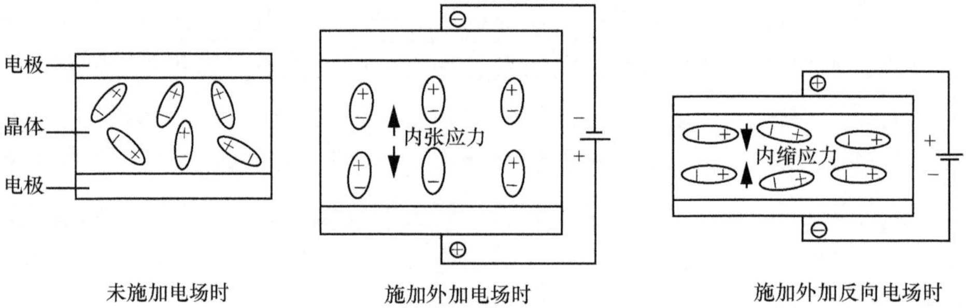

(b) 逆压电效应

图 5-3　晶体的压电效应原理

对于有对称中心结构的晶体，不论是否施加外力或外电场，其正负电荷的中心都保持重合，因此晶体对外不显现极性，不会产生压电效应。可知，材料要产生压电效应，其原子、离子或分子晶体结构必须具有不对称中心。

压电材料的发展历史悠久，早在公元前人们便发现了电气石吸引少量热灰烬后又将其排斥掉的现象，这种现象正是由压电效应引起的。在 18 世纪初期，这种电气石被荷兰商人引入欧洲。此后的一个多世纪里，陆续有研究人员对电气石的这种特殊现象进行研究。Pierre Curie 和 Jacques Curie 兄弟在研究热电现象和晶体对称性时发现，在石英晶体的特定方向施加压力或拉力，其对应的表面上会分别产生正负束缚电荷，且电荷密度与施加力的大小成比例，并据此设计出第一台基于压电原理的石英天平，应用于放射性现象的研究工作中。Hankel 将这种现象称为压电效应。Lippman 根据热力学原理和能量守恒及电荷守恒定律从理论上预言了逆压电效应的存在[39]。随后 Curie 兄弟用实验证实了压电晶体在外加电场作用下会出现应变和应力，并发现压电效应是固态电介质的力学参数和电学参数之间的线性耦合，同时证明了正逆压电效应具有相同的压电常数。然而，压电效应中复杂的力电耦合特性，使其很难在实际工程中得到应用，直到第一次世界大战期间 Langevin 才发明了压电超声换能器[40]。压电体主要来源于铁电体，第二次世界大战期间美国等国家相继开展压电材料的研究，将它们的应用扩展到了声呐、超声波、传感器等领域[41]。随后在 20 世纪 50 年代中期，美国科学家 Jaffe 首先发现了锆钛酸铅（PZT），无论是它的机电耦合系数、压电系数，还是性能稳定性和居里温度等特性都远远超过以往常用的钛酸钡，因此 PZT 成为应用较多的压电材料，至今含有 PZT 的陶瓷仍然是应用最广的压电材料[42]。

PZT 材料的含铅量高达 60%，会对人体健康与环境造成不可逆的伤害。随着人们安全意识的提高，以及欧盟、日本等组织与国家的相继立法，寻找可替代的对环境友好的无铅压电陶瓷的任务十分紧迫[43-44]。目前，研究较为广泛的无铅压电陶瓷是与 PZT 结构相同的钙钛矿体系材料，主要包括铌酸钾钠基（$(K,Na)NbO_3$，KNN）、钛酸钡基（$BaTiO_3$，BT）以及钛酸铋钠基（$(Bi_{0.5}Na_{0.5})TiO_3$，BNT）无铅压电陶瓷。目前国内外对无铅压电陶瓷进行了大量研究，但各自的缺点导致 PZT 仍是目前应用最多的压电陶瓷材料。

压电效应的定量描述可以通过压电方程来完成。压电方程是描述力学量和电学量之间相互关系的表达式。由于应用状态和测试条件的不同，压电振子可以处在不同的电学边界条件和机械边界条件下，即压电方程的独立变量可以任意选择。根据机械自由和机械夹持的机械边界条件以及电学短路和电学开路的电学边界条件，描述压电材料的压电效应方程共有 4 类，即 d 型、e 型、g 型、h 型。4 类边界条件如下。

（1）电学边界条件

短路：两电极间外电路的电阻比压电陶瓷片的内阻小得多，可认为外电路处于短路状态。这时电极面所累积的电荷由于短路而流走，电压保持不变。它的上标用 E 表示。

开路：两电极间外电路的电阻比压电陶瓷片的内阻大得多，可认为外电路处于开路状态。这时电极上的自由电荷保持不变，电位移保持不变。它的上标用 D 表示。

（2）机械边界条件

自由：用夹具把压电陶瓷片的中间夹住，边界上的应力为零，即片子的边界条件是机械自由的，片子可以自由变形。它的上标用 T 表示。

夹紧：用刚性夹具把压电陶瓷片的边缘固定，边界上的应变为零，即片子的边界条件是机械夹紧的。它的上标用 S 表示。

4 类边界条件对应 4 类压电方程，具体如下。

第一类压电方程边界条件为机械自由和电学短路，应力 T 和电场强度 E 为自变量，应变 S 和电位移 D 为因变量。d 型方程为

$$\begin{cases} D = dT + \varepsilon^T E \\ S = s^E T + d_t E \end{cases} \tag{5-1}$$

式（5-1）中，第一个方程描述正压电效应，而第二个方程描述逆压电效应。式中，d 为压电常数，d_t 表示 d 的转置；s 表示弹性柔顺常数；ε 表示介电常数；ε^T 和 s^E 分别表示应力恒定时的介电常数和场强恒定时的弹性柔顺系数。

第二类压电方程边界条件为机械夹持和电学短路，应变 S 和电场强度 E 为自变量，应力 T 和电位移 D 为因变量。e 型方程为

$$\begin{cases} T = c^E S - e_t E \\ D = eS + \varepsilon^S E \end{cases} \tag{5-2}$$

式中，c 表示弹性刚度常数；e 表示压电应力系数，e_t 表示 e 的转置；ε^S 为应变恒定时的介电常数（夹紧介电常数）；c^E 为场强恒定时（短路）的弹性刚度系数。

第三类压电方程边界条件为机械自由和电学开路，应力 T 和电位移 D 为自变量，应变 S 和电场强度 E 为因变量。g 型方程为

$$\begin{cases} S = s^D T + g_t D \\ E = -gT + \beta^T D \end{cases} \tag{5-3}$$

式中，β 表示介质隔离率；g 表示压电应变常数，g_t 表示 g 的转置；β^T 为恒应力作用下介质的隔离率；s^D 为恒电位移（开路）时弹性柔顺系数。

第四类压电方程边界条件为机械夹持和电学开路，应变 S 和电位移 D 为自变量，应力 T 和电场强度 E 为因变量。h 型方程为

$$\begin{cases} T = c^D S - h_t D \\ E = -hS + \beta^S D \end{cases} \tag{5-4}$$

式中，h 表示压电应力常数，h_t 表示 h 的转置；β^S 为恒应变下（夹紧）的介质隔离率；c^D 为恒电位移（开路）时弹性刚度系数。

显然，通过不同边界条件下的压电方程，可以得到用于描述压电材料性能的特性参数。这些参数包含对于压电材料的弹性、压电、介电性质的定量描述，如介电常数、弹性系数和压电常数等，决定了压电材料的基本性能。描述交变电场中压电材料介电行为的介质损耗角正切值（$\tan\delta$），描述弹性谐振时力学性能的机械品质因数 Q_m 及描述谐振时机械能与电能相互转换的机电耦合系数 K_{ij} 等，决定了压电材料的具体应用方向。在压电材料的研究及实际应用中，以上参数极为重要。其中常见且比较重要的压电材料常用的特征参数见表 5-1。

表 5-1　压电材料常用的特征参数

性能	特征参数	符号
转换性能	压电常数	d_{ij}
	机电耦合系数	K_{ij}
	机械品质因数	Q_m
介电性能	介电常数	ε
	介质损耗角正切值	$\tan\delta$
力学性能	弹性系数	C_{ij}, S_{ij}

（1）压电常数

以压电晶体为例，压电常数主要包括压电应变常数 d、压电应力常数 e、压电电压常数 g 和压电劲度常数 h。其中，d 和 e 由电场引起的应变或应力变化来表示，它们表达的物理意义为压电材料的压电效应，是代表材料驱动性能和传感性能的参数，也是最常用的压电常数。压电应变常数 d 表示在常应力或零应力条件下，单位电场强度 E 的变化引起应变分量的改变量；或者表示在常电场或零电场条件下，应力分量的单位变化量引起电位移分量的变化量。其单位为 m/V 或 C/N，表示如下

$$d_{ij}=\left(\frac{\partial\varepsilon_j}{\partial E_i}\right)_\sigma=\left(\frac{\partial D_i}{\partial\sigma_j}\right)_E \tag{5-5}$$

其中，E_i 表示 i 方向上施加的电场强度，单位为 V/m；ε_j 为 j 方向上产生的应变；σ_j 为 j 方向上的应力，单位为 MPa；D_i 为 i 方向上产生的电位移，单位为 C/m。d_{ij} 值越大，表明电能转换为机械能的能力越好。

压电应力常数 e 表示在常应变或零应变条件下，单位电场强度的变化引起应力分量的改变量；或者表示在常电场或零电场条件下，应变分量的单位变化量引起电位移分量的变化量。其单位为 N/(V·m)或 C/m^2，表示如下

$$e_{ij}=\left(\frac{\partial\sigma_j}{\partial E_i}\right)_\varepsilon=\left(\frac{\partial D_i}{\partial\varepsilon_j}\right)_E \tag{5-6}$$

压电电压常数 g 表示在常应力或零应力条件下，单位电位移分量的变化引起应变分量的改变量；或者表示在常电位移或零电位移条件下，应力分量的单位变化量引起电场强度分量的变化量。其单位为（V·m）/N 或 m^2/C，表示如下

$$g_{ij}=\left(\frac{\partial\varepsilon_j}{\partial D_i}\right)_\sigma=\left(\frac{\partial E_i}{\partial\sigma_j}\right)_D \tag{5-7}$$

对于因机械应力而产生电压的材料来说，希望其具有高的压电电压常数。

压电劲度常数 h 表示在常应变或零应变条件下，单位电位移分量的变化引起应力分量的改变量；或者表示在常电位移或零电位移条件下，应变分量的单位变化量引起电场强度分量的变化量。其单位为 V/m 或 N/C，表示如下

$$h_{ij}=\left(\frac{\partial\sigma_j}{\partial D_i}\right)_\varepsilon=\left(\frac{\partial E_i}{\partial\varepsilon_j}\right)_D \tag{5-8}$$

压电应变常数 d_{ij} 是表征压电材料最常用的重要参数之一，一般陶瓷的压电应变常数越高，压电性能越好。在下标中，i 指的是电场方向，j 指的是应力或应变的方向。因此，d_{33} 表示极化方向与应力方向相同时测量得到的压电应变常数。当沿压电陶瓷的极化方向（z 轴）施加压应力 σ_3 时，在电极面上产生电荷。根据式（5-5）有以下关系式

$$D_3=d_{33}\sigma_3 \tag{5-9}$$

同理，沿 x 轴和 y 轴分别施加应力 σ_1 和 σ_2，在电极面上所产生的电位移为 $D_1=d_{31}\sigma_1$，$D_2=d_{32}\sigma_2$。若晶体同时受到 σ_1、σ_2 和 σ_3 的作用，电位移和应力的关系为

$$D_3=d_{31}\sigma_1+d_{32}\sigma_2+d_{33}\sigma_3 \tag{5-10}$$

对于用来产生运动式振动的材料来说，希望具有大的压电应变常数 d。

（2）机电耦合系数

机电耦合系数 K 是表示压电材料机械能和电能耦合程度的参数，是衡量材料压电性能强弱的重要物理量，用式（5-11）表示

$$K_{ij}=\frac{U_1}{\sqrt{U_{\mathrm{M}}U_E}} \tag{5-11}$$

式中，$U_1=\frac{1}{2}d_{ij}\sigma_jE_i$ 表示压电元件机械能和电能互相转换的能量密度，单位为 J/m^3；$U_{\mathrm{M}}=\frac{1}{2}s_{ij}\sigma_j\sigma_i$ 表示压电元件储存的机械能密度，单位为 J/m^3，其中 $s_{ij}=\left(\frac{\partial\varepsilon_i}{\partial\sigma_j}\right)$ 为弹性柔度系数，是反映弹性体的变形与作用力之间关系的参数；$U_E=\frac{1}{2}\varepsilon_{ij}E_jE_i$ 表示压电元件储存的电能密度，单位为 J/m^3。

因为机械能和电能之间不可能完全耦合（即机械能不能完全地转换为电能），所

以机电耦合系数的上限只可能接近 1，而不可能等于 1。由于转换不可能完全，总有一部分能量以热能、声波等形式损失掉或向周围介质传播。不同材料的 K 值不同；同种材料由于振动方式不同，K 值也不同。压电陶瓷振子的机械能与其形状和振动模式有关，不同的振动模式将有相应的机电耦合系数，如薄圆片径向伸缩模式的耦合系数为 K_p（平面机电耦合系数）；薄形长片长度伸缩模式的耦合系数为 K_{31}（横向机电耦合系数）；圆柱体轴向伸缩模式的耦合系数为 K_{33}（纵向机电耦合系数）。

（3）机械品质因数

压电体做谐振振动时，要克服内部的机械摩擦损耗（内耗），在有负载时还要克服外部负载的损耗，与这些机械损耗相联系的是机械品质因数 Q_m，它反映压电材料做谐振振动时，因克服内摩擦而消耗能量的多少。Q_m 等于压电振子谐振时储存的机械能 W_1 与一个周期内损耗的机械能 W_2 之比，表达式为

$$Q_m = 2\pi \frac{W_1}{W_2} = 2\pi \frac{f_s L}{R} \tag{5-12}$$

式中，f_s 表示谐振频率，单位为 Hz；L 表示电感，单位为 H；R 表示机械损耗阻抗，单位为 Ω。

（4）介电常数

介电常数反映材料的介电性质或极化性质。介电常数是在电场作用下，电介质的电位移随电场强度变化的参数，用 ε 表示，单位为 F/m。其表达式如下

$$\varepsilon_{ij} = \left(\frac{\partial D_i}{\partial E_j} \right) \tag{5-13}$$

电介质在电场作用下会产生极化或改变极化状态，它以感应的方式传递电的作用。静态介电常数是描述电介质在静电场中极化的量化指标。对于完全各向异性的电介质来说，需要 6 个独立的介电常数。一般情况下独立的介电常数数量介于 1 到 6 之间。在交变电场下测得的介电常数称为动态介电常数，动态介电常数与测量频率有关。

（5）介质损耗

介质损耗是包括压电材料在内的任何介质材料都具有的重要品质指标之一。当外加电场作用于压电材料时，介质极化强度需要经过一段时间（弛豫时间）才能达到最终值，即极化弛豫。在交变电场中，取向极化是造成晶体介质存在介质损耗的一个原因，并导致了动态介电常数和静态介电常数之间的不同，极化滞后引起的介质损耗会

转化为热能消失。介质漏电是导致介电损耗的另一个原因，同样会通过发热而消耗部分电能。此外，具有铁电性的压电陶瓷的介质损耗，还与畴壁的运动过程有关。显然，介质损耗越大，材料的性能就越差。因此，介质损耗是判别材料性能好坏、选择材料和制作器件的重要参数。

理想电介质在正弦交变电场作用下流过的电流比电压相位超前 90°，但是在压电材料中因有能量损耗，电流超前的相位角 φ 小于 90°，它的余角 δ （$\delta+\varphi=90°$）称为损耗角，是一个无因次的物理量。人们通常用损耗角正切值 $\tan\delta$ 来表示介质损耗的大小，表示电介质的有功功率（损失功率）P 与无功功率 Q 之比，即电学品质因数 Q_e。电学品质因数的值等于压电介质的损耗角正切值的倒数，是一个无因次的物理量。

5.2.3 磁致伸缩材料

物质在磁场中被磁化时，其线性长度（尺寸）或形状发生变化的现象被称为磁致伸缩现象。磁致伸缩材料存在多种物理效应，每一种物理效应都对应一种功能特性。这里所说的功能特性是指材料具有使一种能量和信息与另一种能量和信息进行相互转换的功能[45–46]。

（1）将电（磁）能转换为机械能的特性：驱动磁场为直流磁场，并且磁场强度由弱到强增加时，磁致伸缩材料可实现位移而做功，此功能特性可用于制造多功能微位移驱动器、线性电机；当多个直流磁场在不同角度，按某一时间间隔驱动时，磁致伸缩材料可将线性运动转化为转动，此功能特性可用于制造各种转动电动机；当驱动磁场为脉冲场时，磁致伸缩材料可由线性运动转化为振动，此功能特性可用作不同频率与功率的振动源，制造各种用途的振源器与振动器；当驱动电源为低频（f<15 kHz）的电磁场时，磁致伸缩材料可将线性运动转化为低频振动，此功能特性可用于制造振幅可调的低频水声换能器、声呐换能器、各种宽频的振动式音响等；当驱动电源为频率大于 20 kHz 的电磁场时，磁致伸缩材料可用于制造超声换能器，在超声技术方面有广阔的应用前景。

（2）将机械能转化为电磁能的特性：利用此功能特性，可以用磁致伸缩材料制造多种类型的传感器，如位移传感器、水听器、反振动器、反噪声器、电子机械滤波器、磁弹性延迟线、能量收集器等，把自然界中各种形式的机械能转化为电磁能。一些利用这一功能特性的新概念性功能器件处于日新月异的发展中。

（3）扭转力矩与电磁能的相互转换：利用这种效应，可以用磁致伸缩材料制造多种类型的传感器，如转矩传感器和用于密封容器或有毒物质反应罐里的液面高度和界面测量传感器等。转矩传感器，尤其是非接触式传感器在运载工具（汽车、火车、搬运机械装置）上有广泛的应用。

（4）将机械能转化为热能的特性：利用此物理效应，可以用磁致伸缩材料制造各种形式的阻尼器件、反噪声器件、反振动器件等。

由于微位移驱动器的应用原理与其他磁致伸缩材料应用的原理基本相同。因此，本书以微位移驱动器为例来分析其能量转换原理。如图 5-4 所示，微位移驱动器由磁致伸缩驱动棒、施加偏场磁铁、施加预压力弹簧、驱动线圈、外壳以及输出力（能）轴等 6 部分组成[47]。

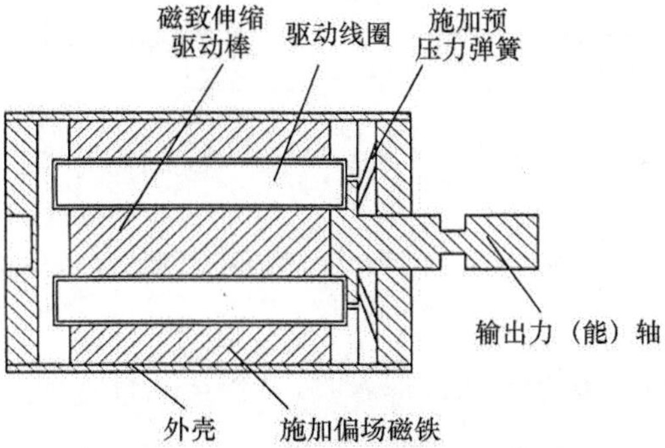

图 5-4　磁致伸缩材料微位移驱动器的结构简图

假定磁致伸缩材料的 λ_S 为正，磁致伸缩材料在使用时，基本上处于预压力、偏场、交变驱动场的作用下工作。这样在工作状态时，磁致伸缩驱动棒系统的自由能可表达为

$$G = \omega - TS - \sigma_3\lambda_3 - H_3B_3 \tag{5-14}$$

式中，G 为吉布斯自由能；ω 为内能；S 为熵；T 为温度；TS 为温熵；σ_3 和 λ_3 分别为沿驱动棒对称轴的应力和应变；当讨论的是单位体积的能量时，$\sigma_3\lambda_3$ 为磁弹性能；H_3 和 B_3 分别为沿驱动棒轴向的磁场和磁感应强度；H_3B_3 为磁能。

式（5-14）描述的是单位体积的能量，下角标 3 是考虑驱动器的轴对称的情况。假定在工作状态下，驱动棒系统处于平衡状态，则 ω 为常数，同时假定应力 σ 和磁场 H_S 的变化足够缓慢，它们的变化不会引起驱动棒系统温度的变化，则 TS=0，此时

$$\mathrm{d}G = -\lambda_3\mathrm{d}\sigma_3 - B_3\mathrm{d}H_3 \tag{5-15}$$

考虑式（5-15）的偏微分，则得

$$\lambda_3 = -\frac{\partial G}{\partial \sigma_3}，\ B_3 = -\frac{\partial G}{\partial H_3} \tag{5-16}$$

在前面已指出，λ 既是 σ 的函数，也是 H 的函数；而 B 既是 H 的函数，也是应力 σ 的函数，则式（5-16）可写成[48]

$$\Delta\lambda = \left(\frac{\partial \lambda_3}{\partial \sigma_3}\right)_H \Delta\sigma_3 + \left(\frac{\partial \lambda_3}{\partial H_3}\right)_\sigma \Delta H_3 \tag{5-17}$$

$$\Delta B = \left(\frac{\partial B_3}{\partial \sigma_3}\right)_H \Delta\sigma_3 + \left(\frac{\partial B_3}{\partial H_3}\right)_\sigma \Delta H_3 \tag{5-18}$$

式中，$\left(\frac{\partial \lambda_3}{\partial \sigma_3}\right)_H = c_H = \frac{1}{E_H}$ 称为柔性系数，它是在恒定磁场下弹性模量 E_H 的倒数；$\left(\frac{\partial \lambda_3}{\partial H_3}\right)_\sigma = d$ 是恒定应力下磁致伸缩应变随磁场的变化率；$\left(\frac{\partial B_3}{\partial \sigma_3}\right)_H = d_H$ 是恒定磁场下的压磁系数；$\left(\frac{\partial B_3}{\partial H_3}\right)_\sigma = \mu_\sigma$ 是恒定应力下的磁导率。参考式(5-18)，可得 $d = \left(\frac{\partial^2 G}{\partial \sigma \partial H}\right)_{H\sigma}$，$d^* = \left(\frac{\partial^2 G}{\partial H \partial \sigma}\right)_{\sigma H}$，只有当 H 和 σ 变化很大时，d 和 d^* 才有区别，当 H 和 σ 变化很小时，$d = d^*$。

在许多情况下，应力 σ 与应变 λ 的比例系数 c_H（或 E_H）、磁感应强度 B 和磁场 H 的比例系数 μ_σ 是张量，因此磁致伸缩应变随磁场的变化率 d 也应是一个张量。这里讨论的仅涉及沿驱动棒对称轴 d 的分量，则 d 记为 d_{33}。当式（5-17）中的$\Delta\lambda$ 和式（5-18）中的ΔB 变化很小时，两者可分别写为

$$\lambda = d_{33} H + \frac{1}{E_H}\sigma = d_{33} H + c_H \sigma \tag{5-19}$$

$$B = d_{33}^* \sigma + \mu_\sigma H \tag{5-20}$$

由式（5-14）、式（5-19）和式（5-20）可得

$$\mathrm{d}G = -2\mathrm{d}\left(\frac{1}{2} c_H \sigma^2 + d_{33} \sigma H + \frac{1}{2} \mu\sigma H^2\right) \tag{5-21}$$

式中，第一项为弹性能 w_e，第二项为磁弹性能 w_me 的 2 倍，第三项为磁能 w_m 即外场

对驱动棒磁化时所做的磁化功。

使驱动棒对外做功的能量是磁弹性能 w_{me}。弹性能 w_e 和磁能 w_m 分别是外加预应力和偏场与驱动交变场对驱动棒所做的功。一般来说，施加给驱动棒所做功（包括弹性能和磁能）越小，输出功（磁弹性能）越大，整个系统的效率就越高。我们将磁弹性耦合系数（也称为机电耦合系数）记作 k_{33}，则

$$k_{33}=\frac{w_{me}}{\sqrt{w_e w_m}} \tag{5-22}$$

由式（5-21）和式（5-22）可得

$$k_{33}=\frac{d_{33}}{\sqrt{c_H\mu_\sigma}}=d_{33}\sqrt{\frac{E_H}{\mu_\sigma}} \tag{5-23}$$

式中，d_{33} 是驱动棒轴向的磁致伸缩应变对磁场的变化率，E_H 和 μ_σ 分别是恒磁场下驱动棒的弹性模量、恒压力下驱动棒的磁导率。

当把驱动棒的磁感应强度 B 和磁致伸缩 λ 作为自变量时，可以导出 k 另外的表达式，即

$$k=\frac{\mu_\sigma-\mu_\lambda}{\mu_\sigma} \tag{5-24}$$

或

$$k=\frac{\frac{1}{2}\mu_\sigma H^2-\frac{1}{2}\mu_\lambda H^2}{\frac{1}{2}\mu_\sigma H^2} \tag{5-25}$$

也就是说，在恒应力情况下，磁弹性能转变为磁能，磁能值最大。

同理，在恒应变的情况下，也可得

$$k=\frac{\frac{1}{2}E_B\lambda^2-\frac{1}{2}E_H\lambda^2}{\frac{1}{2}E_B\lambda^2} \tag{5-26}$$

式（5-25）中，$\frac{1}{2}\mu_\sigma H^2$ 和 $\frac{1}{2}\mu_\lambda H^2$ 分别为恒应力下和恒应变下的磁能；$\frac{1}{2}E_B\lambda^2$ 和 $\frac{1}{2}E_H\lambda^2$ 分别为恒磁感下和恒磁场下的磁弹性能。对比式（5-25）和式（5-26）可知，在恒应力下弹性能转变为磁能，磁能有最大值；在恒磁感下磁能转变为弹性能，弹性能有最

大值。

在预应力 σ、偏磁场 H_b、正弦交变场 $\widetilde{H}=H_m\sin(\omega t)$ 的驱动下，驱动棒的长度按正弦规律伸长和缩短。这样可看作一个正弦纵波在驱动棒内传播。实际上它相当于驱动棒长度变化的振动。按振动理论，当驱动场的半波长 $\lambda/2$ 等于驱动棒的长度 l（$\lambda/2=l$）时，驱动棒的长度变化就发生共振。共振频率为

$$f=\frac{v}{\lambda}=\frac{1}{2l}\sqrt{\frac{E}{\rho}} \tag{5-27}$$

式中，v 为纵波传播速度；ρ 和 E 分别为驱动棒的密度和弹性模量。对某一特定驱动场 H，磁感应强度 B 发生最大的变化时，对应的共振称为正共振。正共振频率为

$$f_H=\frac{v_H}{2l}=\frac{1}{2l}\sqrt{\frac{E_H}{\rho}} \tag{5-28}$$

式中，v_H 为某一特定磁场即恒磁场时的声速；E_H 为恒磁场时的弹性模量。当磁感应强度 B 的变化最小时，其对应的共振称为反共振。反共振频率为

$$f_B=\frac{v_H}{2l}=\frac{1}{2l}\sqrt{\frac{E_B}{\rho}} \tag{5-29}$$

由式（5-28）和式（5-29），可计算出磁机械耦合系数 k[49]

$$k^2=1-\left(\frac{f_H}{f_B}\right)^2 \tag{5-30}$$

式（5-24）、式（5-26）、式（5-28）和式（5-29）中的 k 与样品尺寸有关。当样品为环状时，$k_{33}=k$；当样品为细长棒状时，$k_{33}=\frac{\pi}{\sqrt{8}}k$，磁机械耦合系数本身 k_{33} 是与样品的形状与尺寸无关的量。

自然界的所有物质都具有磁致伸缩现象。材料的饱和磁致伸缩值 λ_S 有的是正的，有的是负的，分别表示材料在磁场中磁化时，其尺寸是伸长的和收缩的。部分物质的 λ_S 数值用现有仪器无法测量，则称其 λ_S 为零。通常，人们希望材料的磁致伸缩值 λ_S 尽量大。现在把 λ_S 大于 $\pm 50\times10^{-6}$ 的材料称为磁致伸缩材料。

磁致伸缩现象是在 19 世纪 80 年代发现的，当时材料的 λ_S 还很低，为（20～30）$\times10^{-6}$，一直没有得到应用。直到 20 世纪 20 至 30 年代才发现 Ni 的 λ_S 可以达到 -50×10^{-6}[45,50]，

纯 Ni 是最早得到应用的磁致伸缩材料。第二次世界大战期间，美军用 Ni 来制造声呐水声换能器。此后又广泛使用 Ni 片来制造电话接收机、转矩仪表、水听器和振动器[51]。在同一时期，为了弄清楚 Ni 的磁致伸缩行为，人们开始研究 Ni 基合金，如 Fe-Ni、Ni-V、Ni-Cr、Ni-Mn、Ni-Co 等合金的磁致伸缩行为，但是 Ni 基合金的 λ_S 始终不高。

20 世纪 30 至 40 年代[45]，人们开始研究 Fe、Co、Fe-Ni、Fe-Co 和 Fe-Co-Ni 等合金的单晶体或多晶体的磁致伸缩行为。Fe 单晶体的 λ_S 约为 20×10^{-6}。不同研究报道的 Co 的 λ_S 值分散性很大，原因是 Co 的 λ_S 与样品的状态密切相关。退火多晶体 Co 的 λ_S 约为 -50×10^{-6}，然而 75Co-25Fe、65Co-35Fe、70Co-30Fe（质量分数）多晶体合金，在 1.12×10^5 A/m 磁场下分别达到 114×10^{-6}、120×10^{-6}、130×10^{-6}，这在当时算是高磁致伸缩材料。但是，由于 Fe-Co 合金难加工、磁化场高，没有得到应用。20 世纪 50 年代研究人员对 Fe-Co 合金成分做了调整，研制出 49Co-49Fe-V（质量分数）的合金，加工性能得到改善，λ_S 可达到 70×10^{-6}。此后 Fe-Co（V）合金和 Ni 一样成为主流的磁致伸缩材料，并得到广泛应用。

从 20 世纪 50 年代开始，研究人员又继续研究 Fe 基二元合金的磁致伸缩性能。HALL[52]研究 Fe-V、Fe-Mo、Fe-Ge、Fe-Cr、Fe-Ti 和 Fe-Sn 等单晶体的 λ_{100}，发现这些合金的 λ_{100} 均为（12.1～54.8）$\times10^{-6}$。1957 年和 1959 年 HALL[53−54]又先后研究 Fe-Ni、Fe-Si、Fe-Al、Co-Ni、Fe-Co 等合金的单晶体磁致伸缩性能。HALL 最先发现在 Fe 中添加 Al，随着 Al 含量的提高，Fe-Al 单晶体的 λ_{100} 也会线性提高。在 Fe-19at.%Al（原子分数）成分附近 $1.5\lambda_{100}$ 接近 140×10^{-6}，这一结果对 Fe 基磁致伸缩材料的发展起到重要的促进作用。

GERSDORF 等[55]首先观察到将 Be 添加到 Fe 中时，可以将 Fe-3.1at.%Be（原子分数）单晶体的 $1.5\lambda_{100}$ 提高到 55×10^{-6}，这一研究结果是十分令人鼓舞的。

上述 Fe-Al 和 Fe-Be 的发现对 Fe 基磁致伸缩合金的发展起到了奠基作用。

20 世纪 60 年代初发现了稀土金属 Tb 和 Dy 在低温的磁致伸缩应变 λ[56]，分别达到 8 700×10^{-6}（−184℃）和 8 800×10^{-6}（−53℃）。它们具有密排六方（HCP）结构，且是易基面的，这一发现引起人们广泛的兴趣。

文献[57]进一步发现稀土铁 Laves（$REFe_2$）相化合物在室温下具有很高的 λ_S。例如 $TbFe_2$ 化合物在室温下的 λ_S 达到 4 000×10^{-6}。它具有 C15 型结构，其晶体结构对称性比 HCP 结构有所提高，磁晶各向异性常数有所降低，<111>是其易磁化方向，$\lambda_{111}>>\lambda_{100}$。$DyFe_2$ 和 $TbFe_2$ 的 λ_{111} 分别达到 1 800×10^{-6} 和 3 690×10^{-6}，T_c 分别为 633～

638 K 和 696～711 K，比室温高得多，并且 $TbFe_2$ 的 K_1 是负的，$DyFe_2$ 的 K_1 是正的，但是它们的饱和磁场 $H_s \geqslant 2\times10^4$ kA/m，这限制了它们的应用。

文献[57-58]发现将（$TbFe_2$）$_{1-x}$（$DyFe_2$）$_z$ 两种化合物混合，制成复合稀土化合物时，它们的磁晶各向异性常数 K_1 可以互相抵消，而它们的 λ_{111} 可以相互叠加。人们由此研制出 $Tb_{0.27}Dy_{0.73}Fe_2$ 稀土化合物磁致伸缩材料，其 λ_{111} 可在（1 600～2 400）$\times10^{-6}$，而饱和磁场仅为 1.6×10^3 kA/m。这使材料达到实用化程度，该材料被命名为 Terfenol-D，此项发现给稀土磁致伸缩材料带来突破性进展。

$Tb_{0.27}Dy_{0.73}Fe_2$ 材料虽然具有很高的 λ_{111}，但是该材料具有 $MgCu_2$ 型结构，脆性大，抗拉强度很低，几乎没有塑性变形，磁化场偏高，且稀土金属 Tb 和 Dy 价格昂贵，因此其应用受到限制。

20 世纪 90 年代末，材料研究工作者对磁致伸缩材料的研究又重新转向 Fe 基磁致伸缩材料。GURUSWAMY 等[59]在总结 Fe 基磁致伸缩材料研究工作的基础上发现：在 Fe 中加入 Ga 可使其单晶体的磁致伸缩 λ_S 显著提高。在 Fe-19at.%Ga（原子分数）成分附近的 Fe-Ga 单晶材料的 $1.5\lambda_{100}$ 可达到 400×10^{-6}[60-61]。Fe-Ga 合金 λ_S 高，工作磁场低，（100～200）×80 A/m，滞后小，居里点高，λ_S 随温度变化小，稳定性好。该合金是 α-Fe 型体心立方（BCC）固溶体，弹性模量高，强度高，且原材料成本比稀土化合物低。Fe-Ga 材料的发现，使得磁致伸缩材料的研究出现柳暗花明又一村的景象，引起了研究工作者的广泛关注和兴趣。近十几年来，研究人员对 Fe-Ga 合金进行了广泛的研究、试生产和试应用。

几乎是在研究与发现 Fe-Ga 磁致伸缩材料的同时，研究人员发现了 Co 铁氧体磁致伸缩材料。1955 年 BOZORTH 等发现了 Co 铁氧体单晶的 λ_{100} 达到 -515×10^{-6}，单晶体沿[100]方向磁场退火后，其 λ_{100} 可达到 -800×10^{-6}。1999 年，非取向多晶 Co 铁氧体的 λ_P 已达到 -230×10^{-6}。2005 年，λ_P 已达到 -252×10^{-6}。2012 年，λ_P 已达到 -300×10^{-6}，非取向多晶的 λ_P 已达到 -395×10^{6}[62]。

磁致伸缩材料在声呐水声换能器技术、电声换能器技术、海洋探测与开发技术、微位移驱动、减振与防振、减噪与防噪系统、智能机翼、机器人、燃油喷射技术、阀门、泵、波动采油等技术领域有广泛的应用前景。

海洋约占地球面积的 70%，但是人们对海洋还缺乏了解。舰艇水下移动通信，海水温度、海流、海底地形地貌的探测需要声呐系统。声呐是一个庞大的系统，它包括声发射系统和接收系统，其中声发射系统中的水声发射换能器及其材料是关键的技术之一。过去声呐的水声发射换能器主要用压电陶瓷材料来制造，这种材料制造的水声换能器的频率高（20 kHz 以上），同时发射功率小、体积大、笨重。另外，随着舰艇隐身技术的发展，现代舰艇可吸收频率在 3 kHz 以上的声波，从而起到隐身的作用。工业发达国家正在大力发展低频（频率为几十赫兹至 2 000 Hz）大功率（声源级 180～220 dB）的声呐用或水声对抗发射水声换能器。低频可打破敌方舰艇的隐身技术，大功率可探测更远距离的目标，同时体积小、质量轻，可提高舰艇的作战能力。低频大功率是声呐和水声对抗发射水声换能器今后的发展方向，而制造低频大功率水声换能器的关键材料是新型磁致伸缩材料。新型磁致伸缩材料对发展声呐技术、水声对抗技术、海洋开发与探测技术将起到关键作用。目前已用新型磁致伸缩材料来制造海洋声学断层扫描（Ocean Acoustic Tomography，OAT）分析系统和海洋气候声学温度测量（Acoustic Thermometry of Ocean Climate，ATOC）系统的水声发射换能器，其信号可发射到 1 000 km 的范围，可用于测量海水温度和作为海流的分布图。

新型磁致伸缩材料在声频和超声技术方面有广阔的应用前景，例如用该材料可制造超大功率超声换能器。过去的超声换能器主要是用压电陶瓷材料来制造的，它仅能制造小功率（不大于 2.0 kW）的超声换能器。国外已用新型磁致伸缩材料制造出超大功率（6～25 kW）的超声换能器。超大功率超声技术可产生低功率超声技术所不能产生的新物理效应和新的用途，如它可使废旧轮胎脱硫再生，可使农作物增产，可加速化工过程的化学反应，在污水处理、制药工业、冷轧钢板除锈处理等领域有重大的经济、社会和环保效益；用该材料制造的电声换能器可用于波动采油，能提高油井的产油量，促进石油工业的发展；用该材料制造的薄型（平板型）喇叭，振动力大、音质好、高保真，可使楼板、墙体、桌面、玻璃振动和发音，可做水下音乐、水下芭蕾伴舞的喇叭和防窃听装置等。

此外，用磁致伸缩材料可制造反噪声与噪声控制系统、反振动与振动控制系统。将反噪声控制器安装在与引擎推进器相连接的部件内，使它与噪声传感器连接，有可能使运载工具的噪声降低到不会使旅客感到不舒服的程度。反振动与减振器应用到运载工具，如汽车等，可使振动减少到可使乘客接受的程度。

用新磁致伸缩材料制造的微位移驱动器，可用于机器人、自动控制、超精密机加工、红外线、电子束、激光束扫描控制、照相机快门、线性电机、智能机翼、燃油喷射技术、阀门、泵、传感器等。有专家认为，新型磁致伸缩材料的应用可产生一系列的新技术、新设备、新工艺。它是一种可提高国家竞争力的材料，是 21 世纪的战略性智能材料。

5.3 基于磁性材料的机械天线

5.3.1 磁场运动天线基本原理

永磁体机械天线的机理是以永磁体为核心材料，通过电机驱动永磁体旋转，从而产生与旋转频率相应的磁场辐射[28-29]，由于永磁体是开路状态下能“永久”保留较高剩磁的磁体，其在机械运动时能够被直接激励并发射低频的电磁波，因此利用高性能的永磁体制备的机械天线无须消耗额外的能量就可直接产生静态强电场或强磁场。而传统的电小天线需消耗巨大能量才能产生等效电场或磁场，同时由于没有高电抗问题，基于永磁体的机械天线可省去匹配和调谐网络及其带来的额外损耗。此外，作为机械系统，机械天线的近场储能无须在天线和匹配网络之间进行谐振转换，没有额外能量转换损耗，有利于进一步提高辐射效率。

旋转的永磁体会产生圆极化电磁波。旋转磁铁的特点是其储存的电磁能量是一个常数，与旋转的速度和方向无关，而是以近场磁场的形式存在的，不需要与另一种形式的能量配对。如果磁铁的磁化质量比足够高，旋转磁体所需的机械能可以忽略不计。因此，人们可以通过开关键控或移频键控（Frequency Shift Keying，FSK）直接调节旋转速度来进行信息传输。

基于旋转磁铁的机械天线通过永久磁铁的机械运动在平面空间中形成随时间变化的电磁场，然后通过电磁感应产生电场与磁场之间的相互作用，从而辐射出低频和甚低频电磁波信号。钕铁硼是目前已知的最强的永磁体之一[63]。永磁体可以等效于电流回路，其辐射电磁场也可以等效于无限数量的电流回路产生的辐射能的集合。永磁式机械天线的等效模型如图 5-5 所示，由永磁体产生的磁偶极矩可以等同于构成永磁体的所有无限小磁偶极的集合，并且这些磁偶极由其体积确定。运动磁偶极子的辐射取决于其磁偶极矩与时间的二阶导数。在运动过程中，磁偶极矩的大小和方向都必须发生变化，以产生电磁辐射。对于永磁体或恒定电流回路，磁偶极矩的大小是恒定的，为了产生辐射，必须在运动过程中改变磁矩的方向[64]。

所有无限小磁偶极子都视为空间中的点。假设永磁体被均匀地磁化，磁化强度为 M_0，并且永磁体的体积为 V_m。相应的磁偶极矩可以通过式（5-31）确定

$$m_m=M_0V_m \tag{5-31}$$

其中，V_m 是旋转永磁体的体积。从式（5-31）可以看出，永磁体的磁偶极矩仅与其自身的总体积有关，而与磁体的具体尺寸无关。

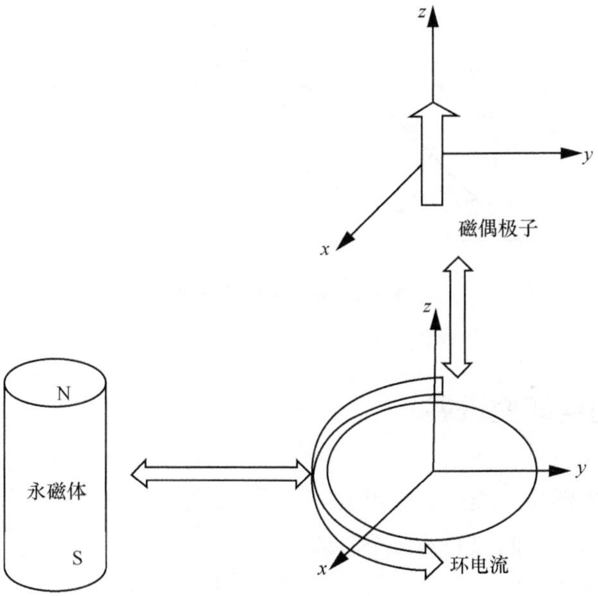

图 5-5　永磁式机械天线的等效模型[65]

交流磁场可以通过旋转给定的永磁体来获得，也可以通过特定公式来计算远点处的磁场。来自旋转磁体（角动量指向 z 方向）的磁场的 r 分量的峰值幅度由式（5-32）给出

$$B_r=\frac{\mu_0 m_m}{2\pi r^3}\sin\theta \tag{5-32}$$

其中，μ_0 是真空磁导率，m_m 是永磁体的磁偶极矩，r 是从旋转永磁体的观察点到源点的距离。可以将某个点的磁场强度作为距离的函数进行测量，该距离定义为从观察点到原点的距离。

机械天线的模型如图 5-6 所示。机械天线的主要部分是长方体的永磁体。永磁体的初始位置距离 y 轴有一定距离，然后永磁体通过 z 轴旋转以进行机械运动。永磁体连接到直流电动机，通过改变直流电动机的转速来调节永磁体天线的旋转，从而产生高强度的 VLF 磁通密度。

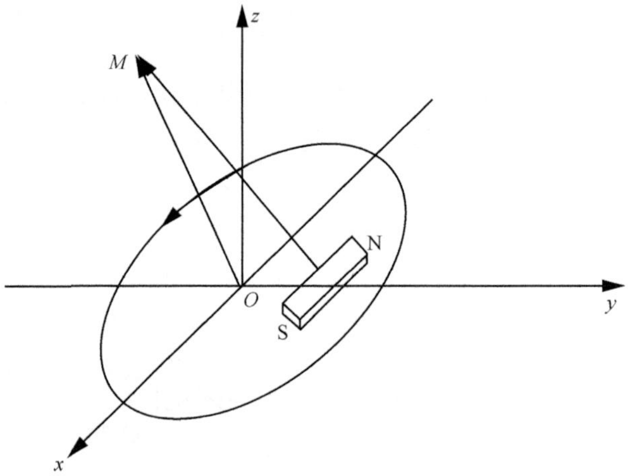

图 5-6　机械天线的模型

5.3.2　永磁材料研究进展

永磁材料的出现是人类历史中重要的一页，其发展过程经历了从普通合金到引入稀土元素使得磁性能不断提升的多个阶段。

（1）普通合金阶段

早在 19 世纪末，人们就能够生产永磁材料碳钢，随后钨钢（Fe-W-C）的出现使得其磁性有所提高。20 世纪 90 年代，日本物理学家本多光太郎将钨钢中 Fe 含量的 20%替换为 Co，研制出了 KS 钢，使其永磁性有了很大提高。然而因为 Co 的价格比 Fe 高很多，所以这种新型的永磁体没有得到新的发展。随后三岛德七发明了一种含有 Fe、Ni、Co、Al 合金的 MK 钢，价格仅仅只有 KS 钢的三分之一，但 MK 钢的永磁性更好，主要原因是通过特殊的热处理生成了特殊的微观结构。之后 CoPt 合金和 Ticonal II 相继出现，其中 CoPt 合金由于其价格过高而被忽略。Ticonal II 实际上是在 MK 钢的基础上改进得来的，通过研究其成分和热处理优化后研制出了 Ticonal G。Ticonal G 的结果是各向异性的，其制作的关键是磁场的热处理。在 Ticonal G 的基础上，人们通过特殊方法使其熔体定向凝固，其晶粒在[100]方向上优先生长并定向排列，这就是所谓的 Ticonal XX 永磁体，也就是如今的 AlNiCo 类永磁体。

1952—1963 年，兰菲利普斯公司的 WENT[66]和 COCHARDT[67]分别研制了钡铁氧体和锶铁氧体永磁材料，钡和锶的铁氧体是 $MO(Fe_2O_3)_6$ 的氧化物，M 表示 Ba、Sr、Pb 等二价金属。由于铁氧体含有磁矩大小不等且反平行排列的铁次晶格，因此其磁化强度较低，但其矫顽力较高，价格便宜，易于制备，仍被广泛使用。

（2）第一代稀土永磁体

20 世纪 50 年代末，稀土元素的引入使得磁性能出现了更大的提升。1959 年 NESBITT 等[68]报告了 $GdCo_5$ 具有极高的永磁性。1966 年 HOFFER 等[69]发现了大磁晶各向异性场、高居里温度、高饱和磁化强度的 YCo_5 化合物。1967 年，STRNAT[70]使用粉末法首次制备了 YCo_5 磁铁，随即又以同样的方法制备了 $SmCo_5$ 永久磁铁。1968—1969 年 VELGE[71]、BUSCHOW[72]、DAS 等[73]采用不同的方法，均以 $SmCo_5$ 为原料制备了稀土永磁铁，性能较铝镍钴提升数倍，磁能积为 127.4～159.2 kJ/m^3（16～20 MGOe）。

（3）第二代稀土永磁体

稀土元素 Sm 和战略性金属 Co 的大量使用增加了其生产成本。为了进一步提高稀土永磁体的性能和降低成本，人们的目光从 RCo_5 转移到磁化强度更高的 R_2Co_{17} 上。R_2Co_{17} 化合物的晶体结构可以通过用 Co 原子对（通常称为哑铃对）有序置换 RCo_5 结构中三分之一的稀土原子而得到，包括 Y 在内的所有稀土元素 R 都可以生成该化合物。可惜的是，R_2Co_{17} 化合物的 Co 次晶格不再具有单轴各向异性。尽管 Sm_2Co_{17} 具有很强的单轴各向异性，但难以在合金中直接获得高矫顽力。人们发现在成分大致为 $SmCo_{7.7}$ 的合金控制脱溶反应的动力学过程中，实现了 Sm_2Co_{17} 的高饱和磁化强度和 $SmCo_5$ 的高硬磁性的相互结合。其方法是用铁、少量铜和锆等替换 $SmCo_{7.7}$ 中的钴，采用脱溶硬化处理手段使合金中生成 2:17 相双棱锥晶粒（富铁和钴的相）和 1:5 相（铜和锆相对富集）片状物构成的胞状微结构，从而得到高剩磁和高矫顽力。该磁体高矫顽力的成因，是片状物对畴壁移动的强钉扎作用。1977 年，OJIMA 等[74-75]研发出了第二代钴基稀土永磁材料 Sm_2Co_{17} 磁体。它是由稀土金属 Sm 与 3d 过渡族金属 Co 等形成的金属间化合物为基体的永磁材料，并用少量 Fe、Cu 及 Zr 取代 Co，最终构成 Sm（CoFeCuZr）z 磁体，在降低成本的同时磁性能更优异，磁能积（BH）最大提高到 33 MGOe 左右。可惜的是 Sm_2Co_{17} 化合物的结晶结构并不具有单轴各向异性，也很难从合金中直接获得高的矫顽力。

（4）第三代稀土永磁体—钕铁硼永磁体

前两代稀土永磁材料的主要成分钐和钴价格都较高，所以在 20 世纪 70 年代，人们做了很多努力去发掘稀土铁基化合物实现硬磁性的可能性。很遗憾，具有 $CaCu_5$ 结构的二元 R-Fe 化合物不存在，虽然与 R_2Co_{17} 同结构的 R_2Fe_{17} 型化合物是实际存在的，但其居里温度较低（小于 476 K），并且其在室温均呈现为平面各向异性，不能满足实际的永磁体应用。1983 年，日本住友特殊金属公司的佐川真人等和美国通用汽车的

CROAT 等[76]分别报道了一个含有钕（Nd）、铁（Fe）、硼（B）的新型永磁体的制备和性能，标志着第三代稀土永磁材料钕铁硼的诞生。钕铁硼永磁材料的主相为 $Nd_2Fe_{14}B$，其晶体结构是四方对称。其有两个非常重要的特性与该新化合物相伴：第一个是基于原子磁矩大、资源丰富、价格便宜的铁；第二个是该化合物的晶体结构使得铁次晶格呈现单轴各向异性，且轻稀土钕和镨而不是钐具有很强的单轴各向异性，不仅适合永磁性的开发，并且钕和镨在稀土储量中的丰度比钐高，资源更丰富。钕铁硼磁体的磁能积理论值为 509 kJ/m^3（64 MGOe），2006 年实验室样品已达到 474 kJ/m^3（59.6 MGOe），工业产品已超过 438 kJ/m^3（55 MGOe）。钕铁硼永磁体的磁性能优异，制备工艺简单，储量丰富的 Nd 元素和价格低廉的 Fe 使其成本降低，应用十分广泛，但 Nd-Fe-B 永磁体温度稳定性差，制约了其在高温工作环境中的发挥，特别是航空航天领域。在那之后，人们又尝试了多种探索，即使模拟出高饱和磁化强度的化合物或在薄膜材料制得很高的磁能积，也无法在块体材料上获得突破，因此 Nd-Fe-B 永磁体仍享有“磁王”的称号。经过了几十年的发展，稀土永磁材料优异的性能促成了磁性材料器件的小型化甚至微型化，已在微波通信技术、计算技术、自动化技术、交通运输、医疗、生物工程及航空航天等领域得到广泛的应用。

目前工业中应用最广泛的是烧结钕铁硼磁体。烧结钕铁硼磁体作为一种稀土永磁材料广泛应用于计算机、汽车、仪器、仪表、家用电器、石油化工、医疗保健、航空航天等行业中的各种微特电机，以及核磁振共振设备、电器件、磁分离设备、磁力机械、磁疗器械等需产生强间隙磁场的元器件。特别是近年来随着环境问题的日益突出和对清洁能源的迫切需求，全球对新能源汽车和风力发电产业的推广将对高端稀土永磁产生重大影响。烧结钕铁硼磁体可应用于制造几百千瓦的混合动力车（HEV）和纯电动汽车（EV）的发电机、电动机和制造 MW 量级的永磁电机。风力发电的直驱永磁机组和新能源汽车的驱动电机都要大量使用高品质（特别是高矫顽力）烧结钕铁硼磁体。

目前国内对于烧结钕铁硼磁体的研究主要集中于废弃回收以及通过调控烧结行为优化显微结构以获得更大的磁性性能。

烧结 Nd-Fe-B 的剩磁 B_r 的表达式为

$$B_r = A(1-\beta)\cos(\theta)\mathrm{Js}\ d/d_0 \qquad (5\text{-}33)$$

式中，A 表示正向畴的体积分数；$(1-\beta)$表示 2:14:1 相的体积分数；d/d_0 表示磁体的致密度；$\cos(\theta)$表示磁体内 2:14:1 相晶粒 c 轴沿取向轴方向的取向程度；Js 表示磁极化强度。

最大磁能积的关系表达式是

$$BH_{\mathrm{m}} = \frac{1}{4} A^2 \cos(\theta^2)(1-\beta)^2 \left(\frac{d}{d_0}\right)^2 \mu_0^2 M_{\mathrm{S}}^2 \tag{5-34}$$

其中，μ_0 表示真空磁导率，常数；最大磁能积的主要影响因素有主相成分、主相体积分数、取向度、显微组织结构以及畴结构。

磁体的内禀矫顽力（Hcj）的极限值是磁体的各向异性场，磁感矫顽力（Hcb）的极限值与 B_r 有关，Hcj≥Hcb。矫顽力与磁体的内禀性能（材料的成分）和显微组织结构相关，它的表达式为

$$\mu_0 H_{\mathrm{ci}} = \frac{\delta_{\mathrm{B}}}{\pi r_0} \mu_0 H_{\mathrm{A}} - N_{\mathrm{eff}} M_{\mathrm{S}} \tag{5-35}$$

其中，μ_0 表示真空磁导率，常数；δ_{B} 表示磁畴壁宽度，单位为 nm；r_0 表示基体相表层晶格畸变层厚度，单位为 nm；H_{A} 为磁晶各向异向场，单位为 kA/m；N_{eff} 为有效退磁因子；M_{S} 为饱和磁化强度，单位为 T。

烧结 Nd-Fe-B 磁体的初始磁化曲线具有形核型矫顽力机制的特征，初始磁化率很大，很容易磁化到技术饱和状态，这说明烧结 Nd-Fe-B 磁体内畴壁位移十分容易，畴壁位移不会遇到大的阻力。另外，关于烧结钕铁硼矫顽力的机制还有热激活、钉扎和发动场理论。

文献[77]提出了在晶粒边界软磁性缺陷区域反磁化成核的理论，采用的数学模型表达式为

$$K_1(Z) = K_1 - \frac{\Delta K}{ch^2(Z/r_0)} \tag{5-36}$$

其中，$K_1(Z)$和 K_1 分别表示缺陷区及晶粒内部的各向异性常数，ΔK 表示缺陷区各向异性常数的减小，r_0 为缺陷区的厚度，Z 表示表面层的深度。式（5-36）确定的是单变量连续变化的缺陷模型，根据式（5-36），总自由能最小原理确定成核场，并指出成核场决定矫顽力

$$H_{\mathrm{C}} = \frac{2K_1(Z)}{J_{\mathrm{S}}} - 2\pi M_{\mathrm{S}} + \frac{2K_1\delta_{\mathrm{B}}}{\pi M_{\mathrm{S}} r_0} \tag{5-37}$$

式中，δ_{B} 为晶粒内畴壁厚度，J_{S} 和 M_{S} 分别表示磁极化强度和饱和磁化强度。

该理论认为，钕铁硼磁体的矫顽力是由晶粒边界软磁性缺陷区域反磁化成核场来决定的。成核场高，则磁体的矫顽力就高；反之，磁体的矫顽力会较低。

GIVORD 等[78]提出了反磁化的热激活理论，主张晶粒边界激活体积处反磁化核的

形成和扩张控制矫顽力。与成核理论的不同之处在于，激活体积处的各向异性常数并不明显地小于硬磁性晶粒内部的相应值，反磁化核的形成是由于热起伏的影响产生的形成反磁化场的能量 E_0，可以表示为

$$E_0 = \mu_0 V M_S H_c + \mu_0 V N_{eff} M_S^2 + 25KT \tag{5-38}$$

式中，V 表示激活体积，N_{eff} 为有效退磁因子，K 为各向异性常数，T 为温度。第一项为外磁场能，第二项为偶极相互作用能，第三项为热起伏的能量势垒。E_0 还应等于反磁化核与晶粒其他部分的相互作用能，即

$$E_0 = \alpha\gamma V^{2/3} \tag{5-39}$$

式中，γ 为晶粒畴壁能密度，α 为比例系数，对比式（5-36）和式（5-37）得出矫顽力为

$$H_C = \alpha\frac{\gamma}{\mu_0 M_S V} - N_{eff} M_S - \frac{25KT}{\mu_0 M_S V} \tag{5-40}$$

GIVORD[78]指出，热起伏的影响导致反磁化核的形成，矫顽力是由晶粒边界激活体积处反磁化核的形成和扩张来控制的。

5.3.3 永磁式机械天线进展

得益于稀土永磁材料[79]及旋转驱动技术[80]在各领域中的成熟应用，基于旋转永磁体的机械天线方案成为业界的研究热点。其中，针对 ULF 和 VLF 应用，PRASAD 等[81-83]研究旋转永磁式机械天线（Rotating Magnet Based Mechanical Antenna，RMBMA）的远场辐射特性，提出基于旋转永磁体阵列并有望突破传统电小天线物理极限的 RMBMA 技术方案，初步给出 RMBMA 的 Q 值极限公式。针对 RMBMA 近区，磁场按 $\frac{1}{r^3}$ 快速衰减，即式（5-41）

$$B_r = \frac{\mu_0 m_m}{2\pi r^3}\sin\theta \tag{5-41}$$

西安电子科技大学的 GONG 等[28]基于安培电流模型，建立了一个理论模型来分析元磁感应产生的电磁场。根据所建立的理论模型，制作样机并进行测量，测量结果与计算结果吻合良好。结果表明，这种新技术可以在复杂的传播环境中创造恒定的通道

条件，小尺寸的磁体可以在土壤和海水等有损耗介质上在几百米的距离产生 1 pT 交流磁场。除了针对旋转永磁体的辐射特性及其信息加载方法的研究，国防科技大学的周强等[81]还对旋转驱动与控制特性对 RMBMA 工程实现及其传输性能的影响进行了研究，建立基于电 - 机械 - 电磁能量转换的系统模型，结合对其时变电磁场的分布与衰减特性研究，给出辐射功率与辐射效率的表达式；提出针对移频键控的信息加载方法，并对该 RMBMA 技术方案和信息加载方法的可行性和有效性进行仿真和实验验证。

BURCH 等[29]使用电动手持式旋转工具旋转的圆柱形永磁体，如图 5-7 所示。磁铁为 N42 Nd-Fe-B（K & J Magnetics，型号 RA2ADIA），尺寸为外径 15.9 mm ×内径 3.2 mm ×长度 15.9 mm，剩磁强度 B_r = 1.3 T，磁铁是按直径磁化的，当绕着轴向旋转时，就会产生一个旋转的发散磁场。总的磁体体积为 3 cm^3。这对应一个 Vol = 3.1 A/m^2 的等效磁偶极矩。磁铁有一个开放的孔，其中一个钢轴用来安装旋转工具夹头。旋转工具由一个标准的 120 Vac 墙壁插座供电（通过约 60 m 延长线），它以约 30 000 r/min 的速度旋转磁铁（对应约 500 Hz）。旋转工具额定功率为 138 W。实验证明，在测试频率下，自旋磁体可以在极低频带内产生时变磁场。在实验中，测得的磁场衰减幅度为 $\frac{1}{r^3}$，从 10 m 处的 58 dBpT（约 800 pT）到 100 m 处的−2 dBpT （约 800 fT）。此外，由于磁源产生具有一定几何“极化”的电磁场，通过测量正交场分量的相对强度也可以检测磁源的方向。

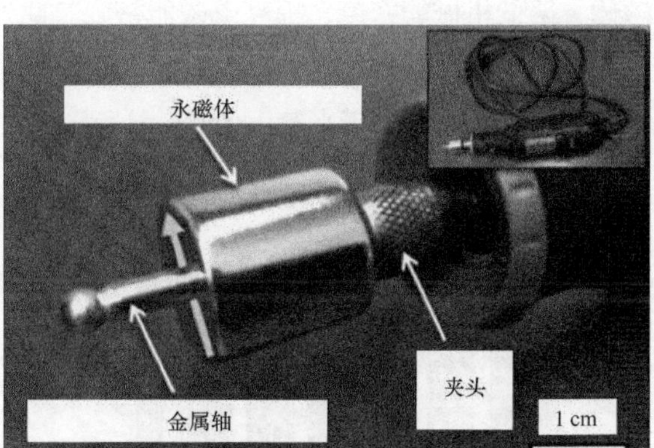

图 5-7　永磁体和旋转工具的特写图片（箭头表示磁矩方向）

与旋转驻极体机械天线中通过改变不同极性驻极体薄膜分布情况从而实现信号倍频的方案类似，美国密歇根大学提出了一种特殊结构的旋转永磁体天线方案，以牺牲较少的辐射功率为代价，实现了辐射信号的倍频[85-86]。如图 5-8 所示，该方案将永磁体放置于两对正交蝶形高磁导率材料中间，通过改变永磁体与正交蝶形结构的初始相对位置，实现相位的调制；当永磁体经正交蝶形各间隙旋转时，一个周期的信号近似改变为多个周期，同时信号幅值相应减少。

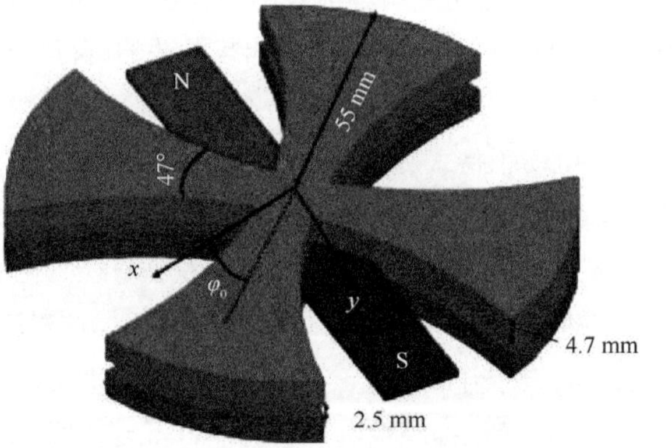

图 5-8　美国密歇根大学永磁体天线示意[85-86]

除了常规单一的永磁体机械天线，美国加州大学洛杉矶分校实现了旋转永磁体式机械天线的阵列化[87]，如图 5-9 所示。该方案不再使用电机带动永磁体的旋转，而是通过摆阵中多个永磁体磁场的相互影响使各磁体对齐，而后通过外部线圈激发的交流磁场激发磁摆阵列的运动，为磁摆阵列的辐射提供能量。这一方案使用多个小型永磁体代替单一大型永磁体，降低机械能密度，提高电磁能密度。此外，使用线圈激磁驱动磁体摆动的方式解除常规方案中电机的限制，使天线能够拥有较大的频率调节范围；将机械驱动转变为电驱动，为信号调制带来较大便利。

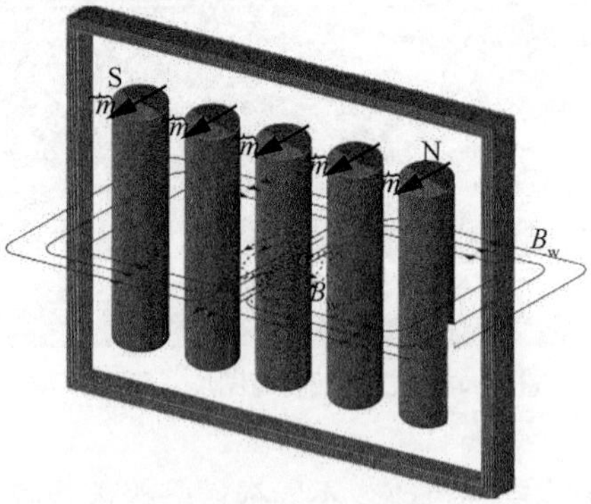

图 5-9　美国加州大学洛杉矶分校外部交流场驱动的自偏置磁摆阵列示意

5.4　基于驻极体/极性材料的机械天线

5.4.1　驻极体天线基本原理

驻极体是一种能够储存空间电荷或电偶极子的电介质材料，其极化特性不随外加电场的去除而完全消失，其弛豫时间较长，长期处于亚稳态极化状态[21,88]。常见的驻极体材料包括 SiO_2 等无机驻极体材料与聚四氟乙烯、氟化乙烯丙烯共聚物（FEP）等有机驻极体材料[89]。通过不同的极化方式，可使驻极体内存储单一电荷或异号电荷，当极化后的驻极体材料做简谐运动时，其内的束缚电荷随之运动，从而对外产生辐射。

驻极体式机械天线的运动模式主要包括振动式与旋转式。BICKFORD 等[25-26]对旋转和振动两种模态的天线性能进行了仿真模拟，结论为高速旋转的驻极体机械天线辐射效率更高。旋转驻极体式机械天线原理模型如图 5-10 所示，圆盘上对称分布着分别带有单一正电荷与单一负电荷的驻极体材料。当驻极体随圆盘旋转时，两驻极体上关于圆心对称的异号电荷所形成的电流元方向相同，所产生的磁场相互叠加。

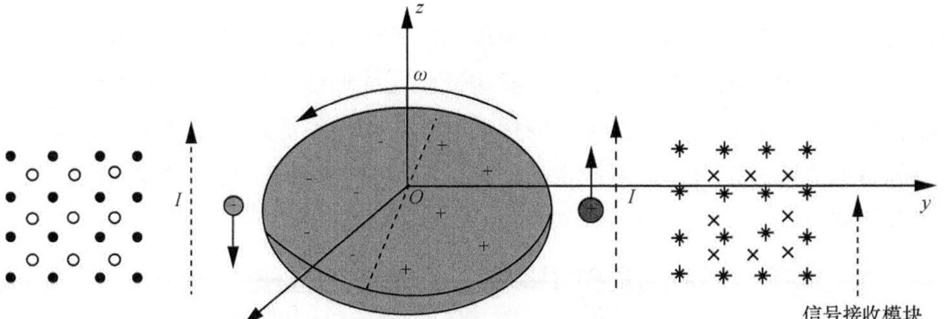

图 5-10　旋转驻极体式机械天线原理模型[90]

低频电磁波产生模块主要由驻极体圆盘和驱动电机组成。通过电晕放电技术，让放电尖端均匀地在驻极体表面放电，并在放电一段时间后，改变电荷种类，使驻极体一部分带均匀的正电荷，另一部分带均匀的负电荷。驻极体是弛豫时间较长的处于亚稳态极化了的电介质，与其他电介质不同，驻极体受强外电场作用后其极化不随外电场去除而完全消失，出现极化电荷“永久”存在于电介质表面和体内的现象，因此驻极体能够长期储存偶极电荷或空间电荷（包括表面电荷和体电荷）。同时，驻极体具有体电荷特性，不同于摩擦起电，既出现在驻极体表面，也存在于其内部。若把驻极体表面去掉一层，新表面仍有电荷存在；若把它切成两半，就成为两块驻极体。这一点可与永久磁体相类比，因此驻极体又称永电体。

若采用多层驻极体[89]，结构可以存储更多电荷，通过机械天线中的电机，驱动带电驻极体一同绕几何中心旋转，从而形成变化的低频电磁场，产生交变低频磁场信号；再将所需通信信号加载于低频磁场信号向接收方向发射，同时采用高精度高灵敏度微弱磁场传感器接收混合磁场信号；最后通过解调混合磁场信号得到所需通信信号，完成低频无线通信过程。当带电驻极体的角速度方向为垂直纸面向外，即带电驻极体绕圆心所在的轴线自转时带正电的半圆的电流方向向上，在半圆右侧产生的磁场方向为垂直纸面向外，在半圆左侧产生的方向为垂直纸面向里。同理可得，此时，带负电的半圆的转动方向向下，电流方向依然向上，在半圆右侧产生的磁场方向为垂直纸面向外，在半圆左侧产生的方向为垂直纸面向里。因此，在带电驻极体自转时，其带不同电荷的两部分所产生的磁场是相互叠加增强的，能够产生更强的磁场信号，有利于无线通信的传输。

选用低频磁场信号进行通信而不是电场信号的原因是强导电介质中的电磁波将大部分能量存储在磁场中，而且此频率范围内对于磁场信号的背景干扰水平较低，因此能够捕捉到微小的磁场信号，精确度高。若采用电场信号通信，势必会在传播过程中受到外界环境的干扰和衰减，影响低频无线通信的质量。同时研究人员还对圆盘驻极体机械天线的磁场强度、传播衰减、发射功率等进行了计算。通过对旋转驻极体各电流元在接收点处所产生的磁场进行积分，可得旋转驻极体式机械天线辐射磁场强度 B

$$B \approx 2\frac{\mu_0\rho\omega}{4\pi l^2}\int_0^R r^2 \ \mathrm{d}r\int_{-\frac{\pi}{2}}^{\frac{\pi}{2}}\cos\theta \mathrm{d}\theta = \frac{\mu_0\rho\omega R^3}{3\pi l^2} \qquad (5\text{-}42)$$

式中，μ_0 为真空磁导率；ρ 为驻极体电荷密度；ω 为天线旋转角速度；R 为天线半径；r 为接收点至天线的距离。由式（5-42）可知，所产生磁场的大小与转动角速度和圆盘半径的三次方成正比，同时以传播距离平方的倒数衰减；如果磁场强度固定不变，传播距离与 $R^{\frac{3}{2}}$ 和 $\omega^{\frac{1}{2}}$ 成正比，这就意味着，在实际应用中，如果磁场接收器的灵敏度不够高，可以通过增大驻极体圆盘的半径和旋转角速度来产生更大的磁场。

5.4.2　驻极体材料研究进展

驻极体是在 20 世纪 20 年代初期制成的一种新型材料。当对某一材料施加电场作用时，材料表面会出现极化现象，其内部会产生极化电荷。一般来说，去掉表面施加的电场时，极化电荷会随之消失。当电场撤销时，其内部仍然保持极化现象以及长时间保有极化电荷，这种材料被称为驻极体[91]。驻极体另一个特性在于，切割驻极体材料时，其内部始终保有电荷存在。此现象与永磁体的特性十分类似，因此驻极体又被称为永电体[91-92]。

驻极体材料可分为无机驻极体和有机驻极体两大类。无机驻极体经历了从天然材料到人工合成材料的发展过程，按材料组分和结构可以分为以下 3 类。

（1）氧化物：如 Al_2O_3、ZnO、BaO、Ta_2O_3 等具有高电阻率的金属氧化物，是可以保存注入电荷的无机驻极体，Al_2O_3 是仅次于 SiO_2 和 Si_3N_4 的优质无机驻极体。

（2）陶瓷：$BaTiO_3$、PZT 等铁电陶瓷可以保持较强的剩余极化，也是一类无机驻极体。

（3）硅材料：硅基非晶态 SiO_2 薄膜、非晶态 Si_3N_4 薄膜、SiO_2 /Si_3N_4 双层膜等是研究最多的无机驻极体，通过不同的掺杂手段还可以得到不同性能的无机驻极体，此外，白云母 $KAl_2[AlSi_3O_{10}](OH)_2$ 也是优秀的无机驻极体。

无机驻极体具有高稳定性、耐高温高湿、寿命长等特点，更重要的是硅基 SiO_2 和 Si_3N_4 能很好地与半导体工艺结合，可以大规模制备微型化电子器件，对于无机驻极体的发展和应用具有重要意义。相对而言，有机驻极体材料种类更多、应用更广，并具有更强的储电能力。

有机驻极体主要有以下 4 类。

（1）氟聚合物：四氟乙烯、可溶性聚四氟乙烯（PFA）、氟化乙烯丙烯共聚物、四氟乙烯六氟丙烯偏二氟乙烯共聚物（THV）等，由于氟的强电负性，氟聚合物一般具有较强的带负电能力。

（2）PVDF、P（VDF/TrFE）等极性聚合物，由于 β 晶型的非对称性，这类聚合物具有优异的压电、热释电、铁电性能。

（3）非含氟聚合物：聚乙烯（PE）、聚氯乙烯（PVC）、聚丙烯（PP）、环烯烃共聚物（COC）、聚酰亚胺、聚对苯二甲酸乙二醇酯等。

（4）骨、蛋白质等生物驻极体。

驻极体材料需要经过极化处理才能获取电荷。按不同的极化手段，其还可以分为热驻极体、力驻极体、电驻极体、光驻极体、磁驻极体、放射性驻极体等，其中热驻极体和电驻极体的研究和应用最为广泛。

电荷是驻极体材料的核心。驻极体中的电荷可能是表面电荷、体电荷、偶极电荷或是其中几种共同存在。一般电介质产生电荷分布的机制主要包括：离子位移、偶极子取向、电介质的微观异质性（Maxwell-Wagner 极化）、压电效应和焦耳效应、电极电荷注入等[93]。在静电式柔性机电换能器中，一般选用氟聚合物、烯烃聚合物等驻极体薄膜材料。对这些驻极体材料而言，由于无非对称晶型，因此不具有偶极电荷；由于材料体电阻率极高，电荷很难被注入材料深处，因此体电荷分布很少；经极化后大多数电荷被储存在材料表面或近表面。综合上述原因，驻极体材料储存的电荷一般被等效为一层表面电荷，位于驻极体表面或材料与外界空气界面处（实际电荷储存往往具有一定的深度），用表面电荷密度 σ 描述电荷量的多少和正负。

对于单面带电极的驻极体材料（无电极情况类似），如图 5-11（a）所示。驻极体一面带有表面电荷 $-\sigma$，另一面的电极上产生补偿电荷 $+\sigma$，此时驻极体内存在自补偿电荷 $+\sigma$ 指向表面电荷 $-\sigma$ 的电场 E，在驻极体上表面取高斯面，由高斯定理可得

$$\sigma = \varepsilon_0 \varepsilon_r E \tag{5-43}$$

其中，ε_0 表示真空介电常数，ε_r 表示驻极体介电常数。由此可得驻极体电场与电荷的关系，即储存电荷越多，驻极体内电场越强。

若考虑具有对电极的情况，如图 5-11（b）所示，将上下电极短接后系统达到平衡状态，此时对电极上具有补偿电荷 $+\sigma_1$，背电极上具有补偿电荷 $\sigma-\sigma_1$，对电极和驻极体间的空气间隙中产生电场 E_{air}。同样由高斯定理可得

$$\sigma = \varepsilon_0 \varepsilon_r E + \varepsilon_0 E_{air} \tag{5-44}$$

$$\sigma_1 = \varepsilon_0 E_{air} \tag{5-45}$$

由于上下电极等电势可得

$$d \times E = d_{air} \times E_{air} \tag{5-46}$$

联立上述方程可得电场分布、补偿电荷分布与驻极体表面电荷的关系。此为驻极体的静电效应，也是驻极体材料最重要的物理性质。

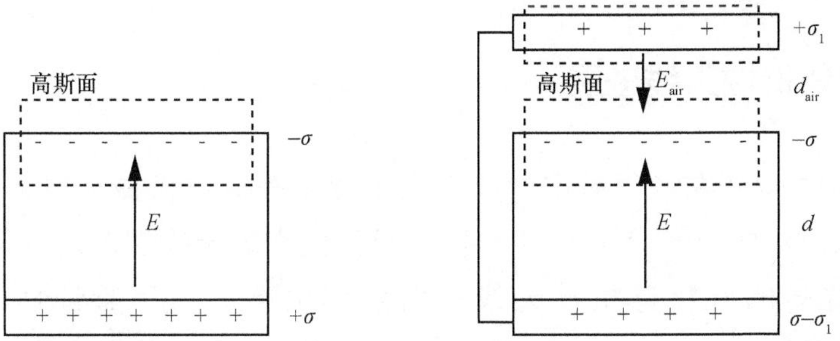

（a）单面带电极　　（b）具有对电极的驻极体中电场、电荷分布情况

图 5-11　单面带电极的驻极体材料

某些驻极体材料（如蜡、树脂等）具有热学效应，包括热极化产生热驻极体、加热时电荷逃逸产生热刺激电流、温度波动引起载流子移动产生的热释电效应等。某些驻极体材料（单晶硫等）同样具有光学效应，包括光照过程中光致极化形成光驻极体、非线性光学聚合物的二阶非线性光学效应等。此外，一些特殊驻极体材料还具有力、磁、辐射、生物医学等相关效应，大大拓宽了驻极体的应用领域。

自英国物理学家 HEAVISIDE 提出“驻极体”这个概念以来，由于其电荷存储特性和广泛的应用，该领域的研究得到了长足的发展[94]。日本学者 EGUCHI[95]用巴西棕榈蜡首次研制成世界上第一个人工驻极体，巴西棕榈蜡是重要的经典驻极体材料。然而，由于蜡类熔点较低，它们的使用温度一般不能高于 50℃。在过去的 40 年里，由于聚合物驻极体的崛起，以蜡类为代表的驻极体材料已经被淘汰[96]。驻极体的电荷可以是偶极电荷，也可以是空间电荷，或者两种电荷都存在[97]。巴西棕榈蜡形成驻极体的过程中使用的是热极化的方法，从那时起人们开始了对驻极体性质与形成方法的系统研究。20 世纪 40 年代光致极化法的问世带动了静电复印技术的快速发展，几乎与此同时，电晕充电的方法开始应用，这一技术已经发展成为实验室和工业生产中制备驻极体的基本工艺。后来人们研究发现，如果在电介质进行加热的过程中施加磁场，电介质也可以充电极化。对于薄膜制品，液体接触充电法是其常用的驻极技术。纵观驻极体的发展历程，研究者对以上制备方法都进行了深入系统的研究。作为一种具有特殊储电特性的功能电介质材料，驻极体已经成为凝聚态物理学的一个独立的分支学科。1999 年 MALECKI 报道了驻极体中电荷的衰减情况[98]，研究表明，驻极体材料的电荷储存寿命与材料电导有关，电导越小，电荷寿命越长。对于 Teflon 等优秀驻极体材料而言，其电荷储存寿命在几十年甚至百年以上，远远超过材料使用周期，因此驻极体材料的电荷储存常被认为是“长期的”或“准永久的”。

5.4.3 驻极体机械天线进展

旋转驱动技术[80]在各领域中的成熟应用使得驻极体机械天线得到了迅速的发展。BICKFORD 等[25-26]对旋转和振动两种模态的天线性能进行仿真模拟，结论为高速旋转的驻极体机械天线辐射效率更高。为了验证模拟结论，BICKFORD 等把 25.4 mm×25.4 mm×0.25 mm 的聚四氟乙烯驻极体固定在一根旋转 1 m 长的碳纤维棒尾端，通过磁强计测定其在 5 cm 处 x 轴方向上的磁场强度为 5 pT 左右[26]。

对于驻极体机械天线，北京航空航天大学进行了大量理论和实验研究。北京航空航天大学的 WANG 等[99]提出了基于驻极体的机械式 ULF/VLF 发射器，而不是依靠导体中的场加速电荷在传统发射器中创建动态电磁场。发射器可以通过振荡机械运动物理旋转驻极体来产生随时间变化的电磁场的辐射。去除外部电场后，驻极体可以存储电荷，并且极化现象不会完全消失。这种电磁波产生模式将克服传统发射器导体的欧姆损耗。图 5-12 为机械式 ULF/VLF 发射器的圆柱形状，其是带有驻极体膜和不同电荷的对称支撑结构，并且在旋转时会产生相反方向的电流。电流产生的磁场具有相同的方向并且彼此叠加，这有利于电磁波的传递过程。实际上，带电的驻极体之间存在一定距离的间隙，以避免在界面处击穿。通过激发波源，能量和信息可以以能量流的形式传输，并在某种介质中传播。当电磁波的磁场矢量由磁场接收系统测量时[100-101]，可以获得有效的调制后的 ULF/VLF 信号。对于 ULF/VLF 发射器，相比于电场，磁场优先于电场的原因是，与电子元件相比，当电磁波在导电介质中传播时，电磁波将其大部分能量存储在磁场中，并且低频磁场区域的背景干扰较小[102]。

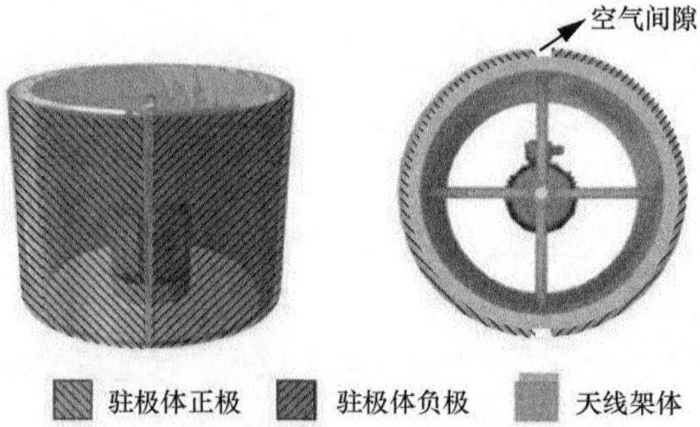

图 5-12　机械式 ULF/VLF 发射器的圆柱形状

同时，WANG 等[103]还设计了两种不同的驻极体天线结构，通过改变长径比研究了天线结构对其电磁波发射性能的影响。他们利用机械运动加速驻极体电荷，实现磁“信号”的高效辐射。他们主要讨论了图 5-13 所示的两种发射机结构，分别为圆柱形和鼓形发射机，发射机具有支撑结构，侧面附着带电驻极体薄膜。在实际应用中，不同电荷的驻极体之间存在一定的距离，以防止击穿或漏电流。由于在建模过程中可以忽略支撑结构上驻极体膜的厚度，因此可以将圆柱形变送器抽象为一个具有表面电荷的圆柱形变送器。通过对两种结构的驻极体旋转机械天线的分析，得到如下磁场本构方

$$B_{\text{cylinder}}=\frac{\mu_0 rh\sigma}{2\pi d^2}\int_{-\frac{\pi}{2}+\omega t}^{\frac{\pi}{2}-\omega t}\boldsymbol{v}\times\boldsymbol{l}\,\mathrm{d}\theta \tag{5-47}$$

$$B_{\text{drum}}=\frac{\mu_0 r^2\sigma}{2\pi}\int_{\arccos\alpha}^{\pi-\arccos\alpha}\int_{-\frac{\pi}{2}+\omega t}^{\frac{\pi}{2}-\omega t}\frac{\boldsymbol{v}\times\boldsymbol{l}}{\boldsymbol{d}^2}\sin\beta\,\mathrm{d}\varphi\,\mathrm{d}\beta \tag{5-48}$$

式中，μ_0 是真空磁导率，σ 是外圆柱表面上的电荷密度，ω 是发送器的旋转角速度，r 和 h 是圆柱体的半径和高度，$\boldsymbol{v}$ 是驻极体的转速区域元素的 $\mathrm{d}S$，$\boldsymbol{l}$ 是单位向量 $\mathrm{d}S$ 指向 A 的方向，θ 是 $\mathrm{d}S$ 的中心角度，d 是点 A 到原点的距离。

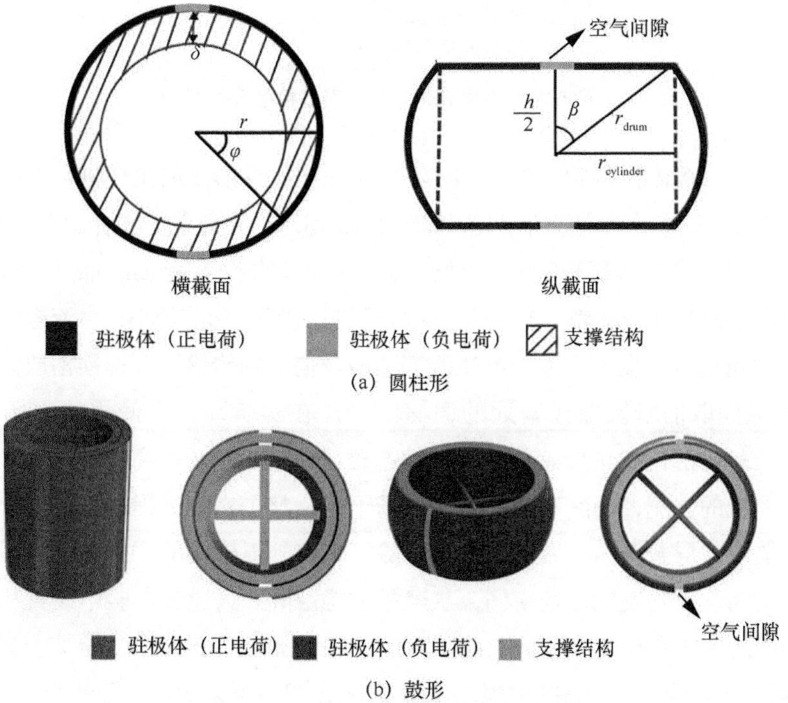

图 5-13　两种驻极体旋转式机械天线示意[103]

经过模拟计算，崔勇等[90]发现长径比更小的驻极体结构能够产生更大的磁场密度，为了验证这一结果，他们选择氟化乙烯丙烯共聚物进行静电电荷存储。为了提高驻极体材料捕获的电荷量，采用双带将多层 FEP 薄膜的边界结合在一起，并在薄膜之间形成空气层。同时多层 FEP 驻极体薄膜通过图 5-14 所示的方式进行极化，将多层 FEP 薄膜置于电晕针尖下，针尖连接高压电源；控制高压输出使 FEP 薄膜之间的空气破裂，产生的自由电荷将被困在 FEP 薄膜的表面；采用正高压或负高压分别对多层 FEP 产生正电荷或负电荷。同时，将多层 FEP 薄膜加热至 150 ℃，这有利于提高俘获电荷的稳定性[104]。

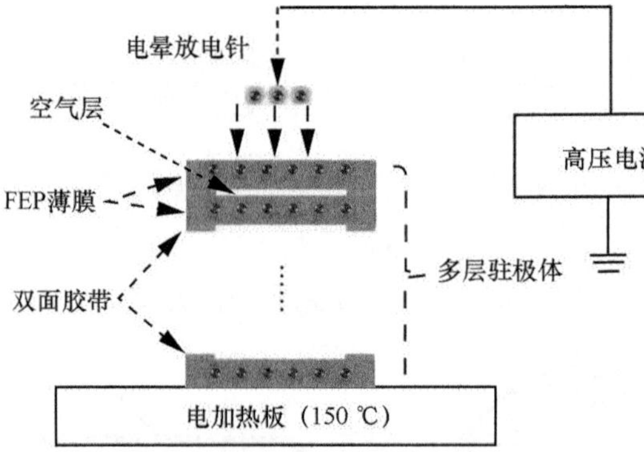

图 5-14　多层 FEP 驻极体薄膜极化示意[103]

在制备了驻极体材料后，WANG 等[103]制作了圆柱形发射机样机和匹配的测试平台，进行相关验证实验。实验所用装置如图 5-15 所示，平台主要包括低频磁场信号发射机样机、滑轨、锁相放大器和磁场传感器。发射机原型的半径为 5 cm，高为 10 cm。同时，原型壳体采用 FEP 薄膜覆盖，支撑结构采用铝制，对磁场影响较小；直流电动机的转速为 30 Hz，可近似为发射频率；滑轨改变了磁场信号的传输距离；锁相放大器从混合磁场信号中提取信号发射频率处的通信信号；在实验装置中使用的磁场传感器是 MAG-13 三轴磁通门磁场传感器，提供静态磁场和交变磁场的高精度和低噪声测量。为了测试样机的性能，消除地磁等外界磁场干扰，整个实验过程中将样机和磁场传感器置于坡莫合金屏蔽筒内。磁屏蔽技术消除了来自外界磁场的干扰，在有限的设计范围内产生均匀、低强度的磁场空间，甚至是零磁空间。通过在实验中设置和理论分析计算时相同的参数（f=30 Hz，r=5 cm，h=10 cm，$\sigma = 3.26\times10^{-4}$ C/m^2），其中电荷密度 σ 由表面电位器间接测量并由表面电位器导出[105]。结果表明，随着距离的增加，驻极体基发射机产生的磁场信号强度减小。实测数据与仿真曲线较为接近，且趋势一致，可以验证理论仿真与实测数据的正确性和一致性。由于实验设备的限制，测量距离有限，通过仿真结果可以预测，如果使用灵敏度大于 1 fT 的磁场传感器来接收信号，样机的传输距离为 66.7 m，具有低频通信的潜力。同时增加驻极体层数确实可以提高所产生磁场的场强，这与理论分析结果一致，但由于极化过程的限制，各层的生长量不均匀，导致各 FEP 层的荷电量不均匀。通过增加栅格或采用多针极化可以实现电荷的均匀分布。WANG 等[103]还对发射机随时间变化的稳定性进行测试，结果表明发射机产生的磁场密度在前 4 天有明显的下降，但在第 5 天之后，测量结果只变化了 5%。这意味着，一旦驻极体电荷在几天后稳定下来，基于驻极体的发射机产生的磁场信号在实践中是高度稳定和可行的。

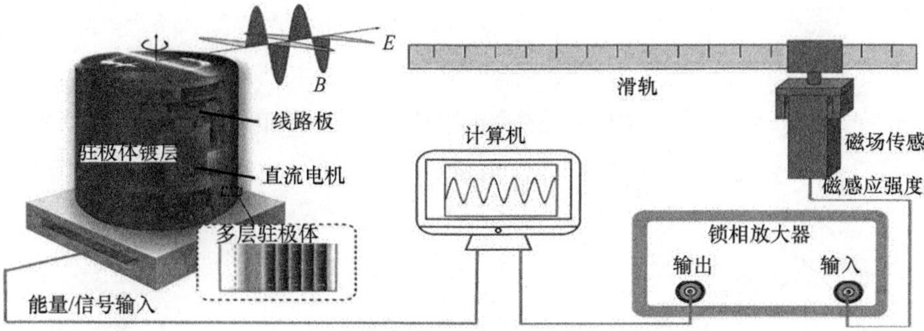

图 5-15　驻极体实验装置[103]

5.5　声波激励机械天线

在目前机械天线的研究中，除了以上两种机械天线，还有一种具有潜力的声波激励机械天线。与上述两种需要靠旋转产生电磁波的方式不同的是，声波激励机械天线主要采用压电材料所产生的振动作为磁场的激励来源。目前声波激励机械天线主要存在两种实现模式：一种是通过压电材料本身的正逆两种压电效应来产生电磁波的声波激励电场式机械天线；另一种是通过压电材料与磁致伸缩材料复合制备成压电异质结构所具有的磁电乘积效应来产生电磁波的声波激励磁电式机械天线。

5.5.1　声波激励电场式机械天线

声波激励电场式机械天线以压电晶体和压电陶瓷等压电材料为主要核心单元，通过外加交变电场对压电材料施加激励，使压电材料产生随外加激励变化的形变，带动压电材料表面束缚电荷与内部偶极矩的运动，形成偶极电流，从而对外产生辐射电磁波。图 5-16 进一步解释了这一概念，图中，一个周期为 τ 的正弦力施加在压电材料上，产生表面电荷密度为 σ_q 的电极化。利用压电本构方程可以计算如下[106]

$$\sigma_q = dT = dC^E S \tag{5-49}$$

$$I = \sigma_q A\omega = dC^E SA\omega \tag{5-50}$$

式（5-49）中，d 为压电应变常数，T 为外加应力，C^E 为恒电场下的刚度，S 为生成应变。式（5-50）计算有效偶极子电流，其中 A 是累积电荷的表面积，ω 是施加应力的角频率。由偶极电流在远场区域产生的磁场密度公式为[107]

$$\left|B_{far}\right| = \frac{\sigma_q A}{4\pi\varepsilon_0}\frac{L\omega^2}{c^3 R} \tag{5-51}$$

其中，L 是偶极矩长度，ε_0 是自由空间的介电常数，c 是真空中光速。相应的远场电场为

$$\left|E_{far}\right| = c\left|B_{far}\right| \tag{5-52}$$

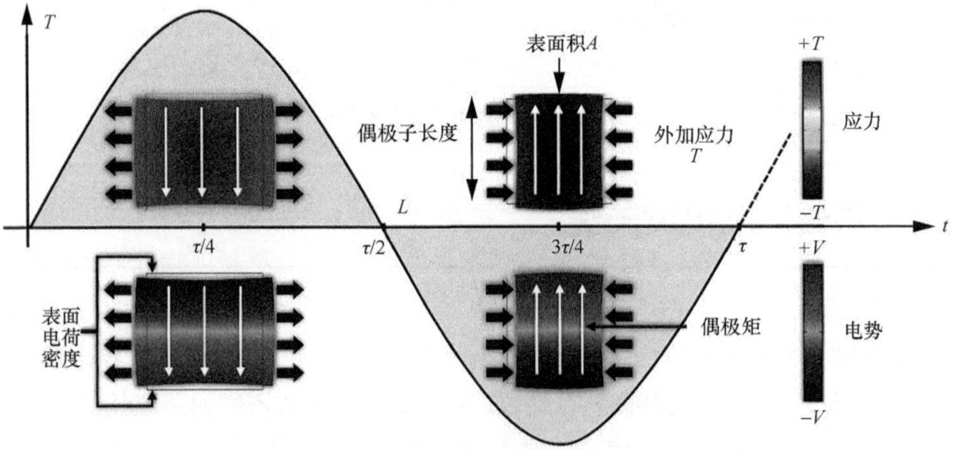

图 5-16 单晶压电陶瓷产生时变电荷变化示意[108]

对于声波激励电场式机械天线来讲，天线辐射场强由最大可达电流及其分布决定。其最大电流与电荷密度有关，电荷密度越大，辐射场强越大，电荷密度达到一定程度时天线周围的电场强度将达到空气的击穿极限。电场强度与电荷密度成正比，与压电材料的相对介电常数成反比，因此，对于相对介电常数较小的压电材料来说，其所产生的辐射强度上限较低。伊利诺伊大学厄巴纳-香槟分校选择了相对介电常数较大的 PZT 压电材料作为辐射主体，从而提高电荷密度[108]。他们设计了如图 5-17 所示

的高品质因子的盘状谐振器，在 PZT 圆盘的两侧刻有 0.5 cm 宽的银电极。通过在 PZT 圆盘的金属化边缘施加时变电压来激发圆盘的横向振动，也称为轮廓模态或膨胀模态。在激励下，由电极（配置为上下电极对）引入的时变电场通过反向压电效应激励压电盘产生振动。激发声波被 PZT 圆盘边界反射，在圆盘中心产生最大应力的驻波。结果表明，在自由空间中，距离发射源 2 m 处的磁场强度约为 120 fT，其衰减符合 $\frac{1}{r^2}$ 的模型，经过多组数据外推到 1 km 处大概为 0.23 fT。与计算模拟的结果（0.5 fT）的差别主要来源于地球地面效应[109]，主要原因是环境温度变化引起的共振转移，以及来自附近的散热器和反射器的影响。

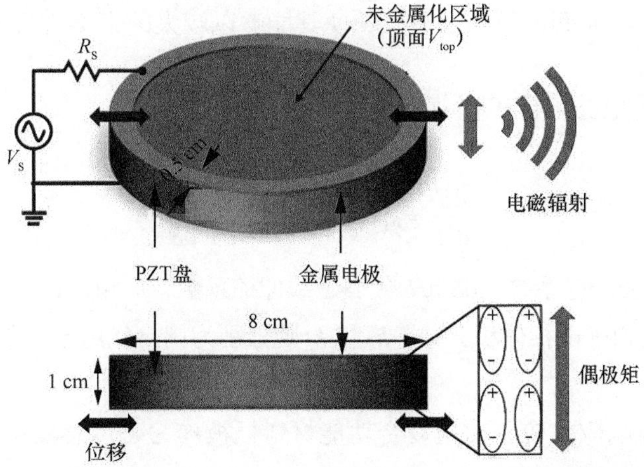

图 5-17　伊利诺伊大学厄巴纳-香槟分校 PZT 压电式天线主体示意

美国斯坦福大学 SLAC 国家加速实验室的研究人员使用杆状晶体压电材料铌酸锂（LN）成功发射了低频电磁波[110]。他们首先采用 Czochralski 工艺制备了成分均一的铌酸锂晶体，之后将其切割成 20 mm × 20 mm × 94 mm 的长方体，并在每个表面溅射上一层 1～10 nm 厚的金属钛，镀膜之后再进行多次打磨和抛光制备成直径为 16 mm、长度为 94 mm 的棒状 LN 压电单晶；然后在每个端面通过环氧树脂粘上一根 0.003 inch（1 inch=2.54 cm）的铜线并刷上银浆。铜线的一端连接输入信号，另一端导线相互连接形成一个环面，利用这种常见的高压设计技术，环面位于或靠近 LN 棒角的电位，在空间上分布等电位线。这降低了一个给定偶极矩 LN 上的峰值表面电场，从而增加施电压前的可实现偶极矩。LN 两端的环面由氧化铝柱机械支撑，不与 LN 棒接触，使用两个熔融硅棒作为支撑。

为了提高电荷密度，SLAL 国家加速实验室的研究人员把铌酸锂晶体辐射单元置于真空腔室内来解决空气击穿极限的问题。在真空腔室中进行测试时，压力保持低于 2×10^{-7} Torr，使用带有 OFV-552 传感器头的 Polytek OFV-5000 激光多普勒振动计照射在 LN 棒的一端测量晶体速度。在实验室测试中输入信号通过 Tektronics AFG3021C 任意函数发生器提供给晶体。信号电流由皮尔逊电流互感器监测，电压由 Lecroy 44MX 400 MHz，>125 kSs-1 示波器直接监测，波形在 Matlab 中进行处理。调制系统由金属调制板、机械继电器（COTO 9913）和 60 pF 电容组成。继电器线圈由与射频输入 FSK 调制信号同步的 SRS DG645 触发发生器驱动。通过实验和模拟计算表面，其在 35.5 kHz 下有较高的输出电压，表明其在该频率下具有电磁波通信的潜力。同时研究人员通过在运行期间反复切换波长，使其能够以较大的带宽进行传输。

5.5.2 声波激励磁电式机械天线

$$\frac{\mathrm{d}E}{\mathrm{d}H}=k_1k_2\cdot n(1-n)\cdot\frac{\mathrm{d}S}{\mathrm{d}H}\frac{\mathrm{d}E}{\mathrm{d}S} \tag{5-53}$$

式中，$\mathrm{d}E/\mathrm{d}S$ 代表压电系数，$\mathrm{d}S/\mathrm{d}H$ 代表磁致伸缩系数，n 和（$1-n$）分别代表复合材料中磁致伸缩相和压电相体积分数，k_1 和 k_2 则分别为耦合作用中各单相效应减弱的比例系数。

利用其磁电响应效应，磁电复合功能材料已被作为磁传感器用材料而被广泛的研究[111-114]。由于磁电响应效应的可逆性，磁电复合功能材料作为信号接收传感器意味着其可以被作为信号发射功能的天线，近年来研究者也尝试将体声波谐振器与磁致伸缩材料结合，制成磁电复合结构开发以声波直接驱动的电磁天线，发射甚高频电磁波[115-116]。

磁电复合材料中通过乘积效应实现磁电响应的原理如图 5-18 所示。

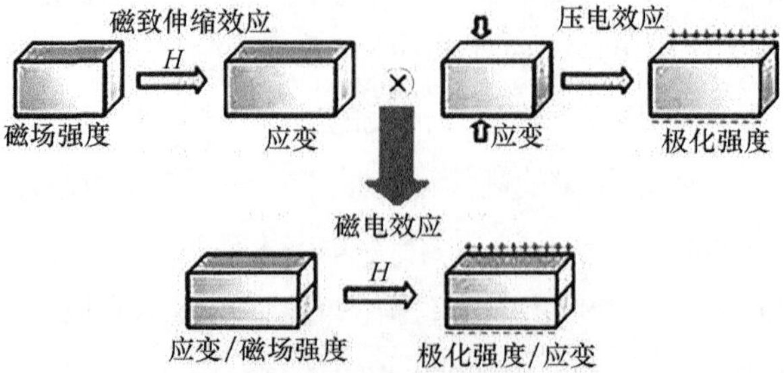

图 5-18　磁电复合材料中通过乘积效应实现磁电响应的原理

相比于驻极体或永磁体运动式的机械天线，磁电复合材料机械天线的创新之处在于，以功能材料的换能效应实现机械天线第二个换能过程（力（位移）—电/磁），从而用场强的时域变化代替场空间分布的时域变化（驻极体或永磁体的运动），克服驻极体或永磁体质量（惯性）、稳定性等与其运动控制之间的矛盾，以及运动模式与信号调制之间的矛盾。因此，磁电复合材料是目前实现便携、高效、低频发射机械天线的最有效途径。

利用其磁电响应效应，磁电复合功能材料已被作为磁传感器材料而被广泛研究。北京大学的董蜀湘团队和中国科学院上海硅酸盐研究所的罗豪甦团队，采用压电单晶与磁致伸缩材料复合，开展结构和组分设计研究，在磁电复合传感器领域取得了大量令人瞩目的成果[111-114,117]。由于磁电响应效应的可逆性，磁电复合材料可作为信号接收用途的传感器，意味着其可以被作为信号发射的天线。近年来有研究人员尝试将体声波谐振器与磁致伸缩材料结合，制成磁电复合结构，开发以声波直接驱动的电磁天线，发射甚高频电磁波[115-116]。

尽管基本原理相同，但是传感器和低频信号发射天线的用途不同，对磁电复合材料性能要求的侧重点也不同。利用压电单晶的高压电性和取向性，可满足传感器高灵敏度和信噪比的要求。然而，在要求高发射功率和高效率的低频天线中，压电单晶作为磁电复合材料压电相的不足就显现出来。美国波士顿东北大学的 DONG 等[118]制备了 PZT/Metglas 磁电式机械天线，首先，其从 180 μm 厚的 PZT 晶片中切出 5 根长 40 mm 宽 2 mm 的 PZT 5A 纤维；然后，用两片电极宽度为 150 μm，间距为 1 mm 的 Kapton 覆铜的叉指电极（IDE）将纤维的两面用环氧树脂胶粘贴起来，将 PZT/IDE 磁芯在室温下以 1.9 kV/mm 的速度极化 20 min，将厚度为 21 μm 的 Metglas 箔切成 100 mm×9 mm 的尺寸，将 3 个这样的 Metglas 箔层层堆叠在一起，并通过环氧胶对称地粘接到 PZT/IDE 芯的两侧；最后，将 Metglas/PZT/Metglas 层压板在真空袋中压实，并在室温下固化 12 h。完整的 ME 天线的尺寸为 100 mm×9 mm×0.366 mm 或等效的总体积为 0.33 cm^3。

同时他们假定极化切换产生的磁场来自等效的电偶极天线，得出本构方程

$$H_{\varphi}^{\text{PE}} = -\frac{p_0 k^2}{4\pi}\left(\frac{1}{kr}+\frac{\text{j}}{(kr)^2}\right)\sin(\theta)\text{e}^{\text{j}kr} \tag{5-54}$$

$$H_r^{\text{PE}} = H_{\theta}^{\text{PE}} = 0 \tag{5-55}$$

其中，p_0 是总电偶极矩，它是 PZT 5A 的体积和饱和极化的乘积，ω 是角频率，k 是空间频率。对于压电层，可以假设由等效磁偶极天线产生的磁化振荡产生的磁场如下

$$H_{\gamma}^{\mathrm{PM}}=-\frac{m_0k^3}{4\pi}\left(\frac{2\mathrm{j}}{{k_r}^2}-\frac{2}{{k_r}^3}\right)\cos(\theta)\mathrm{e}^{\mathrm{j}kr} \tag{5-56}$$

$$H_{\theta}^{\mathrm{PM}}=-\frac{m_0k^3}{4Tu}\left(\frac{1}{k_r}+\frac{\mathrm{j}}{{k_r}^2}-\frac{1}{{k_r}^3}\right)\sin(\theta)\mathrm{e}^{\mathrm{j}kr} \tag{5-57}$$

$$H_{\varphi}^{\mathrm{PM}}=0 \tag{5-58}$$

其中，m_0是总磁偶极矩，它是 Metglas 的体积与饱和磁化强度的乘积，并通过近场辐射图进行了验证。

之后对天线的通信能力进行验证，ME 发射器由 TREK 603 型号高压功率放大器在 80 V 电压下驱动，而 ME 接收器则与低噪声电荷放大器相连，然后与 SR780 信号分析仪相连。磁场是由 ME 接收器在与 ME 发射器相距不等的距离（0.1～120 m）下测量的。测量结果表明通信范围限制在约 100 m 并且磁场随着距离的$\frac{1}{r^3}$迅速衰减，在 23.95 kHz 的频率下 120 m 处的磁场强度有 0.1 nT。同时美国弗吉尼亚理工大学[116]采用相同的结构与材料，在 30 kHz 频率下，0.9 m 处的磁场强度有 1 nT。这相比于 AMEBA 项目 100 mW 功率驱动下 1 000 m 距离磁场 1 fT 的第一阶段目标，无论是功耗还是效率都存在较大差距，可见实用化难度较大。

压电单晶激励磁电复合材料发射能力的不足，主要源自压电单晶的力学性质和外形尺寸。从式（5-53）可以看出，压磁相和压电相的耦合是通过应变传递的，而复合结构中的两相界面会因两相的力学性质差异，产生应变传递损耗。压电单晶的模量相对于复合结构中起粘接与应变传递作用的聚合物过高，产生过高界面应变损耗，导致式（5-53）中 k 值减小。过高的模量还会导致压电单晶体固有振动频率高，低频振动时换能效率低下。此外，受限于制备能力，压电单晶的尺寸较小，这就限制了压电相在磁电复合结构中的绝对尺寸和相对含量。从式（5-53）可以看出，最为理想的压电相与压磁相体积含量为 1:1，但目前的磁电复合低频机械天线中压电相含量远低于此[119]，而绝对尺寸过小还势必带来能量转换能力的降低，天线有效辐射面积也受限。因此，压电单晶的高弹性模量和小尺寸，导致界面应力损耗过大、复合结构设计不合理以及有效辐射面积过低，以致压电激励相的磁电复合材料机械天线发射功率与效率过低，这是目前磁电复合机械天线实用化的最大障碍。

参考文献

[1] 罗卓颖，刘翠海，黄玉成，等. 超低频传播特性分析[J]. 舰船电子工程，2009，29(2):

148-150.

[2] OLSSON J R. Microsystems technology office (MTO) broad agency announcement: a mechanically based antenna (AMEBA)(Document HR001117S0007)[Z]. 2016.

[3] 夏明耀, 陈志雨. 电离层人工调制的极低频辐射和在潜艇通信中的应用探讨[J]. 电子科学学刊, 1995, 17(2): 125-133.

[4] 周晨, 王翔, 刘默然, 等. 大功率高频电波加热电离层的非线性物理过程[J]. 地球物理学报, 2018, 61(11): 4323-4336.

[5] 李斐. 高纬地区电离层加热激励 ELF/VLF 传播特性[D]. 西安: 西安电子科技大学, 2014.

[6] CHANG S S, NI B B, ZHAO Z Y, et al. Test particle simulation of resonant interaction between energetic electrons in the magnetosphere and ELF/VLF waves generated by ionospheric modification[J]. Acta Physica Sinica, 2014, 63(6): 78-81.

[7] KUO S, SNYDER A, MISHIN E, et al. Ionospheric modification from under-dense heating by high-power HF transmitter[J]. Journal of Geophysical Research: Space Physics, 2011, 116(A3).

[8] 郝书吉, 李清亮, 杨巨涛, 等. 电离层调制加热产生极低频/甚低频波定向辐射的理论分析[J]. 物理学报, 2013, 62(22): 452-459.

[9] 刘翠海, 王文清. 外军潜艇通信关键技术及发展趋势[J]. 电讯技术, 2011, 51(7): 187-192.

[10] KOONS H, DAZEY M. High-power VLF transmitter facility utilizing a balloon lofted antenna[J]. IEEE Transactions on Antennas and Propagation, 1983, 31(2): 243-248.

[11] 魏亮, 柳超. 浅析机载甚低频双拖曳天线的辐射特性[J]. 现代电子技术, 2007, 30(1): 14-16.

[12] 崔勇, 吴明, 宋晓, 等. 小型低频发射天线的研究进展[J]. 物理学报, 2020, 69(20): 171-183.

[13] KAI L. The VLF field on the sea surface generated by the spaceborne loop antenna[C]//Proceedings of 1997 Asia-Pacific Microwave Conference. [S.L: s. n.], 1997: 1233-1236.

[14] 周强, 姚富强, 施伟, 等. 机械式低频天线机理及其关键技术研究[J]. 中国科学: 技术科学, 2020, 50(1): 69-84.

[15] 崔勇, 王琛, 宋晓. 基于驻极体材料的机械天线式低频通信系统仿真研究[J]. 自动化学报, 2021, 47(6): 1335-1342.

[16] 施伟, 周强, 刘斌. 基于旋转永磁体的超低频机械天线电磁特性分析[J]. 物理学报, 2019, 68(18): 314-324.

[17] 丁春全, 宋海洋. 机械天线运动电荷和磁偶极子辐射研究[J]. 舰船电子工程, 2019, 39(2): 166-170.

[18] GONG S H, LIU Y, LIU Y. A rotating-magnet based mechanical antenna (rmbma) for ELF-ULF wireless communication[J]. Progress in Electromagnetics Research M, 2018, 72: 125-133.

[19] ZHENG H, ZHAO J B, XIANG B, et al. Parallel plate VLF mechanical antenna[C]//Proceedings of 2018 IEEE International Symposium on Antennas and Propagation & USNC/URSI National Radio Science Meeting. Piscataway: IEEE Press, 2018: 751-752.

[20] 夏钟福, 邱勋林, 张冶文, 等. 聚四氟乙烯多孔薄膜驻极体的电荷储存稳定性[J]. 物理学报, 2002(2): 389-394.

[21] 陈钢进, 肖慧明, 夏钟福. 电晕充电多孔 PTFE/PP 复合驻极体过滤材料的电荷存储特性[J]. 物理学报, 2006(5): 2464-2469.

[22] 丁春全，宋海洋. 机械天线运动电荷和磁偶极子辐射研究[J]. 舰船电子工程，2019，39(2): 166-170.
[23] 周强，姚富强，施伟，等. 机械式低频天线机理及其关键技术研究[J]. 中国科学：技术科学，2020, 50(1): 69-84.
[24] 庄凯杰，耿军平，马波，等. 基于电驻极体运动的小型化低频发射天线[J]. 太赫兹科学与电子信息学报, 2020, 18(5): 847-850.
[25] BICKFORD J A, DUWEL A E, WEINBERG M S, et al. Performance of electrically small conventional and mechanical antennas[J]. IEEE Transactions on Antennas and Propagation, 2019, 67(4): 2209-2223.
[26] BICKFORD J A, MCNABB R S, WARD P A, et al. Low frequency mechanical antennas: Electrically short transmitters from mechanically-actuated dielectrics[C]//Proceedings of 2017 IEEE International Symposium on Antennas and Propagation & USNC/URSI National Radio Science Meeting. Piscataway: IEEE Press, 2017: 1475-1476.
[27] 柯成. 金属功能材料词典[M]. 北京：冶金工业出版社, 1999.
[28] GONG S H, LIU Y, LIU Y. A rotating-magnet based mechanical antenna (rmbma) for ELF-ULF wireless communication[J]. Progress in Electromagnetics Research M, 2018, 72: 125-133.
[29] BURCH H C, GARRAUD A, MITCHELL M F, et al. Experimental generation of ELF radio signals using a rotating magnet[J]. IEEE Transactions on Antennas and Propagation, 2018, 66(11): 6265-6272.
[30] RUMBERG B, MÜLLER A, WITT H T. New results about the mechanism of photosynthesis[J]. Nature, 1962, 194: 854-856.
[31] JUAREZ-PEREZ E J, ONO L K, MAEDA M, et al. Photodecomposition and thermal decomposition in methylammonium halide lead perovskites and inferred design principles to increase photovoltaic device stability[J]. Journal of Materials Chemistry A, 2018, 6(20): 9604-9612.
[32] WEI T C, WANG H P, LI T Y, et al. Photostriction of $CH_3NH_3PbBr_3$ perovskite crystals[J]. Advanced Materials, 2017, 29(35).
[33] YAO H Y, FAN Z, CHENG H L, et al. Recent development of thermoelectric polymers and composites[J]. Macromolecular Rapid Communications, 2018, 39(6).
[34] WU H, JILE H G, CHEN Z Q, et al. Fabrication of ZnO@MoS_2 nanocomposite heterojunction arrays and their photoelectric properties[J]. Micromachines, 2020, 11(2).
[35] CHORSI M T, CURRY E J, CHORSI H T, et al. Piezoelectric biomaterials for sensors and actuators[J]. Advanced Materials, 2019, 31(1).
[36] ZHANG D W, LI M, CHEN C F. Recent advances in circularly polarized electroluminescence based on organic light-emitting diodes[J]. Chemical Society Reviews, 2020, 49(5): 1331-1343.
[37] RODRÍGUEZ A C, OTERO L, COBOS J A, et al. Electromagnetic freezing in a widespread frequency range of alternating magnetic fields[J]. Food Engineering Reviews, 2019, 11(2): 93-103.
[38] 刘炜. 多孔锆钛酸铅压电陶瓷的制备与性能表征[D]. 太原：中北大学, 2014.
[39] JORDAN T, OUNAIES Z. Piezoelectric ceramics characterization[R]. 2001.

[40] GALLEGO-JUAREZ J A. Piezoelectric ceramics and ultrasonic transducers[J]. Journal of Physics E: Scientific Instruments, 1989, 22(10): 804-816.

[41] MASON W P. Piezoelectricity, its history and applications[J]. The Journal of the Acoustical Society of America, 1981, 70(6): 1561-1566.

[42] JAFFE B, ROTH R S, MARZULLO S. Piezoelectric properties of lead zirconate-lead titanate solid-solution ceramics[J]. Journal of Applied Physics, 1954, 25(6): 809-810.

[43] ZHANG S J, XIA R, SHROUT T R. Lead-free piezoelectric ceramics vs. PZT? [J]. Journal of Electroceramics, 2007, 19(4): 251-257.

[44] ZHENG T, WU J G, XIAO D Q, et al. Recent development in lead-free perovskite piezoelectric bulk materials[J]. Progress in Materials Science, 2018, 98: 552-624.

[45] DRIGO A R M. Bozorth —ferromagnetism[J]. Il Nuovo Cimento (1943-1954), 1952, 9(1): 95-96.

[46] 近角聪信等. 磁性体手册[M]. 黄锡成, 金龙焕, 译. 北京: 冶金工业出版社, 1984.

[47] WAKIWAKA H, NAGUMO M, IIO M, et al. Effect of magnetic bias on acoustic vibration element using giant magnetostrictive material[J]. IEEE Translation Journal on Magnetics in Japan, 1993, 8(2): 107-111.

[48] CLARK A E. Chapter 7 Magnetostrictive rare earth-Fe2 compounds[M]. Amsterdam: Elsevier, 1980: 531-589.

[49] SAVAGE H, CLARK A, POWERS J. Magnetomechanical coupling and ΔE effect in highly magnetostrictive rare earth-Fe_2 compounds[J]. IEEE Transactions on Magnetics, 1975, 11(5): 1355-1357.

[50] CULLITY B D, GRAHAM C D. Introduction to magnetic materials[M]. Hoboken: John Wiley & Sons, Inc., 2008.

[51] DE LACHEISSERIE E D T. Magnetostriction: theory and applications of magnetoelasticity[M]. 132. CRC Press Boca Raton, FL, 1993.

[52] HALL R C. Single-crystal magnetic anisotropy and magnetostriction studies in iron-base alloys[J]. Journal of Applied Physics, 1960, 31(6): 1037-1038.

[53] HALL R C. Single crystal anisotropy and magnetostriction constants of several ferromagnetic materials including alloys of NiFe, SiFe, AlFe, CoNi, and CoFe[J]. Journal of Applied Physics, 1959, 30(6): 816-819.

[54] HALL R C. Magnetostriction of aluminum-iron single crystals in the region of 6 to 30 atomic percent aluminum[J]. Journal of Applied Physics, 1957, 28(6): 707-713.

[55] GERSDORF R. On Magnetostriction of single crystal of iron and some dilute iron alloys[J]. Ph. D. Dissertation (University of Amsterdam), 1961.

[56] DE V DU PLESSIS P. Magneto-elastic behaviour of a terbium single crystal[J]. The Philosophical Magazine: A Journal of Theoretical Experimental and Applied Physics, 1968, 18(151): 145-156.

[57] ENGDAHL G, MAYERGOYZ I D. Handbook of giant magnetostrictive materials[M]. Elsevier, 2000.

[58] CLARK A E. Magnetic and magnetoelastic properties of highly magnetostrictive rare earth-iron laves phase compounds[J]. 1974.

[59] GURUSWAMY S, SRISUKHUMBOWORNCHAI N, CLARK A E, et al. Strong, ductile, and low-field-magnetostrictive alloys based on Fe-Ga[J]. Scripta Materialia, 2000, 43(3): 239-244.

[60] CLARK A E, RESTORFF J B, WUN-FOGLE M, et al. Magnetostrictive properties of Fe-Ga alloys under large compressive stresses[C]//Proceedings of 2000 IEEE International Magnetics Conference (INTERMAG). Piscataway: IEEE Press, 2000: 111-115.

[61] CULLEN J R, CLARK A E, WUN-FOGLE M, et al. Magnetoelasticity of Fe-Ga and Fe-Al alloys[J]. Journal of Magnetism and Magnetic Materials, 2001, 226: 948-949.

[62] MUHAMMAD A, SATO-TURTELLI R, KRIEGISCH M, et al. Large enhancement of magnetostriction due to compaction hydrostatic pressure and magnetic annealing in $CoFe_2O_4$[J]. Journal of Applied Physics, 2012, 111(1).

[63] JIANG H, ZHANG J M, LAN D, et al. A low-frequency versatile wireless power transfer technology for biomedical implants[J]. IEEE Transactions on Biomedical Circuits and Systems, 2013, 7(4): 526-535.

[64] DING C, SONG H. Research on motion charge and magnetic dipole radiation of mechanical antennas[J]. Ship Electronic. Engineering, 2019, 39(2): 166-170.

[65] YI Q P, LI N, ZHANG J, et al. A rotating-magnet based mechanical antenna for VLF communication[M]. Singapore: Springer Singapore, 2019: 69-77.

[66] WENT J J. Ferroxdure, a class of new permanent magnet materials[J]. Philips Technical Review, 1952, 13.

[67] COCHARDT A. Modified strontium ferrite, a new permanent magnet material[J]. Journal of Applied Physics, 1963, 34(4): 1273-1274.

[68] NESBITT E A, WERNICK J H, CORENZWIT E. Magnetic moments of alloys and compounds of iron and cobalt with rare earth metal additions[J]. Journal of Applied Physics, 1959, 30(3): 365-367.

[69] HOFFER G, STRNAT K. Magnetocrystalline anisotropy of YCo_5 and Y_2Co_{17}[J]. IEEE Transactions on Magnetics, 1966, 2(3): 487-489.

[70] STRNAT K J. Cobalt-rare-earth alloys as promising new permanent-magnetic materials[J]. COBALT, SEPT. 1967, 36: 133-143.

[71] VELGE W, BUSCHOW K. Magnetic and crystallographic properties of some rare earth cobalt compounds with $CaZn_5$ structure[J]. Journal of Applied Physics, 1968, 39(3): 1717-1720.

[72] BUSCHOW K, LUITEN W, NAASTEPAD P, et al. Magneti material with a--bh-- max of 18. 5 million gauss oersteds[J]. Philips Tech Rev, 1968, 29(11): 336-337.

[73] DAS D. Twenty million energy product samarium-cobalt magnet[J]. IEEE Transactions on Magnetics, 1969, 5(3): 214-216.

[74] OJIMA T, TOMIZAWA S, YONEYAMA T, et al. Magnetic properties of a new type of rare-earth cobalt magnets Sm_2 (Co, Cu, Fe, M)$_{17}$[J]. IEEE Transactions on Magnetics, 1977, 13(5): 1317-1319.

[75] OJIMA T, TOMIZAWA S, YONEYAMA T, et al. New type rare earth cobalt magnets with an energy product of 30 MG·Oe[J]. Japanese Journal of Applied Physics, 1977, 16(4): 671-672.

[76] CROAT J J, HERBST J F, LEE R W, et al. Pr-Fe and Nd-Fe-based materials: a new class of high-performance permanent magnets (invited)[J]. Journal of Applied Physics, 1984, 55(6): 2078-2082.

[77] DURST K D, MAGNETISM H K J J O, MATERIALS M. The coercive field of sintered and melt-spun NdFeB magnets[J]. Journal of Magnetism and Magnetic Materials 1987, 68(1): 63-75.

[78] GIVORD D, LU Q, ROSSIGNOL M F, et al. Experimental approach to coercivity analysis in hard magnetic materials [J]. 1990, 83(1-3): 183-188.

[79] 周寿增. 烧结钕铁硼稀土永磁材料与技术[M]. 北京: 冶金工业出版社, 2011.

[80] 张凤阁, 杜光辉, 王天煜, 等. 高速电机发展与设计综述[J]. 电工技术学报, 2016, 31(7): 1-18.

[81] PRASAD M N S, SELVIN S, TOK R U, et al. Directly modulated spinning magnet arrays for ULF communications[C]//Proceedings of 2018 IEEE Radio and Wireless Symposium (RWS). Piscataway: IEEE Press, 2018: 171-173.

[82] SELVIN S, SRINIVAS PRASAD M N, HUANG Y K, et al. Spinning magnet antenna for VLF transmitting[C]//Proceedings of 2017 IEEE International Symposium on Antennas and Propagation & USNC/URSI National Radio Science Meeting. Piscataway: IEEE Press, 2017: 1477-1478.

[83] PRASAD M N S, HUANG Y K, WANG Y E. Going beyond Chu Harrington limit: ULF radiation with a spinning magnet array[C]//Proceedings of 2017 XXXIInd General Assembly and Scientific Symposium of the International Union of Radio Science (URSI GASS). Piscataway: IEEE Press, 2017: 1-3.

[84] 周强, 施伟, 刘斌, 等. 旋转永磁式机械天线的研究与实现[J]. 国防科技大学学报, 2020, 42(3): 128-136.

[85] BARANI N, KASHANIANFARD M, SARABANDI K. A mechanical antenna with frequency multiplication and phase modulation capability[J]. IEEE Transactions on Antennas and Propagation, 2021, 69(7): 3726-3739.

[86] EMADI R, FIROUZEH Z H, SAFIAN R, et al. Ultra-deep sub-wavelength mode confinement in graphene waveguides[C]//Proceedings of 2019 IEEE International Symposium on Antennas and Propagation and USNC-URSI Radio Science Meeting. Piscataway: IEEE Press, 2019: 1315-1316.

[87] PRASAD S, TOK R U, FEREIDOONY F, et al. Magnetic pendulum arrays for efficient ULF transmission [J]. Scientific reports, 2019, 9(1): 1-13.

[88] 夏钟福, 马珊珊, 朱伽倩,等. 聚四氟乙烯多孔膜的压电活性及其稳定性[J]. 物理学报, 2003(8): 2075-2080.

[89] ERHARD D P, LOVERA D, VON SALIS-SOGLIO C, et al. Recent advances in the improvement of polymer electret films[M]. Berlin: Springer Berlin Heidelberg, 2010: 155-207.

[90] 崔勇, 王琛, 宋晓. 基于驻极体材料的机械天线式低频通信系统仿真研究[J]. 自动化学报, 2021, 47(6): 1335-1342.

[91] BOLAND J, CHAO Y H, SUZUKI Y, et al. Micro electret power generator[C]//Proceedings of Sixteenth Annual International Conference on Micro Electro Mechanical Systems. Piscataway: IEEE Press, 2003: 538-541.

[92] 夏钟福, 邱勋林, 张冶文, 等. 聚四氟乙烯多孔薄膜驻极体的电荷储存稳定性[J]. 物理学报, 2002, 51(2): 389-394.

[93] 吴宗汉. 基础静电学[M]. 北京: 北京大学出版社, 2010.

[94] 夏钟福, 丁亥. 驻极体及其材料的研究发展现状[J]. 材料导报, 1990, 4(3): 2-5.

[95] EGUCHI M. Variation of electrical conductivity of oils and waxes[J]. Proceedings of the Physico-Mathematical Society of Japan 3rd Series, 1919, 1(10): 320-326.

[96] 夏钟福. 驻极体[M]. 北京: 科学出版社, 2001.

[97] 徐月寒. 驻极体研究中的两个基本问题[D]. 杭州: 杭州电子科技大学, 2018.

[98] MAŁECKI J A. Linear decay of charge in electrets[J]. Physical Review B, 1999, 59(15): 9954-9960.

[99] WANG C, CUI Y, SONG X, et al. Model and design of a novel low-frequency magnetic signal transmitter based on rotating electret[J]. IEEE Transactions on Magnetics, 2021, 57(5): 1-7.

[100]PAZ E, FERREIRA R, FREITAS P P. Linearization of magnetic sensors with a weakly pinned free-layer MTJ stack using a three-step annealing process[J]. IEEE Transactions on Magnetics, 2016, 52(7): 1-4.

[101]WANG C Y, SU W, HU Z Q, et al. Highly sensitive magnetic sensor based on anisotropic magnetoresistance effect[J]. IEEE Transactions on Magnetics, 2018, 54(11): 1-3.

[102]MADANAYAKE A, CHOI S, TAREK M, et al. Energy-efficient ULF/VLF transmitters based on mechanically-rotating dipoles[C]//Proceedings of 2017 Moratuwa Engineering Research Conference (MERCon). Piscataway: IEEE Press, 2017: 230-235.

[103]WANG C, CUI Y, SONG X, et al. Model, design, and testing of an electret-based portable transmitter for low-frequency applications[J]. IEEE Transactions on Antennas and Propagation, 2021, 69(9): 5305-5314.

[104]GIACOMETTI J A, OLIVEIRA O N. Corona charging of polymers[J]. IEEE Transactions on Electrical Insulation, 1992, 27(5): 924-943.

[105]ZHANG X Q, SESSLER G M, WANG Y J. Fluoroethylenepropylene ferroelectret films with cross-tunnel structure for piezoelectric transducers and micro energy harvesters[J]. Journal of Applied Physics, 2014, 116(7).

[106]DOMANN J P, CARMAN G P. Strain powered antennas[J]. Journal of Applied Physics, 2017, 121(4).

[107]GRIFFITHS D J. Introduction to electrodynamics[M]. Cambridge: Cambridge University Press, 2017.

[108]HASSANIEN A E, BREEN M, LI M-H, et al. Acoustically driven and modulation inducible radiating elements[J]. arXiv preprint arXiv:190607797, 2019.

[109]BALANIS C A. Antenna theory: analysis and design [M]. John wiley & sons, 2015.

[110]KEMP M A, FRANZI M, HAASE A, et al. A high Q piezoelectric resonator as a portable VLF

transmitter[J]. Nature Communications, 2019, 10.

[111]FANG C, JIAO J, MA J S, et al. Ultrahigh magnetoelectric voltage coefficients in laminates of Metglas and length-polarized ternary $0.35Pb(In_{1/2}Nb_{1/2})O_3$-$0.35Pb(Mg_{1/3}Nb_{2/3})$ O_3-$0.3PbTiO_3$ single crystals[J]. Sensors and Actuators A: Physical, 2015, 233: 202-206.

[112]ZHAI J Y, XING Z P, DONG S X, et al. Magnetoelectric laminate composites: an overview[J]. Journal of the American Ceramic Society, 2008, 91(2): 351-358.

[113]JIA Y M, LUO H S, ZHAO X Y, et al. Giant magnetoelectric response from a piezoelectric/magnetostrictive laminated composite combined with a piezoelectric transformer[J]. Advanced Materials, 2008, 20(24): 4776-4779.

[114]DONG S X, LI J F, VIEHLAND D. Characterization of magnetoelectric laminate composites operated in longitudinal-transverse and transverse-transverse modes[J]. Journal of Applied Physics, 2004, 95(5): 2625-2630.

[115]NAN T, LIN H, GAO Y, et al. Acoustically actuated ultra-compact NEMS magnetoelectric antennas[J]. Nature Communications, 2017, 8(1): 1-8.

[116]YAO Z, WANG Y E, KELLER S, et al. Bulk acoustic wave-mediated multiferroic antennas: Architecture and performance bound[J]. IEEE Transactions on Antennas and Propagation, 2015, 63(8): 3335-3344.

[117]DONG S X, ZHAI J Y, LI J F, et al. Near-ideal magnetoelectricity in high-permeability magnetostrictive/piezofiber laminates with a (2-1) connectivity[J]. Applied Physics Letters, 2006, 89(25).

[118]DONG C, WANG X, LIN H, et al. A Portable very low frequency (VLF) communication system based on acoustically actuated magnetoelectric antennas[J]. IEEE Antennas and Wireless Propagation Letters, 2020, 19(3): 398-402.

[119]XU J, LEUNG C M, ZHUANG X, et al. A low frequency mechanical transmitter based on magnetoelectric heterostructures operated at their resonance frequency[J]. Sensors, 2019, 19(4).

第6章
液态金属天线

随着无线通信技术的飞速发展，通信系统对满足多频带、多功能的紧凑天线系统的需求日益增长。可重构天线具有可降低通信系统的成本、减轻天线系统的重量以及实现良好电磁兼容特性等优点，具有多频、多方向性、多极化等特性，与传统天线相比优势明显。

基于液态金属的天线（简称液态金属天线）最早于20世纪90年代提出。使用液态金属作为天线的辐射体具有高可重构性、强柔韧性、可承受强机械变形（例如在柔性基板或支架中使用时的弯曲、拉伸、折叠和扭曲）并能轻易恢复原始形状等优点，因此近年来引起了越来越多的关注。

6.1 液态金属简介

最常见且著名的液态金属是汞（Hg），它的熔点为−39 ℃，但有毒且昂贵的致命缺点严重限制了其应用。替代性的液态金属材料主要是在导电性较低的流体中由导电纳米颗粒形成的复合材料或合金。汞亦可用于制造液态合金，但镓基合金具有更加出色的导热性和导电性，黏度低且无毒，因此更受青睐。它们的熔点一般低于或接近室温，例如共晶镓铟合金 EGaIn（75%镓和 25%铟）的熔点为 16 ℃，电导率为 3.4×10^6 S/m。一旦暴露在空气中，该液态合金就会与氧气反应形成薄的表面氧化物层，从而提高机械稳定性并显著减缓蒸发。这一特性改善了柔性液体天线中 EGaIn 的性能，同时不影响整体电导率和天线效率。

镓铟锡合金是常被用于制造可折叠和可伸展天线的另一种液态金属合金，其中包括 68.5%的镓、21.5%的铟和 10%的锡。它具有与 EGaIn 相似的性能和特性，但熔点更低（−19 ℃），因此更具有实用价值。除此之外，还有其他少数适合制造天线的液态金属材料，例如 $GaIn_{10}$ 合金。$GaIn_{10}$ 合金是另一种导电流体，由约 90%的镓、约 10%的铟和约 0.026%的氧组成，氧元素的作用是增加其黏稠度。

碳纳米管或基于金属纳米颗粒的流体属于新型液态金属材料的范畴。有研究将 EGaIn 颗粒用于制造软电路板，并在微通道中注入和烧结这些颗粒以形成导电路径，从而制成具有可调频率的天线。银纳米合金已用于印刷天线，但其熔点很高，在室温下会凝固。这些液态金属的电导率通常在 10^6 S/m 左右，足以实现天线的高辐射效率。

表 6-1 给出了常见的用于液态金属天线的材料，其中列出了它们的电导率、组成和熔点。大多数液态金属材料具有良好的稳定性和较低的成本，并且导热性能远优于普通金属[1]。

表 6-1　常见的用于液态金属天线的材料

材料	电导率/($S\cdot m^{-1}$)	组成	熔点/℃
汞（水银）	1.0×10^6	高纯度 Hg	−39
EGaIn	3.4×10^6	75%的 Ga、25%的 In	16
镓铟锡合金	3.3×10^6	68.5%的 Ga、21.5%的 In、10%的 Sn	−19
$GaIn_{10}$ 合金	3.0×10^6	约 90%的 Ga、约 10%的 In、0.026%的 O	16
EGaIn 纳米颗粒	0.092×10^6	置于 PDMS 介质中的 EGaIn 纳米颗粒	约 16
银纳米合金	20×10^6	有机溶剂中浓度为 72%的 Ag	961.8

6.2 液态金属天线制造工艺及控制方法

鉴于液态金属材料特殊的物理化学性质，液态金属天线设计过程中不仅要考虑天线的基本工作原理、阻抗匹配以及远场辐射特性，还需根据应用场景和实际需求，结合现有的制造工艺和液态金属控制技术，综合考虑天线的实现形式、操控体制与多系统的结合问题。

目前常见的实现思路为使用传统或新型的有机合成材料制作基板，在基板中加工一系列密封的流体通道或将含有流体通道的特殊介质与基板共形结合，并通过泵、固态封装、喷涂或流体打印等技术对通道中的液态金属实现形态控制，从而改变天线的电结构、电尺寸，以实现相应的可重构设计。下面介绍多种实现液态金属天线的常用工艺与技术。

6.2.1 微流体技术与液体泵技术

微流体技术是指在微观尺寸下控制、操作和检测复杂流体的技术，它不强调减小器件的尺寸，而是着重于构建微流体通道系统实现对流体的控制。液态金属可以在通道内自由行进，并由液体泵控制注入、吸出及改变形态。

RODRIGO 等[2]设计了一款微流体泵控制的液态金属天线，将水银作为八木天线的引向器和反射器，并通过微流体泵控制其位置和尺寸实现平面 360°全向波束扫描，如图 6-1 所示。

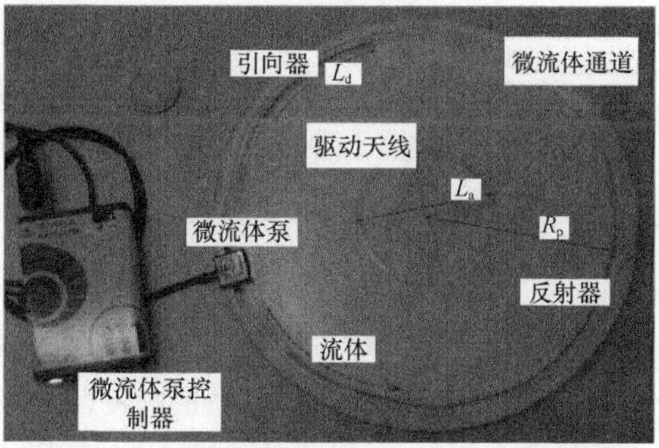

图 6-1 微流体泵控制的液态金属八木天线实物图

6.2.2 基板封装技术

除了借助共形的微流体通道，液态金属还可以通过基板封装或喷涂到设计的基板表面上。SONG 等[3]借助 3D 打印技术制造了特殊弯曲形状的流体通道，并将其置于一块与流体通道具有相同形状镂空结构的正方形贴片中，通过控制封装在贴片表面的液态金属柱的长度及位置影响贴片的辐射模式，实现了双频连续宽带频率可重构设计，其结构如图 6-2 所示。

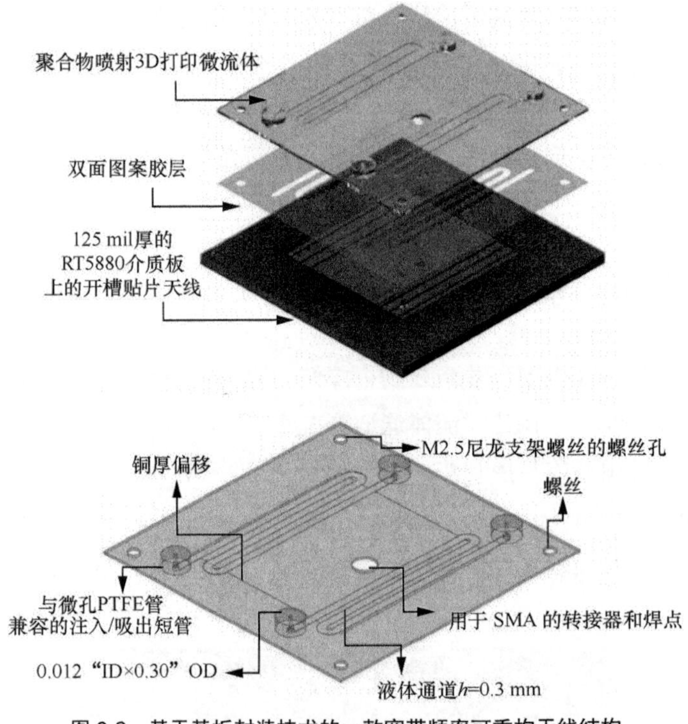

图 6-2 基于基板封装技术的一款宽带频率可重构天线结构

6.2.3 3D 打印技术

借助先进的高分辨率 3D 打印技术，在平面或三维结构的基底上直接打印导电流体已经具有可行性[4]。通过高分辨率 3D 打印机的喷嘴直接打印 EGaIn 后，可以从基板上剥离打印出局部或整个图案，并将其重新置于基板所需的其他位置，从而实现可重构性，如图 6-3 所示。这一操作的原理是弹性体具有黏弹性，EGaIn 和基材之间的范德瓦耳斯相互作用对速率敏感。连接到喷嘴尖端的氧化表皮（在 EGaIn 细丝表面上）的断裂能（G_1）可以充当“绳索”，与 EGaIn 细丝在基板上的黏附能（G_2）一起决定细丝的剥离或切断。当 EGaIn 细丝以 0.001～0.01 mm/s 的速率从基板上缓慢抬起时，EGaIn 与基板的黏附能小于氧化表皮的断裂能，氧化表皮可以将细丝固定在喷嘴尖端不会断裂；相应地，当抬升速率大于阈值时，黏附能大于断裂能，导致细丝在喷嘴尖端断裂。通过流变仪测量的 EGaIn 临界表面应力约为 0.5 N/m。

(a) 高分辨率3D打印EGaIn（在扫描电子显微镜下的图像）

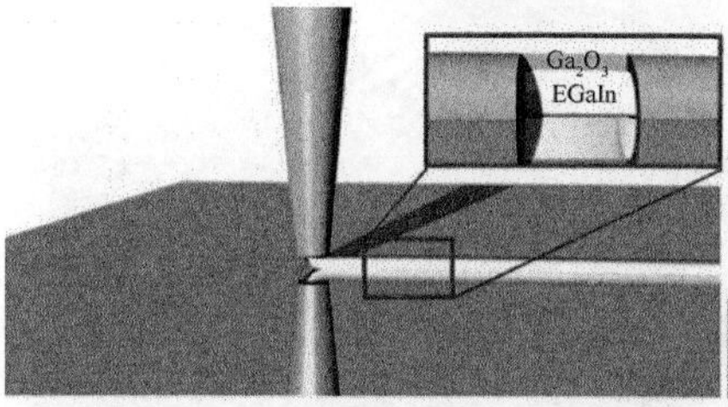

(b) 直接打印的液态金属表面氧化情况

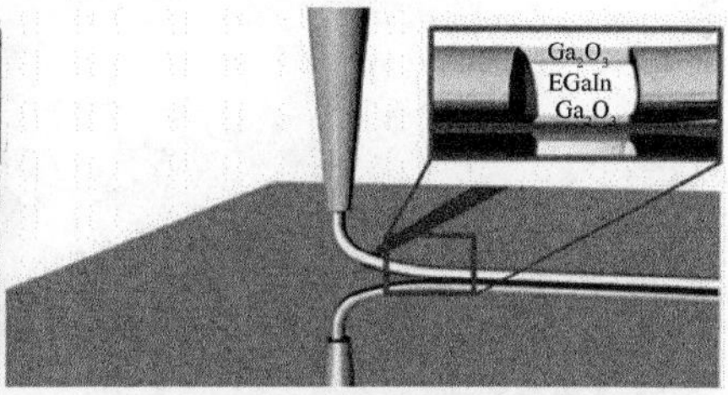

(c) 可重构的液态金属表面氧化情况

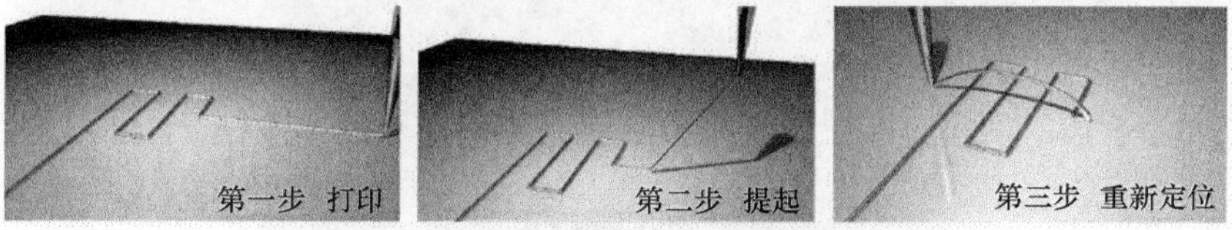

(d) 液态金属的重构过程

缓慢提起　　快速提起

(e) 喷嘴抬升速度对液态金属细丝断裂的影响

图 6-3　高分辨率可重构液态金属 3D 打印技术

6.2.4 介质 3D 打印技术

借助于介质 3D 打印技术，能够设计各种形状的封闭腔体或者通道。通过注入液态金属，将腔体和通道进行“金属化”，这些束缚在腔体或者通道中的液态金属即可作为天线结构的一部分，比如液态金属辐射贴片、液态金属馈电网络、液态金属接地板等。如图 6-4 所示，作者设计了一种平面型液态金属天线，该天线的主辐射腔体、地板腔体均由介质 3D 打印技术一体化打印完成[5]。在实际制作过程中，主辐射腔体预留了一个微型空气孔，用于注入液态金属，待灌满液态金属后再密封。接地板腔体则预留了一个尺寸与 SMA 接头的法兰盘吻合的凹腔。其中，SMA 接头的内芯延伸到主辐射腔体，且与主辐射腔体中的液态金属密切接触；SMA 接头的法兰盘与接地板腔体的液态金属良好接触，同时，法兰盘还起到密封腔体的作用，阻挡液态金属的泄漏。整个天线的设计和加工流程非常便捷。

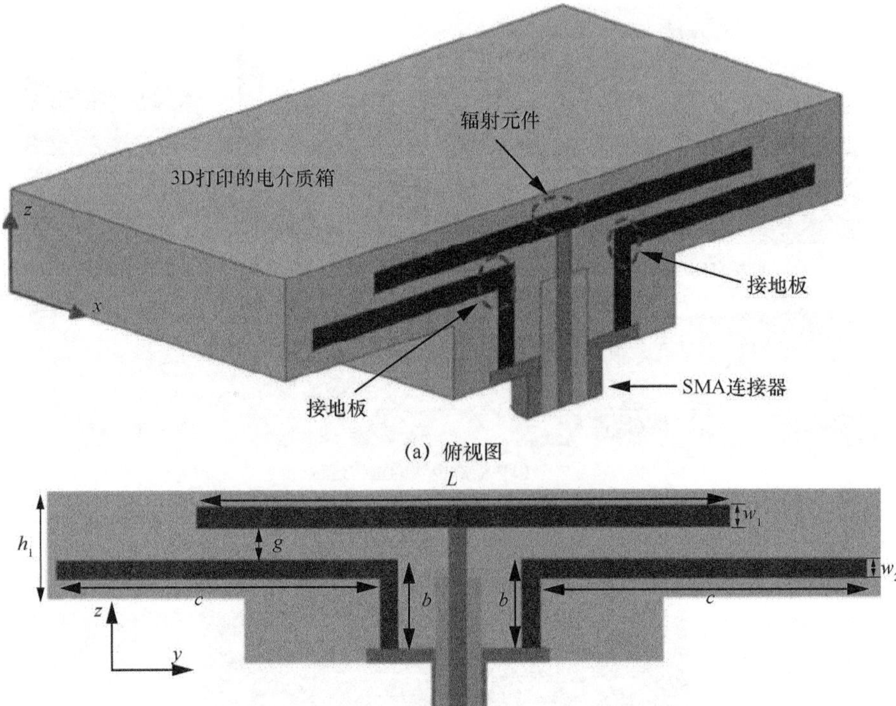

(a) 俯视图

(b) 截面图

图 6-4 介质 3D 打印技术的平面型液态金属天线

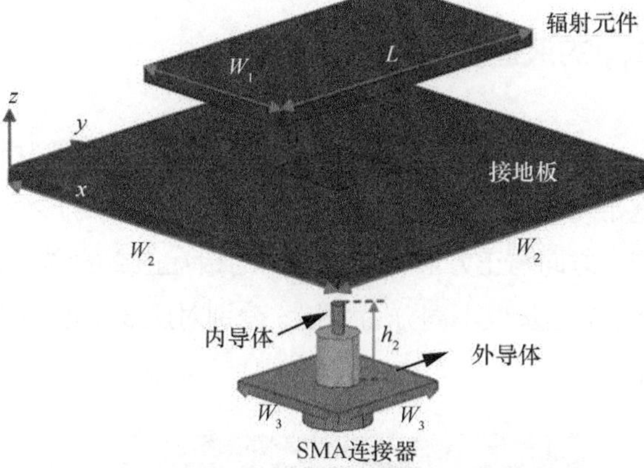

(c) SMA接头

图 6-4　介质 3D 打印技术的平面型液态金属天线（续）

6.3　液态金属天线可重构性能研究进展

6.3.1　频率可重构的液态金属天线

DEY 等[6]设计并实现了一款液态金属单极子天线，如图 6-5 所示。其基板材料为聚二甲基硅氧烷（PDMS），厚度为 2 mm。流体通道被密封在 Rogers Ultralam 3908 液晶聚合物材料中，厚度仅有 1 mil（1 mil=25.4 μm）。通过微流体泵控制流体通道中 Galinstan 的长度，实现了天线工作频率由 1.29 ～5.17 GHz 的 4 倍频连续频率可重构特性，如图 6-5 所示。

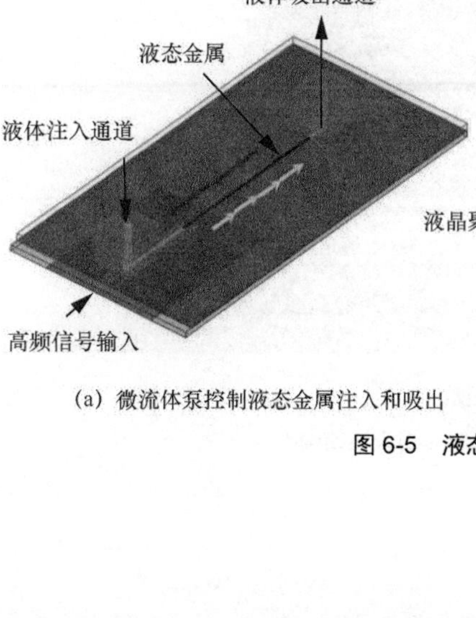

(a) 微流体泵控制液态金属注入和吸出

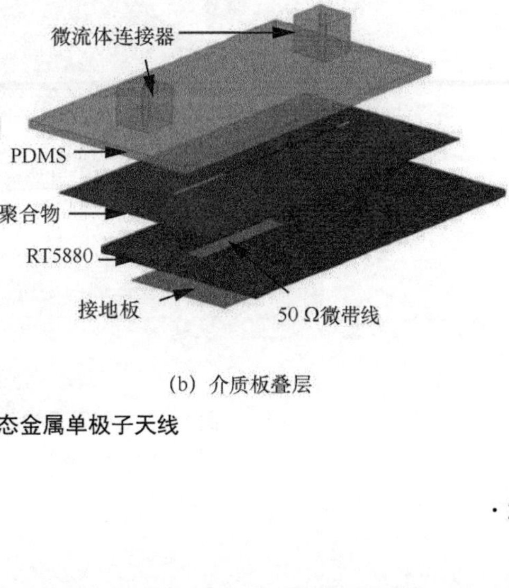

(b) 介质板叠层

图 6-5　液态金属单极子天线

6.3.2 极化可重构的液态金属天线

LIU 等[7]设计了一款可以工作在线极化、左旋圆极化和右旋圆极化 3 种模式以及 3 个不同离散频点的宽带可重构液态金属天线。它利用一个正方形缝隙天线馈电，并具有两组位于不同高度、方向与正方形缝隙成±45°的相互正交的置于 PDMS 基板中的流体通道。每组有 5 个，依据长度不同分为 3 组，分别对应 3 个不同的谐振频率的通道。天线结构如图 6-6 所示。

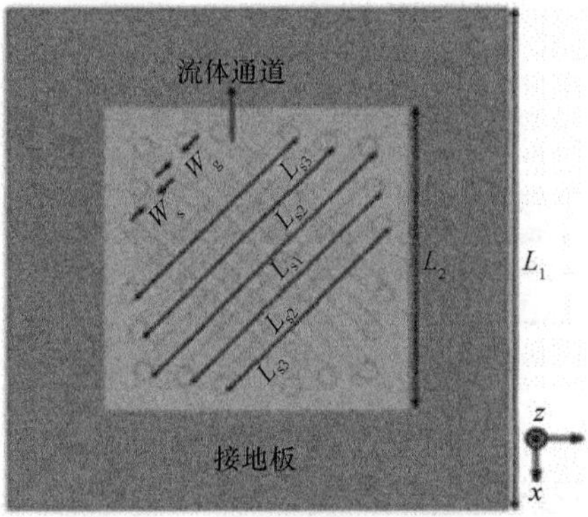

(a) 俯视图

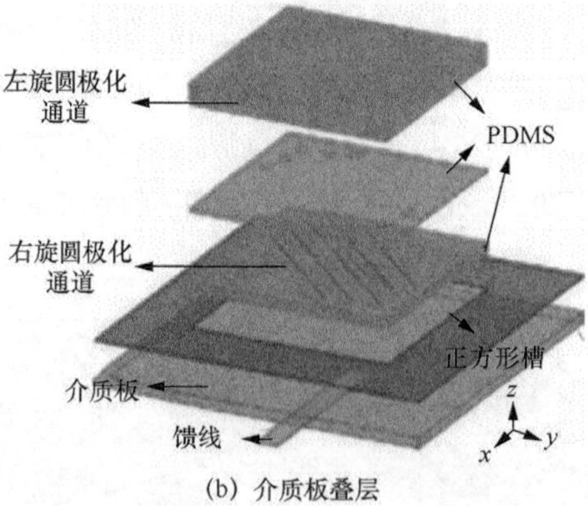

(b) 介质板叠层

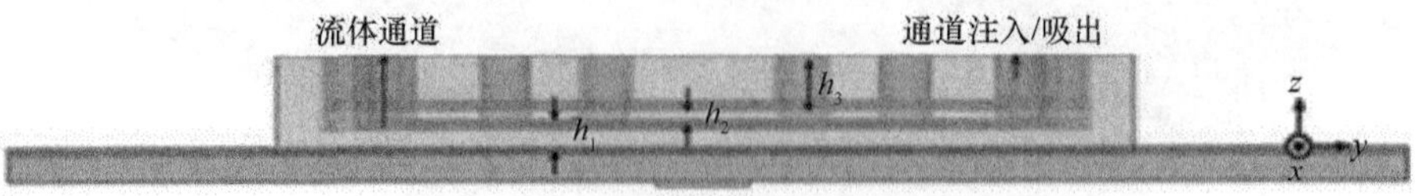

(c) 侧视图

图 6-6　宽带可重构液态金属天线结构

无液态金属注入时，电流主要分布在正方形缝隙天线内部边缘处，y 方向的电流相互抵消，合成电流方向沿 $-x$ 方向，激励起 TE_{10} 主模。工作状态为线极化，其表面电流分布如图 6-7 所示。

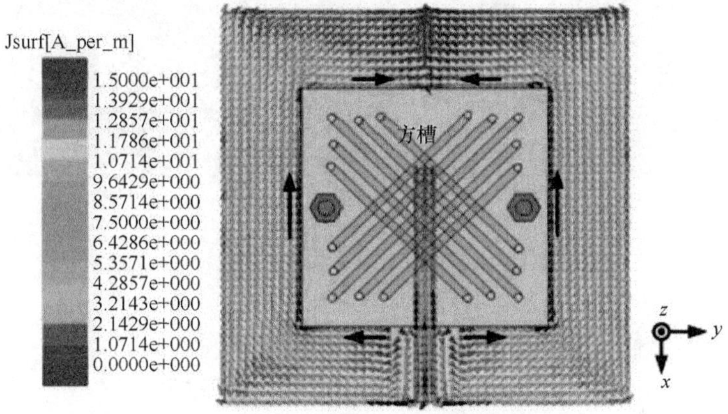

图 6-7　线极化模式天线表面电流分布

将一组通道注满液态金属后，再沿 $\boldsymbol{E}$ 方向的馈线进行馈电，激励起缝隙天线。其电场 $\boldsymbol{E}$ 可以分解为相互正交且幅度相等的两个分量 $\boldsymbol{E}_1$ 和 $\boldsymbol{E}_2$，如图 6-8 所示。经分析可知 $\boldsymbol{E}_1$ 相位领先于 $\boldsymbol{E}_2$，通过优化参数调整其相位差恰好为 90°，即实现左旋圆极化；类似地，右旋圆极化可以通过向另一组正交方向的通道注入液态金属实现。液态金属条的长度约为轴比带宽中心频点对应的二分之一波导波长。通过改变液态金属的长度实现频率可重构。3 组不同长度的通道分别对应低频、中频、高频；相同长度的一对通道是为了保证对称性，从而改善轴比。左旋圆极化模式的电流分析如图 6-9 所示。

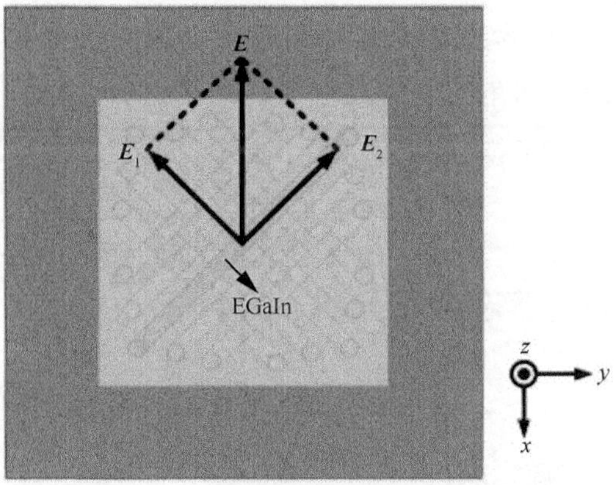

图 6-8　左旋圆极化模式的辐射电场分解

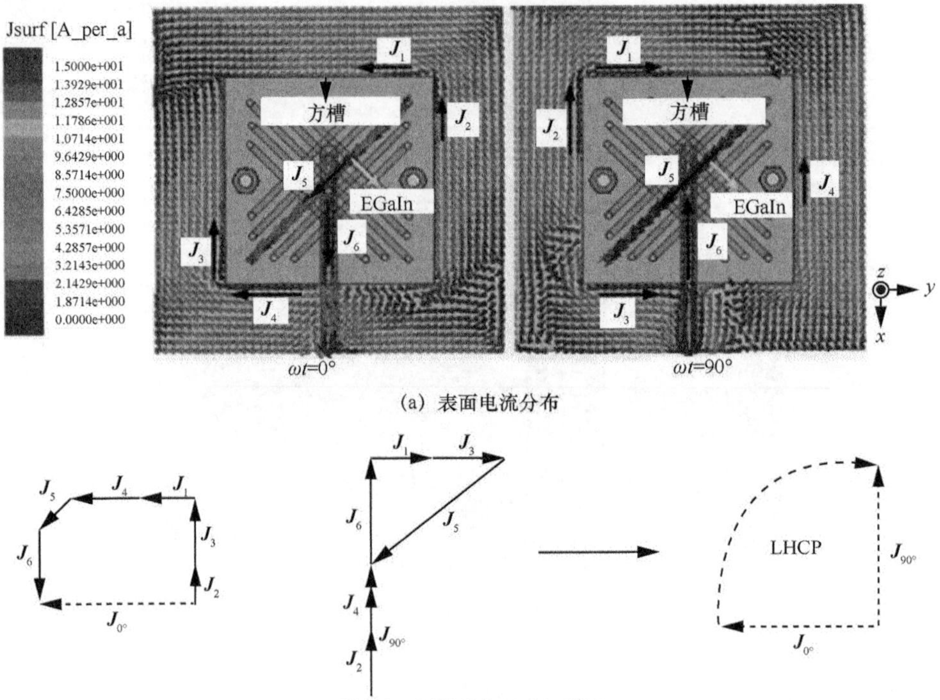

(a) 表面电流分布

(b) 表面电流的矢量叠加结果

图 6-9 左旋圆极化模式的电流分析

6.3.3 方向图可重构的液态金属天线

YANG 等[8]将一个正方形金属贴片作为馈电天线，将液态金属（EGaIn）组成部分反射面从而组成 Fabry-Perot 天线单元，并基于此单元组成了 5×5 的方阵，结构如图 6-10 所示。通过向含有 3 个独立通道的亚克力框架中灌注液态金属改变阵面的相位分布，以实现不同角度的波束扫描。该天线可实现多个离散扫描角度以及超低的波束扫描损耗（±20°损耗小于 0.2 dB）和较宽的波束宽度（半功率波瓣宽度为 41.5°～74.5°）。

6.3.4 混合可重构的液态金属天线

BHARAMBE 等[9]设计了一款工作频段为 2.45～6.5 GHz，具有全空间±45°波束扫描能力的双线极化液态金属天线。

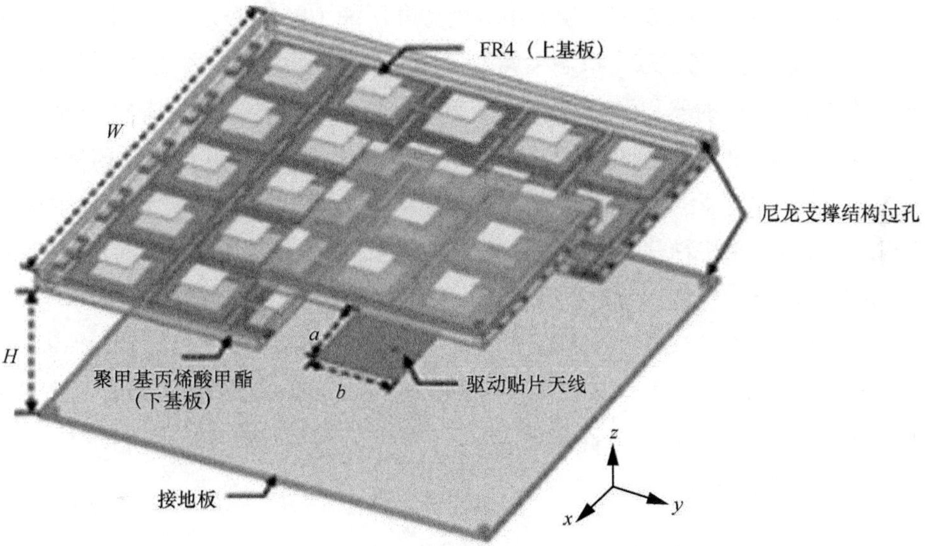

（a）部件分解

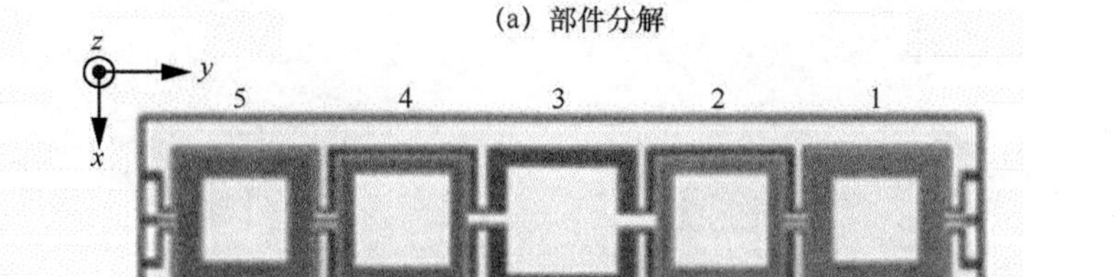

（b）液态金属通道

图 6-10　天线结构

该液态金属天线由两层介质板组成，底层介质板底面为接地板，顶面只有一块贴片天线。上层介质板顶面覆盖一层聚甲基丙烯酸甲酯（PMMA）盖板，用激光切割出若干 L 形流体通道。通过载有液态金属的弹性纤维在通道中伸缩组成不同形态的八木天线（由主振子、反射器和引向器组成）。其中，液态金属形成的主振子中心与馈电贴片天线的几何中心重合，通过激励贴片天线，间接为主振子馈电。采用 EGaIn 并使用熔融挤出工艺将液态金属置于可伸缩的 Kraton 人造纤维空腔中，并用紫外线固化胶进行密封。通过直流电机精确控制纤维伸缩长度，通道中预先填充少量的 DMS-T21（$\varepsilon_r = 2.1$，$\tan\delta_e = 0.005$）作为润滑剂以减少介质和纤维的磨损。

天线主体使用叠层 PCB 工艺制造，介质板为 RO4725JXR（$\varepsilon_r = 2.55$，$\tan\delta_e = 0.0026$），尺寸为 100 mm×100 mm×1.54 mm；贴片天线尺寸为 5 mm×5 mm×0.5 mm，覆盖在贴片天线和液态金属天线之间的介质板型号及尺寸均与介质板 RO4725JXR 的参数和尺寸相同，具体结构如图 6-11 所示。

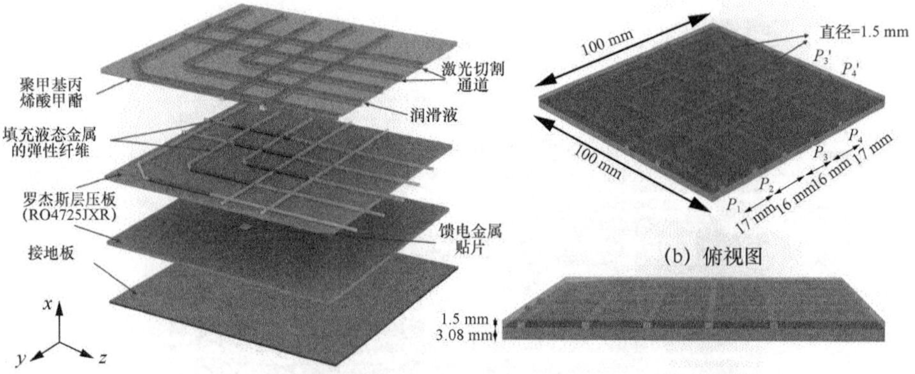

图 6-11 天线结构

合理选择参数令八木天线处于不同特殊状态，可以分别获得高增益、宽角扫描、高辐射效率等特性。通过使用不同的液态金属长度值和 z 方向偏移量，可将主波束扫描至不同平面，分别对 2.45 GHz、3 GHz、4.6 GHz 和 6.5 GHz 共 4 种情况进行多种不同参数组合试验，验证天线具有±45°三维波束扫描能力。此外，该天线得益于将液态金属装在中空并具有高伸缩性能的弹性人造纤维中，还利用直流电机控制弹性人造纤维在预制好的管道中伸缩，以代替普通的液态金属灌注方法的创新设计；还具有超高的可重构切换速度特性（约 100 ms，液态金属天线典型值数秒至数十秒）。

另外从中国航空工业发展研究中心获知，美国空军研究实验室（AFRL）正在开发一种液态金属天线，用于精简飞机上多种频率和功能的天线设备。AFRL 研制的是一种内部填充液态金属的通道系统，可以根据所需的频率和方向图重新配置天线，并且在 70 MHz～7 GHz 这 100 倍倍频程的宽频带内进行了测试。使用的液态金属为镓，是灰蓝色或银白色的金属，元素符号为 Ga，原子量为 69.723。镓的熔点很低，约为 29.76 ℃，但沸点很高。纯液态镓有显著的过冷的趋势，在空气中易氧化，形成氧化膜。通过添加铟等其他金属形成合金，可使其熔点降低到−28 ℃。这种通道系统可以采用柔性结构进行集成，形成柔性混合电子系统。

6.3.5　基于重力驱动的液态金属频率可重构天线

QIN 等[10]提出了一种基于重力触发的液态金属频率可重构微带贴片天线。在这项工作中，天线的基板是通过 3D 打印技术快速获得的，将无毒的 EGaIn 合金填充到树脂基板中作为辐射贴片，用 NaOH 溶液去除 EGaIn 的氧化膜。在这种配置下，基板内部的液态金属可以在重力作用下灵活流动，在不同的旋转角度下实现不同的工作频率。如图 6-12 所示，为了验证这个概念，作者设计了一款液态金属贴片天线，该辐射贴片由 EGaIn（由 75.5%的镓和 24.5%的铟组成，电导率 σ=3.46×10^6 S/m）制成。基板是用光敏树脂通过 3D 打印制造而成，为了保证基板空腔结构不坍塌，辐射贴片上覆盖一层厚度为 1 mm（H_1 和 H_3）的树脂材料，中心空腔的厚度为 H_2（即液态金属辐射片的厚度）。如图 6-13 所示，作者使用了 3D 打印技术完成该天线基板的加工，该天线实现的频率可调范围为 3.69～4.95 GHz，涵盖了 5G 移动通信网络中的 n77（3.3～4.2 GHz）、n78（3.3～3.8 GHz）和 n79（4.4～5.0 GHz）信道。

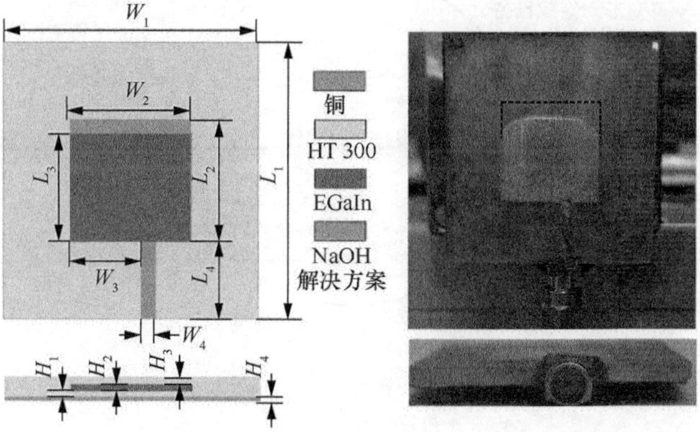

（a）示意图　　（b）实物图

图 6-12　基于重力驱动的液态金属频率可重构天线结构

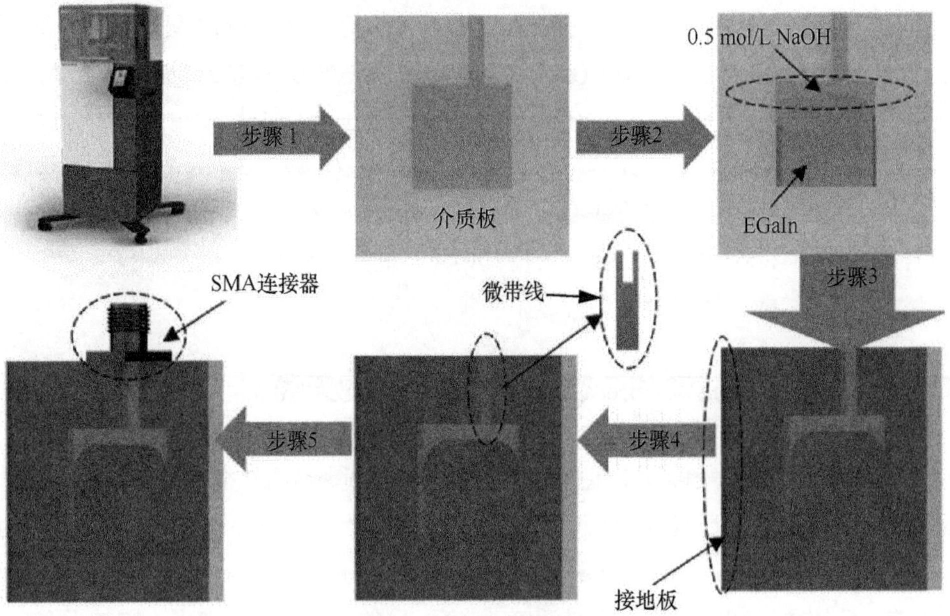

图 6-13　天线加工流程

6.4　液态金属天线与传统天线的对比

液态金属天线的优点、应用潜力和挑战如图 6-14 所示。

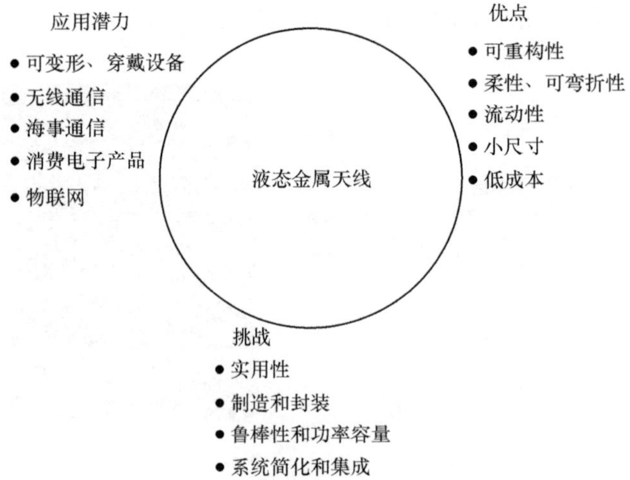

图 6-14　液态金属天线的优点、应用潜力和挑战

6.4.1　液态金属天线的特征总结

天线效率：由于现存的液态金属材料大多具有较高的电导率，因此液态金属天线可以达到较高的辐射效率。值得注意的是，天线效率很大程度上会受到基板和外壳材料的影响，而不仅仅取决于液态金属材料本身。

温度稳定性：总体而言，传统天线的温度稳定性优于用液态金属材料制造的天线。液态金属对温度较为敏感，即使在这一方面性能最好的 Galinstan 也具有非常有限的液态范围（高于−19 ℃），并且电磁特性对温度变化较为敏感。

可重构方法：基于液态金属的可重构天线明显具有更多的设计灵活性和体制选择。除了利用传统的电可重构方法（通常基于射频开关或变容二极管），还可以利用其流体特性通过机械、重力、磁场等原理实现重构控制。

设计灵活性：由于液态金属材料的特殊物理化学性质，其物理尺寸、适用的天线种类和馈电方式均存在一定限制。

加工制造难度：与传统天线不同，大多数液态金属天线中的液体必须被引导或容纳在支架或通道中，并且整个系统必须密封以避免氧化和泄漏，因此相较于传统天线的制造和封装过程更为复杂。系统中的关键部分往往需要借助 3D 打印技术实现。

安全性与可靠性：液态金属材料的抗恶劣环境能力、抗老化能力、大功率运行的稳定性以及对人体及环境的影响均有待进一步研究和测试。

6.4.2　液态金属天线的痛点和发展方向

尽管液态金属天线的研究和开发已经取得了相当大的进步，但遗憾的是目前还鲜有商业化产品。为了实现这一目标，除了找到更好的天线设计思路之外，以下痛点和缺陷亟须有应对的解决方案。

（1）如何更好地实现对液态金属的控制：目前的液态金属控制方法大多停留在实验室验证阶段，常见的使用注射器注入或机械泵控制的方法存在速度慢、准确性和可重复性差、寿命短等缺点。其中，可重构速度慢（典型速度数秒至上百秒，传统电可重构典型速度为微秒或毫秒级别）成为限制其实际应用的最大痛点。

（2）如何提高其鲁棒性：尚缺乏针对不同的物化环境的研究，介电容器和微波功率水平对液态金属天线系统进行彻底的测试和评估，其鲁棒性几乎是未知的。

（3）如何制作和封装天线：实验室原型只能用于研究和验证。大规模制造符合工业标准的液态金属天线工艺和技术还有待开发。此外，与天线的封装和馈电相关的问题还未解决。

（4）如何降低复杂性和整体尺寸：尽管液态金属天线辐射体本身体积和剖面一般不大，但是一旦将所有相关的馈源、液体容器、泵送和控制系统包含在内，天线系统就变得庞大起来，降低复杂性并良好集成的系统设计尚待解决。

参考文献

[1] HUANG Y, XING L, SONG C Y, et al. Liquid antennas: past, present and future[J]. IEEE Open Journal of Antennas and Propagation, 2021, 2: 473-487.

[2] RODRIGO D, JOFRE L, CETINER B A. Circular beam-steering reconfigurable antenna with liquid metal parasitics[J]. IEEE Transactions on Antennas and Propagation, 2012, 60(4): 1796-1802.

[3] SONG L N, GAO W R, CHUI C O, et al. Wideband frequency reconfigurable patch antenna with switchable slots based on liquid metal and 3-D printed microfluidics[J]. IEEE Transactions on Antennas and Propagation, 2019, 67(5): 2886-2895.

[4] PARK Y G, AN H S, KIM J Y, et al. High-resolution, reconfigurable printing of liquid metals with three-dimensional structures[J]. Science Advances, 2019, 5(6).

[5] HUANG G L, LIANG J J, ZHAO L Y, et al. Package-in-dielectric liquid patch antenna based on liquid metal alloy[J]. IEEE Antennas and Wireless Propagation Letters, 2019, 18(11): 2360-2364.

[6] DEY A, GULDIKEN R, MUMCU G. Microfluidically reconfigured wideband frequency-tunable liquid-metal monopole antenna[J]. IEEE Transactions on Antennas and Propagation, 2016, 64(6): 2572-2576.

[7] LIU Y, WANG Q, JIA Y T, et al. A frequency and polarization reconfigurable slot antenna using liquid metal[J]. IEEE Transactions on Antennas and Propagation, 2020, 68(11): 7630-7635.

[8] YANG X, LIU Y, LEI H Y, et al. A radiation pattern reconfigurable fabry-pérot antenna based on liquid metal[J]. IEEE Transactions on Antennas and Propagation, 2020, 68(11): 7658-7663.

[9] BHARAMBE V T, MA J, DICKEY M D, et al. RESHAPE: a liquid metal-based reshapable aperture for compound frequency, pattern, and polarization reconfiguration[J]. IEEE Transactions on Antennas and Propagation, 2021, 69(5): 2581-2594.

[10] QIN P, HUANG G L, LIANG J J, et al. A gravity-triggered liquid metal patch antenna with reconfigurable frequency[J]. Micromachines, 2021, 12(6): 701.

第7章 增材制造技术及其在微波天线领域中的应用

在高性能微波组件和天线的实际应用中，加工工艺水平及材料特性是非常重要的考量因素。目前机械加工和装配流程既耗时又存在诸多不确定因素，对复杂结构的一体化加工成形基本无能为力，而加工精度和装配精度的误差往往会导致微波器件的指标恶化。近年发展起来的增材制造技术为解决以往“减材”制造过程带来的射频性能弊端提供一种行之有效的方案。本章主要从增材制造在射频微波领域的应用进展、技术体系和材料体系、基于介质打印和金属打印的实现方案，以及在毫米波器件及天线领域的研究进展等方面进行分析。

7.1 增材制造在射频微波领域的应用进展

移动通信设备需求的爆发式增长不仅带来信息技术的飞速发展，也导致通信频带的资源紧缺和电磁环境的日益复杂。虽然诸如载波聚合、毫米波、多输入多输出等技术在一定程度上缓解了频带资源的紧张，但无线通信系统对射频器件的尺寸、性能、成本、产能等提出了更高的要求。天线、滤波器、功分器作为典型的微波无源器件，存在金属波导、同轴、微带、共面波导等多种结构，并在微米波、毫米波乃至太赫兹系统中起到重要作用。随着微波无源器件的结构复杂化，传统制造技术（冷热加工、干压、注模、热固化等）在制备时出现技术瓶颈，特别是在制备小型化的复杂结构器件时存在装配间隙及尺寸误差，严重影响器件的高频性能[1]。尤其在高性能波导型天线的应用中，目前限制其广泛应用的一个重要因素是加工工艺水平不高。

目前机械加工和装配流程既耗时又存在诸多不确定因素，比如装配的精度、复杂结构的可加工性。学术研究和实际工程应用中往往将该类天线实测性能指标恶化、装配精度不够归咎于加工工艺问题。具体而言，传统的机械加工工艺在加工复杂波导型天线结构，如大型天线阵列时工序烦琐，需要将整机结构做合理分割以便于机床加工，但有限的加工精度以及后期装配引起的层间错位和缝隙，往往会导致回波损耗的恶化以及能量泄漏，降低辐射效率。对于工作于高频段的波导型射频微波结构，由于电尺寸减小，生产过程中对加工的精度要求很高，而传统机械加工精度一般为 10 μm 左右，所加工的天线阵列典型辐射效率为 75%左右。

为进一步提高波导型结构的加工精度，研究人员引入精密加工（微加工）技术，应用该技术可将加工精度提高到 0.05 μm 左右，也正因为如此，该类型加工工艺价格高昂，往往只有在极高频率如太赫兹的器件才会使用。但是，即使加工精度提高了，它依然面临着与传统机械加工同样的装配精度问题，而且波导型结构的高频性能对部件层间的定位精度非常敏感。目前对使用精密加工工艺制造波导型缝隙天线阵列的报道较少[2-3]，300 GHz 开槽波导天线如图 7-1 所示。近年来日本东京工业大学安藤–广川研究室（Ando & Hirokawa Lab）将叠层薄金属板扩散压合技术应用于毫米波波导平板天线阵列的加工中，并取得了良好的效果[4-5]。该工艺通过将天线阵列分割成许多具有一定厚度的蚀刻铜质薄片，在真空中利用高温高压环境将这些薄金属片层压在一起，无须后续的装配处理。测试结果表明此工艺可使天线阵列获得良好阻抗带宽且辐射效率在工作频带内为 85%以上。不过这种工艺与传统机械加工本质上依然属于“切割+拼合”的“有缝”加工过程，且这种工艺较适合加工物理尺寸较小的天线阵列。对于天线阵面物理尺寸较大的结构，在高温高压的压合过程中容易使薄金属板发生形变和偏移，进而导致天线性能受影响。

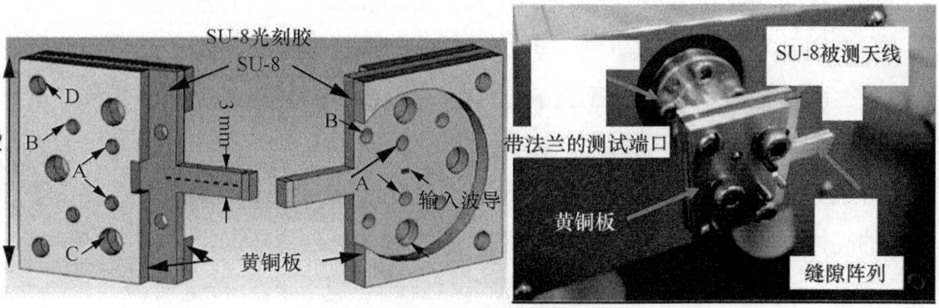

图 7-1　300 GHz 开槽波导天线

近几年逐渐成为各学科研究热点的增材制造技术，为打破传统机械加工装配精度不高的瓶颈提供了可能性，使波导型器件的实现从“有缝”走向“无缝”。该技术有别于传统机械加工的“减材制造”过程，使目标物体可以自下而上“生长”，一体化成形，无须将整机分割再组装，整个“增材”过程可以实现无人值守，节省时间和人力成本。这一技术能够通过将平面图形转化为立体图形来实现对复杂结构的打印，使增材制造技术能加工绝大多数结构。根据射频器件的发展趋势，结构更轻、体积更小、性能更好是未来的发展趋势。传统工艺在解决这些问题时并不理想，但增材制造技术在面对复杂结构的射频器件加工问题时优势突出。英国伯明翰国际机场附近的 3D 打印馆内展出的利用激光选区烧结（Selective Laser Sintering，SLS）增材制造技术实现的天线阵列（如图 7-2 所示），凸显了增材制造打印一体化成形、可重复制造、结构一致性好的优点。如今，越来越多的科研工作者尝试将这一技术运用到各类微波器件的研发和加工过程中。

图 7-2　基于 SLS 的增材制造技术实现的天线阵列

已有学者将增材制造技术应用于多种波导结构的设计中，如波导管[6]、腔体滤波器[7]和简单天线结构[8]。欧洲航天局报道了利用该技术研制双反射面的抛物面卫星天线用于未来空间通信[9]的案例，如图 7-3～图 7-7 所示。可见该技术已被众多从事微波工程领域的专家学者所关注。然而，目前已知的绝大多数工作都是基于“非金属材质（即介质材料）打印成形+后期电镀工艺”的形式完成的，多个工序相对复杂、耗时，介质损耗的存在以及表面电镀的质量（容易引起导体损耗）大大影响了其在高频段中的应用。另外，电镀或介质金属化工艺的限制，导致这种打印方式仅限于开放、半开放的简单器件结构。对于具有丰富内部结构的器件，如金属腔体滤波器和波导型天线大阵列，此方式无法对内部结构进行均匀电镀。金属增材制造技术的成熟为实现复杂波导型器件的高性能提供了途径，可以从根本上解决“介质打印+电镀”存在的弊端，但这方面的研究工作较少。比较流行的金属增材制造工艺包括直接金属激光烧结（Direct Metal Laser Sintering，DMLS）技术、SLS 技术和激光选区熔化（Selective Laser Melting，SLM）技术，虽然命名不一，但这些工艺背后的技术原理是相似的，都是先在工作平台上平铺一层金属粉末，通过高功率激光束在计算机控制下按照器件截面轮廓所在的粉末区域进行烧结，形成一层固体轮廓层；然后再在表面平铺粉末，进行下一层的烧结，如此循环，形成器件的三维原型。

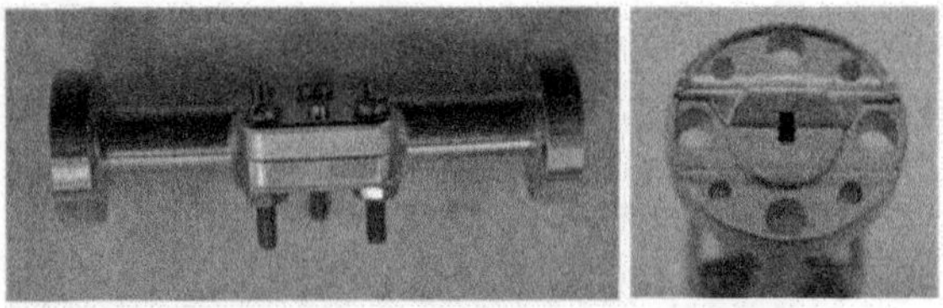

图 7-3　3D 介质打印镀铜后 WR-10 波导接头[6]

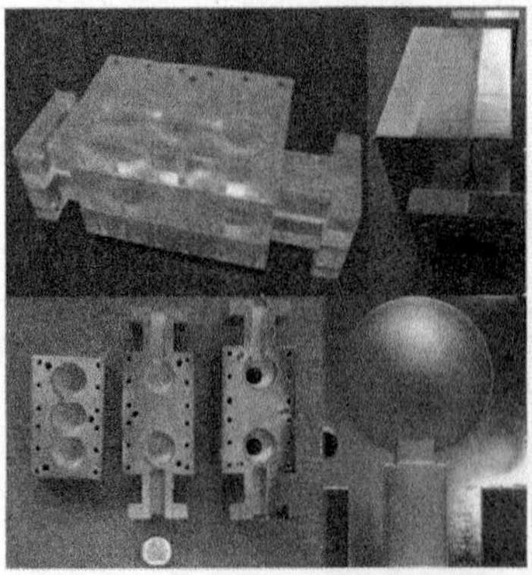

图 7-4　3D 打印 X 频段波导滤波器[7]

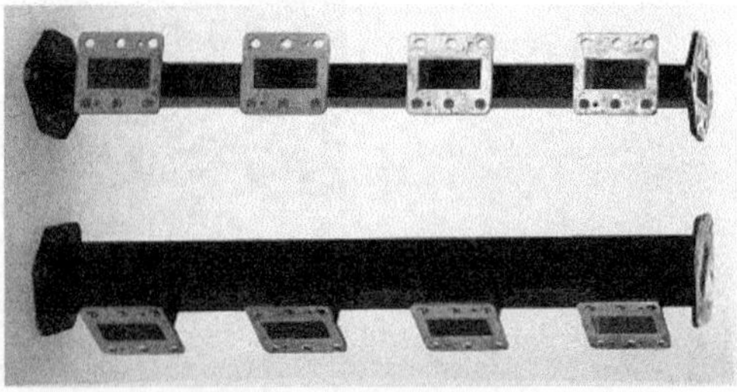

图 7-5　金属化碳纤维增强塑料波导耦合器[8]

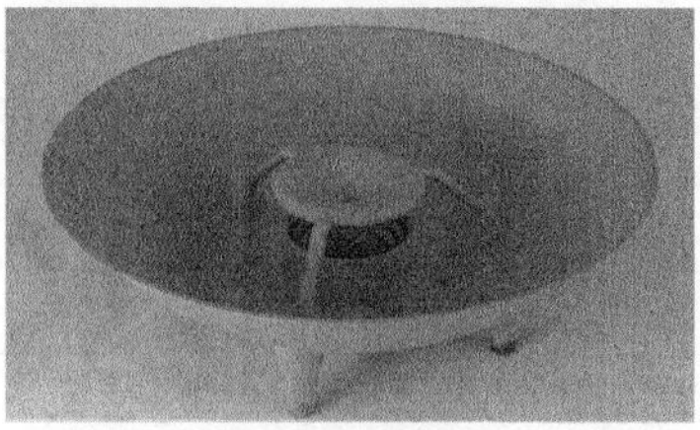

图 7-6　3D 打印环焦双反射面天线[9]

图 7-7　3D 打印喇叭天线[9]

7.2　增材制造的技术体系和材料体系

增材制造不是某一种加工技术的特称，而是多种增材制造工艺的总称。不同工艺之间在原材料和打印技术类型上存在较大差异。表 7-1 总结了大部分现有的增材制造技术及材料分类。虽然不同增材制造工艺在原材料和打印原理上存在很大差异，但这些工艺器件使用的成形方式是相似的，即一个三维结构先被划分成有限个具有一定厚度的准二维层，再由打印材料逐层固化形成。每层材料的厚度由打印系统的分辨率决定，通常为几十至几百微米，甚至更高，具体层厚的选择一般取决于器件的物理尺寸[10]。

表 7-1　现有增材制造技术及材料分类

打印类型	典型工艺	使用材料
线型	电子束自由成形制造	铝、镍、钛、不锈钢等
	电弧增材制造	不锈钢、铝合金和高温合金等
材料挤压型	熔丝沉积成形	热塑性塑料、共晶系统金属、可食用材料等
	熔融挤压成形	热塑性材料，如 PLA、蜡、ABS、尼龙等
粉末烧融	直接金属激光烧结	金属粉末如镍基、钴基、铝基、铁基合金、碳化物复合材料等
	直接金属打印	金属粉末、铝和钛材料等
	激光选区烧结	热塑性塑料、金属粉末、陶瓷粉末、尼龙等
	激光选区熔化	钛合金、钴铬合金、不锈钢、铝等
	选择性热烧结	热塑性粉末
	电子束熔融	钛合金、钛基金属间化合物、不锈钢、钴铬合金、镍合金等
	选择性分离烧结	聚合物材料、金属材料、陶瓷材料以及复合材料
	多射流熔融	聚合物材料、注塑材料、橡胶材料、导电材料等
	激光熔覆成形	难熔金属、高温合金和金属间化合物等
	电子束直接制造	钛、钽、铟镍合金等

（续表）

打印类型	典型工艺	使用材料
定向能量沉积	激光近净成形	不锈钢、钛合金、镍基合金等
	快速等离子沉积	钛丝、镍合金、工具钢、不锈钢等
	电子束增材制造	钛及钛合金、铬镍铁合金、钽、钨、铌、不锈钢等
薄板层压	分层实体制造	纸张、金属箔、塑料薄膜
材料喷射	连续材料喷射	光聚合物
	纳米颗粒喷射	金属颗粒、陶瓷材料
	按需喷墨	树脂材料、金属粉末
	PolyJet 3D 打印	光聚合物
	石膏 3D 打印	石膏材料
	多喷头打印成形技术	树脂材料、塑料材料、弹性材料、复合材料和蜡质材料
	气溶胶喷射	金属、氧化物和聚合物材料
光聚合	立体光刻	光聚合物
	数字光处理	光聚合物、蜡质支撑材料
	LCD 掩膜技术	光聚合物
	连续液体界面制造	光聚合物
	可见光固化	光聚合物
黏合剂喷射	砂石黏合剂喷射	二氧化硅和沙子
	金属黏合剂喷射	不锈钢和铬镍铁合金
	三维印刷工艺	陶瓷粉末、金属粉末、塑料粉末、石膏
	全彩色喷射打印	石膏材料、塑料材料

7.2.1 线型的典型工艺

7.2.1.1 电子束自由成形制造

电子束自由成形制造（Electron Beam Freeform Fabrication，EBF）是一种采用电子束作为热源，利用离轴金属丝建造零件的工艺。EBF 打印工作原理如图 7-8 所示，采用该增材制造工艺制造的近净成形零件需要通过减材工艺进行后续的精加工。其原理为在真空环境中利用高能量密度的电子束轰击金属表面形成熔池，金属丝材通过送丝装置送入熔池并熔化，同时熔池按照预先规划的路径运动，金属材料逐层凝固堆积，形成致密的冶金结合，直至制造出金属零件或毛坯。EBF 技术可以直接成形铝、镍、钛或不锈钢等金属材料，而且可将两种材料混合在一起，也可将一种材料嵌入另一种材料。例如可将一部分光纤玻璃嵌入铝制件中，从而使传感器的区域安装成为可能。

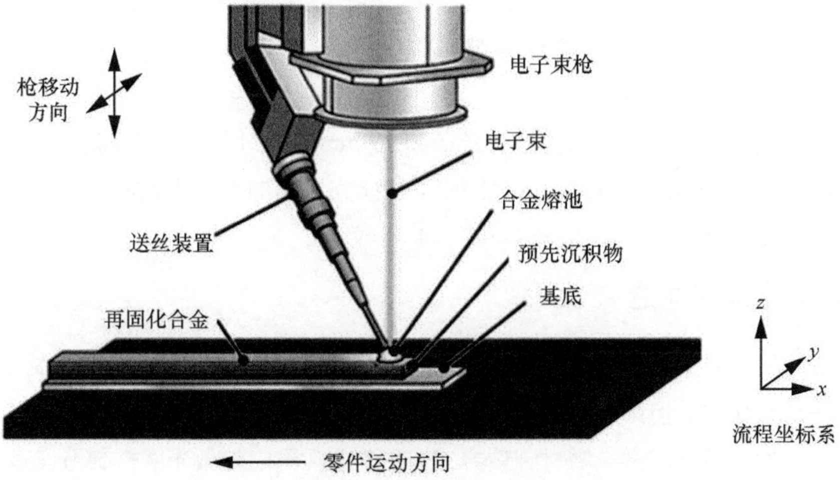

图 7-8　EBF 打印工作原理

该增材制造技术的优点如下。

（1）沉积效率高。电子束很容易实现数十千瓦大功率输出，可以在较高功率下达到很高的沉积速率（15 kg/h）。对于大型金属结构的成形，电子束熔丝沉积成形速度优势十分明显。

（2）真空环境有利于零件的保护。电子束熔丝沉积成形在 10^{-3} Pa 真空环境中进行，能有效避免空气中有害杂质（氧、氮、氢等）在高温状态下混入金属零件，非常适合钛、铝等活性金属的加工。

（3）成形内部质量好。电子束是“体”热源，熔池相对较深，能够消除层间未熔合现象；同时，利用电子束扫描对熔池进行旋转搅拌，可以明显减少气孔等缺陷。电子束熔丝沉积成形的钛合金零件，其超声波探伤内部质量可以达到 AA 级。

（4）可实现多功能加工。电子束输出功率可在较宽的范围内调整，并可通过电磁场实现对束流运动方式及聚焦的灵活控制，可实现高频率复杂扫描运动。利用面扫描技术，能够实现大面积预热及缓冷；利用多束流分束加工技术，可以实现多束流同时工作。在同一台设备上，既可以实现熔丝沉积成形，也可以实现深熔焊接。利用电子束的多功能加工技术，可以根据零件的结构形式以及使役性能要求，采取多种加工技术组合，实现多种工艺协同优化设计制造，以实现成本效益的最优化。

（5）原材料仅使用线（丝）材，价格大大低于粉材，且100%进入熔池。

（6）可打印大部分熔点很高的合金材料，完全致密，力学性能接近甚至等效于锻件性能。

（7）可打印超大型以及巨型非标零部件，目前最长达7.2 m。

同时该技术有以下不足。

（1）构建完成的工件表面公差裕量在2～3 mm，达到近净成形形态，需要计算机数控（Computer Numerical Control，CNC）机床完成精加工及表面抛光。

（2）需要一套专用设备和真空系统，成本较高。

7.2.1.2 电弧增材制造

在一些结构复杂、尺寸较小、表面精度高的零部件打印中，激光增材制造成形的优势是非常明显的。但由于3D打印个性化定制的特有优势，一些定制大尺寸、高强度的零部件便不适于用激光增材制造方式成形。纵观国内外激光增材制造设备，SLM、激光冲击成形（LSF）技术设备成形尺寸基本在1 m以内，而针对更大型、性能要求更高的零部件，电弧增材制造（Wire and Arc Additive Manufacturing，WAAM）技术便成为首选。

WAAM技术是以熔化极惰性气体保护电弧焊（MIG）、钨极惰性气体保护焊（TIG）以及等离子体焊接电源（PA）等焊机产生的电弧为热源，通过金属丝材的添加，在程序的控制下，按设定成形路径在基板上堆积层片至金属零件近净成形的方法。它不仅具有沉积效率高、材料利用率高、整体制造周期短、成本低、对零件尺寸限制少、成形零件易于修复等优点，还具有原位复台制造以及成形大尺寸零件的能力。较传统的铸造、锻造技术和其他增材制造技术具有一定的先进性，与铸造、锻造工艺相比，它无须模具，整体周期短，柔化程度高，能够实现数字化、智能化和并行化制造；对设计的响应快，特别适合小批量、多品种产品的制造。WAAM技术比铸造技术制造材料的显微组织及力学性能优异；比锻造技术产品节约原材料，尤其是贵重金属材料。与以激光和电子束为热源的增材制造技术相比，它具有沉积速率高、制造成本低等优势。与以激光为热源的增材制造技术相比，它对金属材质不敏感，可以成形激光反射率高的材质，如铝合金、铜合金等。与SLM技术和电子束增材制造技术相比，WAAM技术还具有制造零件尺寸不受设备成形缸和真空室尺寸限制的优点。WAAM打印工作原理如图7-9所示。

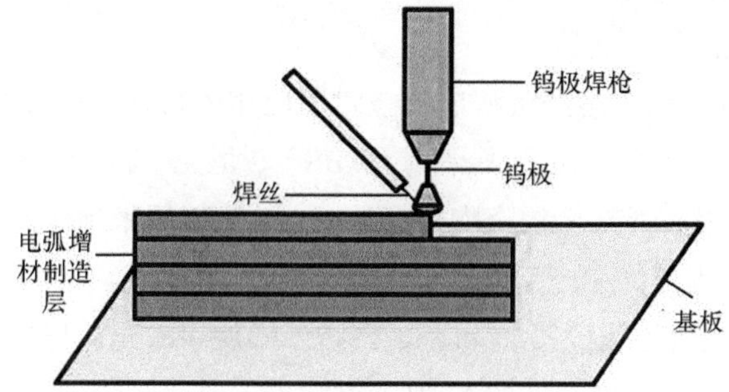

图 7-9　WAAM 打印工作原理

7.2.2　材料挤压型的典型工艺

7.2.2.1　熔丝沉积成形

熔丝沉积成形（Fused Deposition Modeling，FDM）也称熔丝制造（Fused Filament Fabrication，FFF）。如图 7-10 所示，其工作原理是，成形材料和支撑材料由供丝机构送至各自对应的喷头，并在喷头中加热至熔融态。加热喷头在控制系统指令下沿着零件截面轮廓和内部轨迹运动，同时将半流动状态的热熔材料挤出，黏稠状的成形材料和支撑材料被选择性地涂覆在工作台上，迅速固化后形成截面轮廓。当前层成形后，喷头上升特定高度再进行下一层的涂覆，层层堆积形成三维产品。

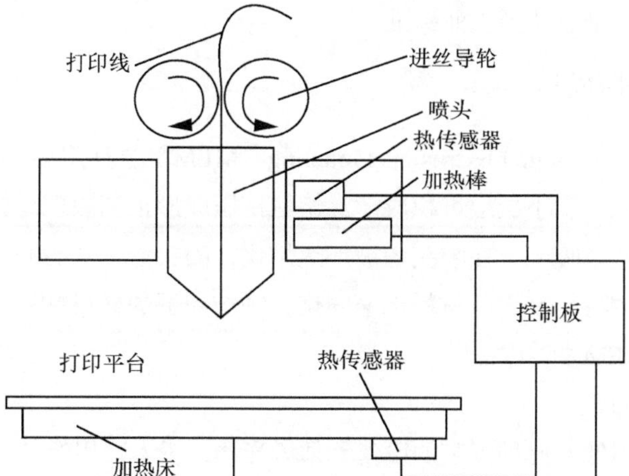

图 7-10　FDM 打印工作原理

该技术主要优点如下。

（1）成形材料广泛。熔丝沉积成形技术所应用的材料种类很多，主要有聚乳酸（PLA）、丙烯腈-丁二烯-苯乙烯共聚物（ABS）、尼龙、石蜡、铸蜡、人造橡胶等熔点较低的材料，以及低熔点金属、陶瓷等丝材。这可以用来制作金属材料的模型件或PLA塑料、尼龙等零部件和产品。

（2）成本相对较低。因为熔丝沉积成形技术不使用激光，与其他使用激光的快速成形技术相比较而言，它的制作成本很低。

（3）环境污染较小。原材料利用率很高并且几乎不产生任何污染，而且在成形过程中没有化学变化的发生。

（4）设备、材料体积较小。这样便于搬运，适合于办公室、家庭等使用环境。

该技术主要不足如下。

（1）精度低。温度对于FDM效果影响非常大，而桌面级FDM 3D打印机通常缺乏恒温设备，另外在出料部分缺少控制部件，致使难以精确地控制出料形态和成形效果。这些原因导致FDM的桌面级3D打印机的成品精度通常为0.1～0.3 mm。每层的边缘容易出现由于分层沉积而产生的“台阶效应”，导致很难达到所见即所得的3D打印效果。

（2）打印时间长。需按横截面形状逐步打印，成形过程中受到一定的限制，制作时间长，不适合制造大型物件。

（3）强度低。受工艺和材料限制，打印物品的性能强度低，尤其是沿 z 轴方向的材料强度比较弱，难以达到工业标准。

7.2.2.2 熔融挤压成形

熔融挤压成形（Melted Extrusion Modeling，MEM）是利用热塑性材料的热熔性、粘接性，在计算机控制下层层堆积成形。熔融挤压成形工艺原理是材料先抽成丝状，再通过送丝机构送进喷头，在喷头内被加热熔化，喷头沿零件截面轮廓和填充轨迹运动，同时将熔化的材料挤出，材料迅速固化，并与周围的材料粘接，层层堆积成形。图7-11所示为MEM打印原理。

该技术优点如下。

（1）运行费用低。此种工艺的设备无须激光器，投入费用低。

（2）精度较高。熔融挤压成形技术能够达到的精度为0.2 mm左右，可以制造各种复杂的模型。

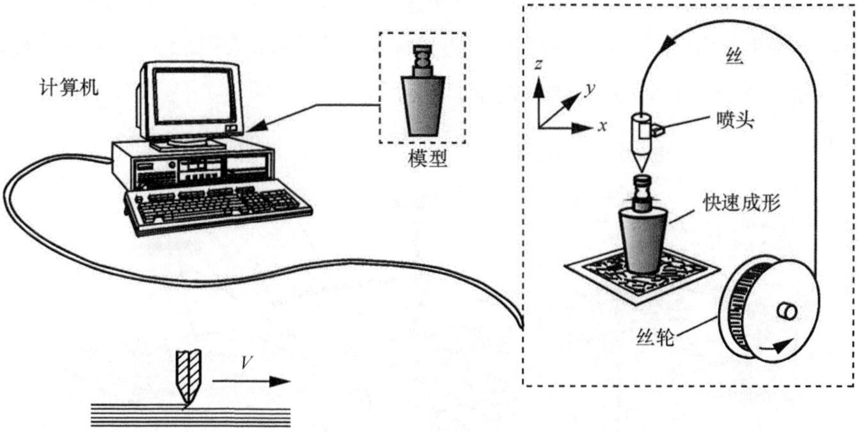

图 7-11　MEM 打印原理

（3）成形材料种类较多。MEM 工艺对成形材料的要求是熔融温度低、黏度低、粘接性好、收缩率小。ABS、聚碳酸酯（PC）、PP 等材料均可应用在熔融挤压成形工艺中。ABS 材料因为其良好的强度和弹韧性，使用率比较高。

（4）成形样件强度较好，易于装配，可进行消失模铸造。MEM 工艺的成形件强度高，打磨性能比较好。在成形零件表面挂涂陶瓷浆料，经过高温焙烧后 ABS 件会完全气化挥发，从而可以获得陶瓷型腔，用于金属浇注即可获得金属件。采用这种办法可以间接实现金属零件的快速成形。

（5）表面质量较好。熔融挤压成形技术制造的模型表面比较光滑、平整，由于填充纹理比较细密，不经过打磨也可以呈现良好的表面。

该技术不足之处主要体现在打印速度较慢。由于喷头的运动系统通常采用皮带导轨驱动或丝杠导轨驱动，扫描速度的绝对值与振镜系统相比要小得多。

7.2.3　粉末烧融的典型工艺

7.2.3.1　直接金属激光烧结

直接金属激光烧结技术直接使用高能量的激光熔融金属粉末沉积，同时烧结固化粉末金属材料并自动地层层堆叠，以生成致密的几何形状的实体零件。由于金属本身是致密体，不易产生粉末冶金成形时的空穴，结构件致密度为 99%以上，接近锻造的材料胚体。通过选用不同的烧结材料和调节工艺参数，可以生成性能差异很大的零件，从具有多孔性的透气钢，到耐腐蚀的不锈钢再到组织致密的模具钢。采用 DMLS 技术甚至能够直接制造出非常复杂的零件，避免了采用铣削和放电加工，为设计提供了更宽的自由度。DMLS 打印工作原理如图 7-12 所示。

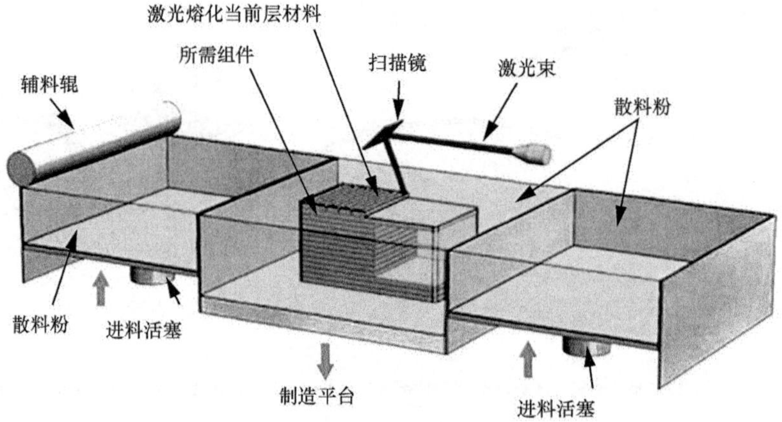

图 7-12　DMLS 打印工作原理

该技术优点如下：

（1）激光熔覆层与基体为冶金结合，结合强度不低于原基体材料的 95%；

（2）对基材的热影响较小，引起的变形也小；

（3）材料范围广泛，如镍基、钴基、铁基合金、碳化物复合材料等，可满足工件不同用途要求，兼顾心部性能与表面特性；

（4）熔覆层及其界面组织致密，晶粒细小，无孔洞、无夹杂裂纹等缺陷；

（5）可对局部磨损或损伤的大型设备贵重零部件、模具进行修复，延长使用寿命；

（6）可对金属部件进行直接生产制造；

（7）易于将不同于基体成分的粉末或薄片压坯烧结在一起。

该技术的不足之处主要在于加工设备昂贵、成形尺寸受限。

7.2.3.2　直接金属打印

直接金属打印（Direct Metal Printing，DMP），原理为通过熔融将金属粉末变成紧密结合的整体，当一层熔融完成以后，再输送一层新的粉末，直至整个部件加工完成，成品部件的材料密度比理论部件 99%的密度还要大。尽管是基于固态金属粉末，但是 DMP 在打印时首先要打印支撑材料，用以将部件固定在打印平台上，打印部件和支撑材料是一致的。部件打印完成以后，可使用手持切割工具将部件从打印件上移除。DMP 技术与大多数的金属 3D 打印工艺类似，先将一层薄薄的金属粉末铺到打印平台上，只是在这里高精度激光并不是简单地烧结金属粉末（只熔融金属颗粒的表面一层），而是彻底融化为一层，使其完全融合在一起，因此不需要使用任何的粘接剂。其工作流程为，开始扫描前，水平铺粉辊首先把金属粉末平铺到加工室的基板上；其次激光束将按当前层的轮廓信息选择性地熔化基板上的粉末，加工出当前层的轮廓；然后可升降系统下降一个图层厚度的距离，滚动铺粉辊再在已加工好的当前层上铺金属粉末；设备调入下一图层进行加工，如此层层加工，直到整个零件加工完毕。整个加工过程在抽真空或通有气体保护的加工室中进行，以避免金属在高温下与其他气体发生反应。

其优点在于采用 DMP 技术，3D 打印而成的金属物体是完全致密的，具有均匀的微观结构，其密度是正常金属零部件的 99.98%。实际上使用 DMP 技术打印出来的物件与传统的切削或者铸造方法制造出来的金属部件基本相同。

该技术不足之处：由于 DMP 技术主要使用金属粉末作为原材料，因此 3D 打印完成后的部件表面会比较粗糙，有点像砂纸。这些部件只需稍加抛光，就可以与传统制造的金属部件表面光滑程度不相上下。

7.2.3.3　激光选区烧结

激光选区烧结工作原理是利用红外激光烧结粉末，先用铺粉滚轴铺一层粉末材料，通过打印设备里的恒温设施将其加热至恰好低于该粉末烧结点的某一温度；接着激光束在粉层上照射，使被照射的粉末温度升至熔化点之上，进行烧结并与下面已制作成形的部分实现粘接。当一个层面完成烧结之后，打印平台下降一个层厚的高度，铺粉系统为打印平台铺上新的粉末材料；然后控制激光束再次照射进行烧结；如此循环往复，层层叠加，直至完成整个三维物体的打印工作。在成形过程中，未经烧结的粉末对模型的空腔和悬臂部分起着支撑作用，不必像立体光刻（SLA）和 FDM 工艺那样另外生成支撑工艺结构。SLS 打印工作原理如图 7-13 所示。

该技术优点如下。

（1）可使用的材料广泛，包括尼龙、聚苯乙烯等聚合物，铁、钛、合金等金属，陶瓷，覆膜砂等。

（2）成形效率高。由于 SLS 技术并不完全熔化粉末，而仅是将其烧结，因此制造速度快。

（3）材料利用率高。未烧结的材料可重复使用，材料浪费少，成本较低。

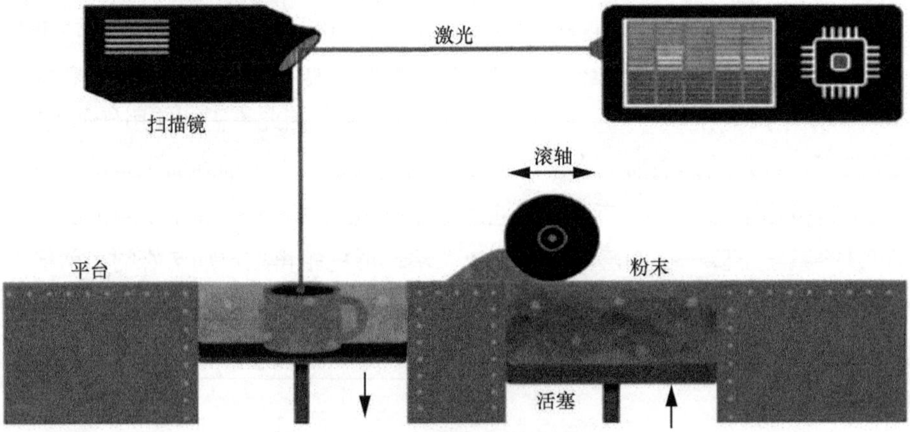

图 7-13　SLS 打印工作原理

（4）无须支撑。未烧结的粉末可以对模型的空腔和悬臂部分起支撑作用，不必像 FDM 和 SLA 工艺那样另外设计支撑结构，可以直接生产形状复杂的原型及部件。

（5）应用面广。由于成形材料的多样化，可以选用不同的成形材料制作不同用途的烧结件，可用于制造原型设计模型、模具母模、精铸熔模、铸造型壳和型芯等。

该技术不足如下。

（1）有激光损耗，需要有专门的实验室环境，加工室需要不断注入氮气，原材料价格及采购维护成本较高。

（2）成形表面受粉末颗粒大小及激光光斑的限制。

（3）需要比较复杂的辅助工艺。需要对原料进行长时间的预处理（加热），完成后需要进行成品表面的粉末清理等。

（4）成形过程产生有毒气体和粉尘，污染环境。

7.2.3.4　激光选区熔化

激光选区熔化（Selective Laser Melting，SLM）技术是在 SLS 基础上发展起来的，二者的基本原理类似。SLM 技术需要使金属粉末完全熔化，直接成形金属件，因此需要高功率密度激光器激光束。开始扫描前，水平铺粉辊先把金属粉末平铺到加工室的基板上；接着激光束将按当前层的轮廓信息选择性地熔化基板上的粉末，加工出当前层的轮廓；然后可升降系统下降一个图层厚度的距离，滚动铺粉辊再在已加工好的当前层上铺金属粉末；设备调入下一图层进行加工，如此层层加工，直到整个零件加工完毕。整个加工过程在抽真空或通有气体保护的加工室中进行，以避免金属在高温下与其他气体发生反应。它们能生产高精度、高复杂度的金属零件。打印层厚可达 20 μm，可打印的金属包括钛、不锈钢、钴铬合金、工具钢等，能够应用在航空领域（比如带冷却仓的超高效散热片的一体化打印），以及医疗保健领域（比如超复杂形状的金属下颌）等。SLM 打印技术原理如图 7-14 所示。

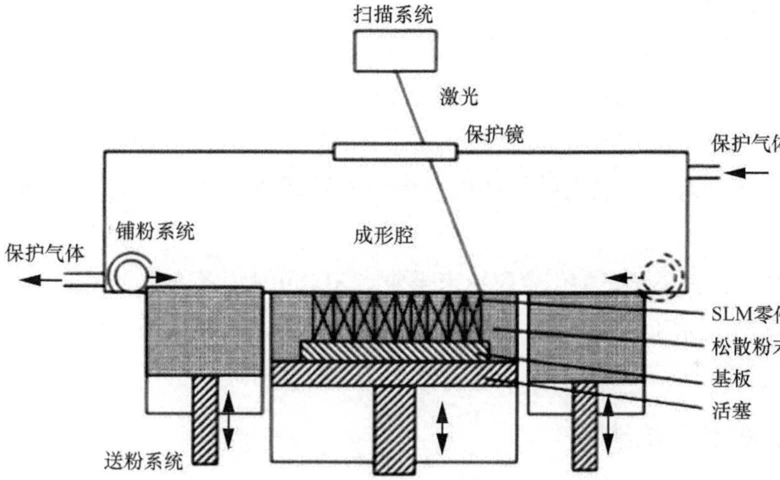

图 7-14　SLM 打印技术原理

SLM 与 SLS 的区别如下。

（1）SLS 是激光烧结，所用的金属材料是经过处理的与低熔点金属或者高分子材料的混合粉末，在加工的过程中低熔点的材料熔化但高熔点的金属粉末是不熔化的。先是用灯管加热或者金属板热辐射的方式，将粉材加热到超过结晶温度，即 170 ℃左右，再利用被熔化的材料实现粘接成形，因此实体存在孔隙，力学性能差，部分零件若要使用还要经过高温重熔。

（2）SLM 是激光选区熔化，顾名思义就是在加工的过程中用激光使粉体完全熔化，不需要粘接剂，成形的精度和力学性能都比 SLS 要好。因为 SLM 没有热场，所以它需要将金属从 20 ℃的常温加热到上千摄氏度的熔点，这个过程需要消耗巨大的能量。

SLM 技术优点如下。

（1）适合各种复杂形状的工件，尤其适合内部有复杂异型结构（如空腔、三维网格）、用传统机械加工方法无法制造的复杂工件。

（2）能得到具有非平衡态过饱和固溶体及均匀细小金相组织的实体，致密度几乎能达到 100%，不需要粘接剂，成形的精度和力学性能都比 SLS 要好。SLM 零件机械性能与锻造工艺的零件机械性能相当。

（3）使用具有高功率密度的激光器，以光斑很小的激光束加工金属，使得加工出来的金属零件具有很高的尺寸精度（达 0.1 mm）以及很好的表面粗糙度值（Ra 为 30～50 μm）。

SLM 技术的不足如下。

（1）成形速度较慢，为了提高加工精度，需要用更薄的加工层厚。加工小体积零件所用时间较长，难以应用于大规模制造。

（2）由于用 SLM 技术制造的零件表面质量和尺寸精度不能满足最终使用状态要求，因此还需对增材制造结构件进行少量的后处理，如机械加工、热处理、表面处理等。

（3）整套设备昂贵，熔化金属粉末需要比 SLS 更大功率的激光，能耗较高。

（4）SLM 技术工艺较复杂，需要加支撑结构，考虑的因素多，因此多用于工业级的增材制造。

7.2.3.5 选择性热烧结

选择性热烧结（Selective Heat Sintering，SHS）也是一种基于粉末床的增材制造技术。其工作过程与 SLS 有相似之处，区别在于 SLS 使用激光烧结粉末，SHS 使用热敏打印头的热量烧结热敏性粉末。计算机将物体的三维数据转化为一层层截面的 2D 数据并传输给打印机，打印机控制热敏打印头在铺设好的粉末上方选择性地移动，打印头的热量将选区内的粉末加热至熔融温度以上，粉末融化并粘接在一起，加工成当前层；然后工作台降低一个层厚的高度，新的一层粉末铺撒在已烧结的当前层之上，设备调入新一层截面的数据进行加工，与前一层截面粘接，此过程逐层循环直至整个物体成形。使用基于粉末材料的 SHS 技术打印的物体不需附加支撑结构，打印过程中物体周围的散粉可以托住延伸和孤立部位。

SHS 的优势如下。

（1）无须使用大功率激光，设备成本相对低廉。

（2）不需额外的支撑结构。

（3）多打印头同时工作，可以打印复杂的几何形状。

（4）与使用激光的 3D 打印机相比，基于 SHS 技术的设备可以放置于办公室中，能够与 FDM 技术形成重要的桌面级打印机的技术来源。

SHS 的技术限制如下。

（1）材料单一，只能使用热塑性塑料或尼龙粉末。

（2）打印出的物件强度有限，只能用于创意模型、模具的打印，暂不能用于功能件的打印。

7.2.3.6　电子束熔融

电子束熔融（Electron-Beam Melting，EBM）是近年来一种新兴的先进金属快速成形制造技术，经过密集的深度研发，现已广泛应用于快速原型制作、快速制造、工装和生物医学工程等领域。其原理是将零件的三维实体模型数据导入 EBM 设备；然后在 EBM 设备的工作舱内平铺一层微细金属粉末薄层，利用高能电子束经偏转聚焦后，在焦点所产生的高密度能量，使被扫描到的金属粉末层在局部微小区域产生高温，导致金属微粒熔融；电子束连续扫描将使一个个微小的金属熔池相互融合并凝固，连接形成线状和面状金属层。电子束由位于真空腔顶部的电子束枪生成。电子枪是固定的，而电子束则可以受控转向，到达整个加工区域。电子从一个丝极发射出来，当该丝极加热到一定温度时，就会放射电子。电子在一个电场中被加速到光速的一半，然后由两个磁场对电子束进行控制。第一个磁场扮演电磁透镜的角色，负责将电子束聚焦到期望的直径。第二个磁场将已聚焦的电子束转向到工作台上所需的工作点。

电子束的能量利用率高、熔化穿透能力强、可加工材料广泛等特点，使 EBM 在人体植入、航空航天小批量零件快速制造等方面具有独特的优势。EBM 技术采用金属粉末为原材料，其应用范围相当广泛，尤其在难熔、难加工材料方面有突出用途，包括钛合金、钛基金属间化合物、不锈钢、钴铬合金、镍合金等，其制品能实现高度复杂性并使其达到较高的力学性能。EBM 打印工作原理如图 7-15 所示。

该技术优势如下：

（1）具有直接加工复杂几何形状的能力，如空腔、网络结构等，近净成形，尺寸精度达到±0.2 mm；

（2）在窄光束上达到高功率的能力，成形效率较高，达到 55～80 cm^3/h，与砂模铸造或熔模精密铸造相比，显著缩短生产周期；

（3）真空熔炼排除了杂质（如氧化物和氮化物），保证材料的高强度；

（4）可熔炼难熔金属，并且可以将不同的金属熔合；

（5）成形环境温度高（700 ℃以上），零件残余应力小；

（6）成形过后的剩余粉末可以回收再利用。

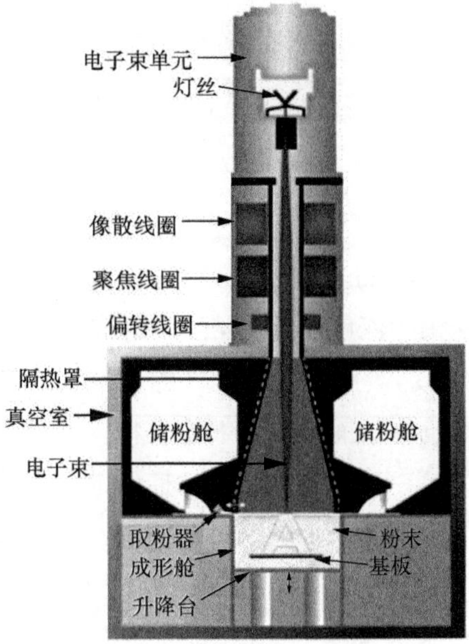

图 7-15　EBM 打印工作原理

EBM 技术的不足：

（1）成形设备需另外配备抽真空系统，而且需要维护，增加成本；

（2）打印过程会产生 X 射线（通过合理设计真空腔可以有效屏蔽射线）。

7.2.3.7　选择性分离烧结

美国南加州大学教授兼工程师 Behrokh Khoshnevis 博士开发了一种全新的 3D 打印技术——选择性分离烧结（Selective Separation Sintering，SSS），并获得 NASA 的奖励。之前在零重力的条件下还没有可行的、直接的高温金属、陶瓷或者复合材料制备方法，SSS 技术打破了这一局面，在太空和行星上使用这项技术的潜力很大。SSS 技术简单而实用，是一种新的基于粉末增材制造的方法，可以制造出各种不同规格的聚合材料、金属材料、陶瓷材料以及复合材料的建筑结构件。不同于之前的轮廓成形工艺一层一层挤压出糊状材料来构建大型结构，SSS 技术利用粉末构建更小的物体，比如砖块、连锁砖以及一系列的功能性金属元部件。

7.2.3.8　多射流熔融

多射流熔融（Multi-Jet Fusion，MJF）是惠普公司推出的一种新型的 3D 打印成形技术。它的出现旨在解决当前 3D 打印技术面临的 3 个主要问题：速度、精度和成本。

其成形步骤为：铺设成形粉末；在需要融化的区域喷射熔融辅助剂，提高材料融化的质量和速度；在熔化区的边缘喷射细化剂，保证边缘表面的光滑和成形的精准；在成形区域施加能量使粉末熔融（注意：喷射细化剂的区域并没有被熔融）；重复以上步骤直到所有的层片成形结束。MJF 打印工作原理如图 7-16 所示。

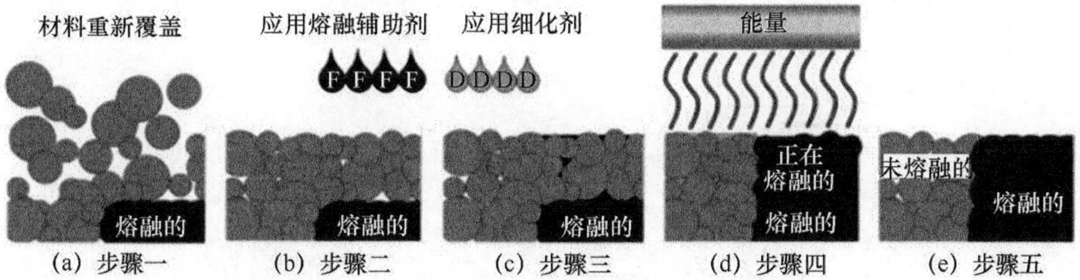

图 7-16　MJF 打印工作原理

该技术优势如下。

（1）加工速度快。惠普 3D 打印机的第一大亮点是速度快。以打印 1 000 个齿牙的轮盘为例，与 FDM 耗时 83 h 和 SLS 耗时 38 h 相比，用 MJF 仅需 3 h 就能完成。

（2）打印件质量高。

（3）高精度。打印机喷头可以达到 1 200 点/英寸（1 in≈2.54 cm）的精度，考虑到粉末的扩散，在水平面方向的精度可以达到约 40 μm。

该技术不足如下。

（1）材料限制。现在可用材料为尼龙 12（PA12），而更多可用材料取决于惠普对于细化剂的开发；对于金属器件的打印，可能无法使用一体机，因为直接在设备内部进行烧结/熔融需要的高温会影响电子器材包括喷头的运行。

（2）材料污染。在喷射了细化剂的区域，粉末并没有被烧结，有可能造成粉末的污染（因为这些喷射了细化剂的粉末如果被后续用在成形区域可能不会被熔融）。

（3）颜色限制。惠普所用的熔融辅助剂包含可以吸收光波的物质（可能为炭黑等深色材料），因而所展示的样品为深色；而打印白色等浅色可能会降低能量吸收，从而增加成形时间，有可能导致无法成形；对于全彩器件的打印，同时需要考虑色素的耐高温能力。

7.2.3.9　激光熔覆成形

激光熔覆成形（Laser Cladding Forming，LCF）把快速原型制造技术和激光熔覆表面强化技术相结合，利用高能激光束在金属基体上形成熔池，将通过送粉装置和粉末喷嘴输送到熔池的金属粉末或事先预置于基体上的涂层熔化，快速凝固后与基体形成冶金结合。根据零件的计算机辅助设计（Computer Aided Design，CAD）模型，逐线、逐层堆积材料，直接生成三维近净成形金属零件。激光熔覆成形系统主要由计算机、粉末输送系统、激光器和数控工作台 4 部分组成。LCF 打印工作原理如图 7-17 所示。

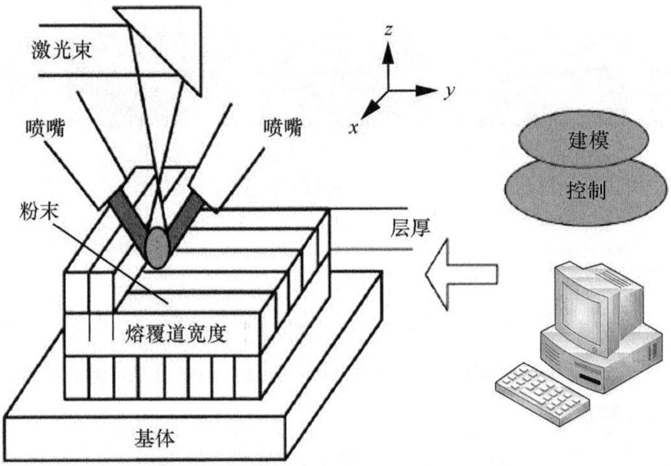

图 7-17　LCF 打印工作原理

该技术的主要优势在于激光熔覆的作用不仅是提高材料表面层的性能，而且赋予其新的性能，并降低制造成本和能耗，节约有限的战略金属元素。该技术与其他快速成形技术的区别在于，激光熔覆成形能制成非常致密的金属零件，其强度达到甚至超过常规铸造或锻造方法生产的零件，因而具有良好的应用前景。

7.2.3.10　电子束直接制造

电子束直接制造（Electron Beam Direct Manufacturing，EBDM）是由美国 SciakyIn 公司于 2009 年开发的一种技术。其基本原理是将截面参数生成激光扫描路径的控制代码，控制工作台的移动和激光扫描路径，采用电子束熔化金属丝材或粉末进行逐层堆积，形成具有一定形状的三维实体模型。与之前介绍的 EBM 不同，SciakyIn 公司的技术独到之处在于：它将打印材料直接送进打印头，用电子束直接在机头熔融并进行打印。EBDM 技术可以说是一滴一滴地打印金属物品，其物品制作的精度和质量都非常高，更关键的是它基本不产生任何废料，节省了大量的原材料。

7.2.4　定向能量沉积

7.2.4.1　激光近净成形

20 世纪 90 年代中期，UTC 与美国桑地亚国家实验室合作开发了使用 Nd:YAG 固体激光器和同步粉末输送系统的激光近净成形（Laser Engineered Net Shaping，LENS）技术。LENS 技术工作原理是由激光在沉积区域产生熔池并高速移动，材料以粉末或丝状直接送入高温熔区，熔化后逐层沉积，也被称为激光直接沉积增材成形技术。该技术的工作原理是先利用计算机将零件的三维 CAD 模型分层切片，得到零件的二维平面轮廓数据，这些数据又转化为数控工作台的运动轨迹；同时金属粉末以一定的供粉速度送入激光聚焦区域，快速熔化凝固，通过点、线、面的层层叠加；最后得到近净成形的零件实体，成形件不需要或者只需少量加工即可使用。LENS 可实现金属零件的无模制造，节约大量成本。

由于许多大学和机构分别独立研究 LENS 技术，因此这一技术的名称繁多。LENS 技术也叫激光熔化沉积（Laser Metal Deposition，LMD）技术，美国密歇根大学称它为直接金属沉积（Direct Metal Deposition，DMD）技术，英国伯明翰大学称它为直接激光成形（Directed Laser Fabrication，DLF）技术，西北工业大学黄卫东教授称其为激光快速成形（Laser Rapid Forming，LRF）技术，美国材料与试验协会（ASTM）标准中将该技术统一规范为定向能量沉积（Directed Energy Deposition，DED）技术的一部分。LENS 打印工作原理如图 7-18 所示。

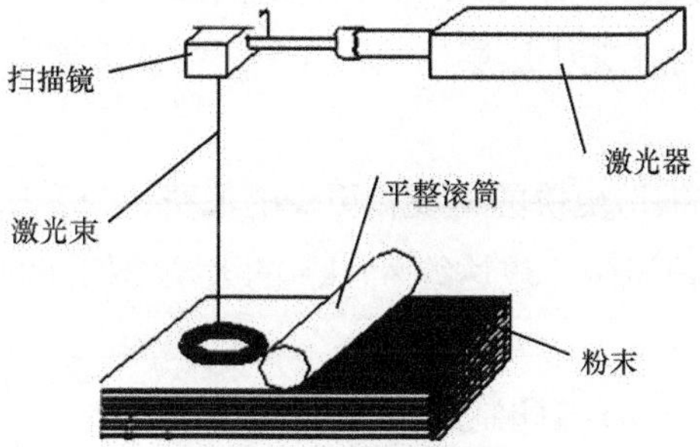

图 7-18　LENS 打印工作原理

该技术的优点在于 LENS 技术是无须后处理的金属直接成形方法，成形得到的零件组织致密，具有明显的快速熔凝特征，力学性能很高，并可实现非均质和梯度材料零件的制造。

其不足之处在于该工艺成形过程中热应力大，成形件容易开裂，成形件的精度较低，零件形状较简单，且不易制造带悬臂的零件，粉末材料利用率偏低。对于价格昂贵的钛合金粉末和高温合金粉末，制造成本是一个必须考虑的因素。

7.2.4.2 快速等离子沉积

快速等离子沉积（Rapid Plasma Deposition，RPD）技术属于定向能量沉积金属 3D 打印工艺的一种。不同于直接金属激光烧结和其他类似技术，DED 能 3D 打印近净成形的超大金属零件，再用减材技术对这些零件进行加工。RPD 打印工作原理如图 7-19 所示。

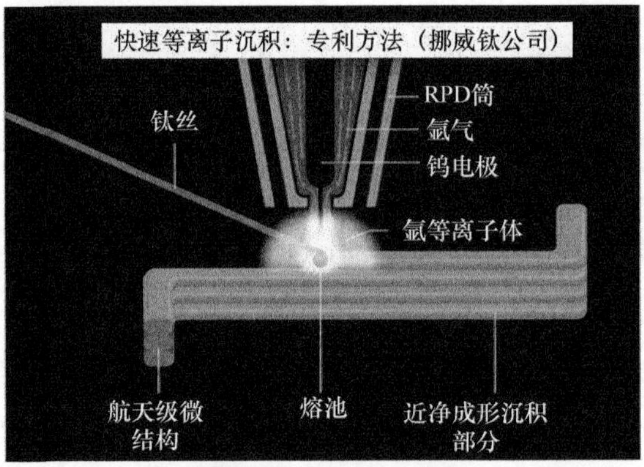

图 7-19 RPD 打印工作原理

其工艺涉及将室温钛 6-4 线缆输送到一个在氩气环境下由一对焰炬生成的等离子弧中。钛升温数千摄氏度之后由机器人沉积臂作为液体进行 3D 打印。钛在沉积后迅速固化。组件在一个闭环工艺中层层构建，几乎不需要精加工。

该技术优点如下。

（1）RPD 以比传统锻造更快的速度和更少的浪费，为客户提供更大的产能。

（2）具有使用现有设备生产重达约 45 kg 的大型结构件的能力，较大的部件将符合新一代机器的要求。

（3）生产速度是粉末 3D 打印制造系统的 50～100 倍。

（4）与现有的锻造和金属加工相比，所需的钛减少 25%～75%。

7.2.4.3 电子束增材制造

电子束增材制造（Electron Beam Additive Manufacturing，EBAM），金属 3D 打印

技术是目前世界上已知的最具成本效益的金属 3D 打印技术。EBAM 技术使用电子束作为能量源，通过定向能量沉积、逐层增加的方法创建的金属部件近乎纯净，包括高价值的金属钛和钽。EBAM 金属 3D 打印机使用金属线材作为打印材料，并使用功率强大的电子束枪将其熔化成形。

EBAM 技术的成形方式是通过电子束融化金属线材（温度超过 1 000 ℃，需要真空环境保障），然后逐层沉积，直至构建出 3D 实体。

该技术的优势主要有以下几方面。

（1）超快的打印速度。EBAM 技术的打印速度一般维持在每小时 3～9 kg（金属），但其极限速度可达每小时 13.6 kg。在目前占金属 3D 打印市场主流的、还在以每小时打印按克为计量单位的 SLS 技术面前，EBAM 像是一个巨人般的存在。

（2）巨大的打印尺寸。某些定制版的 EBAM 设备打印尺寸可达 7.2 m，是目前世界上最大型的金属 3D 打印设备之一。

（3）高真空工作环境。EBAM 技术要求打印环境为真空，压强低至 6.67×10^{-4} Pa。通过大功率真空泵，EBAM 设备可以 15 min 抽真空完毕，大大提高了操作效率。对比工作环境还是惰性气体的 SLS 技术，每次打印工件所节省的惰性气体也是一笔不小的成本效益。

（4）以金属线材为原材料，其成本大大低于金属粉材。

（5）可用于打印大部分金属或合金以及高熔点金属。

7.2.5　薄板层压的典型工艺

分层实体制造（Laminated Object Manufacturing，LOM）技术采用薄片材料，如纸、塑料薄膜等。片材表面事先涂覆一层热熔胶；加工时，热压辊热压片材，使之与下面已成形的工件粘接；用激光器在刚粘接的新层上切割出零件截面轮廓和工件外框，并在截面轮廓与外框之间多余的区域内切割出上下对齐的网格；激光切割完成后，工作台带动已成形的工件下降，与带状片材（料带）分离；供料机构转动收料轴和供料轴，带动料带移动，使新层移到加工区域；工作台上升到加工平面；热压辊热压，工件的层数增加一层，高度增加一个料厚；再在新层上切割截面轮廓。如此反复直至零件的所有截面粘接、切割完，得到分层制造的实体零件。LOM 打印工作原理如图 7-20 所示。

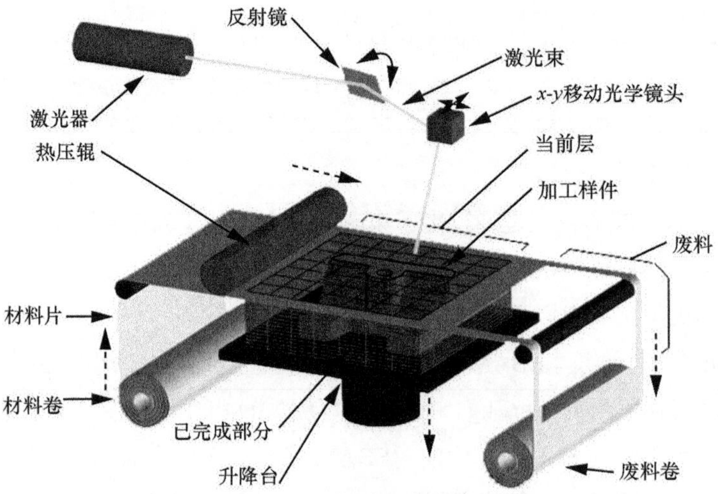

图 7-20　LOM 打印工作原理

该技术优点如下。

（1）设备价格低廉。采用小功率 CO_2 激光器，不仅成本低廉，而且使用寿命长。

（2）造型材料一般为涂有热熔树脂及添加剂的纸，在制造过程中无相变，精度高，几乎不存在收缩和翘曲变形，制件强度和刚度高，几何尺寸稳定性好，可用木材加工的方法对表面进行抛光。

（3）造型材料成本低。国产材料价格为每千克几十元人民币，附件成本远比 SLA 技术便宜，这一点对于中等以上尺寸的制件尤为明显。

（4）采用 SLA 技术生产的原型，需对整个断面扫描才能使树脂固化，而 LOM 只需切割断面轮廓，成形速度高，原型制作时间短。

（5）无须支撑设计，软件工作量小。

（6）可制造大尺寸制件，工业应用面广。

（7）可用于熔模铸造，代替蜡材，烧失时不膨胀。

该技术缺点如下。

（1）不能直接制作塑料工件。

（2）工件的抗拉强度和弹性较低。

（3）工件易吸湿膨胀，因此成形后应尽快进行表面防潮处理。

（4）工件表面有台阶纹，高度等于材料的厚度，因此成形后需进行表面打磨。

（5）废料的分离较费时间。

7.2.6　材料喷射的典型工艺

7.2.6.1　连续材料喷射

连续材料喷射（Continuous Material Jetting，CMJ）的工作原理类似于常规的喷墨打印机。喷墨打印机的工作原理是喷墨系统前后移动并将彩色墨水沉积在纸上（2D）。连续材料喷射其实相当于用液态光敏聚合物替换彩色墨水然后用打印平台替换纸张（3D）。这里所说的液态光敏聚合物是一种特殊的热固性聚合物，其主要特点就是在紫外线的照射下固化。该技术的具体流程：将喷墨系统内储存的光敏聚合物加热到 30～60 ℃，以使聚合物具有足够的流动性；喷墨系统的一次移动其实就是"一个往返"；当喷墨系统离开起始点前进时，打印头的喷墨孔会将液态光敏聚合物滴到平台上；喷墨系统在返回原点的过程中，紫外线照射已经沉积的液态光敏聚合物并使它们固化；经过第一个往返（第一层完成）后，平台会向下移动一个单位的层厚度，然后重复之前的过程，直到零件完成为止；取出零件，进行后处理（例如，去除支撑物并抛光），以改善零件的外观和物理性能。

CMJ 的一大特色是其逐行沉积而不是逐点沉积。因为它具有多个并排排列的打印头，每一排打印头上的喷墨孔会同时沉积液体，而不是像 FDM 3D 打印机一样点到点形成线进行打印。此外，CMJ 打印机的每排打印头可以存储一种液体光敏聚合物，这意味着可以在打印过程中沉积不同类型的液体光敏聚合物。另外，可以以不同的比例混合两种或更多种光敏聚合物，从而获得材料的"可调性能"，即硬度、刚度和颜色都可以调整的"混合油墨"。这种多材料打印和混合材料的特点使 CMJ 零件不同的部位可以具有不同的颜色和特性，从而扩大了其应用性。

该技术优点如下。

（1）可以打印精度高且表面光滑的零件。

（2）打印的零件具有各向同性的机械性能和热性能。

（3）允许将多种材料集成到一个零件中，使其特别适合制造高还原度的原型以及功能性工具。

（4）CMJ 部件不需要后固化处理（与 SLA、DLP 不同），因为在打印过程中紫外线的照射可以完全固化非常薄的液态光敏聚合物。

该技术不足如下。

（1）零件比较脆，因此无法承受很大的负荷。此外，由于光敏聚合物的性质，CMJ 部件长期暴露在阳光下可能导致其外观和机械性能下降。

（2）3D 打印机的成本以及材料成本均较高。

（3）零件可能会发生翘曲，但是不会像 FDM 那样严重。

7.2.6.2 纳米颗粒喷射

2016 年，以色列 Xjet 首次发布了纳米颗粒喷射（Nano Particle Jetting，NPJ）金属 3D 打印技术，其工作原理与传统的 2D 喷墨打印机的工作原理相似。喷墨打印机的工作原理是喷墨系统前后移动并将彩色墨水沉积在纸上（2D）。纳米颗粒喷射技术其实相当于用悬浮纳米粒子（SNP）替换彩色墨水，然后用打印平台替换纸张（3D）。

纳米颗粒喷射常常被用来制造具有高分辨率的金属零件或陶瓷零件。其所使用的主要材料目前只限于 316 L 不锈钢和两种陶瓷基材料，即氧化锆和氧化铝。NPJ 3D 打印的当前应用包括助听器、外科手术工具和医疗领域的桥梁、航空航天和汽车用高温功能部件以及用于电气行业的传感器。

该技术的具体流程如下。

（1）金属颗粒粉碎。3D 打印机会首先将大分子金属颗粒粉碎成纳米级技术颗粒。

（2）注入墨水。液态金属材料由两部分组成：纳米级金属颗粒和特殊黏合墨水。粉碎后的金属颗粒会注入 Xjet 研发的黏合墨水中，此时金属不会在墨水中融化，而是形成悬浮物充满整个腔体。

（3）加热打印床（打印平台的表面）直至达到 250 °C，这会使之后的 SNP 的液体层在沉积时蒸发。

（4）NPJ 3D 打印机的打印头由数千个喷墨孔组成，这些孔会将众多的 SNP 沉积到打印床上。一旦与加热的打印床接触，SNP 的外层液体就会蒸发，剩下的纳米颗粒会因为高温黏合在一起。

（5）在完成第一层之后，打印平台会降低一个单位的层厚度，然后重复该过程，直到完成零件为止。

（6）取出零件，进行后处理（例如，去除支撑物、抛光，并在烤箱中烧结以完全黏合颗粒），借此改善零件的外观和机械性能。

NPJ 打印工作原理如图 7-21 所示。

图 7-21 NPJ 打印工作原理

该技术的优点如下。

（1）更高的产品精度，以高分辨率（层厚度为 10 μm）和高精度（±25 μm）实现超精细的细节。

（2）打印的零件可以回收，材料利用率高，节约成本。

（3）无须惰性气体或者真空环境，更加安全。

该技术的不足如下。

（1）NPJ 3D 打印机和 SNP 材料本身都非常昂贵，所以基本上工业级的需求才会使用这项技术。

（2）材料的选择性和多样性相当有限，还需要更多的后期开发。

（3） 由于该技术刚刚开发不久，因此其性能等各方面还需要提升。

7.2.6.3 按需喷墨

按需喷墨（Drop on Demand，DOD）是从喷墨孔中逐点沉积“墨水”来构建每一层。通常，DOD 3D 打印机可以存储和沉积两种墨水，一种是建筑材料（蜡状墨水），另一种是可溶解的支撑材料。该技术的工作流程为：打印头根据设定的打印路径移动，然后将材料以点状方式滴到打印床上，点状的墨水滴落后会黏合在一起；在完成第一层后，刮刀在第一层的顶部扫过以使其具有平整、光滑的表面，这对于下一层叠加的精准性至关重要；打印平台下降一个单位的层厚度，然后重复以上步骤，直到完成零件为止；接着将零件从打印床上取下，并浸入溶解支撑材料的液体溶液中使其溶解；最后进行后处理（例如抛光）以改善零件的外观和机械性能。

用于 DOD 的墨水由基底、着色剂和添加剂 3 部分组成。基底充当液体着色剂的载体，使墨水在打印期间滴落后能够粘接在一起。顾名思义，着色剂使油墨呈现颜色。添加剂可以改善油墨的性质，例如墨水的油墨黏度和表面张力。

DOD 3D 打印机的打印头具有调节墨滴大小的能力，这使其可以打印具有不同灰度的单色零件，从而创建逼真的具有颜色梯度的零件。DOD 3D 打印除了用于打印电路以外，常常用于生产制造珠宝的模具。

该技术的优点如下。

（1）有丰富的材料可供选择，并且材料可以具有不同的特性，例如导电性、抗菌性等，从而实现更多用途。

（2）DOD 的逐点沉积比 CMJ 3D 打印具有更高的精度，且减少材料的浪费。

（3）使用低成本墨水以及价格较低的设备。

（4）相对较高的打印速度。

（5）制造的零件具有光滑表面以及高分辨率，层厚度可以保持在几微米的数量级。

7.2.6.4 PolyJet 3D 打印

PolyJet 3D 打印，可通过将数千个光敏聚合物液滴喷射到构建平台上并使用 UV 固化来构建零件。它是目前可用的最快、最准确的 3D 打印技术之一，也被称为多喷头建模（Multi-Jet Modeling，MJM）成形技术。与喷墨打印类似，通过压电式喷头将液态光敏树脂喷射到工作台上，形成给定厚度的具有一定几何轮廓的一层光敏树脂液体，然后由紫外灯发射紫外光对工作台上的这层液态光敏树脂进行光照固化；完成固化后，工作台精准地下降一个成形层厚，然后再进行第二层具有一定几何轮廓的液态光敏树脂固化成形；如此循环进行多次（层）固化成形，使其整体厚度和形状达到设计要求，成形结束。该技术可直接对 3D 打印机生成的模型进行处理和使用，无须后续固化。另外其提供微观层分辨率和最低 0.1 mm 的精确度，可使用多种适用于任何技术的材料打造薄壁和复杂几何结构。PolyJet 3D 打印工作原理如图 7-22 所示。

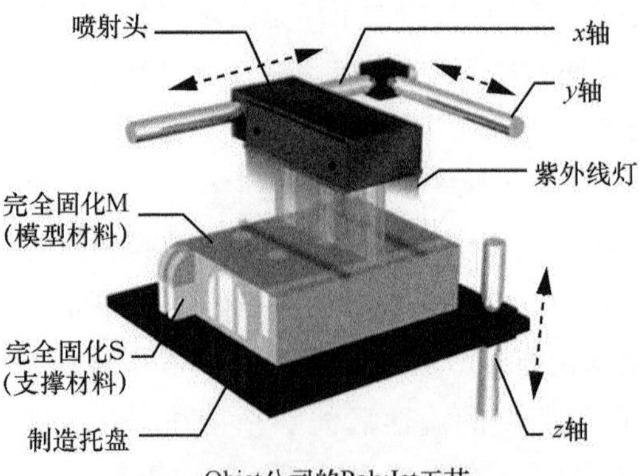

图 7-22　PolyJet 3D 打印工作原理

该技术的优点如下。

（1）高质量。以高达 16 μm 的分辨率引领市场，确保平滑和非常精细的组件和模型。

（2）易清洁。一般用于办公环境，使用非接触式树脂装卸，易去除配套材料，易更换喷头。

（3）方便快捷。这要归功于高速光栅施工搭建，可实现短时间的加工，不需要后固化，可同时施工多个工程。

（4）高精度：精确的喷涂和施工材料性能确保细节部分的薄壁。

该技术的不足如下。

（1）打印过程需要支撑结构。

（2）该技术与 SLA 一样使用光敏树脂作为耗材，导致产品耗费的材料成本相对高。

（3）强度较低。因为材料是树脂的，所以成形后强度、耐久度较低。

7.2.6.5　石膏 3D 打印

石膏是一种表面光滑饱满、颜色洁白、质地细腻、具有良好装饰性的材料。相比其他 3D 打印材料，石膏具有精细的颗粒粉末、颗粒直径易于调整、性价比高、安全环保、无毒无害、唯一支持全彩色打印的诸多优点，因此石膏材料在 3D 打印中得到广泛应用。

石膏 3D 打印（Plaster-based 3D Printing，PP）技术与 SLS 不完全相同，但其原理与 SLA 相近。该技术使用 UV 固化技术，石膏粉末铺设后由一彩色喷墨打印机喷出 UV 墨水，辅以紫外光照射，将石膏粘接起来；不同色彩的 UV 墨水，构成了彩色打印。采用这种技术打印成形的样品模型与实际产品具有同样的色彩，还可以将彩色分析结果直接描绘在模型上，因此模型样品所传递的信息较大。

该技术的优点如下。

（1）无须激光器等高成本元器件，成本较低，且易操作易维护。

（2）加工速度快，可以以 25 mm/h 的垂直构建速度打印模型。

（3）可打印彩色原型，这是该项技术的突出优点，打印彩色原型后，无须后期上色。目前 3D 体验馆中 3D 打印人像基本采用此技术。

（4）没有支撑结构。与 SLS 一样，粉末可以支撑悬空部分，而且打印完成后，粉末可以回收利用，环保且节省开支。

（5）耗材和成形材料的价格相对便宜，打印成本低。

该技术的不足如下。

（1）石膏强度低，不能做功能性材料。

（2）表面略显粗糙。

7.2.6.6 多喷头打印成形技术

多喷头打印（Multi-Jet Printing，MJP）成形技术是 3D Systems 公司的专利，其实是 PolyJet 工艺的不同叫法，它们的工作原理是一致的。这种技术透过先进的喷头逐一将材料堆叠成形，优势是能够实现高速打印与高品质打印。工作过程是采用压电喷射在平整的平台上打印一层薄薄的可被紫外线固化的液体塑料，并在打印过程中使用蜡质材料作为支撑；紫外线灯照射下逐层固化，每完成一层，建模工作台就会下降并制作另外一层，不断重复上述过程直到整个零件打印完成。MJP 打印机提供最高的 z 轴分辨率层的厚度为 16 μm，能够打印高精准的精细零件。

该技术的优势如下。

（1）能够打印出高精确度、耐用、细节特征明显的打印品。

（2）具有超高精确度，边角笔直干净、明显。

（3）细节精细，精度高，每英寸零件尺寸精度为 0.001～0.002 英寸（0.025～0.05 mm）。

（4）后处理方式简单高效。

7.2.6.7 气溶胶喷射

Optomec 公司的核心产品气溶胶喷射打印机能够打印精细的电子部件、3D 结构和生物材料，在不断发展 3D 打印技术的过程中，推动了工业领域新的创造性发展，以及其他领域上的拓展应用。它属于一种增材制造工艺，能够在各种材料（包括陶瓷、塑料和金属等）的基底上放置电子产品和生物学产品，用一个弥雾发生器雾化导电纳米银墨水，然后在一个虚拟撞击器中精制导电纳米微粒；再通过一个导流沉淀头，以空气动力聚集得到微粒材料流，该材料流形成一个环状保护气流，对气溶胶进行校准。经由一个朝向基质的喷嘴从导流头流出的同轴气流，将材料流聚集到只有喷口尺寸的十分之一（10 μm）处。基质保持不动，数控指令控制导流头的位置使材料流形成图案。沉淀头和基质间有 5 mm 距离，保证材料在非平面的基质上、已有结构上方及沟槽内准确沉淀。在墨水沉淀后，热后处理使传感器具备正确的导电及力学特性，并保证其与基质的黏合力。

气溶胶喷射 3D 打印是利用空气动力学原理，将纳米级材料进行沉积成形，可实现纳米级厚度，微米级特征，适用于各种金属、氧化物和聚合物材料，能够很好地应用在电子封装、微型电路、嵌入式组件、柔性电路、天线传感器、半导体芯片、医疗设备或工业零部件等领域。多组喷头协同工作，可实现批量化生产，搭配五轴系统可在物体立体表面进行打印。Optomec 公司气溶胶喷射 3D 微结构打印技术具有超高的分辨率，可以实现最低 10 μm 的侧面特征尺寸，其横向和垂向构建分辨率在 100 nm 到 1 μm 之间，而且可以实现超过 100:1 的长宽比。MJP 打印工作原理如图 7-23 所示。

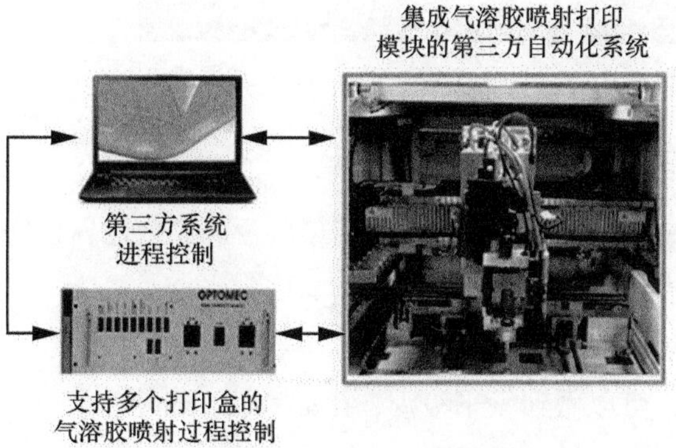

图 7-23　MJP 打印工作原理

7.2.7　光聚合的典型工艺

7.2.7.1　立体光刻

增材制造最常用的技术是立体光刻。立体光刻采用光聚合法通过光照射让小分子链接形成聚合物。这些聚合物构成了固化的立体 3D 物件。该技术采用液体紫外线固化光聚合物树脂和紫外激光一次一层地构建物体。对于每一层，激光束描绘液体树脂表面上部分图案的横截面。暴露的图案在紫外激光下会固化，并且固化的图案会连接到下一层要固化的图案。在跟踪图案后，SLA 升降平台下降的距离等于单层的厚度，通常为 0.05～0.15 mm。树脂填充的刀片扫过零件的横截面，用新材料重新涂覆。在这个新的液体表面上，跟踪后续层图案，连接前一层，最终形成完整的三维物体，SLA 打印工作原理如图 7-24 所示。

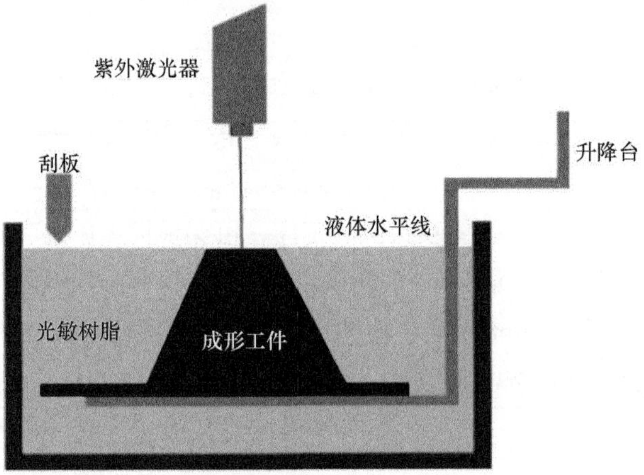

图 7-24　SLA 打印工作原理

SLA 技术的优点如下。

（1）发展时间最长，工艺最成熟，应用最广泛。在全世界已安装的快速成形机中，光固化成形系统约占 60%。

（2）成形速度较快，系统工作稳定。

（3）精度很高，可以做到微米级别，比如 0.025 mm。

（4）表面质量好，比较光滑，适合做精细零件。

SLA 技术的不足如下。

（1）需要设计支撑结构。支撑结构需要在未完全固化时去除，容易破坏成形件。

（2）设备造价高昂，而且使用和维护成本都不低。SLA 系统中对液体进行操作的设备精密，且对工作环境要求苛刻。

（3）光敏树脂有轻微毒性，对环境有污染，对部分人体皮肤有过敏反应。

（4）树脂材料价格贵，但成形后强度、刚度、耐热性都有限，不利于长时间保存。

（5）由于材料是树脂，温度过高会熔化，因此工作温度不能超过 100 ℃，且固化后较脆，易断裂，可加工性不好。成形件易吸湿膨胀，抗腐蚀能力不强。

7.2.7.2　数字光处理

数字光处理（Digital Light Processing，DLP）技术与 SLA 有很多相似之处，都利用了液态光敏聚合物在光照下固化的特征。DLP 技术使用一种较高分辨率的数字光处理器，逐层对液态聚合物进行固化，如此循环往复，直到最终模型完成。DLP 成形技术一般采用光敏树脂作为打印材料。DLP 打印工作原理如图 7-25 所示。

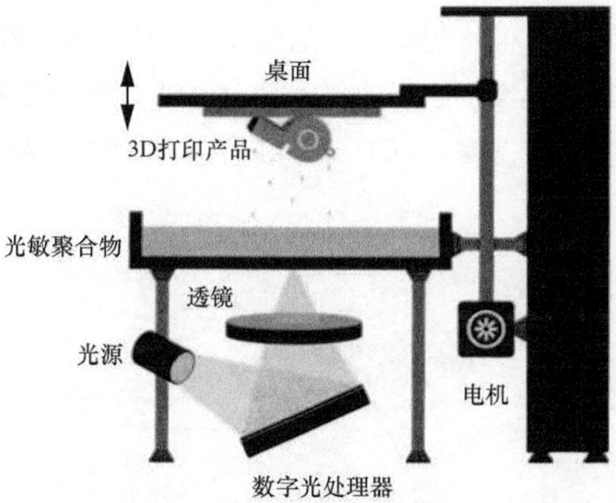

图 7-25　DLP 打印工作原理

DLP 和 SLA 同属光聚合成形，两者最大的差别在于照射的光源：SLA 采用激光点聚焦到液态光聚合物；DLP 成形技术是先把影像信号经过数字处理，然后再把光投影出来固化光聚合物。

在成形时，SLA 一般是由点到线，再由线到面，而 DLP 则是一层一层地成形，因此，DLP 成形的速度要比 SLA 快。由于造价高，基于 DLP 技术的 3D 打印机价格要比 FDM 机型高，甚至比 SLA 机型高。

该技术的优点如下。

（1）超高精度，表面光滑，除了局部支撑处几乎不用打磨处理。

（2）材质好，纹路清晰，凸显细节。

（3）极具质感的视觉效果，制作速度快。

（4）可使用材料多，满足各种性能需求。

该技术的不足如下。

（1）DLP 机型造价高。

（2）DLP 机型液态树脂材料较贵，而且容易造成材料浪费。

（3）DLP 机型液态树脂材料具有一定的毒性，使用时需保持封闭。

7.2.7.3　LCD 掩膜技术

LCD 掩膜技术，是由 Photocentric 公司开发的。其并不是使用 UV 激光或 UV 投影仪来固化光敏聚合物，而是使用液晶显示器（LCD）屏幕透过的紫外线来固化特殊配制的日光树脂。LCD 3D 打印的工作原理与 DLP 相似，图像会被投影到液态聚合物上进行固化，但是光源使用的是 LED 紫外线。紫外线会照射到 LCD 屏幕，而这个屏幕其实充当了遮罩的作用，仅允许对应画面的像素通过，从而形成投影到聚合物上的像素图像。LCD 打印工作原理如图 7-26 所示。

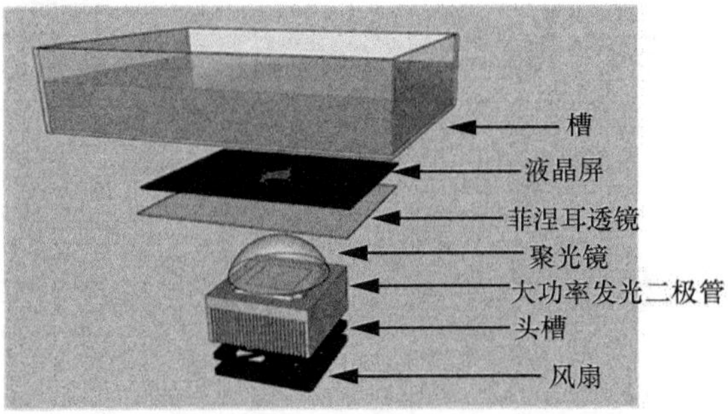

图 7-26　LCD 打印工作原理

该技术的工作流程为：将打印机的平台浸入装有液态光敏聚合物的槽中，其深度为一层厚度的单位（层厚度就是设定好的分辨率）；LCD 屏幕将 3D 模型的截面图投射到光敏液态聚合物上使其固化；液态聚合物的顶层固化后，平台向下移动一个单位的层厚度，为下一层打印腾出空间；在固化层的顶部重新涂覆一层新的液态光敏聚合物，然后逐层重复此过程，直到完成零件；将槽中残留的光敏聚合物液体排干并将成品从平台上取出，放入用于紫外线固化的盒子中，进行紫外线曝光可以将零件完全固化，从而使其具有各向同性的物理性质并改善其机械性能和耐热性。

该技术的优点如下。

（1）比 DLP 和 SLA 3D 打印机成本低，因为既不需要投影仪系统也不需要镜面反射系统，从而降低了组件成本。

（2）具有较快的打印速度，可以同时打印多个零件不牺牲速度，这与 DLP 相当，因为它们具有类似的打印机制。

该技术的不足如下。

（1）LCD 的分辨率取决于 LCD 屏幕上的像素密度，但是当前 LCD 3D 打印的最新技术无法提供与 DLP 或 SLA 相似的高分辨率水平（消费级 LCD 3D 打印机可以达到 100 μm）。

（2）LCD 屏幕实际上是一种消耗品，因为在打印的时候会时刻受到高能 UV 光束的照射，通常需要散热装置（例如风扇）来散热。LCD 屏幕会老化，需要更换。

7.2.7.4 连续液体界面制造

2015 年，美国北卡罗来纳大学的 DeSimone 教授带领的团队开发出一种改进的 3D 打印技术，被称为“连续液相界面固化技术(Continuous Liquid Interface Pulling，CLIP)”。这种技术可将传统的 3D 打印速度提高数 10 倍，甚至 100 倍，为 3D 打印应用助力。

CLIP 技术基于主流的光敏固化 3D 打印技术，采用紫外线照射光敏树脂，使液体树脂聚合为固体，从而打印成形。传统的光敏固化技术的打印速度受制于固化树脂的粘连效应，如果聚合速度过快，打印出的材料将粘连在玻璃底板上，因此需要在树脂完全固化前降低树脂池，使液体树脂充满底板和固化树脂间的缝隙，不断重复这一过程，降低打印速率。改进的 CLIP 技术采用聚四氟乙烯作为透光底板，这种材料还有透过氧气的特性。氧气是光敏树脂的阻聚物，可以在底板和固化树脂底部之间形成一层很薄的不能被固化的区域，从而加快了打印进程。

CLIP 打印技术原理如下：打印装置中有一个非常重要的部分，既可以通氧气，又可以通光线，类似隐形眼镜；光的作用是引发聚合成形（固化），而氧气的重要作用是阻止不需要打印的部分不聚合成形（不固化）；通过特殊的精确控制技术，让需要固化的部分固化，不需要固化的部分被氧气阻止，最终完美呈现产品，其结果是一个成形的东西像是从液体中“提”了出来。自然打印速度就成百倍的提高了。该技术可使用的材料有硬聚氨酯、柔性聚氨酯、弹性聚氨酯、氰酸酯、一般树脂等。CLIP 打印工作原理如图 7-27 所示。

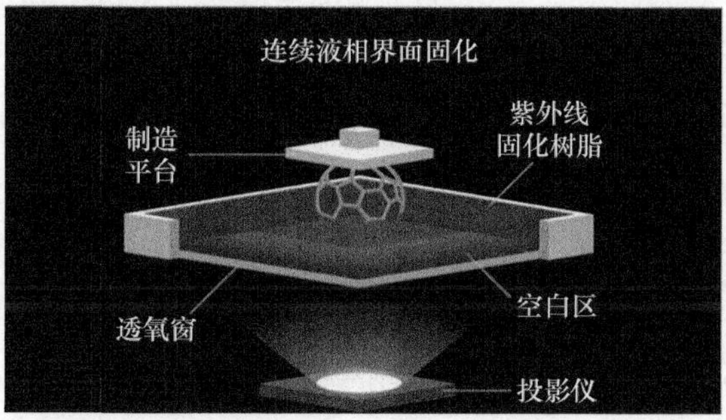

图 7-27 CLIP 打印工作原理

该技术的优点如下。

（1）CLIP 不仅能大大加快固化速度，而且 3D 打印出来的作品表面更光滑细腻。与现有的 3D 设备不一样，CLIP 不需要等待单面的 3D 物品凝固，它会持续建模，与其他注塑型设备原理不同。

（2）精度高。能生产更加精细的物体元件，小到 20 μm（厚度大概和丙烯酸纤维一样）的元件都可以生产。

（3）能利用大多数 3D 打印机不能使用的材料，如人造橡胶及其他组织兼容的生物材料。

（4）加工速度快。打印速度比老式方法快 20～100 倍。

该技术的不足如下。

（1）价格高。

（2）成形空间较小（受机器空间限制）。

（3）对于光敏树脂的高速打印，当分离速度达到一定量时，最大的制约就是树脂的回流速度，尤其当树脂的粘度比较高的时候。

7.2.7.5 可见光固化

可见光固化（Visible Light Cure，VLC）是继 SLA 和 DLP 之后，一种新的光固化 3D 打印技术。其特点是，完全放弃以前所有光固化必须使用紫外光的条件，使用普通光（可见光，405～600 nm），采用光敏性超强的液态树脂为耗材，采用成熟的 LCD 显示设备或投影设备或其他任何数字显示设备作为光源，实现面成形的选择性光固化，来实现 3D 打印。可见光固化不只局限于 LCD 屏幕，还可以扩展到任何显示器（等离子、阳极射线显像管（CRT）、背投、LED 阵列、有机电激光显示（OLED））和任何投影（DLP、3 色液晶显示器（3LCD）、简易液晶显示器、硅基液晶（LCoS））以及其他任何显示技术（激光扫描成像、光纤阵列等）。它和 LCD Masking 技术区别有两个：使用普通 LCD 屏幕，无须改背光；可以使用投影或其他显示设备做光源。

该技术的优点如下。

（1）光源的改变实现技术的升级。VLC 技术告别了紫外或激光等昂贵的光源设备，从而实现了光源易得、成本低、光学系统稳定节能、工作寿命长等优点。其打印设备成本不到以往的十分之一，具有完全自主技术和较高的性价比。

（2）有效继承了 DLP 打印的主要优势，即实现面成形，打印极高精度、高复杂度、高表面光洁度、高速打印等优点。同时比 DLP 提供更高的总像素值，轻松达到大幅面的 4k 甚至 8k 打印，并且随着现代显示技术发展不断提升。

（3）直接利用手机和平板的 LCD 屏幕作为光源，利用手机平板的处理器实现打印控制，将手机平板变为 3D 打印机，让 3D 打印真正走向大众化。

7.2.8 黏合剂喷射的典型工艺

7.2.8.1 砂石黏合剂喷射

砂石黏合剂喷射（Sand Binder Jetting，SBJ）主要使用砂基材料生产零件或者铸模。通常使用石膏或砂子来制造零件，砂岩来制造铸模。此外，SBJ 可以通过结合灰泥基，液体黏合剂和着色剂来生产全色零件。其工作原理为首先滚刀将一薄层颗粒状粉末分布在粉末床上；然后具有多个均匀分布的喷嘴的打印头在粉末床上方移动，并且在移动过程中，液体黏合剂的液滴会沉积来黏合粉末。如果零件是全彩色的，则需要额外的辅助打印头在液体黏合剂沉积后喷射着色剂。当第一层完成后，粉末床会降低一层单位厚度，然后滚刀将另一层粉末分布在先前的一层上，重复以上步骤直到完成零件打印。打印结束后，需要将零件留在 3D 打印机中以让零件的黏合剂完全固化；然后取出固化的零件，并清除表面未固化的颗粒。

该技术的优点如下。

（1）无论是硬件还是材料成本都比较低，且可以快速打印零件。特别是在制造模具的情况下，使用 SBJ 3D 打印所需的时间比 CNC 等传统方法要短。

（2）可以打印具有复杂几何设计的零件，而这些几何设计如果使用传统制造技术是很难或不可能生产的。零件的分辨率取决于液体黏合剂液滴的大小，通常液滴直径约为 80 μm，层厚度通常在 100～400 μm 的范围内，因此可以实现不错的分辨率。

（3）即使零件有悬空的部分，打印过程中也不需要额外的支撑结构，因为其下面未黏合的粉末可以充当支撑物。

（4）SBJ 3D 打印机的构建体积较大，从而可以一次批量制造多个零件。

该技术的不足如下。

（1）SBJ 零件不具有出色的机械性能，因为它们是通过聚合物黏合剂生产的，颗粒没有形成均匀而致密的固体。

（2）由于在后期处理过程中有一定程度的零件收缩，因此会影响其尺寸精度。

7.2.8.2 金属黏合剂喷射

金属黏合剂喷射（Metal Binder Jetting，MBJ）采用聚合物黏合剂将金属粉末黏合在一起以构建金属零件，只不过制造的零件需要进行后期处理（渗透或烧结），才可以具有足够的机械性能来承载负荷。该技术常用材料包括不锈钢和铬镍铁合金。其工作流程是首先滚刀将一薄层颗粒状粉末分布在粉末床上；然后具有多个均匀分布的喷嘴的打印头在粉末床上方移动，并且在移动过程中，液体黏合剂的液滴会沉积来黏合粉末。如果零件是全彩色的，则需要额外的辅助打印头在液体黏合剂沉积后喷射着色剂。当第一层完成后，打印头上配备的供热装置会扫描粉末床来固化第一层。粉末床会降低一层单位厚度，然后滚刀将另一层粉末分布在先前的一层上。重复以上步骤直到完成零件打印。打印结束后，将零件移至固化炉中以完成固化，然后取出固化的零件，并清除表面未固化的颗粒。

为了提高零件的机械性能，有两种方法，分别是浸渗以及烧结：浸渗法是将零件放置在炉子中，热量会蒸发一部分黏合剂，留下空隙，使零件的孔隙率达到 60%；在这之后取出零件，并在毛细作用下渗入青铜粉，从而降低其孔隙率，增加密度并提高强度。烧结法是将零件放置在高温炉中，蒸发一部分黏合剂，金属颗粒会在高温下紧密烧结，从而降低其孔隙率，增加密度并提高强度。

该技术的优点如下。

（1）与其他金属 3D 打印技术（例如激光选区熔化）相比，该技术的硬件成本以及制造成本都低了许多。

（2）可以打印具有复杂几何设计的零件，而这些几何设计如果使用传统制造技术是很难或不可能生产的。零件的分辨率取决于液体黏合剂液滴的大小，通常液滴直径约为 80 μm，层厚度通常在 35～50 μm 的范围内，因此可以实现不错的分辨率。

（3）即使零件有悬空的部分，打印过程中也不需要额外的支撑结构，因为其下面未黏合的粉末可以充当支撑物。

（4）经过后期处理，MBJ 零件的表面粗糙度（平均粗糙度为 3～6 μm）比 SLM 零件（平均粗糙度为 12～16 μm）更加出色。

（5）颗粒之间的键合固化在室温下进行，这意味着零件不会受到诸如翘曲之类的热效应的影响。

（6）MBJ 3D 打印机的构建体积较大，从而可以一次批量制造多个零件。

该技术的不足如下。

（1）MBJ 零件不具有出色的机械性能，因为它们是通过聚合物黏合剂生产的，并且金属颗粒没有完全熔化以形成均匀而致密的固体。

（2）由于在后期处理过程中有一定程度的零件收缩，因此会影响其尺寸精度。

7.2.8.3　三维打印技术

三维打印（3 Dimension Printing，3DP）技术，由美国麻省理工学院的 Emanual Sachs 教授发明于 1993 年。3DP 的工作原理类似于喷墨打印机，是形式上最为贴合“3D 打印”概念的成形技术之一。

3DP 技术与 SLS 技术有着类似的地方，采用的都是粉末状的材料，如陶瓷、金属、塑料，但与其不同的是 3DP 使用的粉末并不是通过激光烧结黏合在一起的，而是通过喷头喷射黏合剂将工件的截面“打印”出来，并一层层堆积成形的，其详细工作原理为：3DP 的供料方式与 SLS 一样，供料时将粉末通过水平压辊平铺于打印平台之上；将带有颜色的胶水通过加压的方式输送到打印头中存储；接下来打印的过程就很像 2D 的喷墨打印机了，首先系统会根据三维模型的颜色将彩色的胶水进行混合并选择性地喷在粉末平面上，粉末遇胶水后会黏合为实体；一层黏合完成后，打印平台下降，水平压辊再次将粉末铺平，然后再开始新一层的黏合，如此反复层层打印，直至整个模型黏合完毕；打印完成后，回收未黏合的粉末，吹净模型表面的粉末，再次将模型用透明胶水浸泡，此时模型具有一定的强度。3DP 技术原理如图 7-28 所示。

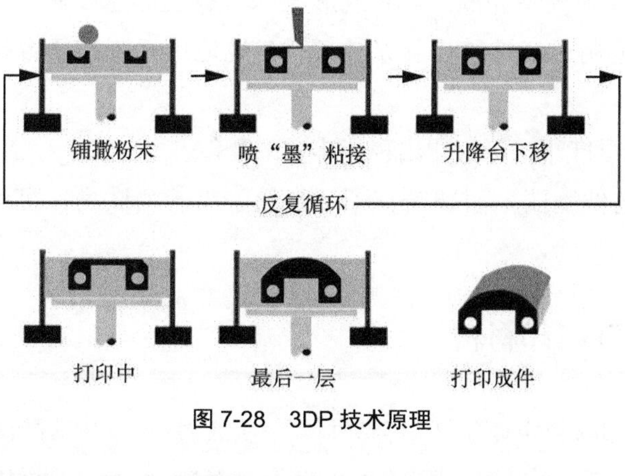

图 7-28　3DP 技术原理

该技术的优点如下。

（1）成本低，体积小。由于 3DP 技术不需要复杂的激光系统，因此整体造价大大降低，喷射结构高度集成化，整个设备系统简单，结构紧凑，可以将以往只能在工厂进行的成形过程搬到普通的办公室中。

（2）成形速度快。打印头一般具有多个喷嘴，成形速度比采用单个激光头逐点扫描要快得多。单个打印喷头的移动速度十分迅速，且成形之后的干燥硬化速度很快。

（3）在黏合剂中添加颜料，可以制作彩色原型，这是该技术最具竞争力的特点之一。

（4）材料类型选择广泛。3DP 技术成形材料可以是热塑性材料、光敏材料，也可以是一些具备特殊性能的无机粉末，如陶瓷、金属、淀粉、石膏及其他各种复合材料，还可以是成形复杂的梯度材料。

（5）成形过程不需要支撑，多余粉末的去除比较方便，特别适合做内腔复杂的原型。

该技术的不足如下。

打印结构强度较低，只能做概念型模型，而不能做功能性试验。一般需要加入后处理程序（如干燥、涂胶等）以增强最终强度，延长所成形模具的使用寿命。

7.2.8.4 全彩色喷射打印

全彩色喷射打印（Color Jet Printing，CJP）是采用滚筒推送复合粉到建模平台上，均匀铺上很薄一层，同时打印头喷射透明液体黏合剂固化复合粉材；彩色喷墨打印头将彩色黏合剂有选择地喷射在铺好的粉材上；然后建模平台一层一层降低，反复这个动作，直到模型完成。CJP 成形技术具有成形速度快、支撑易去除、成形尺寸大等优点，适用于制造结构复杂的工件，也适用于制作复合材料或非均匀材质材料的零件。

优点：3D 全彩打印，可打印出色彩丰富的物件。

缺点：3D 物件脆弱不耐冲击，不适合用于组装测试品，可适用于外观确认与展示品制作。

7.2.9 常见 3D 打印材料

目前，3D 打印材料主要包括聚合物材料、金属材料、陶瓷材料和复合材料等。3D 打印材料是 3D 打印技术发展的重要物质基础，在某种程度上，材料的发展决定着 3D 打印能否有更广泛的应用。常见的 3D 打印材料见表 7-2。具体而言，目前常见的 3D 打印材料有工程塑料、光敏树脂、橡胶类材料、金属材料和陶瓷材料等，除此之外，彩色石膏材料、人造骨粉、细胞生物原料以及砂糖等食品材料也在 3D 打印领域得到了应用。下面将从聚合物材料、金属材料、陶瓷材料和复合材料 4 方面进行分析。

表 7-2　常见的 3D 打印材料

聚合物材料	工程塑料	ABS 材料
		PA 材料
		PC 材料
		PPSF 材料
		PEEK 材料
		EP 材料
		Endur 材料
	生物塑料	PLA 材料
		PETG 材料
		PCL 材料
	热固性塑料	PF 材料
		UF 材料
		MF 材料
		UF 材料
		EP 材料
		SI 材料
		聚氨酯
	光敏树脂	—
	高分子凝胶	—
金属材料	黑色金属	不锈钢材料
		高温合金材料
	有色金属	钛及其合金材料
		铝及其合金材料
		镓材料
		稀贵金属材料
陶瓷材料	—	—
复合材料	—	碳纤维

7.2.9.1　聚合物材料

（1）工程塑料

工程塑料，指被用作工业零件或外壳材料的工业用塑料，具有强度高、耐冲击性高、耐热性高、硬度高以及抗老化性高等优点，正常变形温度可以超过 90 ℃，可进行机械加工、喷漆以及电镀。工程塑料是当前应用最广泛的一类 3D 打印材料，常见的有 ABS、聚酰胺（PA）、PC、聚苯砜（PPSF）、聚醚醚酮（PEEK）等。

① ABS 材料

ABS 材料具有良好的热熔性和冲击强度，是熔丝沉积成形 3D 打印工艺的首选工程塑料。目前主要是将 ABS 预制成丝、粉末化后使用，应用范围几乎涵盖所有日用品、工程用品和部分机械用品。ABS 材料的颜色种类很多，如象牙白、白色、黑色、深灰色、红色、蓝色、玫瑰红色等，在汽车、家电、电子消费品领域有广泛的应用。近年来，ABS 逐步扩大领域应用范围，性能也在不断提升，借助 ABS 强大的黏合性、强度，通过对 ABS 改性，使其作为 3D 打印材料在适用范围上进一步扩大。2014 年，国际空间站用其打印零部件。Stratasys 公司研发的最新 ABS 材料 ABS-M30，专为 3D 打印制造设计，机械性能比传统的 ABS 材料提高了 67%，从而扩大了 ABS 的应用范围。

② PA 材料

PA 材料虽然强度高，但具备一定的柔韧性，因此可以直接利用 3D 打印制造设备零件。利用 3D 打印制造的 PA 碳纤维复合塑料树脂零件，具有很高的韧度，可用于机械工具代替金属工具。PA 工程塑料的专家索尔维公司，基于 PA 的工程塑料进行 3D 打印样件，用于发动机周边零件、门把手套件、刹车踏板等的制作。用 PA 材料代替传统的金属材料，最终解决了汽车轻量化问题。PA 材料广泛应用于制造燃料滤网、燃料过滤器、罐、捕集器、储油槽、发动机汽缸盖罩、散热器水缸、平衡旋转轴齿轮，也可用于制作汽车的电器配件、接线柱以及制作一次性打火机体、碱性干电池衬垫、头盔、办公机器外壳等。另外，它还可用于制造驱动、控制部件等。

③ PC 材料

PC 材料算得上是一种真正的热塑性材料，具有高强度、耐高温、抗冲击、抗弯曲等特点，强度比 ABS 材料还要高 60%，可以作为最终零部件使用，甚至应用于超强工程制品。德国拜耳公司开发的 PC2605 可用于防弹玻璃、树脂镜片、车头灯罩、宇航员头盔面罩、智能手机的机身、机械齿轮等异型构件的 3D 打印制造。PC 工程塑料的三大应用领域是玻璃装配业、汽车工业、电子和电器工业，还有工业机械零件、光盘、包装、计算机等办公室设备，医疗及保健，薄膜、休闲和防护器材等。PC 可用作门窗玻璃。PC 层压板广泛用于银行、使馆、拘留所和公共场所的防护窗，用于制作飞机舱罩、照明设备、工业安全挡板和防弹玻璃。

④ PPSF 材料

PPSF 材料是强度最高、耐热性最好、抗腐蚀性最强的热塑性材料，广泛用于航空航天、交通工具及医疗行业，通常作为最终零部件使用。PPSF 材料在各种快速成形工程塑料之中性能最佳，通过碳纤维、石墨的复合处理，能够表现出极高的强度，可用于 3D 打印制造承受负荷的制品，成为替代金属、陶瓷的首选材料。

⑤ PEEK 材料

PEEK 是一种具有耐高温、自润滑、易加工和机械强度高等优异性能的特种工程塑料，可制造各种机械零部件，如汽车齿轮、油筛、换挡启动盘，飞机发动机零部件，自动洗衣机转轮，医疗器械零部件等。PEEK 具有优异的耐磨性、生物相容性、化学稳定性以及杨氏模量最接近人骨等优点，是理想的人工骨替换材料，适合长期植入人体。基于熔丝沉积成形原理的 3D 打印技术安全方便、无须使用激光器、后处理简单，可通过与 PEEK 材料结合制造仿生人工骨。

⑥ EP 材料

EP（Elasto Plastic）即弹性塑料，是 Shapeways 公司最新研制的一种 3D 打印原材料。它能避免用 ABS 打印的穿戴物品或者可变形类产品存在的脆弱性问题。EP 材料非常柔软，在进行塑型时，跟 ABS 一样采用“逐层烧结”技术，但打印的产品弹性却相当好，变形后容易复原。这种材料可用于制作 3D 打印鞋、手机壳和 3D 打印衣物等产品。

⑦ Endur 材料

Endur 材料是 Stratasys 公司推出的一款全新的 3D 打印材料，是一种先进的防聚丙烯材料，可满足各种不同领域的应用需求。Endur 材料具有强度高、柔韧度好和耐高温性能，用其打印的产品表面质量佳且尺寸稳定性好，不易收缩；能够用于打印运动部件、咬合啮合部件以及小型盒子和容器等。

（2）生物塑料

3D 打印生物塑料主要有聚乳酸（PLA）、聚对苯二甲酸乙二醇酯-1、4-环已烷二甲醇酯（PETG）、聚-羟基丁酸酯（PHB）、聚-羟基戊酸酯（PHBV）、聚丁二酸-丁二醇酯（PBS）、聚已内酯（PCL）等，具有良好的可生物可降解性。

① PLA 材料

PLA 即聚乳酸，是 3D 打印起初使用的较好的原材料，具有多种半透明色和光泽感。作为一种环境友好型塑料，聚乳酸可生物降解为活性堆肥。它是从玉米淀粉和甘蔗中提取的材料，而不是化石燃料。新加坡南洋理工大学的 TanK.H.等在应用 PLA 制造组织工程支架方面的研究中，采用可降解高分子材料制造了高孔隙度的 PLA 组织工程支架。通过对该支架进行组织分析，发现其具有生长能力。PLA 是一种新型的生物基及生物可降解材料，其具有良好的生物可降解性，使用后能被自然界中微生物在特定条件下完全降解，最终生成二氧化碳和水，不污染环境，这对保护环境非常有利，是公认的环境友好型材料。

② PETG 材料

PETG 材料是一种透明塑料，是一种非晶型共聚酯，具有较好的黏性、透明度、颜色、耐化学药剂和抗应力白化能力，可很快热成形或挤出吹塑成形。黏性比丙烯酸（亚克力）好。其制品高度透明，抗冲击性能优异，特别适宜成形厚壁透明制品，广泛应用于板片材、高性能收缩膜、瓶用及异型材等市场。PETG 是以甘蔗乙烯生产的生物基乙二醇为原料合成的生物基塑料。这种材料具有较好的热成形、坚韧性和耐候性，热成形周期短、温度低、成品率高。PETG 兼具 PLA 和 ABS 的优点。在 3D 打印时，PETG 材料的收缩率非常小，并且具有良好的疏水性，无须在密闭空间里贮存；由于在打印过程中几乎没有气味，因此 PETG 在 3D 打印领域具有更为广阔的开发应用前景。

③ PCL 材料

PCL 具有良好的生物可降解性、生物相容性和无毒性，被广泛用于医用生物降解材料及药物控制释放体系。

PCL 材料是一种可降解聚酯，熔点较低，只有 60 ℃左右，与大部分生物材料一样，人们常常把它用作特殊用途，如制作药物传输设备、缝合剂等；同时，PCL 还具有形状记忆性。在 3D 打印中，它熔点低，并不需要很高的打印温度，从而达到节能的目的。在医学领域，可用来打印心脏支架等。

（3）热固性塑料

热固性塑料是以热固性树脂为主要成分，配合以各种必要的添加剂通过交联固化过程形成制品的塑料。热固性塑料第一次加热时可以软化流动，加热到一定温度产生化学反应（交联反应）而固化变硬。这种变化是不可逆的。此后，再次加热时，已不能再变软流动了。借助这种特性进行成形加工，利用第一次加热时的塑化流动，在压力下充满型腔，进而固化成为确定形状和尺寸的制品。

① 酚醛树脂（PF）

酚醛树脂是历史最长的塑料品种之一，俗称胶木或电木，外观呈黄褐色或黑色，是热固性塑料的典型代表。酚醛树脂成形时常使用各种填充材料，根据所用填充材料的不同，成品性能也有所不同。作为成形材料，酚醛树脂主要用在需要耐热性的领域，但也可作为黏合剂用于胶合板、砂轮和刹车片等。

② 脲醛树脂（UF）

脲醛树脂是可用作模压料、黏合剂等的无色塑料，由尿素和甲醛制备。一方面，脲醛树脂模压料添加有纤维素，而且硬度、机械强度优良；另一方面，有发脆、吸水性、尺寸稳定性不良的缺点，甚至静置也往往产生裂纹。脲醛树脂可制造餐具、瓶盖等日用品和机械零部件，还可做黏合剂。

③ 三聚氰胺－甲醛树脂（MF）

三聚氰胺－甲醛树脂又称蜜胺、密胺密、美耐皿。这种塑料弥补了脲醛树脂不耐水的缺点，但价格比脲醛树脂高。由于三聚氰胺－甲醛树脂与脲醛树脂一样无色透明，成形色彩鲜艳，又具有耐热性好、表面硬度大、机械特性强、电学性能良好，耐水性、耐溶剂性和耐化学药剂性优越等特点，因此可用于制造餐具、各种日用品（包括家具）、工业用品等。

④ 不饱和聚酯树脂（UP）

不饱和聚酯树脂是具有不同黏性的淡黄或琥珀色的透明液体。因为不饱和聚酯树脂强度不高，故常加入玻璃纤维等增强材料使用，产品俗称玻璃钢。不饱和聚酯树脂固化前呈液体状，而且不加压也可成形，甚至可在常温下固化，因而可用各种加工方法加工成制品。

⑤ 环氧树脂（EP）

环氧树脂是用固化剂固化的热固性塑料。它的粘接性极好，电学性质优良，机械性质良好。环氧树脂的主要用途是用作金属防蚀涂料和黏合剂，常用于印刷线路板和电子元件的封铸。

⑥ 有机硅树脂（SI）

与前述的各树脂不同，SI 的主要成分不是碳，而是硅，因此价格高。有机硅树脂耐热 180 ℃，经特殊处理可耐 500 ℃高温，耐寒性良好，物理性质不随温度变化，是一种耐化学药品性、耐水性和耐候性优良的热固性塑料。它的耐热制品是生产电子工业元器件的材料。

⑦ 聚氨酯

聚氨酯品种很多，可制成轻质热塑性弹性体至硬质泡沫塑料。聚氨酯软质泡沫塑料的密度为 0.015～0.15 g/cm^3，软质泡沫塑料成形为块状，便于切割做家具和包装材料。硬质泡沫塑料可制成各种型式。

另外，热固性塑料如环氧树脂、不饱和聚酯、酚醛树脂、氨基树脂、聚氨酯树脂、有机硅树脂、芳杂环树脂等具有强度高、耐火性特点，非常适合利用 3D 打印的粉末激光烧结成形工艺。哈佛大学工程与应用科学院的材料科学家与 Wyss 生物工程研究所联手开发出一种可 3D 打印的环氧基热固性树脂材料，这种环氧树脂可 3D 打印成建筑结构件，以用在轻质建筑中。

（4）光敏树脂

光敏树脂是一种受光线照射后，能在较短时间内迅速发生物理和化学变化，进而交联固化的低聚物。由于光敏树脂固化速度快，具有优异的表干性，成形后产品外观平滑，可呈现透明或半透明磨砂状态，因此是目前口腔科常用的充填、修复材料。良好的液体流动性和瞬间光固化特征，使得液态光敏树脂成为 3D 打印耗材用于高精度制品打印的首选材料。光敏树脂具有气味低、刺激性成分低等特征，非常适合个人桌面 3D 打印系统。

（5）高分子凝胶

高分子凝胶具有良好的智能性，海藻酸钠、纤维素、动植物胶、蛋白胨、聚丙烯酸等高分子凝胶材料用于 3D 打印，在一定的温度及引发剂、交联剂的作用下进行聚合，形成特殊的网状高分子凝胶制品。如受离子强度、温度、电场或化学物质变化时，凝胶的体积也会相应地变化。这个特性使其可用于形状记忆材料。凝胶溶胀或收缩发生体积转变，该特征使其可用于制造传感材料；凝胶网孔的可控性，此特性使其可用于制造智能药物释放材料。

7.2.9.2 金属材料

目前，大多数 3D 打印耗材是塑料，而金属良好的力学强度和导电性使得研究人员对金属物品的打印极为感兴趣。

（1）黑色金属

① 不锈钢材料

不锈钢是不锈耐酸钢的简称，将耐空气、蒸气、水等弱腐蚀介质或具有不锈性的钢种称为不锈钢，而将耐化学腐蚀介质（酸、碱、盐等化学浸蚀）腐蚀的钢种称为耐酸钢。两者在化学成分上的差异使得它们的耐蚀性不同，普通不锈钢一般不耐化学介质腐蚀，而耐酸钢则一般具有不锈性。不锈钢是一种廉价的金属打印材料，经 3D 打印出的高强度不锈钢制品表面略显粗糙，且存在麻点。不锈钢具有各种不同的光面和磨砂面，常被用作珠宝、功能构件和小型雕刻品等的 3D 打印材料。

② 高温合金材料

高温合金以铁、镍、钴为基，通常的工作温度超过 540 ℃，在高温下的强度、延性、抗蠕变性能以及抗腐蚀能力很强。增材制造可以实现优良的机械性能，是因为粉末状原材料细晶组织。增材制造需要在粉末的微观结构上进行各向异性控制和引导，所以说高温合金的 3D 打印十分具有挑战性。高温合金具有优异的高温强度，良好的抗氧化和抗热腐蚀性能，良好的疲劳性能、断裂韧性等综合性能，已成为燃气涡轮发动机热端部件不可替代的关键材料。

高温合金因其强度高、化学性质稳定、不易成形加工和传统加工工艺成本高等特点已成为航空工业应用主要的 3D 打印材料。随着 3D 打印技术的长期研究和进一步发展，3D 打印制造的飞机零件因其加工的工时和成本优势已得到了广泛的应用。

（2）有色金属

① 钛及其合金材料

钛金属外观似钢，具有银灰光泽，是一种过渡金属。在过去一段时间内人们一直认为它是一种稀有金属。钛并不是稀有金属，钛在地壳中约占总重量的 0.42%，约是铜、镍、铅、锌总量的 16 倍，在金属世界里排行第 7，含钛的矿物有 70 多种。钛的强度大、密度小、硬度大、熔点高、抗腐蚀性很强；高纯度钛具有良好的可塑性，但当有杂质存在时它会变得脆而硬。采用 3D 打印技术制造的钛合金零部件，强度非常高，尺寸精确，能制作的最小尺寸可达 1 mm，而且其零部件机械性能优于锻造工艺。英国的 Metalysis 公司利用钛金属粉末成功打印了叶轮和涡轮增压器等汽车零件。此外，钛金属粉末耗材在 3D 打印汽车、航空航天和国防工业领域将有广阔的应用前景。

② 铝及其合金材料

镁铝合金因其具有质轻、强度高的优越性能，在制造业的轻量化需求中得到了大量应用。在 3D 打印技术中，它毫不例外地成为各大制造商的备选材料。

铝合金材料主要集中在 Al-Si-Mg 系合金，主要有 $AlSi_{12}$ 和 $AlSi_{10}Mg$ 两种。$AlSi_{12}$ 是一种具有良好热性能的轻质增材制造金属粉末，典型的应用是薄壁零件，如换热器、汽车、航空航天和航空工业级的原型及生产零部件；$AlSi_{10}Mg$ 硅/镁组合带来显著的强度和硬度的增加。这种铝合金适用于薄壁、复杂几何形状的零件，是需要良好的热性能和低重量场合中理想的应用材料。该材料零件组织致密，有铸造或锻造零件的相似性。

③ 镓材料

镓主要用作液态金属合金的 3D 打印材料，具有金属导电性，其黏性类似于水，不同于汞。镓既不含毒性，也不会蒸发，可用于柔性和伸缩性的电子产品制造。该材料的液态金属在可变形天线的软伸缩部件、软存储设备、超伸缩电线和软光学部件上已得到了应用。

④ 稀贵金属材料

3D 打印的产品在时尚界的影响力越来越大。世界各地的珠宝设计师将 3D 打印快速原型技术作为一种强大且可以方便替代其他制造方式的创意技术。在饰品 3D 打印材料领域，常用的有金、纯银、黄铜等。

7.2.9.3 陶瓷材料

陶瓷材料具有高强度、高硬度、耐高温、低密度、化学稳定性好、耐腐蚀等优异特性，在航空航天、汽车、生物等行业有着广泛的应用。硅酸铝陶瓷粉末能够用于 3D 打印陶瓷产品，3D 打印的陶瓷制品不透水、耐热温度可达 600 ℃，可回收、无毒，但其强度不高，可作为理想的炊具、餐具（杯、碗、盘子、蛋杯和杯垫）以及烛台、瓷砖、花瓶、艺术品等家居装饰材料。

7.2.9.4 复合材料

碳纤维具有耐高温、耐腐蚀、高强度等特点，近年来成为科学界研究的新宠，也是 3D 打印中新兴的打印材料。碳纤维的引入提高了打印件的刚性强度，且结晶度更加均匀，因此有望在未来得到进一步发展。目前科学界有不少通过加入碳纤维来获得新的 3D 复合打印材料的科研成果，如中国科学院空间应用工程与技术中心研究团队对自主研发的碳纤维 PEEK 复合材料进行 3D 打印工艺的系统研究获得成功，美国橡树岭国家实验室和辛辛那提公司展示了世界上第一个 3D 打印的用短纤维增强的复合材料汽车车身等。

7.3 基于介质打印的天线加工实现方案

在射频微波领域，增材制造技术逐渐被应用于各种器件、天线的快速成形和制备中。应用该技术所设计的电磁结构较传统工艺可获得更优异、更稳定的射频性能。下面针对多种介质打印器件及天线的实现方案进行分析。

文献[11]采用高度可变的介质层作为相位补偿的透镜元件，在介质和空气的交界处增加了匹配层，研究设计了一种分立式介质透镜天线，天线结构如图 7-29 所示。该设计采用 SLA 打印技术，是一种利用紫外激光逐层扫描液态光敏聚合物环氧树脂，实现液态材料的固化，逐渐堆积成形的技术。该技术可以加工制作结构极其复杂的射频器件，因此对原料的利用率较高。H 面和 E 面的旁瓣电平分别小于−18 dB 和−14 dB。实验结果表明，该方法能够增强透镜天线的方向性，并且是实现高增益毫米波天线的一种有效方法。

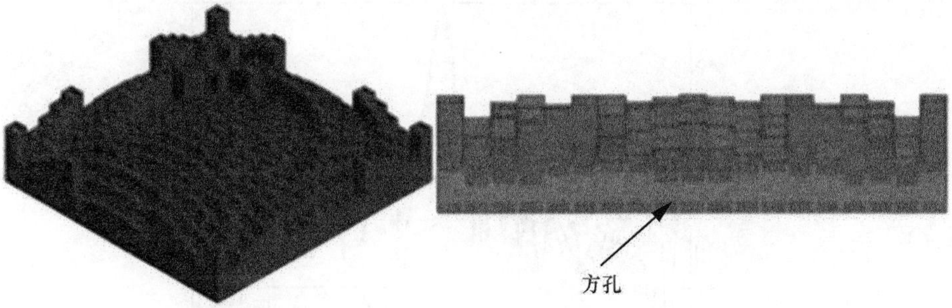

(a) 三维结构图　　(b) 侧视图

图 7-29　分立式介质透镜天线结构

张如泽[12]设计了一种穿孔尺寸和介质柱厚度同时可变的单元，并利用该单元设计了一款全介质超表面透镜，使用设计的贴片天线作为馈源天线，将其置于焦点处垂直照射全介质超表面透镜，最终实现一款低剖面全介质超表面透镜天线，天线结构如图 7-30 所示。图 7-31 给出了在 24 GHz 处全介质超表面透镜天线仿真和实测的辐射方向图。图 7-32 是全介质透镜天线在不同频率处的峰值增益曲线和辐射效率仿真图，可以看出全介质透镜天线的辐射具有旁瓣小、前后比好的优点，并且该介质透镜具有良好的增益带宽，在工作频带范围内透镜天线的辐射效率高于 86.4%。

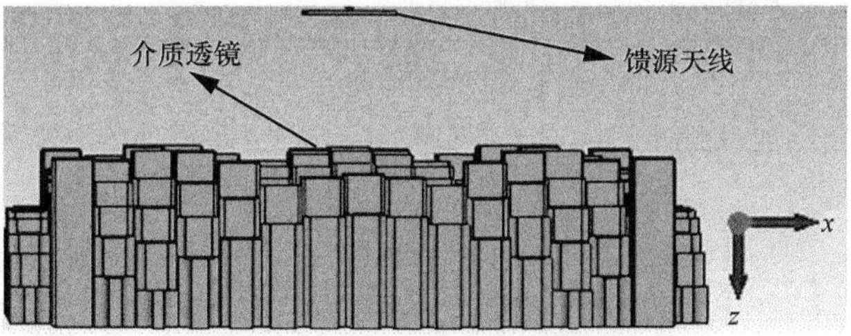

图 7-30　全介质超表面透镜天线结构

NAYERI 等[13]提出了一种工作在 32 GHz 的新型介质反射阵列天线设计方法。反射阵列由陶瓷基板组成，材料介电常数的空间变化是通过增材制造实现的，并用于在孔径上实现所需的反射相位。该方法实现了增益为 33.1 dBi、辐射特性良好的 Ka 频段介质反射阵列。与以前通过改变反射阵列元件的几何特性来实现相位控制的介质反射阵列设计相比，MAYERI 等提出的方法实现了更平滑的孔径轮廓，从而提高了反射阵列对电磁波的调控精度，该方案对于毫米波甚至太赫兹的应用是非常有利的。

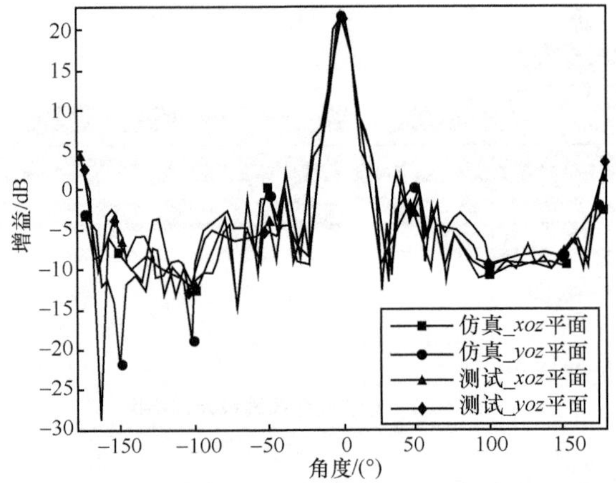

图 7-31　24 GHz 处全介质超表面透镜天线仿真和实测的辐射方向图

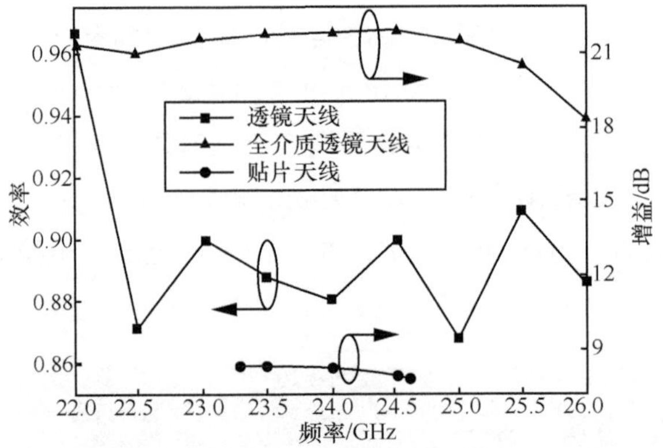

图 7-32　全介质透镜天线在不同频率处的峰值增益曲线和辐射效率仿真图

MIRZAEE 等[14]利用高温碳胶将天线的导体部分嵌入由 ABS 热塑性塑料制成的介质内，在此基础上制作了共面波导馈电结构的蝶形天线，天线实物如图 7-33 所示。测试的反射系数如图 7-34 所示。在 6.8～8.7 GHz 的范围内，采用导电 ABS 材料能够获得良好的回波损耗性能。同时，该天线具有带宽大、结构灵活、重量轻、体积小等特点。

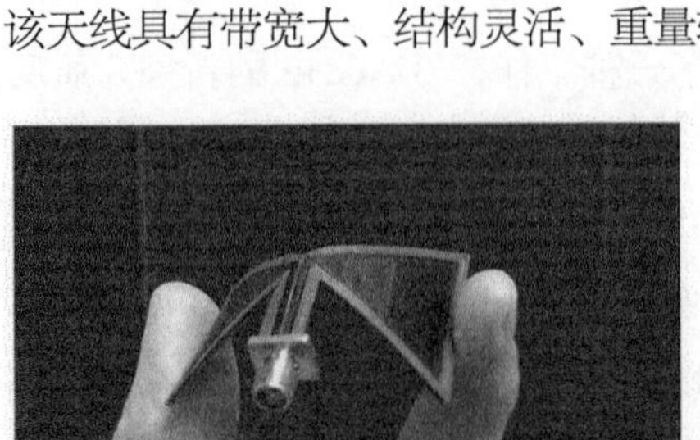

图 7-33　天线实物

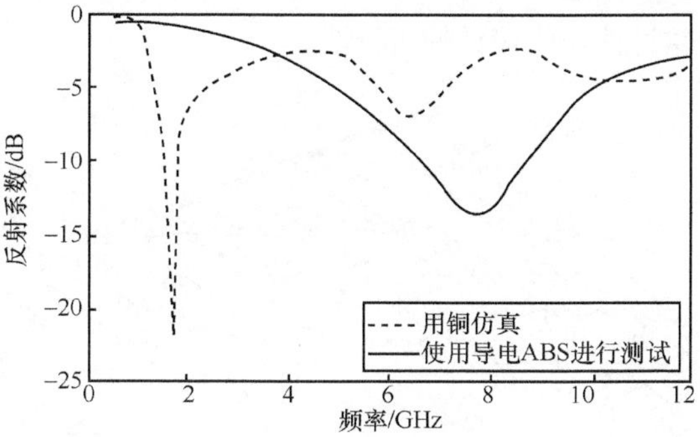

图 7-34　测试的反射系数

7.4　基于金属打印的天线加工实现方案

7.3 小节介绍的介质打印技术在射频微波领域中，多作为透镜及天线罩来使用，若要实现电磁辐射性能，对介质结构的金属化是必不可少的。但在高性能装备领域，介质的金属化会带来诸多应用层面的问题，比如金属化的质量、精度、一致性、介质材料的环境特性等。因此，在特定领域如雷达、卫星通信方面，金属打印方案成为实现高性能射频微波组件的不二选择。下面针对多种金属打印器件及天线的实现方案进行分析。

图 7-35 至图 7-39 展示了一种使用铝合金结合 DMLS 打印技术实现的 Ku 频段宽带多层波导阵列[15]及其测试结果。该阵列具有集成的一体化馈电网络。这种 DMLS 技术提供了实现复杂内嵌式波导结构的灵活性，同时具有良好的结构可靠性和高精度。与费时的分层组装式传统加工技术相比，DMLS 金属一体化打印具有明显的优势。实验结果表明，与机械加工技术相比，天线阵列的增益和辐射效率均有所提高。在较宽的工作带宽内，天线效率高于 80%，在大多数频率下的辐射效率超过了 90%。这项工作表明 DMLS 是制造复杂波导型天线阵列的一种很有前景的实现方法。

针对合成孔径雷达应用，图 7-40 展示了一种具有高度自紧凑结构的宽带双极化单脉冲阵列结构[16]。该阵列采用了 3D 金属直接打印技术，实现了更好的机械和电磁性能。3D 打印的魔 T 结构如图 7-41 所示。单脉冲阵列 3D 打印实物如图 7-42 所示。实验结果表明，在 12.5%的工作带宽下，该天线阵列的单脉冲性能优良；端口隔离和极化隔离分别高于 30 dB 和 45 dB。此外，在和波束情况下的中心频率处可获得高达 95%的辐射效率。此外，在差波束情况下，测试获得的零深和不平衡度水平分别为 − 30 dB 和 0.3 dB，验证了该金属 3D

打印技术在合成孔径雷达应用中设计的可行性。

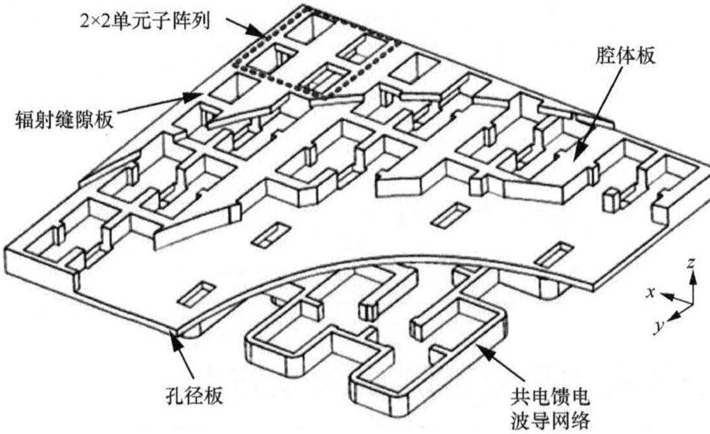

图 7-35　8 × 8 多层波导阵列

(a) DMLS打印技术　　(b) 传统机加工技术

图 7-36　8 × 8 多层波导阵列实物

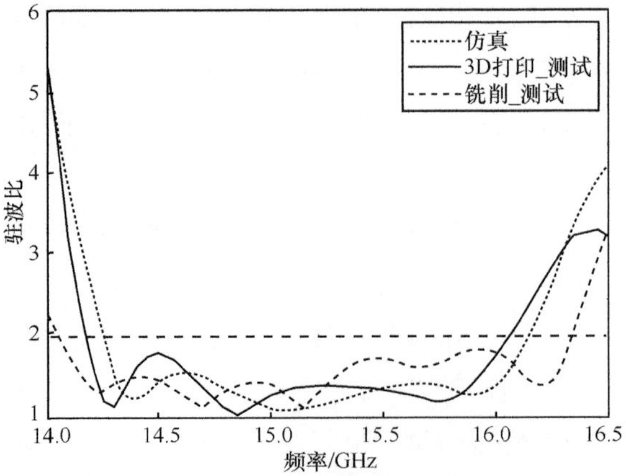

图 7-37　8×8 多层波导阵列仿真和测试对比

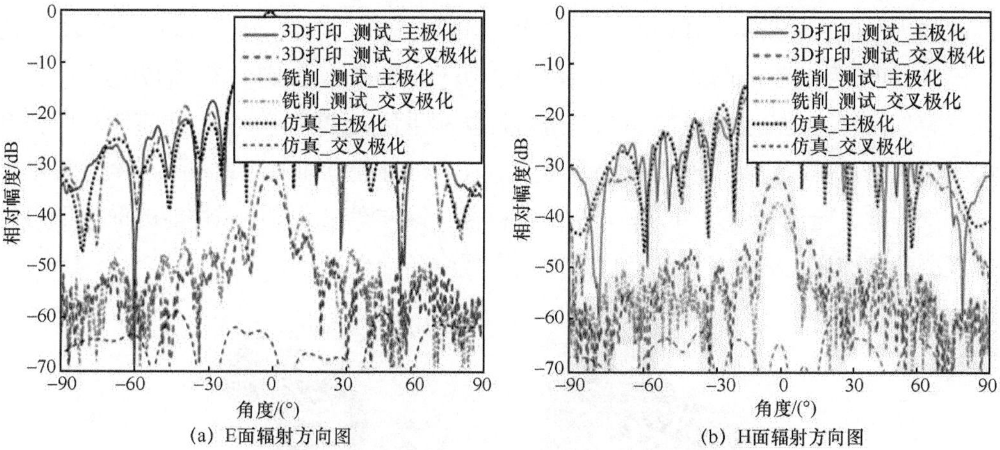

图 7-38 8×8 多层波导阵列仿真和测试辐射方向图

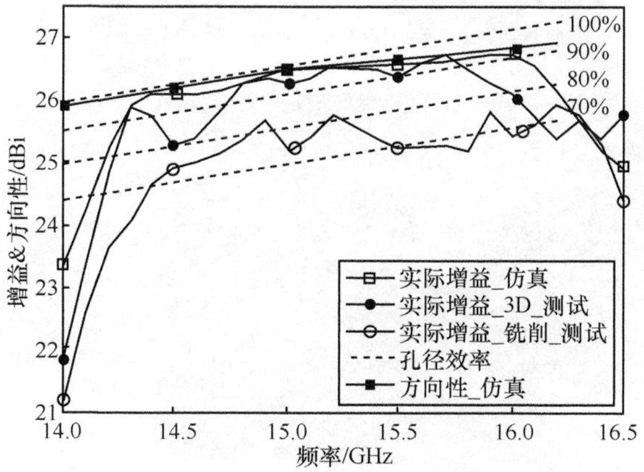

图 7-39 8×8 多层波导阵列仿真和测试增益结果

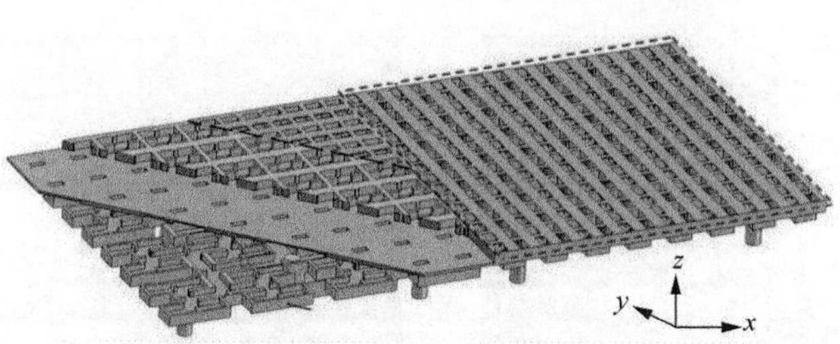

图 7-40 单脉冲阵列结构

文献[17]提出了一种以轻量化为目的的波导穿孔技术，并研制和测试了一种采用该技术的 X 频段锥形喇叭天线，结构如图 7-43～图 7-45 所示。使用 DMLS 技术来制造穿孔喇叭，使用的打印材料是 $AlSi_{10}Mg$ 合金，可实现的最小打印壁厚为 0.5 mm。

同时作为对比，还采用了 FDM 打印技术，打印材料为 ABS，然后通过镀金属化工艺在模型表面沉积了 5 μm 厚的镍，接着沉积了 10 μm 厚的金。此外，文献[17]还设计了一款没有任何穿孔的全金属化喇叭与其进行性能和重量的比较。实验结果表明，所提出的喇叭结构可以减少约三分之二的总重量。在电气性能方面的测量结果与全金属化测量结果一致，验证了设计和制造方法的可行性。该方案在保持电磁性能的前提下为大幅度减轻结构重量提供了一条行之有效的实现途径。

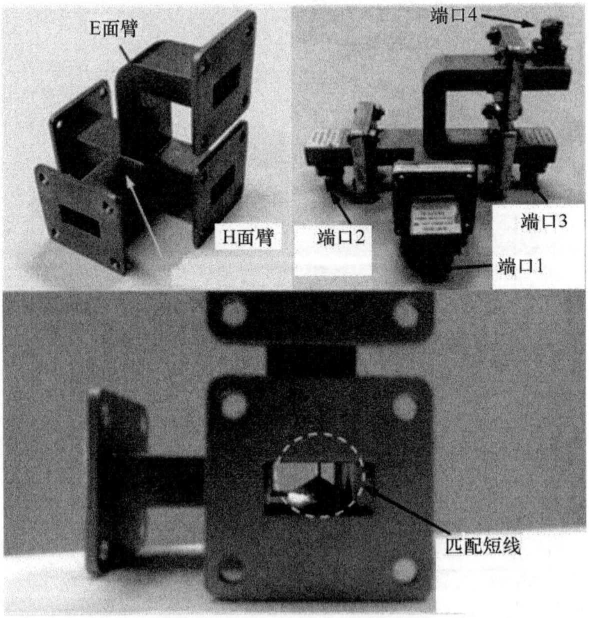

图 7-41　3D 打印的魔 T 结构

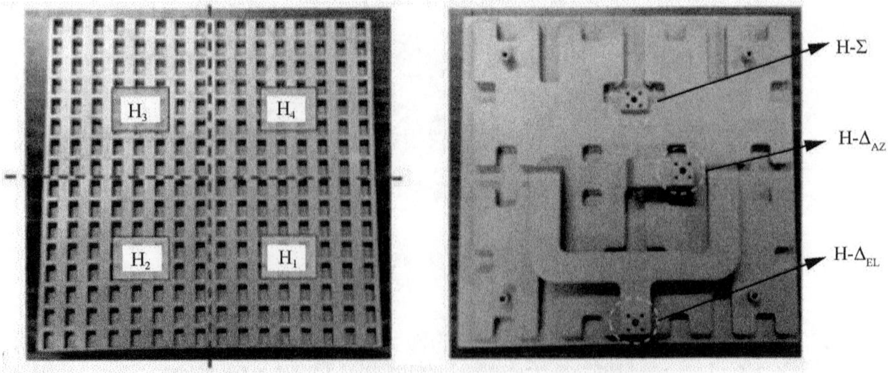

(a) 俯视图　　(b) 仰视图

图 7-42　单脉冲阵列 3D 打印实物

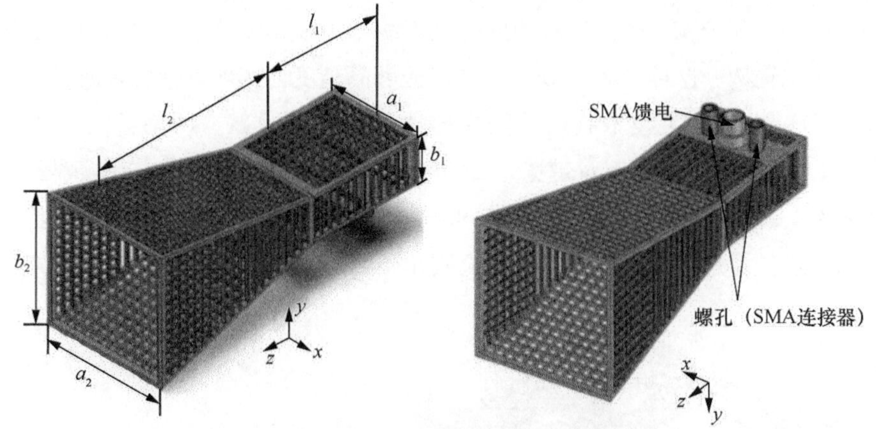

图 7-43　质轻型锥形喇叭结构

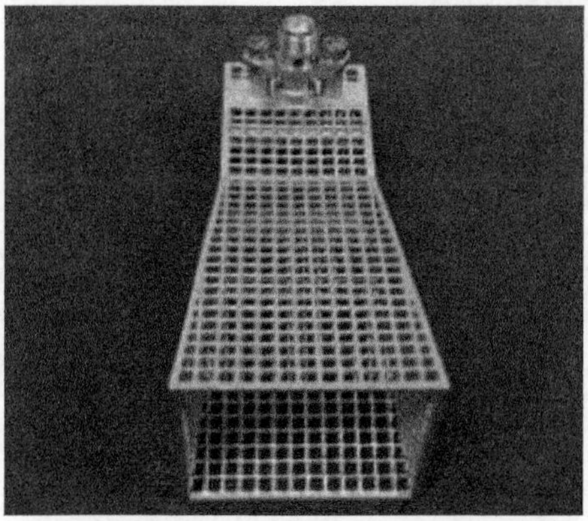

图 7-44　DMLS 打印的锥形喇叭

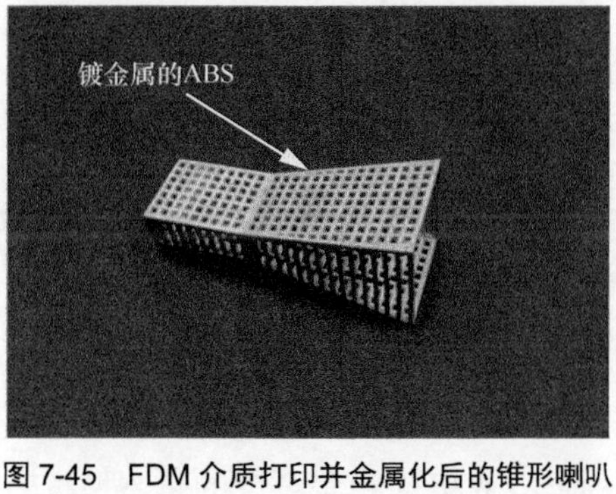

图 7-45　FDM 介质打印并金属化后的锥形喇叭

图 7-46 展示了一款在紧凑结构中实现高增益和高效率的宽带多层波导天线单元[18]。多层波导天线实物如图 7-47 所示。该辐射单元是一个 2×2 阵列，由一个阶梯形馈电波

导结构、一个匹配腔和一个辐射层组成。其天线采用金属颗粒粘合剂喷射工艺来实现复杂的一体化结构。这种 3D 金属打印技术能够高精度地实现各种复杂波导结构。实验结果与通过机械加工技术制造的结果相比优势非常明显，所制备的打印天线在 VSWR ≤1.5 的情况下实测相对带宽为 23.7%(13.0～16.5 MHz),在中心频率获得 90% 的辐射效率，并且在工作频带内可保持 80%以上的辐射效率。文献[18]进一步表明粘合剂喷射印刷技术是实现高性能波导型天线和微波元器件的一种高效实现方法。

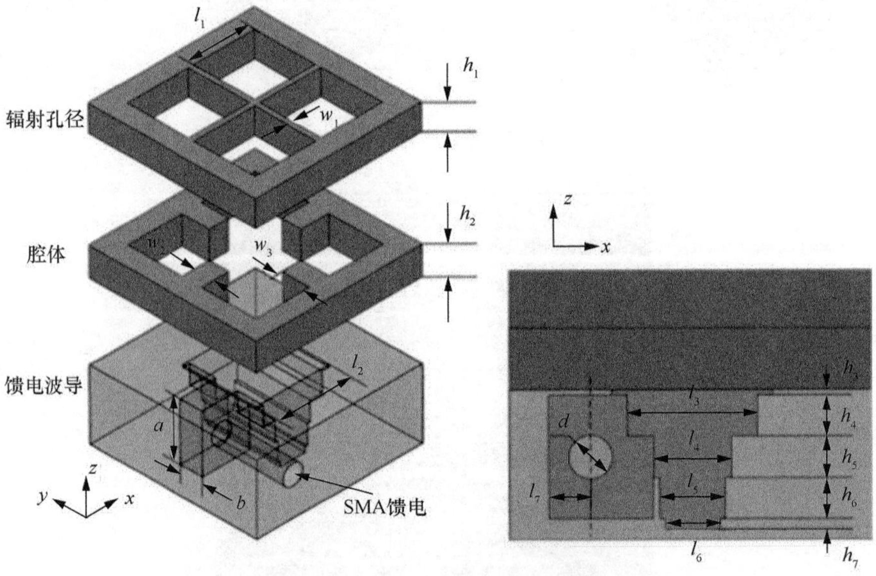

图 7-46　宽带多层波导天线单元

(a) 3D打印　　(b) 传统机械加工

图 7-47　多层波导天线实物

文献[19]提出了一种具有双极化和差波束的紧凑型宽带馈电喇叭阵列，结构如图 7-48 所示，实物如图 7-49 所示。通过使用双脊波导正交模变换器（OMT）和宽带魔 T（Magic-Tees）波导结构，开发了具有宽频带、双极化和良好隔离度的一体化高集成度馈电喇叭阵列。模型同样利用 DMLS 金属打印技术打印铝合金 $AlSi_{10}Mg$ 制作了样机，该样机具有高强度和高硬度以及轻量化的优点。测量结果表明，在 10.5～14.5 GHz 的工作带宽范围内，正交极化之间的隔离度优于 50 dB，差波束的零深优于 −30 dB。该馈电喇叭阵列适用于多种卫星应用场景。

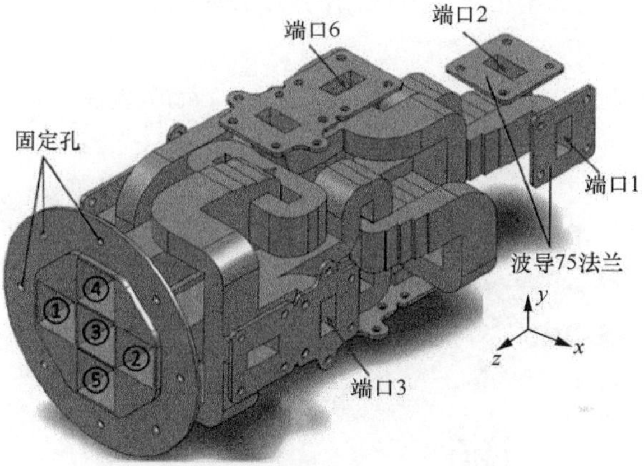

图 7-48　紧凑型宽带馈电喇叭阵列结构

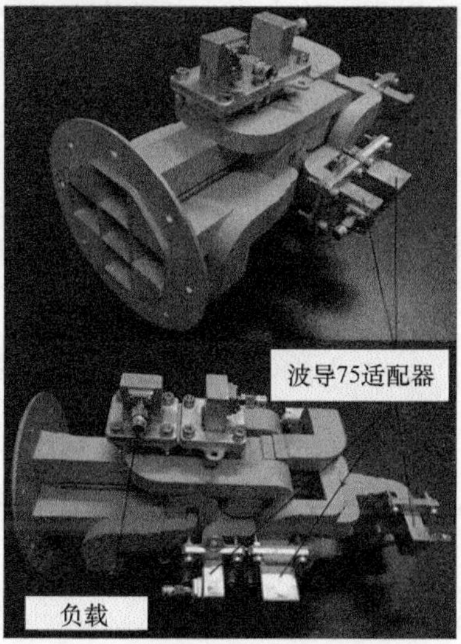

图 7-49　紧凑型宽带馈电喇叭阵列实物

文献[20]提出了一种用于先进射频电子应用的小型单片集成毫米波十六路高功率合成器，结构如图 7-50 所示，实物如图 7-51 所示。其特点是工作带宽大，合成器相邻端口之间的隔离度好。通过 DMLS 金属打印技术，所设计的合路器可以被快速原型化，这成功地克服了传统机械制造技术难以实现其单片集成一体化的难题。实验结果表明，该十六路高功率合成器在 X 频段的相对工作带宽约为 21%（8.5～10.5 GHz），端口隔离超过 20 dB，幅度不平衡度约为 1 dB，相位偏差约为 1°，且回波和插入损耗良好。在实际系统中，不同端口间需要高效的功率传输和转换，该合路器出色的射频性能使其成为多端口高功率电子系统应用的可选方案。

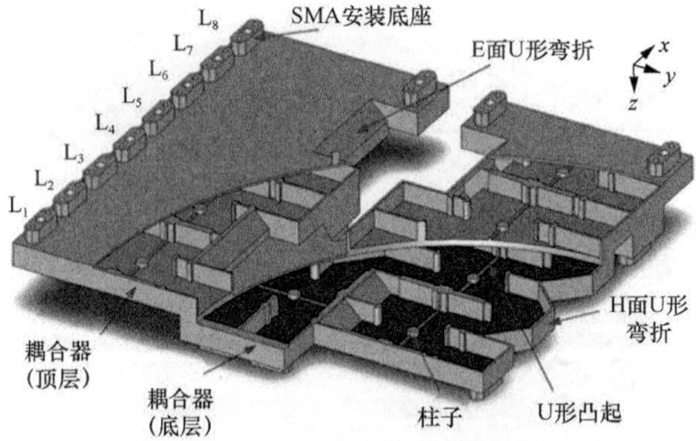

图 7-50　十六路高功率合成器结构

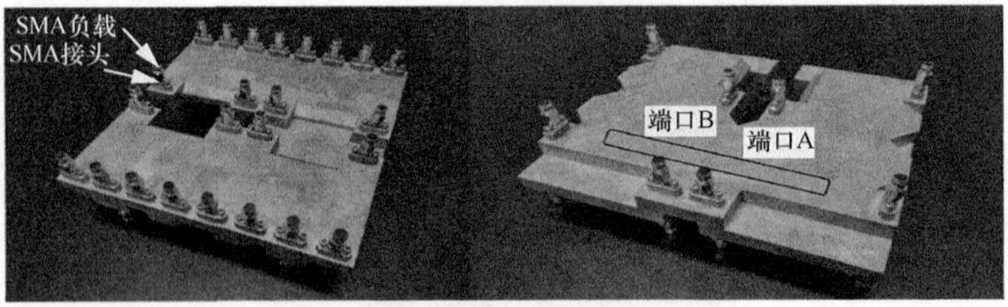

图 7-51　十六路高功率合成器实物

7.5　结束语

天线作为无线通信的发射和接收信号设备，是影响信号强度和质量的重要器件，在无线通信系统中是不可或缺的。随着无线通信技术的不断更新，无线通信设备向着小型化、多功能化和高集成度的方向发展，所以天线的设计要求也随之高集成度化和复杂化。传统的加工制造方式逐渐满足不了天线的发展要求，天线未来的发展方向转向了一个新兴产业——增材制造。增材制造技术为生产制造结构复杂、形状不规则、高集成度的天线提供了很好的解决方案，而且生产成本低、加工周期短，得到越来越多研究人员的青睐，然而利用增材制造技术制造天线器件仍然面临挑战。在天线生产中，与增材制造技术相关的主要问题是表面粗糙度、几何公差以及金属化工艺，这些问题处理不当会严重影响天线的性能，尤其是在高频情况下。可喜的是，随着增材制造技术不断地发展，这些困难将逐渐被攻克，有助于形成增材制造天线的新范式，这为实现高集成度天线设计提供了更多的可能性。

参考文献

[1] 楼熠辉，李攀郁，吴甲民，等. 增材制造技术及其在微波无源器件设计与制备中的研究现况与展望[J]. 中国科学（技术科学），2019, 49(12):1442-1460.

[2] WANG Y, KE M L, LANCASTER M J, et al. Micromachined 300-GHz SU-8-based slotted waveguide antenna[J]. IEEE Antennas and Wireless Propagation Letters, 2011, 10: 573-576.

[3] WANG Y, LANCASTER M J. A micromachined centre-fed slotted waveguide antenna for mm-wave applications[C]//Proceedings of 2012 IEEE MTT-S International Microwave Workshop Series on Millimeter Wave Wireless Technology and Applications. Piscataway: IEEE Press, 2012.

[4] KIM D, ZHANG M, HIROKAWA J, et al. Design and fabrication of a dual-polarization waveguide slot array antenna with high isolation and high antenna efficiency for the 60 GHz band[J]. IEEE Transactions on Antennas and Propagation, 2014, 62(6): 3019-3027.

[5] TOMURA T, MIURA Y, ZHANG M, et al. A 45° linearly polarized hollow-waveguide corporate-feed slot array antenna in the 60-GHz band[J]. IEEE Transactions on Antennas and Propagation, 2012, 60(8): 3640-3646.

[6] D'AURIA M, OTTER W J, HAZELL J, et al. 3D printed metal-pipe rectangular waveguides[J]. IEEE Transactions on Components, Packaging and Manufacturing Technology, 2015, 5(9): 1339-1349.

[7] GUO C, SHANG X B, LANCASTER M J, et al. A 3D printed lightweight X-band waveguide filter based on spherical resonators[J]. IEEE Microwave and Wireless Components Letters, 2015, 25(7): 442-444.

[8] GETERUD E G, BERGMARK P, YANG J. Lightweight waveguide and antenna components using plating on plastics[C]//7th European Conference on Antennas and Propagation (EuCAP). [S.L.: s.n], 2013: 1812-1815.

[9] VAN DER VORST M, GUMPINGER J. Applicability of 3D printing techniques for compact Ku-band medium/high-gain antennas[C]//Proceedings of 2016 10th European Conference on Antennas and Propagation (EuCAP). Piscataway: IEEE Press, 2016.

[10] 郭诚. 基于 3D 打印技术和微加工的微波和 THz 波导器件研究[D]. 成都: 电子科技大学, 2016.

[11] WANG Z B, WU H, CHEN J C, et al. An ultralow-profile lens antenna based on all-dielectric

metasurfaces[C]//Proceedings of 2016 IEEE 5th Asia-Pacific Conference on Antennas and Propagation (APCAP). Piscataway: IEEE Press, 2016: 367-368.

[12] 张如泽. 24GHz 超表而透镜天线的研究与设计[D]. 太原: 山西大学, 2020.

[13] NAYERI P, BRENNECKA G. Design of flat dielectric reflectarrays using state-of-the-art additive manufacturing[C]//Proceedings of 2018 IEEE International Symposium on Antennas and Propagation & USNC/URSI National Radio Science Meeting. Piscataway: IEEE Press, 2018: 1185-1186.

[14] MIRZAEE M, NOGHANIAN S. Additive manufacturing of a compact 3D dipole antenna using ABS thermoplastic and high temperature carbon paste[C]//Proceedings of 2016 IEEE International Symposium on Antennas and Propagation (APSURSI). Piscataway: IEEE Press, 2016: 475-476.

[15] HUANG G L, ZHOU S G, CHIO T H, et al. Fabrication of a high-efficiency waveguide antenna array via direct metal laser sintering[J]. IEEE Antennas and Wireless Propagation Letters, 2016, 15: 622-625.

[16] HUANG G L, ZHOU S G, CHIO T H, et al. Wideband dual-polarized and dual-monopulse compact array for SAR system integration applications[J]. IEEE Geoscience and Remote Sensing Letters, 2016, 13(8): 1203-1207.

[17] HUANG G L, ZHOU S G, SIM C Y D, et al. Lightweight perforated waveguide structure realized by 3-D printing for RF applications[J]. IEEE Transactions on Antennas and Propagation, 2017, 65(8): 3897-3904.

[18] HUANG G L, ZHOU S G, YUAN T. Development of a wideband and high-efficiency waveguide-based compact antenna radiator with binder-jetting technique[J]. IEEE Transactions on Components, Packaging and Manufacturing Technology, 2017, 7(2): 254-260.

[19] HUANG G L, ZHOU S G, YUAN T. Design of a compact wideband feed cluster with dual-polarized sum- and difference-patterns implemented via 3D metal printing[J]. IEEE Transactions on Industrial Electronics, 2018, 65(9): 7353-7362.

[20] HUANG G L, HAN C Z, XU W, et al. A compact 16-way high-power combiner implemented via 3D metal printing technique for advanced radio-frequency electronics system applications[J]. IEEE Transactions on Industrial Electronics, 2019, 66(6): 4767-4776.

附录 A
基站天线外罩材料及选择标准

作为基站天线的重要组成部分，天线外罩在保护内部天线的同时，其材料的介电性能对信号的传输效率、传输质量也产生直接影响。材料的介电常数 D_k 越高，贮存电能能力、阻碍信号传输能力越强，信号传输越慢。介电损耗因子 D_f 越高，介质电导和介质极化滞后效应越明显，电能损耗或信号损失越多，尤其是毫米波。反之，材料介电常数和介电损耗因子越小，信号传播损失越小，信号失真程度越低。因此，在移动通信中，超低损耗的天线外罩材料的开发变得尤为重要。

常见天线外罩材料的介电常数、介电损耗因子及成形工艺等见表 A.1。

表 A.1　常见天线外罩材料的介电常数、介电损耗因子及成形工艺等

材料	介电常数 D_k@60 Hz	介电损耗因子 D_f	典型成形工艺	价格
聚丙烯（PP）	2.0～2.6	0.000 4 @ 1 MHz	注塑、挤出、发泡	低
聚乙烯（PE）	2.25～2.35	0.000 4 @ 1 MHz	注塑、挤出、发泡	低
聚苯乙烯（PS）	2.45～3.1	0.000 3 @ 10 GHz	注塑、挤出、发泡	低
聚氯乙烯（PVC）	3.2～3.6	0.14 @ 1 MHz	注塑、挤出、发泡	低
聚碳酸酯（PC）	2.97～3.17	0.01 @ 1 MHz	注塑、挤出、发泡	中
丙烯腈-丁二烯-苯乙烯（ABS）	2.4～4.5	0.026 @ 1 MHz	注塑、挤出、发泡	低
丙烯酸酯-丙烯腈-苯乙烯（ASA）	2.4～4.5	0.026 @ 1 MHz	注塑、挤出、发泡	中
玻璃钢（FRP）	3.8～4.4	0.01 @ 1 MHz	挤出、模压、手糊	中

基站天线外罩选型标准见表 A.2。

表 A.2　基站天线外罩选型标准

特性	玻璃钢外罩	耐力板(PC)	亚克力板材（PMMA）	UPVC 板[注1]
机械性能	拉伸强度：165 MPa 弯曲强度：168 MPa 氧指数[注2]27（难燃）	拉伸强度：60 MPa 弯曲强度：100 MPa 氧指数 20（阻燃）	拉伸强度：50～77 MPa 弯曲强度：90～133 MPa 氧指数 17.3（易燃）	拉伸强度：29.4 MPa 弯曲强度：45.6 MPa 氧指数 45（极难燃）
结论	玻璃钢拉伸强度最好。对于基站天线外罩，单面表面积大，承受风压的能力只有玻璃钢能满足。例如：风压为 0.6 kN/m² 时，每平方米天线外罩应能承受 165 kg 的压力且不被破坏，只有玻璃钢满足要求			
耐候性	耐高低温，−100 ℃～80 ℃都可正常使用；耐腐蚀强，抗龟裂，不易老化；室外使用寿命 10 年以上	不耐紫外光，不耐强碱，不耐强酸在−40 ℃～120 ℃范围可正常使用，使用寿命一般在 3～5 年不等；做特殊处理的进口板材，一般使用寿命在 8～12 年不等	耐化学和耐候性好，但不可与其他有机溶剂同存一处，更不能接触有机溶剂；耐寒性差，9.2 ℃即脆化；使用寿命三年以上	耐腐蚀性好，防紫外线（耐老化），耐火阻燃（具有自熄性），绝缘性能可靠；使用寿命不低于 50 年
结论	室外天线外罩要求耐腐蚀性好，室外使用寿命 5 年以上，所以只有玻璃钢、UPVC 板满足使用要求			
工艺性能	可以根据产品的形状、技术要求、用途及数量来灵活地选择成形工艺；工艺简单，可以一次成形；经济效果突出，尤其对形状复杂不易成形的数量少的产品，更突出它的工艺优越性。 加工数量：1 套以上。 模具费用：2 000 元左右	板材可折弯，但可弯曲性弯曲半径为采用板厚度的 175 倍（美化外罩的折弯半径一般只有材料厚度的 2～10 倍）；可用模具进行热加工，适合大批量生产。 加工数量：千套以上。 模具费用：小型模具几千元，类似宏站美化外罩尺寸的模具万元以上	一般是平板，不能弯曲；可用模具进行热加工，适合大批量生产。 加工数量：千套以上。 模具费用：小型模具几千元，类似宏站美化外罩尺寸的模具万元以上	一般是平板，不能弯曲；可用模具进行热加工，适合大批量生产。 加工数量：千套以上。 模具费用：小型模具几千元，类似宏站美化外罩尺寸的模具万元以上
结论	考虑到美化外罩单品品种数量少、品种多、产品在一定价格范围内能实现仿真度高等特点，只能选用玻璃钢材质			

注 1：UPVC，通常称为硬 PVC，它由氯乙烯单体经聚合反应而制成的无定形热塑性树脂加一定的添加剂（如稳定剂、润滑剂、填充剂等）组成。除了用添加剂外，还采用了与其他树脂进行共混改性的办法，使其具有明显的实用价值。

注 2：氧指数（OI）是指在规定的条件下，材料在氧氮混合气流中进行有焰燃烧所需的最低氧浓度。以氧所占的体积百分数的数值来表示。氧指数高表示材料不易燃烧，氧指数低表示材料容易燃烧。在所规定的试验条件下，室温下材料在 O_2、N_2 混合气体中刚好维持发焰燃烧时的最小氧浓度以体积的百分率表示。其氧指数越高表明阻燃性能越好。